Weitere Informationen zum Kinder- und Jugendbuchprogramm der S. Fischer Verlage
finden Sie unter www.fischerverlage.de

Erschienen bei FISCHER Sauerländer

Umschlaggestaltung: Atelier Seidel Verlagsgrafik mit Illustrationen von Constanze Schargan
Layout: Horst Bachmann, Weinheim
Satz: Tanja Haaf, Brühl
Vorsatz und Buchstabenbilder: Susanne Bräunig, Harald Vorbrugg
Druck und Bindung: Firmengruppe Appl, aprinta druck GmbH, Wemding
Printed in Germany

ISBN 978-3-7373-5787-6

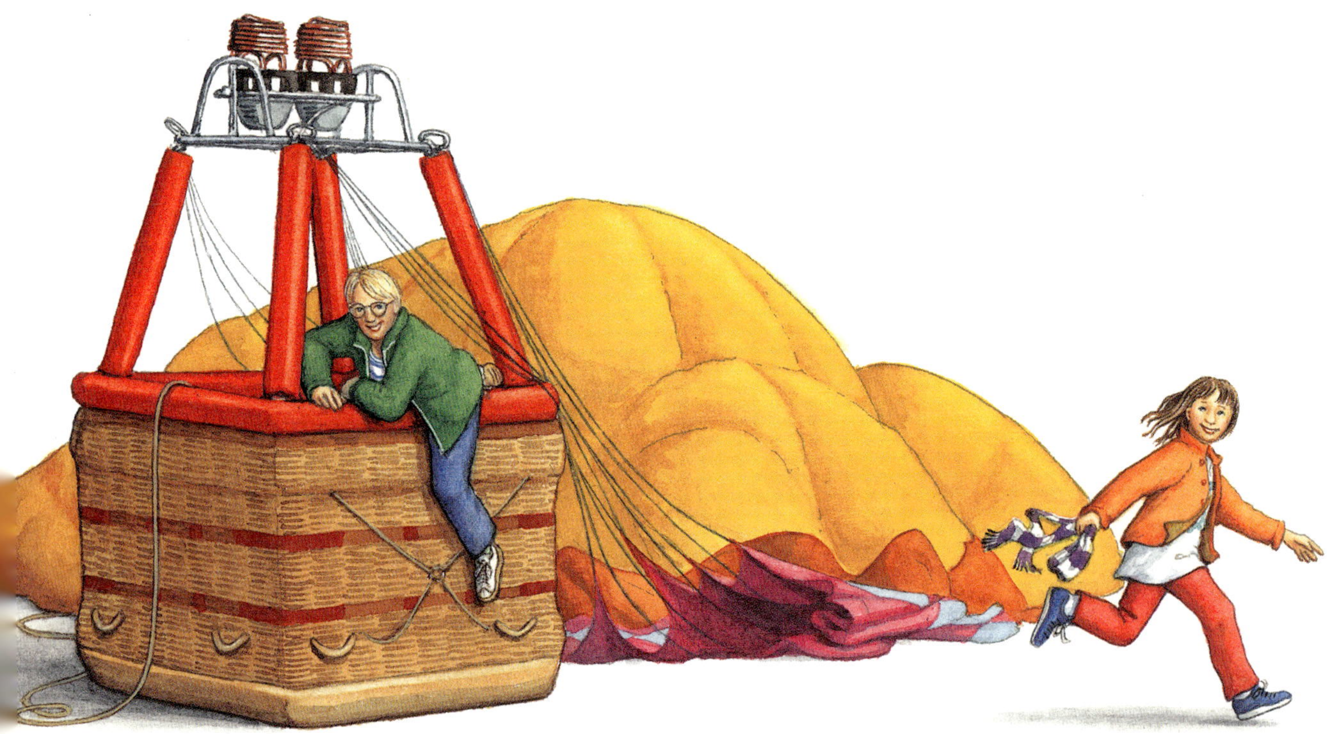

ACHIM BRÖGER

Das große FISCHER KINDER LEXIKON

Mit Bildern von Constanze Schargan,
Susanne Bräunig, Harald Vorbrugg, Bernd Wagenfeld,
Günther Biste, Peter Freitag

FISCHER

Dein neues Lexikon

Wenn man etwas wissen will, schlägt man im Lexikon nach – so wie du jetzt in Meyers großem Kinderlexikon. Die Lexikon-Geschichten in deinem Buch sind von mir. Ich heiße Achim Bröger. Als Schriftsteller schreibe ich Geschichten, Hörspiele und Filmdrehbücher für Kinder und Jugendliche. Viele Bilder stammen von der Malerin Constanze Schargan. Eine Lektorin hat dafür gesorgt, dass aus der Idee ein Buch geworden ist.

In den Lexikon-Geschichten beschreibe ich nicht nur, wie eine Sache funktioniert oder aussieht. Ich erzähle oft auch, wie Kinder damit umgehen und wie sie darüber sprechen. Das mache ich, weil vielen Kindern, Eltern, Lehrern und mir selbst diese Art der lebendigen Erklärungen sehr gut gefällt.

Die Lexikon-Kinder, die dir in den Geschichten begegnen, werden auf den Seiten 4 und 5 vorgestellt. Und guck dir doch mal das große Stadtbild ganz vorne im Buch an. In der Straße, die in der Mitte des Stadtbildes ganz unten beginnt, wohnen Jakob, Lena, Daniel, Anke, Ibo und Tim.

Über 800 Bilder veranschaulichen viele der erklärten Begriffe. Fotos gibt es in unserem Lexikon nicht. Wir meinen, dass man mit gemalten Bildern das Wichtige an einer Sache deutlicher machen kann.

Sollte uns trotz aller Sorgfalt bei unserer Arbeit ein Fehler passiert sein, schreib uns bitte. Wir freuen uns aber auch, wenn du uns mitteilst, was dir an deinem Lexikon gefällt.

Die „Gebrauchsanweisung“ auf der nächsten Seite zeigt dir, wie du dich in deinem Lexikon ganz einfach zurechtfindest.
Und dann kanns losgehen!

Du wirst sehen: Nachschlagen macht Spaß!

So findest du dich in deinem Lexikon zurecht

Wenn du in deinem Lexikon blätterst, guck mal auf die Buchstabenleiste am rechten Seitenrand und auf die Ecken links unten. Da wird immer ein Buchstabe hervorgehoben. Wenn das zum Beispiel der Buchstabe B ist, weißt du: Jetzt bin ich bei den Begriffen, die mit B beginnen. Die Buchstabenleiste hilft dir außerdem dabei, dich im Alphabet zurechtzufinden und zu wissen, welcher Buchstabe jeweils vorher und nachher kommt.

Jeder neue Abschnitt beginnt mit einem großen Buchstabenbild. So ein Bild siehst du zum Beispiel auf der Seite 171. Da fangen die M-Geschichten an. Die Buchstabenbilder sind Versteckbilder. In ihnen verstecken sich viele Wörter, die alle mit dem Buchstaben anfangen, bei dem du gerade angekommen bist. Wie viele M-Wörter findest du?

Für manche Dinge gibt es in Österreich oder der Schweiz ein anderes Wort als in Deutschland. So ist es zum Beispiel mit dem Schornsteinfeger. Das österreichische Wort dafür findest du hinter der kleinen Österreich-Flagge, so: Rauchfangkehrer, und das schweizerische hinter der Schweizer Flagge: Kaminfeger.

Oft entdeckst du in einer Lexikon-Geschichte Wörter, die auch noch eine eigene Lexikon-Geschichte haben. Vor vielen dieser Wörter steht ein Pfeil. ➔ Meer bedeutet: Zu dem Begriff „Meer“ gibt es eine eigene Geschichte. Schlag einfach mal unter dem Buchstaben M nach.

Wörter mit zwei oder mehr Bedeutungen nennt man Teekessel. Wenn du in deinem Lexikon das Bild eines lachenden Teekessels findest, heißt das: Dieses Wort hat verschiedene Bedeutungen. In der Geschichte „Teekessel“ auf Seite 279 erfährst du mehr darüber. Manchmal sollst du diese zweite Bedeutung erraten. Dann steht die Antwort auf dem Kopf dabei.

Am Schluss des Buches steht das Verzeichnis aller Lexikon-Geschichten. Man nennt es „Register“. Damit du im Register schnell findest, was du suchst, ist es nach dem Alphabet geordnet. Dort stehen auch die Begriffe, die außer den Hauptbegriffen innerhalb der Lexikon-Geschichten noch erklärt werden. Das Wort „Periskop“ zum Beispiel findest du in der Lexikon-Geschichte „U-Boot“.

Die Lexikon-Kinder stellen sich vor

In deinem Lexikon erleben sechs Kinder Geschichten: Daniel, Lena, Jakob, Anke, Tim und Ibo. Sie alle wohnen in der Meyerstraße. Hier erzählen sie dir selbst etwas über sich.

▲ Auf dem Bild ist unsere ganze Familie. Wir sind die Bodes. Der Kleinste heißt Jakob, ist fünf und die größte Nervensäge. Er geht in den Kindergarten und will unbedingt zur Schule. Ich heiße Lena und bin die in der Mitte. Mein hundertprozentiges Lieblingsfach ist Sport. Neben mir, das ist Daniel. Er geht in die vierte Klasse. Alle sagen, er ist in Anke verknallt. Aber er sagt, dass das überhaupt nicht stimmt. Die Erwachsenen auf dem Bild sind unsere Eltern und Oma Bode. Opa ist schon gestorben. Mama arbeitet seit Kurzem wieder in ihrem Beruf als Fotografin, aber nur halbtags. Papa ist Lehrer, zum Glück nicht an unserer Schule. Oma wohnt nicht weit entfernt. Sie hat einen Schrebergarten. Wir sind gerne bei ihr.

▲ Das Mädchen auf dem Bild, das bin ich. Ich heiße Anke Dietel und gehe mit Ibo und Lena in die 3a. Zu meinen Freunden gehören auch Tim und Daniel. Daniel geht schon in die vierte Klasse. Meine drei Lieblingsfächer sind Sachunterricht, Mathe und Deutsch. Ich habe einen Hund und wünsche mir ein Pferd. Aber Mama sagt: „Das ist zu teuer.“ Sie arbeitet im Kaufhaus. Meine Eltern sind geschieden. Papa wohnt in einer anderen Stadt. Aber ich besuche ihn ziemlich oft. Der Mann auf dem Bild ist mein Opa.

◀ Das ist Ben, mein Hund. Den haben wir aus dem Tierheim geholt. Reinrassig ist er nicht. Aber er hat schöne schwarze Flecken.

▶ Wir heißen Aksoy. In der Mitte stehe ich, Ibo. Auf dem Bild sieht man auch meine Eltern und meine große Schwester Rengin. Lena, Daniel, Anke und Tim sind meine Freunde. In der Schule mag ich Mathe und Sport am liebsten. Meinen Eltern gehört ein Obst- und Gemüseladen. Da gibts immer was zu tun. Manchmal helfe ich. Direkt über dem Laden wohnen wir. Das ist praktisch. Geboren bin ich in Deutschland und ich spreche besser Deutsch als Türkisch. Mein Vater lebt seit 25 Jahren hier, meine Mutter nicht so lange. Manchmal besuchen wir die Großeltern in der Türkei. Später will ich Forscher oder Fußballspieler werden.

◀ Mein Name ist Tim. Ich bin fast neun Jahre alt. Wir heißen Hofer. Lieber als in der Klasse 3b wäre ich in der 3a. Denn da sind meine Freunde Lena, Anke und Ibo. Ein Schulfach hasse ich, und das ist Sport. Am Sonntag wandern meine Eltern immer mit mir. Ich möchte lieber mit meinen Freunden Fahrrad fahren. Aber meine Eltern meinen, dass das gefährlich ist. Mama würde gerne wieder im Büro arbeiten, aber sie findet keine Stelle. Papa sagt: „Macht nichts. Du hast genug Arbeit im Haushalt!“

◀ Opa und Oma wohnen in der Nähe. Bei denen darf ich immer lange fernsehen.

A

Der erste Buchstabe vieler Alphabete ist das A. Die ➔Hieroglyphen der alten ➔Ägypter hatten ein ähnliches Zeichen wie das auf dem Kopf stehende A. Es war ein nach links gedrehter dreieckiger Rindskopf mit Hörnern. Bei uns beginnen heute interessante Wörter wie Angsthase und Armleuchter mit A. Welche noch?

Aal

Anke zeigt ins Wasserbecken eines Fischgeschäfts. Darin schwimmen ➔Fische, die wie Schlangen aussehen. „Das sind Aale", sagt Ankes Mutter. Aale leben in ➔Meeren und in ➔Flüssen. Wenn der Flussaal acht bis zehn Jahre alt ist, schwimmt er viele Tausend Kilometer bis zur Sargassosee im Atlantik. Dort legt er seine Eier ab und stirbt. Die kleinen Aale schwimmen zurück in unsere Flüsse.

Abenteuer

Lena liest ein Abenteuerbuch. Es heißt „Robinson Crusoe" und handelt von einem Mann, der auf einer einsamen Insel leben muss. Vor Aufregung und Spannung hat Lena einen roten Kopf. Robinson, der Held, hat gerade Menschenfresser entdeckt. Lena stellt sich das genau vor. Sie kann gar nicht aufhören zu lesen. – Im Fernsehen werden Abenteuerfilme gezeigt. Lena hört auch oft Abenteuergeschichten im ➔Radio, auf Kassetten und auf ➔CDs. Manchmal denkt sie sich Abenteuer aus. Aber am besten sind die Abenteuer, die sie selbst erlebt, zum Beispiel mit den anderen Kindern in der Meyerstraße.

Aberglaube

Tim hat einen Schornsteinfeger gesehen. „Der bringt mir Glück!", ruft er. „Du bist ja abergläubisch", sagt seine Mutter. Viele Leute glauben, dass bestimmte Dinge oder Menschen besondere Kräfte haben, die sie in Wirklichkeit natürlich nicht haben. Schwarze Katzen oder die Zahl 13 bringen angeblich Unglück. Vierblättrige Kleeblätter und Hufeisen gelten als Glücksbringer.

Abgeordneter

Ibo und Anke sehen auf einem Plakat eine Frau, die sich als Abgeordnete wählen lassen will. Bei uns entscheiden alle erwachsenen Menschen über die ➔Politik. Das können sie aber nicht direkt. Denn wo und wie sollten sie alle miteinander sprechen? Weil das zu schwierig ist, wählt die Bevölkerung Abgeordnete, also Volksvertreter. Man wählt die, die etwa das sagen, was man selbst denkt. Fast alle Abgeordneten gehören einer ➔Partei an. Sie beraten im Parlament, dem Haus der Volksvertreter, zum Beispiel über neue ➔Gesetze. Außerdem wählen die Bundestagsabgeordneten den ➔Bundeskanzler.

Abitur

Lena staunt. Immer bekommt Anke gute Zensuren. „Anke kann nach der Grundschule auf das Gymnasium", sagt Lenas Vater. Das möchte Anke auch, denn sie will das Abitur (Matura) machen und Tierärztin werden. Das Abitur ist die Prüfung, mit der die Schulzeit an Gymnasien endet. Sie dauert in der Regel acht oder neun Jahre. Das Abiturzeugnis braucht man für ein Studium an einer ➔Universität. ➔Ärzte, ➔Architekten und ➔Lehrer zum Beispiel müssen studiert haben.

Abonnement

„Wer hat da eben geklingelt?", fragt Daniel. Seine Mutter antwortet: „Ein Vertreter. Er wollte ein Zeitschriftenabonnement verkaufen." Durch so ein Abonnement bekommt man die ➔Zeitschrift regelmäßig geschickt. Außerdem kostet sie weniger als am ➔Kiosk. Die Bodes haben schon eine Tageszeitung abonniert. Sie liegt jeden Morgen im Briefkasten. Ankes Mutter hat ein Abonnement für Theaterkarten.

abschleppen

Ibo und seine Eltern sind mit dem ➔Auto unterwegs. „Der ➔Motor klingt seltsam", fällt Ibo auf. Da bleibt der Wagen auch schon stehen. Während Ibos Vater den Fehler sucht, fahren viele Autos vorbei. Endlich bremst ein Fahrer. Er steigt aus und fragt: „Kann ich helfen?" Sie befestigen ein Seil an seinem Auto und binden es an ihrem fest. So zieht der Mann sie zu einer Reparaturwerkstatt. „Es war nett, dass er so hilfsbereit war", freut sich Ibos Vater. „Wir hätten sonst den Abschleppdienst holen müssen."

abschreiben

Die Klasse 3a schreibt eine Mathearbeit. Plötzlich hört Anke Lena schimpfen: „Lisa schreibt ab!" Die Lehrerin mahnt Lisa: „Lass das Abschreiben. Du schaffst das auch alleine." Später sprechen Anke und Ibo darüber. Anke findet, dass Lena gemein war. Sie kann Lisa ruhig ins Heft sehen und abschreiben lassen. So hilft sie ihr. Ibo sieht das anders: „Lena hat mehr gelernt als Lisa. Wenn Lisa abschreibt, kriegt sie vielleicht die gleiche Note wie Lena. Das ist ungerecht."

Acker

Ein Bauer sitzt auf seinem ➔Traktor, der eine Drillmaschine über den Acker zieht. „In die Rillen, die dabei auf dem Feld entstehen, fallen die Samen", erklärt Ankes Mutter. „Und dann wächst ➔Getreide", sagt Anke. Auch ➔Dünger kommt in den Boden, damit die Pflanzen besser wachsen. ➔Schädlinge und ➔Unkraut werden beseitigt, ohne die ➔Natur und die Menschen mit ➔Giften zu belasten. Später erntet der Landwirt die reifen Pflanzen. Landmaschinen wie der Mähdrescher helfen dabei.

Adel

In Daniels Klasse heißt ein Junge Karl von Eckern. Genannt wird er Kalli. Seine ➔Familie war früher adlig. Adlig wurde man durch Besitz oder Leistung. Adelstitel sind zum Beispiel Prinzessin, Graf und Herzog. Früher hatte der Adel viele Vorteile. Das ‚von Eckern' in Kallis Namen sagt, dass seine Familie aus Eckern stammt.

Ader

Lena hat sich beim Basteln in den Finger geschnitten. Nun tropft ➔Blut aus einer Ader. Ihre Mutter klebt ein Pflaster auf die Wunde. Überall im Körper gibt es dicke und dünne Adern. Unter der Haut deines Handrückens siehst du sie deutlich. Du kannst dir die Adern wie Leitungen vorstellen. Durch sie fließt das Blut, das dein ➔Körper braucht. Auch die Blätter von ➔Pflanzen haben Adern. Durch sie kommen das Wasser und die Nährstoffe in alle Teile des Blatts.

Adler

Im ➔Zoo stehen Anke und Ibo vor einem Adlerkäfig. In Freiheit sieht man den großen ➔Vogel bei uns nur noch sehr selten. Früher gab es auch in ➔Europa viele Adlerarten. Der größte Adler ist der Steinadler. Die Adleraugen sind so gut, dass sie ➔Mäuse und ➔Kaninchen auch aus großer Höhe erkennen können. Dann stürzt sich der Greifvogel hinunter und seine Fänge packen das Beutetier. Ihre Jungen ziehen Adler in einem großen Nest aus Zweigen auf, dem Adlerhorst.

Adoption

Aufgeregt erzählt Tim seiner Mutter: „Unsere Nachbarn haben ein Mädchen adoptiert. Sie heißt Sara." Saras Eltern sind gestorben. Sie war also eine Waise. Bisher lebte sie mit anderen Kindern in einem ➔Kinderheim. Einige von ihnen haben Eltern. Aber die können nicht für ihre Kinder sorgen, weil sie zum Beispiel krank sind. Kruses freuen sich, dass sie durch die Adoption ein Kind bekommen haben. Sara heißt jetzt Kruse wie ihre Adoptiveltern. Daran und an ihre neuen Eltern muss sie sich aber erst gewöhnen.

Adresse

Anke schreibt einen ➔Brief an ihren Vater. Er lebt in einer anderen Stadt. Ihre Mutter sagt: „Vergiss die Adresse nicht." Anke schreibt den Namen ihres Papas auf den Umschlag und darunter die Straße, die Hausnummer, die Postleitzahl und den Ort. Oben links auf den Umschlag schreibt Anke ihre eigene Adresse, den Absender. So sieht man, von wem der Brief kommt. Auch auf Postkarten muss die Adresse.

Advent

Die Eltern haben den Adventskranz mit seinen vier Kerzen aufgestellt. Lena weiß, dass jetzt bald ➔Weihnachten gefeiert wird, denn die Adventszeit hat begonnen. An jedem der vier Adventssonntage bis zum 24. Dezember zünden sie eine Kerze mehr an. Außerdem öffnen die Geschwister jeden Tag eine Tür an ihren bunten Adventskalendern. Am vierten Advent brennen endlich alle vier Kerzen am Adventskranz.

Affe

Anke und Lena beobachten die Affen im ➔Zoo. Die Tiere spielen und kämpfen miteinander und sie pflegen sich gegenseitig das Fell. „Die benehmen sich fast wie Menschen. Von allen Tieren sind sie am engsten mit uns verwandt", sagt Anke. Es gibt ungefähr vierhundert Arten. Affen können sehr gut klettern. Geschickt benutzen sie dazu ihre Greifhände und -füße. Manche haben auch einen langen Schwanz zum Festhalten und Hangeln. Affen leben in kleinen Gruppen oder großen Horden. Besonders viele Arten gibt es in den ➔Urwäldern ➔Afrikas. Aber auch in den Wäldern ➔Asiens und Südamerikas leben diese ➔Säugetiere. Affen sind Allesfresser. Sie ernähren sich jedoch überwiegend von Früchten und Blättern. Manche Affen sind klein wie Eichhörnchen. Menschenaffen sind fast so groß wie Menschen. Zu ihnen gehören die ➔Schimpansen, die ➔Gorillas und die ➔Orang-Utans.

Afrika

Ibo sucht den Kontinent Afrika im ➔Atlas. Er findet eine Seite mit allen Ländern und ➔Kontinenten. „Deutschland ist klein!“, staunt er. „Der Erdteil ➔Europa ist schon größer“, erklärt seine Mutter. Mit dem Finger fährt sie nach Süden, bis sie in Afrika ist. „Da gibt es ➔Löwen. Und da wohnen dunkelhäutige Menschen in Hütten“, sagt Ibo. Afrika ist etwa dreimal so groß wie Europa. Der Kontinent besteht aus vielen Ländern. ➔Ägypten, Algerien, Kenia, Nigeria, Uganda, Südafrika und Kongo gehören zum Beispiel dazu. Viele Afrikaner haben eine sehr dunkle Haut, andere eine hellbraune oder weiße. Die Menschen wohnen auch nicht nur in Dörfern und in Hütten. Viele leben in großen, modernen Städten und arbeiten in Fabriken. Aber auch Barackenstädte voller Armut gibt es. In Afrika ist es viel heißer und trockener als bei uns. Riesige ➔Wüsten und Grasgebiete bedecken weite Teile Afrikas. Mitten durch Afrika verläuft der ➔Äquator. Hier regnet es sehr oft und es ist feuchtwarm. Deshalb können dichte ➔Urwälder wachsen. Der zweitlängste Strom der Erde, der Nil, fließt durch Afrika. In den Wäldern leben ➔Affen, ➔Vögel und ➔Insekten. ➔Nilpferde und ➔Krokodile sind in den Flüssen zu Hause. In den ➔Savannen sieht man ➔Elefanten, ➔Löwen, ➔Giraffen, ➔Zebras, ➔Antilopen und ➔Nashörner. Wichtige Nahrungsmittel kommen aus diesem Erdteil: ➔Kakao, ➔Bananen, ➔Kaffee, ➔Tee, ➔Erdnüsse und andere Früchte. Diamanten und ➔Gold sind wichtige Bodenschätze. Davon angelockt besetzten Europäer im 19. Jahrhundert viele afrikanische Gebiete. Sie regierten diese Kolonien und ließen die Afrikaner für sich arbeiten. Dabei wurden sie reich. Die Afrikaner blieben arm. Menschenhändler aus ➔Amerika raubten Afrikaner und verkauften sie als ➔Sklaven. Heute sind die afrikanischen Staaten unabhängig.

Ägypten

Ankes Freund Leo war mit seinen Eltern in den Herbstferien in Ägypten und erzählt: „Das liegt in Nordafrika. Wir waren in der Hauptstadt Kairo und haben eine Schiffsfahrt auf dem Nil gemacht. Das ist der längste Fluss Afrikas.“ Vor etwa 5000 Jahren wurde das altägyptische Reich zu einem der mächtigsten Länder und blieb es 2500 Jahre, bis die ➔Römer es eroberten. Zum großen Teil bestand das Land aus ➔Wüste. Aber an den Nilufern lagen Felder, die durch die Überschwemmungen des Nils von seinem Schlamm gedüngt wurden. Außer Bauern gab es im alten Ägypten zum Beispiel ➔Handwerker, ➔Beamte, Priester und ➔Wissenschaftler. Schon damals hatte man eine Bilderschrift, die ➔Hieroglyphen. Regiert wurde das Reich von Pharaonen. Die ➔Pyramiden sind ihre Grabdenkmäler. Mit den einbalsamierten Pharaonen, den ➔Mumien, wurden damals auch Schätze begraben. Fast alle Pyramiden wurden deswegen ausgeraubt. Nur das Grab von Tutenchamun blieb erhalten. Eine berühmte Herrscherin Ägyptens war Kleopatra.

Kaffee
Tee
Gold
Edelsteine
Bananen
Erdnüsse
Kakao
Algier
Tunis
Casablanca
Gorilla
Kairo
Hütten (Kral)
Moschee
Geier
Nil
Dakar
Niger
Pyramide
Addis Abeba
Lagos
Zebra
Lemur
Nairobi
Kilimand-
scharo
Kinshasa
Hochhaus
Antilope
Sambesi
Afrikanischer
Elefant
Johannesburg
Madagaskar
Löwe
Giraffe
Kapstadt
Schlange
Nashorn
Krokodil
Strauß
Afrikanerinnen
und Afrikaner

Ahorn

Lena und Ibo spielen unter einem Laubbaum im Hof. Plötzlich lässt der Wind kleine Propeller durch die Luft fliegen. Rengin zieht einen am Stiel auseinander und klemmt ihn sich auf die Nase. Diese Minipropeller sind die Samen eines Ahornbaums. Die Blätter des Ahorns leuchten im Herbst gelb. In ➔ Amerika und Kanada zapft man Sirup aus Zuckerahornbäumen.

Aids

Hans, ein Freund der Bodes, hat Aids. Er hat sich mit dem HI-Virus angesteckt, als er nach einem Unfall eine Blutkonserve bekommen hat. Jetzt ist Hans krank geworden. Das ➔ Virus dringt in Zellen ein, die für die Abwehrkräfte im ➔ Körper sorgen. Irgendwann kann sich der Körper nicht mehr gegen Krankheiten wehren. Dann stirbt der Mensch. Anstecken kann man sich auch, wenn man mit jemandem ungeschützten Geschlechtsverkehr hat, der mit dem Virus infiziert ist.

Alarm

Ibo geht vom Training nach Hause. Plötzlich erschrickt er durch laute Huptöne. Die kommen aus einem Auto, das durch eine Alarmanlage gesichert ist. Gerade versucht jemand, das Auto ohne passenden Schlüssel zu öffnen. Damit hat er den Alarm ausgelöst. Im ➔ Krieg heulen Sirenen, wenn feindliche Flugzeuge angreifen. Auch bei ➔ Feuer, ➔ Hochwasser und anderen Katastrophen wird Alarm gegeben. ➔ Banken sind durch Alarmanlagen geschützt. Wird der Alarm ausgelöst, kommt die Polizei.

Album

Tim hat ein Fotoalbum bekommen. Es sieht aus wie ein Buch mit dickem Einband und leeren Seiten. Tim wird darin seine Fotos sammeln. Einige Kinder in seiner Klasse haben Poesiealben. In die schreiben sie sich gegenseitig kleine ➔ Gedichte und Sprüche. Tims Vater sammelt Musikalben, also ➔ CDs mit seiner Lieblingsmusik.

Alge

„Das Wasser im ➔ Aquarium ist so grün“, wundert sich Lena. Daniel erklärt: „Das Grüne sind ganz kleine ➔ Pflanzen, die heißen Algen.“ So winzige Algen erkennt man nur unter dem Mikroskop richtig. Im Meer leben viele Algenarten, die ganz unterschiedlich aussehen. Algen sind die wichtigste Nahrung vieler Wassertiere.

Alkohol

Die Eltern von Lena trinken am Abend ➔ Wein. Sie sind lustig und rot im Gesicht. „Das kommt vom Alkohol im Wein“, sagt Lenas Vater. „Ich habe einen Schwips. Auto oder Rad fahren darf ich jetzt nicht mehr.“ Auch ➔ Bier enthält Alkohol, Schnaps noch viel mehr. Wenn die Eltern weiter trinken, werden sie betrunken. Betrunkene denken nicht mehr klar und schwanken beim Gehen. Wer regelmäßig viel Alkohol trinkt, braucht ihn bald immer. Er ist süchtig, also krank. Der Alkohol im Wein entsteht, indem man Traubensaft lange lagert, wobei dieser dann gärt.

allein

Ankes Mutter ist nicht zu Hause. Obwohl Ben da ist, fühlt Anke sich allein. Dieses Gefühl mag sie gar nicht. Sie hofft, dass ihre Mutter bald kommt, und überlegt, was sie so lange tun könnte. Lesen, malen, fernsehen, spielen oder Musik hören fällt ihr ein. Wenn sie so etwas tut, vergisst sie manchmal, dass sie alleine ist. Dann fühlt sie sich wohler. Da ruft Rengin an und sagt: „Bei mir ist niemand zu Hause. Hast du Lust vorbeizukommen? Bring Ben mit!" –
Was tust du, wenn du mal alleine bist?

Allergie

Daniel niest ständig und seine ➔ Nase läuft andauernd. Außerdem jucken seine ➔ Augen sehr stark. „Ich habe bestimmt wieder Heuschnupfen", jammert er. Den bekommt er immer im Sommer, wenn er bestimmte Gräserpollen mit der Luft einatmet. Sein Körper reagiert allergisch, also überempfindlich, auf die Pollen. Dadurch fühlt er sich manchmal richtig ➔ krank. Andere Menschen reagieren auf Katzenhaare oder Staub überempfindlich. Auch Waschmittel, Erdbeeren und vieles andere lösen Allergien aus. Durch Allergien kann man auch Hautausschläge bekommen oder an Atemnot (Asthma) leiden. Daniels Allergie wird von einer Ärztin behandelt, die auf diese Krankheit spezialisiert ist.

Aa Bb Cc Dd Ee Ff Gg Hh Ii Jj Kk Ll Mm Nn
Oo Pp Qq Rr Ss Tt Uu Vv Ww Xx Yy Zz

Αα Ββ Γγ Δδ Εε Ζζ Ηη Θϑ Ιι Κκ Λλ Μμ Νν Ξξ Οο Ππ Ρϱ Σσ Ττ Υυ Φφ Χχ Ψψ Ωω
griechisch

Аа Бб Вв Гг Дд Ее Ёё Жж Зз Ии Йй Кк Лл Мм Нн Оо Пп Рр Сс Тт Уу Фф Хх Цц Чч Шш Щщ Ъъ Ыы Ьь Ээ Юю Яя
kyrillisch (russisch)

Alphabet

Als Lena zur Schule kam, hat sie das Alphabet gelernt. So nennt man die Reihenfolge der sechsundzwanzig Buchstaben unserer ➔ Sprache. Weil die ersten Buchstaben das A, B und C sind, sagt man auch Abc dazu. Unser Alphabet beginnt mit A und endet mit Z. In Russland und Griechenland zum Beispiel hat man andere Alphabete. Manche Menschen sind Analphabeten. Sie können nicht lesen und schreiben. – Stell dir vor, es gäbe kein Alphabet. Wie würdest du dann die Wörter in diesem Lexikon finden?

alt

„Mit zwanzig ist man alt", sagt Lena. Eine Zwanzigjährige meint: „Ich bin jung. Mit fünfzig wird man alt." Eine Fünfzigjährige denkt: „Ich fühle mich jung. Vielleicht ist man mit siebzig alt." Opa Dietel sagt: „Eigentlich bin ich nicht alt. Ich fahre noch Auto." Sein Freund ist siebzig wie er. Der wirkt älter. Sein ➔ Gedächtnis lässt nach und er geht langsam. Er lebt in einem Altenheim. Dort wird er gut versorgt und kennt viele Leute. Oft denkt er trotzdem, dass er lieber bei seinen Kindern wohnen würde. Da fühlt er sich einfach wohler.

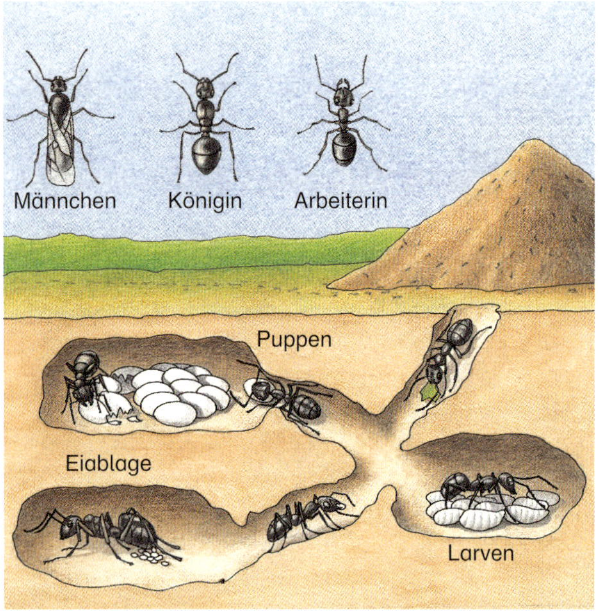

Ameise

Auf dem Waldboden krabbeln Ameisen. Anke ist mit Ben unterwegs und beobachtet die ➲Insekten. Sie schleppen Pflanzenteile zum Ameisenhaufen. Manchmal ist so ein Teil größer als die Ameise, die es trägt. Im Ameisenstaat gibt es viele Gänge. Männchen, Königinnen und Arbeiterinnen leben hier. Jedes Tier tut bestimmte Dinge. Die Arbeiterinnen bauen das Nest und sorgen für die Nahrung. Sie kümmern sich auch um die ➲Eier, die von den Königinnen gelegt werden. Aus den Eiern werden Larven, die sich verpuppen. Aus den Puppen schlüpfen die jungen Ameisen. Die Männchen sind nur für die ➲Fortpflanzung wichtig. Fast überall auf der Erde leben Ameisen. Es gibt viele verschiedene Arten. Termiten sehen den Ameisen ähnlich, gehören aber nicht zur gleichen Tierfamilie.

Amerika

Im ➲Atlas zeigt Daniel Anke den Doppelkontinent Amerika. Er liegt zwischen dem Atlantischen und dem Pazifischen Ozean und ist viermal so groß wie Europa. Amerika besteht aus Nord- und Südamerika. Verbunden werden die Teile durch Mittelamerika. Die Vereinigten Staaten (USA), von denen man häufig als Amerika spricht, sind ein Teil Nordamerikas. Kanada und Teile Mexikos gehören auch dazu. In Alaska und Grönland im Norden ist es meist eisig kalt. Sehr warm wird es im Süden, besonders in Mexiko. Hohe Gebirge ragen an der Westküste der USA auf. Einer der längsten ➲Flüsse der Erde, der Mississippi, fließt durch Nordamerika. Die Europäer wissen erst seit etwa fünfhundert Jahren, dass es Amerika gibt. Damals landete der Seefahrer Christoph Kolumbus dort. Vorher lebten in Amerika schon ➲Indianer und ➲Eskimos. Man vermutet allerdings, dass lange vor Kolumbus die ➲Wikinger nach Amerika gesegelt waren. Nach Kolumbus kamen andere Europäer und nahmen den Indianern ihr Land weg. Dabei wurden viele Indianer getötet. ➲Sklaven aus Afrika mussten für die Siedler arbeiten. Die dunkelhäutigen Afroamerikaner, die heute in Amerika leben, sind ihre Nachkommen. Später wurden moderne Fabriken gebaut. Vor allem in den USA entstanden große Städte mit vielen Hochhäusern wie New York. Washington ist die ➲Hauptstadt der USA. Sie ist nach George Washington benannt, dem ersten Präsidenten der USA. ➲Urwälder und Steppen bedecken weite Teile Mittel- und Südamerikas. Der längste Strom der Erde – der Amazonas – fließt dort. An der Westküste gibt es Berge, die fast 7000 Meter hoch sind. In Mittel- und Südamerika leben Lamas, Ameisenbären, Gürteltiere, ➲Kolibris und ➲Papageien. Brasilien und Argentinien sind die größten Länder Südamerikas. Brasilien liefert viel ➲Kaffee. In Argentinien gibt es riesige Weizenfelder und Viehherden. Auch Tabak, ➲Kakao, ➲Bananen, ➲Mais und ➲Erdöl kommen aus Mittel- und Südamerika. Noch heute leben in den Regenwäldern am Amazonas Indianer. Nach der Landung von Kolumbus drangen europäische Eroberer auch in diese Gebiete ein. Später kamen Einwanderer aus allen Erdteilen. Heute sind die Länder Mittel- und Südamerikas unabhängig. Auffallend ist, dass dort viele sehr arme Menschen leben und nur sehr wenige reiche.

Bananen
Mais
Erdöl
Kaffee
Getreide
Tabak
Kakao
Wolkenkratzer
Wellblechhütte
Mount McKinley
Nord-amerika
Eisbär
Wolf
Missouri
Mississippi
St.-Lorenz-Strom
Montreal
New York
Washington
San Francisco
Rio Grande
Los Angeles
Miami
Havanna
Mexiko-Stadt
Mittelamerika
Pyramide in Mexiko
Grizzlybär
Bison
Schmetterlinge
Ameisenbär
Tukan
Caracas
Bogotá
Südamerika
Amazonas
Lima
Amerikanerinnen und Amerikaner
Rio de Janeiro
Aconcagua
Santiago de Chile
Paraná
Buenos Aires
Gürteltier
Lama
Anakonda
Kondor
Puma

Ampel

Lena will schnell auf die andere Seite der Straße, weil sie dort Anke sieht. Aber die Autos, Motorräder und Fahrräder fahren dicht hintereinander an ihr vorbei. Es wäre gefährlich, hier die Straße zu überqueren. Deswegen geht Lena zu einer Kreuzung, wo der ➔Verkehr durch Ampeln geregelt wird. Die Fußgängerampel zeigt Rot. Lena wartet. Dann springt die Ampel auf Grün. Nun steht der Verkehr und Lena überquert die Straße. Die Ampel für Fahrzeuge hat noch ein gelbes Licht, um Rot oder Grün anzukündigen.

Amsel

Jakob ist bei seiner Oma im Schrebergarten. „Die Amseln fressen mir alle Kirschen weg!“, schimpft Oma. Die ➔Vögel ernähren sich von ➔Früchten, ➔Schnecken und ➔Regenwürmern. Amseln sind Singvögel. Vor allem morgens und abends singen sie sehr schön. Die Männchen erkennt man am schwarzen Gefieder und am gelben Schnabel. Die Weibchen sind graubraun gefiedert. Amseln bauen ihre ➔Nester in Bäumen, Sträuchern und auf dem Erdboden.

Ananas

Tims Mutter war auf dem ➔Markt. Sie hat eine Ananas mitgebracht. Tim holt die große, schwere ➔Frucht aus dem Korb. Rau fasst sie sich an. Sie ist schon lange unterwegs, denn sie kommt aus Thailand, den Philippinen, Indien, Hawaii oder Brasilien. Ananas wachsen nur, wo es wärmer ist als bei uns. Mit dem Messer schneidet Tims Mutter die schuppige Schale ab. Das gelbliche Fruchtfleisch ist saftig, riecht gut und schmeckt süßsauer. „Ich mag so eine frische Ananas lieber als die aus der Dose“, sagt Tim.

angeben

Die Bodes haben am Sonntagnachmittag Besuch. Die Besucher erzählen von ihrem großen Haus. Dann sollen Daniel und seine Eltern ihr neues Auto bewundern. Die Frau erzählt von wichtigen Leuten, mit denen sie befreundet sind. Schließlich berichtet der Sohn lang und genau, was für ein toller Schüler er ist. Zum Glück gehen die Besucher bald wieder. „Mann, haben die sich wichtig gemacht“, schimpft Lena. Ihr Vater sagt: „Ja, das waren richtige Angeber.“ Frau Bode sagt: „Vielleicht sind sie unsicher. Manchmal haben unsichere Menschen es nötig, anzugeben.“

angeln

Am See steht ein Angler. Er hält die Angelrute in der Hand. Daniel und sein Vater sehen, dass die sehr biegsam ist. Der Mann bindet einen Haken an das Ende der Angelschnur. Er spießt ein Stück Brot auf den Haken und erklärt: „Das ist der Köder." Auch ➔ Würmer verwendet man als Köder. Wenn ein ➔ Fisch danach schnappt, schluckt er ihn mit dem Haken und ist gefangen. Jetzt wirft der Mann die Schnur mit dem Köder schwungvoll aus. Auf dem Wasser schwimmt ein Stück ➔ Kork. Das ist der ‚Schwimmer'. Er ist an der Angelschnur befestigt. Wenn er sich bewegt, sieht man, dass ein Fisch angebissen hat.

Angst

Jakob liegt im Bett. Da raschelt es am Fenster. Jakob hat Angst, dass jemand auf der Terrasse herumschleicht. Er starrt in die Dunkelheit und beginnt zu schwitzen. Sein ➔ Herz schlägt schneller und im Magen kribbelt und zieht es. Dieses Gefühl hält ihn wach. Er steht auf und legt sich zu seiner großen Schwester. Die fürchtet sich nicht, denn sie kennt das Geräusch. „Das ist ein Zweig vom Baum. Wenn es windig ist, streicht er am Geländer vorbei", beruhigt sie ihn. Jetzt hat Jakob keine Angst mehr.

Anker

Im Urlaub haben die Bodes ein kleines Segelboot gemietet. Sie segeln zu einer Insel. Papa Bode lässt den Anker ins Wasser und das schwere Metallstück versinkt. Jetzt sieht man nur noch die mit dem ➔ Boot verbundene Ankerkette. Das Boot ist verankert. Es kann nicht mehr weggetrieben werden, denn die Arme des Ankers graben sich in den Meeresgrund. Große ➔ Schiffe haben viel größere Anker.

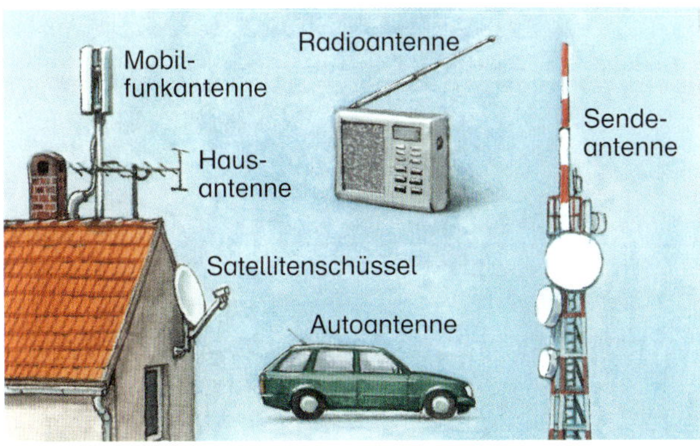

Antenne

„Das Autoradio geht nicht", meint Lena. Frau Bode sagt: „Ich habe die Antenne vor dem Autowaschen abgeschraubt." Mit Antenne funktioniert der Empfang wieder. Die Töne kommen von den Sendeantennen der Rundfunkanstalten. Sie werden in unsichtbare elektrische Wellen verwandelt und durch die Luft geschickt. Antennen fangen die Funkwellen auf. Das Radio verwandelt sie in Töne, der Fernseher sogar in Bilder. Auch Satellitenschüsseln sind Antennen.

Antilope

Im ➲Zoo beobachten Ibo und Rengin die Antilopen. „Was die für Hörner haben“, staunt Ibo. In den Steppen ➲Afrikas und ➲Asiens leben Antilopen in großen Herden. Manche Arten sind pferdegroß, andere hasenklein. Eine besonders schnelle Art sind die Gazellen. Auf kurzen Strecken können sie fast so schnell rennen, wie ein Auto auf der Autobahn fährt. Trotzdem werden sie von ➲Löwen und ➲Leoparden gejagt. Antilopen fressen nur Pflanzen.

Anzeige

Tims Mutter möchte halbtags arbeiten. Deswegen liest sie die Stellenanzeigen in der ➲Zeitung. In diesen kurzen Mitteilungen werden Arbeitsplätze angeboten und gesucht. Auch Verlobungen, Heiraten, Geburten und Todesfälle gibt man in Anzeigen bekannt. Firmen bieten ihre Waren in Zeitungs- und Zeitschriftenanzeigen an. Inserat und Annonce sind andere Wörter für Anzeige. Tims Vater hat eine Anzeige bei der ➲Polizei erstattet. Er hat dort gemeldet, dass ihm seine Brieftasche gestohlen wurde.

Apfel

Daniel kauft Äpfel bei Ibos Vater. „Welche möchtest du?“, fragt Herr Aksoy. Es gibt rotbackige und grüne Äpfel. Auch im Geschmack unterscheiden sich diese ➲Früchte. An Apfelbäumen wachsen süße oder säuerliche Sorten und jede hat einen Namen. Daniels Mutter macht oft Bratäpfel und Apfelmus. – Welche Äpfel schmecken keinem?

Pferdeäpfel und Augäpfel

Apotheke

Ibo bekommt von seiner Mutter einen Zettel. Sie sagt: „Auf dieses ➲Rezept hat der ➲Arzt geschrieben, welche Tabletten ich brauche. Damit gehst du bitte zur Apotheke.“ In der Apotheke gibt Ibo der Apothekerin im weißen Kittel das Rezept und Geld. Dafür bekommt er die Tabletten. Die Apothekerin weiß gut über ➲Medikamente Bescheid. Viele Heilmittel kann man in Apotheken aber auch ohne Rezept kaufen.

Aprikose

„Mmh, Aprikosen“, sagt Anke. Zwei Kisten mit diesen ➲Früchten stehen bei Ibos Vater im Laden. Anke darf eine probieren. Aprikosen (Marillen) wachsen auf Bäumen. Sie brauchen viel Sonne. Ihre Haut fasst sich samtig an. Anke beißt in das süße Fruchtfleisch. „So richtig saftig sind Aprikosen nicht. Aber Aprikosenmarmelade schmeckt lecker“, sagt sie.

Aquarium

Daniel hat ein Aquarium. Er sitzt mit Anke vor dem Glasbehälter. Sie beobachten die ➲Fische, die zwischen den Wasserpflanzen schwimmen. Das Wasser wird durch eine ➲Heizung gewärmt und mit einem ➲Filter sauber gehalten. Daniel füttert die Fische mit Trockenfutter und Wasserflöhen. In seinem Süßwasseraquarium leben andere Fische als im salzigen Wasser der Meerwasseraquarien im Zoo. Dort kann man seltene bunte Fische und ➲Korallen sehen.

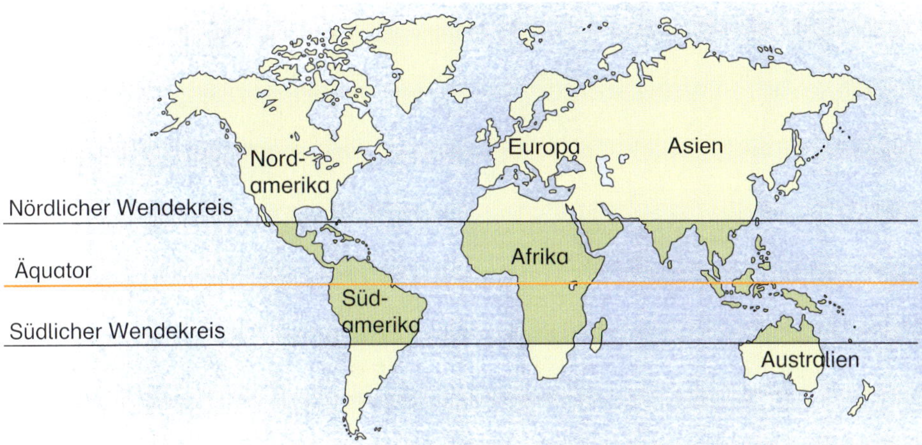

Der Äquator liegt genau zwischen dem Nördlichen und dem Südlichen Wendekreis. An allen Orten in diesem Gebiet scheint die Sonne zweimal im Jahr senkrecht auf die Erde.

Äquator

Eine Freundin von Lenas Eltern war in ➲Afrika. „Hast du den Äquator gesehen?", fragt Lena. Die Frau antwortet: „Sehen kann man den Äquator nicht. Er ist eine gedachte Linie um die Mitte der ➲Erde." Diese Linie ist gleich weit vom ➲Nord- und ➲Südpol entfernt. Dadurch teilt sie die Erde in eine nördliche und eine südliche Halbkugel. Wenn man auf dem Äquator die Erde umwandern würde, müsste man 40 075 Kilometer weit gehen. So dick ist also die Erdkugel. Die Gebiete nördlich und südlich nah am Äquator nennt man Tropen. Die ➲Sonne scheint dort fast senkrecht auf die Erde, darum ist es besonders heiß. Es regnet dort auch sehr viel. Deshalb wachsen die Pflanzen besonders gut.

Arbeit

Tims Vater geht jeden Morgen zur Arbeit ins ➲Büro. Dort verdient er das ➲Geld, das die Familie braucht. Am frühen Abend kommt er zurück. Tims Mutter arbeitet im Haus. Sie kocht, wäscht, bügelt, hält alles sauber und kauft ein. Anke beschwert sich: „Mama arbeitet den ganzen Tag im Kaufhaus. Ich bin dann mit Ben allein. Wenn sie nach Hause kommt, ist sie oft ziemlich müde." Daniels Freund Lukas sagt: „Mein Vater arbeitet in der ➲Fabrik, manchmal auch nachts. Oder er bleibt tagsüber länger und macht Überstunden. Durch die Überstunden und die Nachtarbeit verdient er mehr. Meine Mutter arbeitet halbtags." Ibo sagt: „Bei unseren Nachbarn arbeitet der Mann im Haushalt und manchmal malt er Bilder. Die möchte er gern verkaufen. Seine Frau arbeitet als Lehrerin." Jakob sagt: „Ich will später ➲Astronaut oder Feuerwehrwagenfahrer werden."

arbeitslos
Tims Vater sagt: „Bei uns in der Firma werden viele Leute entlassen. Die sind dann arbeitslos. Wir haben nicht genug Aufträge.“ Tim fragt: „Wirst du auch arbeitslos?“ Sein Vater antwortet: „Hoffentlich nicht. Dann bekäme ich weniger ➔Geld. Und du weißt ja, bisher reicht es gerade so für uns drei.“ Der Vater von Anke ist schon lange arbeitslos. Er meldet sich regelmäßig bei seinem Jobcenter und hofft, dass man dort ➔Arbeit für ihn findet. Er sucht auch selbst nach einer freien Stelle. Bisher hat das nichts genützt. Anke erzählt Lena: „Ich hab gedacht, ich könnte Papa jetzt öfter besuchen. Aber er hat dauernd schlechte Laune, weil er keine Arbeit findet. Dann bin ich nicht gerne bei ihm.“ Viele der Millionen Arbeitslosen haben keine Arbeit, weil ➔Maschinen schneller und billiger arbeiten.

Architekt
Daniels Onkel ist Architekt. Wenn jemand ein Haus bauen möchte, bespricht er mit Daniels Onkel, wie er sich das Haus vorstellt. Dann zeichnet der Architekt, wie es außen und innen werden soll. Und er rechnet aus, was es kostet. Nach der Zeichnung, dem Bauplan, richten sich die ➔Handwerker, die das Haus bauen. Architekten planen auch ganze Stadtteile mit Häusern, Grünanlagen, Straßen und Spielplätzen.

Arena
Lenas Mutter war in Italien, um Fotos für eine Zeitschrift zu machen. Dort hat sie eine Arena besichtigt. Diese Arena ist vor vielen Jahrhunderten von den ➔Römern gebaut worden. Arenen sind große Kampfstätten mit Zuschauertribünen ringsherum. Im alten Rom kämpften dort Gladiatoren gegen wilde Tiere. In Arenen in Spanien werden Stierkämpfe gezeigt. Auch große Sportstadien nennt man Arena.

Ärger
Lena ärgert sich über Jakob, weil er ihre Bastelei für Oma kaputt gemacht hat. Vor lauter Ärger schimpft sie laut. Ihre Mutter reizt der Krach. Sie wird ärgerlich und mahnt Lena: „Jakob hat das bestimmt nicht mit Absicht getan. Beruhige dich mal.“ Lena ist enttäuscht, dass ihre Mutter nur zu ihrem Bruder hält, und ärgert sich noch viel mehr. Aber später schenkt Jakob ihr einen Marienkäfer aus Schokolade. Da vertragen sie sich wieder. Das ist ein besseres Gefühl, als sich zu ärgern.

arm

Ankes Mutter erzählt: „Ein ehemaliger Kollege muss mit seiner Familie in eine kleinere Wohnung umziehen. Er war ➔arbeitslos geworden. Jetzt hat er zu wenig ➔Geld, um die alte, größere Wohnung zu bezahlen. Er wird mit seiner Familie nicht verhungern. Aber sie können sich nicht so viel leisten wie die meisten Menschen bei uns. Eigentlich ist die Familie arm.“ Andere Menschen werden durch eine Krankheit arm. Oder sie bekommen im Alter so wenig ➔Rente, dass sie arm sind. Obwohl wir in einem der reichsten Länder leben, gibt es also auch bei uns Armut. In den ➔Entwicklungsländern leben aber viel mehr Arme als hier. Die Menschen dort hungern und viele verhungern. Die Kinder können nicht zur Schule gehen. Sie haben keine Spielsachen und kaum Kleidung. Die reichen Länder versuchen, den armen zu helfen, damit weniger Menschen Not leiden.

Artist

Gespannt sehen Ibo und seine Schwester im ➔Zirkus den Seiltänzern zu. „Wie schaffen die es nur, das ➔Gleichgewicht auf dem dünnen Seil zu halten?“, fragt er Rengin leise. Dann tritt eine Gruppe von Artisten auf, die sich alle aufeinanderstellen und eine Menschenpyramide bilden. Der Mann oben macht einen Kopfstand auf dem Kopf des Mannes unter ihm. Nach diesen Artisten fliegt eine Trapezkünstlerin mit dreifachem Salto durch die Luft. Ein Mann fängt sie auf. Er hängt mit dem Kopf nach unten an einer Schaukel. Danach bohren sich knapp neben einer Frau die Messer des Messerwerfers in eine Holzwand. Ibo hält den Atem an. Aber als die ➔Clowns auftreten, muss er lachen. Für ihre perfekten Leistungen mussten diese unterschiedlichen Artisten lange trainieren.

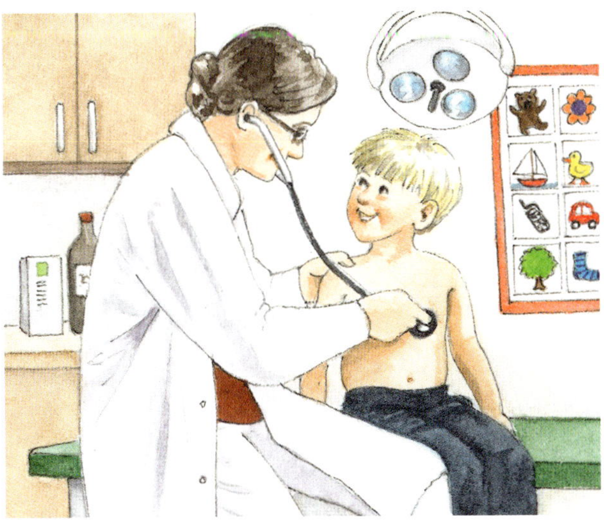

Arzt

Jakob hat Husten. „Wir gehen zum Arzt“, sagt seine Mutter. ‚Dr. Lampe, Kinderärztin, Sprechstunde Montag bis Freitag von 9–12 und 15–18 Uhr‘ steht auf einem Schild. Im selben Haus gibt es auch eine Zahnarztpraxis. Die Abkürzung Dr. steht für Doktor. Frau Dr. Lampe hat Medizin studiert. Dabei hat sie gelernt, wie man die vielen verschiedenen Krankheiten erkennt und heilt. Die Zeit, in der sie in ihrer Praxis arbeitet, heißt Sprechstunde. – Jakob und seine Mutter sitzen im Wartezimmer. „Jakob Bode, bitte“, sagt die Arzthelferin. Die Ärztin untersucht Jakob und verschreibt ein ➔Medikament. „Das wird dir helfen“, sagt sie.

Moschee
Wolkenkratzer
Wohnhaus
Tabak
Baum-
wolle
Gold
Erdöl
Kaffee
Reis
Tee
Asiatinnen und
Asiaten
Lena
Jenissei
Ob
Baikalsee
Tokio
Peking
Aralsee
Ankara
Jerusalem
Teheran
Riad
Jangtsekiang
Mekong
Mount
Everest
Delhi
Ganges
Bombay
Bangkok
Singapur
Rentier
Dromedar
Polarfuchs
Indischer
Elefant
Tiger
Kobra
Großer
Panda
Orang-Utan
Schnee-Eule

Asien

In einem Film sieht Anke Bilder vom Erdteil Asien. „Wo liegt Asien?“, fragt sie. Ihre Mutter fährt im ➲ Atlas mit dem Finger auf der Landkarte nach Osten bis nach Russland. „Da, hinter dem Uralgebirge, beginnt dieser riesige ➲ Kontinent“, sagt sie. Asien ist ungefähr viermal so groß wie der Erdteil ➲ Europa, auf dem wir leben. Mehr als die Hälfte aller Menschen dieser Erde wohnen in den Ländern Asiens. China gehört dazu, Indien und Japan. Der südwestliche Teil Asiens wird Vorderasien genannt. Dazu zählt man zum Beispiel die Türkei, Israel, Iran, Irak und die Länder auf der arabischen Halbinsel. Einige dieser Staaten gehören durch ihre Ölvorkommen zu den reichsten der Erde. Alle großen ➲ Religionen sind in Asien entstanden. Die Menschen Asiens haben verschiedene Hautfarben. Sie sprechen viele verschiedene ➲ Sprachen und benutzen unterschiedliche ➲ Schriften. Anke hat chinesische Schriftzeichen gesehen. Sie kennt auch einige Märchen aus ‚Tausendundeiner Nacht‘. Diese Geschichten kommen aus Arabien. Tokio, die Hauptstadt Japans, und Peking, die Hauptstadt Chinas, sind die bekanntesten Städte. Obwohl sehr viele Menschen in Asien leben, gibt es unbewohnte Gebiete wie die heißen ➲ Wüsten und die feuchtheißen ➲ Urwälder. Aber auch große kalte Gebiete gibt es. Mächtige ➲ Flüsse durchziehen den Erdteil. Mit 8850 Metern ist der Mount Everest im Himalaja-Gebirge in Asien der höchste Berg der Erde. In Asien leben ➲ Elefanten, ➲ Tiger, Eisbären, Rentiere, ➲ Kamele, ➲ Affen und ➲ Pandas. Asiatische Länder liefern ➲ Erdöl, ➲ Kohle, ➲ Gold, Kautschuk, ➲ Seide, ➲ Reis, ➲ Tee, ➲ Kaffee, ➲ Gewürze und Tabak. Trotzdem gehören einige Länder Asiens zu den ➲ Entwicklungsländern. In diesen Ländern leben die Menschen vor allem von der Landwirtschaft. In anderen Ländern, wie in Japan, arbeiten viele Menschen in großen, modernen Fabrikanlagen.

Astronaut

Im Fernsehen gibt ein Astronaut ein ➲ Interview. Tim findet es spannend, was er vom Flug im luftleeren ➲ Weltall erzählt. Mehrstufige, riesige ➲ Raketen tragen die Raumschiffe mit den Astronauten ins Weltall. In den Raumfahrzeugen sind die Astronauten schwerelos. Außerhalb des Raumschiffs tragen sie Raumanzüge. Die schützen vor Hitze, Kälte und den Strahlen im Weltall. 1961 startete der erste Raumfahrer zum Flug um die ➲ Erde. Es war der sowjetische Oberst Juri Gagarin. Am 21. Juli 1969 betraten die Amerikaner Armstrong und Aldrin als erste Menschen den ➲ Mond. Inzwischen sind Astronauten und Astronautinnen oft im Weltall gewesen. Zurzeit wird der Flug zum Mars geplant.

Asyl

Daniel hört in den Nachrichten von Menschen, die bei uns in Deutschland um Asyl bitten. Einige von ihnen sind aus ihrer Heimat geflohen, weil sie wegen ihrer ➲ Religion verfolgt wurden. Andere fürchten in ihrer Heimat wegen ihrer politischen Überzeugung um ihr Leben oder weil sie zu einem bestimmten Volksstamm gehören. Wenn man diesen Menschen Asyl gewährt, nimmt man sie im Land auf und schützt sie. Dann können sie hoffentlich ein neues Leben ohne ➲ Angst beginnen.

Atlas

Lena erzählt: „Wir fahren nach Kopenhagen." Tim holt seinen Atlas. Das ist ein großes Buch mit Karten der Erde und des Himmels. Tim und Lena finden darin die ➔Kontinente, ➔Länder, ➔Städte, ➔Meere, ➔Flüsse, ➔Berge und den Sternenhimmel. Im ➔Register suchen sie das Wort ‚Kopenhagen'. Dahinter steht die Seitenzahl. Auf dieser Seite ist eine Karte von Dänemark mit der Stadt Kopenhagen abgebildet.

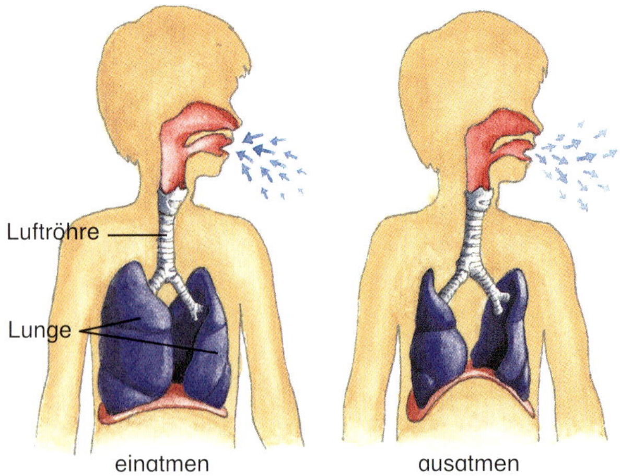

atmen

Im Schwimmbad taucht Daniel, solange er es aushält. Leider kann er nicht wie ein ➔Fisch unter Wasser atmen (schnaufen). Fische holen sich den Sauerstoff, den sie zum Leben brauchen, durch ihre Kiemen aus dem Wasser. Menschen dagegen atmen den Sauerstoff mit der Luft in die ➔Lunge ein. Von da gelangt der Sauerstoff dann ins ➔Blut und wird im ganzen ➔Körper verteilt. Umgekehrt kommt das im Blut enthaltene Kohlendioxid in die Lunge und wird ausgeatmet. Wenn jemand schnell rennt, muss die Lunge besonders schwer arbeiten. Deswegen ist man danach außer Atem.

Atom

Lena weiß, dass sie aus ungeheuer vielen winzigen Atomen besteht. Hunderte von Milliarden Atome stecken schon in einem Brotkrümel. Das Wort Atom stammt aus dem Griechischen und bedeutet ‚der letzte unteilbare Urstoff'. Aus diesem Urstoff sind alle sichtbaren und unsichtbaren Dinge zusammengesetzt. Unteilbar ist dieser Urstoff aber nicht. Wissenschaftler können die Atome mancher ➔Elemente teilen. Dazu spalten sie den Kern des Atoms. Im Atom steckt viel ➔Energie. Durch die Spaltung des Kerns wird sie frei. Die Menschen können sie nutzen. Sie gewinnen daraus zum Beispiel ➔Strom.

Atomkraftwerk

Tim und seine Eltern fahren an einem Atomkraftwerk vorbei. Dort werden Atomkerne des ➔Metalls Uran gespalten. So wird ➔Energie frei, aus der man ➔Strom gewinnt. Viele Menschen haben Angst, dass die radioaktiven Strahlen aus Atomkraftwerken großen Schaden anrichten. Sie befürchten auch, dass die entstehenden Abfälle nicht sicher gelagert werden und weite Gebiete verseuchen. Deshalb plant man den Atomausstieg. Energiegewinnung durch Kernkraft soll bei uns beendet werden. Auch aus ➔Erdöl, ➔Gas, ➔Kohle und erneuerbaren Energien wie Sonnenenergie, Erdwärme, Biogas und Windkraft gewinnt man Strom.

Aufzug

Lena besucht eine Freundin, die im elften Stock eines Hochhauses wohnt. Im Erdgeschoss denkt Lena: „Zum Glück gibt es hier einen Aufzug (🇦🇹 🇨🇭 Lift), sonst müsste ich die Treppen zu Fuß hochgehen.“ Und man müsste auch alles hochschleppen. Im Fahrstuhl, wie man den Aufzug auch nennt, drückt Lena auf den Knopf mit der ‚11‘. Schnell wird der Aufzug vom Motor mit einem Drahtseil hochgezogen. Beim Anfahren und Halten spürt Lena einen leichten Druck im Magen.

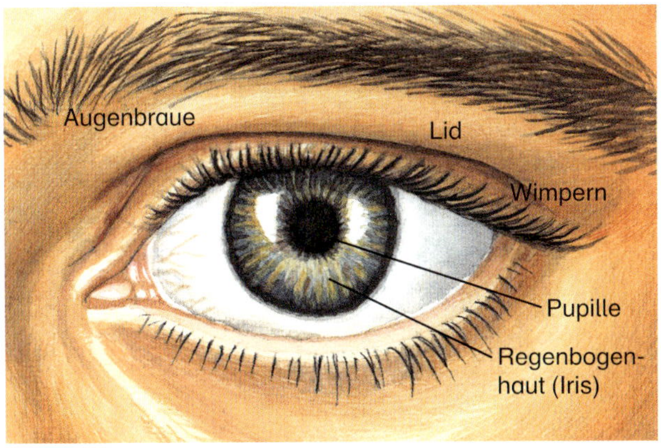

Auge

„Ich hab was im Auge!“, jammert Jakob. Seine Mutter sagt: „Gut, dass es tränt. Die ➔Tränen haben die Fliege rausgespült, die dir ins Auge geflogen ist.“ Auch die Augenbraue, das Lid mit den Wimpern und die Augenhöhle schützen dieses Organ, mit dem wir sehen. Im Spiegel sieht man den vorderen Teil des Augapfels. In der Mitte sitzt die Pupille. Um die Pupille erkennt man die farbige Regenbogenhaut. – Mit welchen Augen kannst du nichts sehen?

Mit Hühneraugen

Ausgrabung

Bei Baggerarbeiten wurden tief in der Erde unter der Stadt die Reste einer alten Siedlung gefunden. Vorsichtig graben und schaben einige Archäologen in der Erde. Gespannt gucken Lena und Tim ihnen zu. Archäologen legen bei solchen Ausgrabungen Mauerreste, Scherben, Gefäße und andere Gegenstände aus vergangener Zeit frei. Durch die Funde erfahren sie zum Beispiel, wie die Menschen hier früher gewohnt und gearbeitet haben. Sie finden heraus, was die Leute gegessen haben und wie sie gekleidet waren. Ausgrabungsorte gibt es in vielen Ländern, vor allem in ➔Europa und ➔Afrika. Alles, was man ausgräbt, wird fotografiert und in eine Karte eingetragen. „Archäologen sind fast so etwas wie Schatzsucher“, sagt Tim begeistert.

Ausland

„Ich war mit meinem Opa in den Osterferien in Tunesien“, erzählt Anke Daniel. „Wenn die Tunesier gesprochen haben, konnte ich kein Wort verstehen.“ Das Essen schmeckt dort ganz anders und es gibt andere Bräuche. Die Reise war interessant. Aber oft fühlte sich Anke im Ausland einfach fremd. Dann war sie froh, wenn ihnen gastfreundliche Menschen zum Beispiel den Weg gezeigt haben. Auf dem Rückflug lernten sie einen Tunesier kennen, dem sie von Deutschland erzählten. Als sie in Deutschland ankamen, war er im Ausland. Jetzt konnten sie ihm helfen.

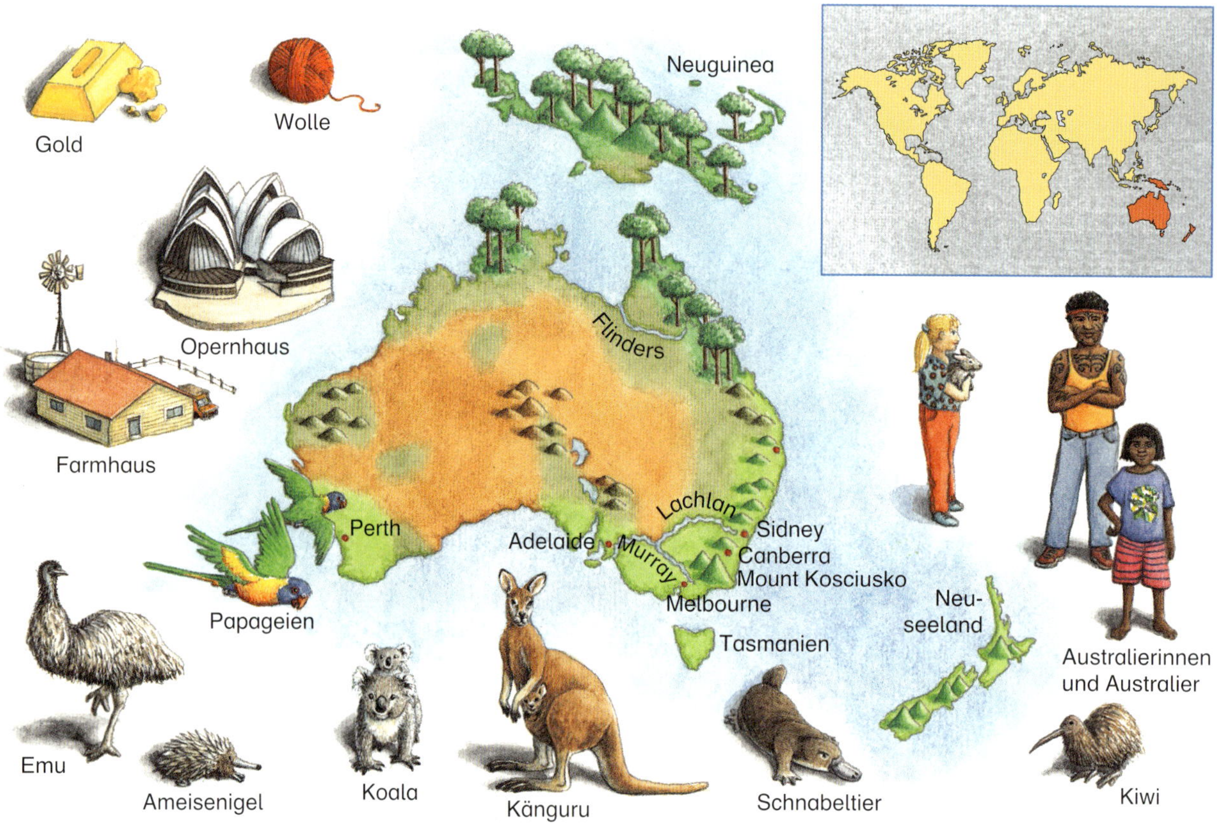

Australien

Lena und Ibo haben einen Film über Australien gesehen. Auf dem ➲ Globus finden sie diesen Erdteil weit entfernt von den anderen ➲ Kontinenten. Er liegt da wie eine große ➲ Insel im Ozean. Australien ist der kleinste Erdteil. Dort ist es viel heißer und trockener als bei uns. Weite ➲ Wüsten und ➲ Steppen bedecken das Innere Australiens. Nur wenige Menschen leben hier. Die meisten wohnen in den großen Städten an der Küste. Dort arbeiten viele Menschen in Fabriken, Büros und Geschäften. Außerhalb der Städte werden auch Landwirtschaft und Viehzucht betrieben. In Australien leben vor allem Weiße. Ihre Vorfahren kamen aus verschiedenen Ländern, die meisten aus England, Wales, Schottland und Irland. Allerdings kamen bis vor ungefähr 170 Jahren die wenigsten freiwillig. Oft wurden Leute, die etwas angestellt hatten, zur Strafe nach Australien geschickt. Erst als man später ➲ Gold fand, folgten freiwillige Siedler. Ureinwohner, die Aborigines, gibt es nur noch wenige. Zu ihren alten Bräuchen gehört das Bumerangwerfen. Die Aborigines sprechen ihre Stammessprachen und haben ihre eigenen Lieder. Viele von ihnen ziehen im Land umher. In Australien weiden riesige Schafherden. Sie liefern ➲ Wolle, die in andere Länder verkauft wird. ➲ Gold, ➲ Silber, Blei, Kupfer und ➲ Kohle werden gewonnen. Hohe Eukalyptusbäume wachsen hier. Außerdem leben in Australien viele für uns ungewöhnliche Tiere, wie die ➲ Kängurus und die ➲ Koalas. Das ➲ Schnabeltier und der ➲ Kakadu sind hier zu Hause. Die ➲ Kaninchen wurden aus ➲ Europa eingeschleppt. Sie vermehrten sich so schnell, dass sie sich zur Landplage entwickelten. Zu Australien gehören viele Inseln. Die wichtigsten sind Tasmanien, Neuguinea und Neuseeland.

Ausweis

Auf dem Flughafen im ➔ Ausland verlangt ein Zollbeamter von Ankes Opa den Personalausweis (🇨🇭 Identitätskarte). Er sieht sich das Foto und die Unterschrift auf dem Ausweis genau an. Außerdem stehen im Ausweis der Name, der Geburtstag und der Geburtsort. „Daran erkennt er, wer ich bin", erklärt Ankes Opa. – Mit sechzehn Jahren bekommt man so einen Personalausweis. Auch der Führerschein (🇨🇭 Führerausweis), der Schülerausweis und der Reisepass sind Ausweise.

Auto

Anke und Opa fahren mit dem Auto zum Einkaufen. Anke sitzt hinten in ihrem Kindersitz. Beide sind angeschnallt. „Gut, dass ich einen Führerschein (🇨🇭 Führerausweis) habe", sagt Opa. Ohne ihn dürfte er nicht fahren. Früher dauerte es lange, bis man mit dem Pferdefuhrwerk oder der ➔ Eisenbahn von einer Stadt zur anderen kam. 1886 wurde das erste Auto von Carl Benz gebaut. Autos sind nützlich. Mit ihren Abgasen verpesten sie aber auch die Luft und machen Krach. Deshalb gibt es umweltfreundliche Autos, die mit Gas oder elektrisch betrieben werden. Autos, die mit Elektro- und Benzinmotor fahren sind Hybridfahrzeuge. Viele Menschen benutzen gern ➔ Busse, Züge oder ➔ Fahrräder.

Autobahn

Die Bodes fahren auf der Autobahn. Autobahnen sind Schnellstraßen. Sie haben getrennte Fahrbahnen für den Verkehr in jede Richtung und nirgends gibt es Kreuzungen. Das Halten ist nur im Notfall auf dem Standstreifen erlaubt. Plötzlich bremst Frau Bode. Sie stecken in einem Stau. Später hören sie im Radio, dass ein Geisterfahrer unterwegs ist. Das ist jemand, der auf der Autobahn in der falschen Richtung fährt.

Autogramm

Ibo sammelt Autogramme. Auf den Autogrammkarten sieht man das Foto eines bekannten Menschen, seine Unterschrift und manchmal auch noch eine Widmung. Auf einer Karte liest Rengin: ‚Mit herzlichen Grüßen für Ibo von …'. Die Unterschrift kann Rengin nicht lesen und sie kennt auch den Mann auf dem Bild nicht. Ibo erklärt ihr: „Das ist ein Fußballspieler." Auch von Schauspielern und Sängern hat er Autogramme.

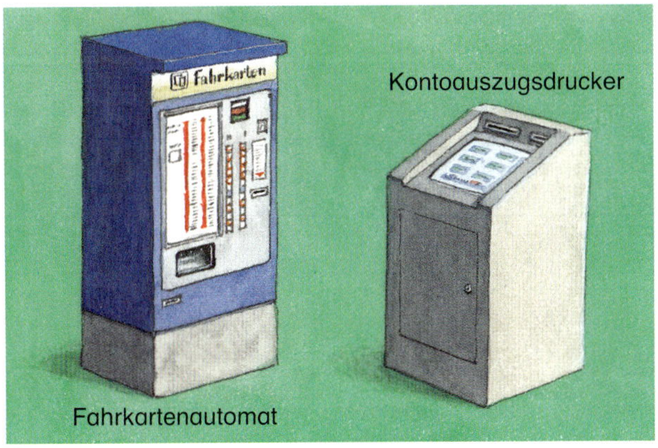

Automat

Anke ist mit ihrem Vater am ➔ Bahnhof. Sie kaufen eine Fahrkarte am Automaten. Gegenüber holt sich jemand eine Limo aus dem Getränkeautomaten. Vielleicht zieht sich Anke später eine bunte Kugel aus dem Kaugummiautomaten am Ausgang. Komplizierte Automaten waschen Autos, drucken Kontoauszüge und spülen Geschirr. Viele dieser Automaten erledigen Arbeiten, die vorher von Menschen ausgeführt wurden. Von ihnen mussten sich deshalb viele eine neue ➔ Arbeit suchen.

B

Das B hat einen geraden Rücken, eine Brust und einen Bauch. Wahrscheinlich stammt unser B von einer altägyptischen ➔ Hieroglyphe ab. Sie bedeutete „Haus" oder „Fuß". Schon im alten Griechenland war das B der zweite Buchstabe im Alphabet und hieß Beta. Mit B fangen schöne Wörter an wie Bauchredner und Brimborium. Wie viele B-Wörter entdeckst du im Bild?

Baby

Neun Monate lang ist das Baby (Bébé) von Ankes Nachbarn im Bauch seiner Mutter gewachsen. Dann wurde es geboren. Tom heißt es. Weil Tom noch nicht sprechen kann, schreit er. Er schreit, weil er Hunger hat, weil seine Windeln voll sind oder weil ihm etwas wehtut. Der Säugling saugt ➔ Milch aus der Brust seiner Mutter. Erst später lernen Babys, feste Nahrung zu essen. Auch Krabbeln, Gehen und Sprechen müssen sie lernen. Manchmal passen Anke und Lena auf Tom auf. Sie sind dann Babysitter.

Bäckerei

Tim geht in die Bäckerei. Er will ein ➔ Brot und sechs Brötchen (Semmeln) kaufen. Außer ➔ Kuchen gibt es hier auch Torten, denn dieser Bäcker ist außerdem Konditor (Zuckerbäcker) von ➔ Beruf. In der Backstube arbeiten der Bäckermeister, die Gesellen und die Auszubildenden. Maschinen helfen beim Kneten und Formen des Teigs. Dann wird er im großen Backofen gebacken.

Bad

Jakob planscht in der Badewanne. Zum Glück ist der Raum gekachelt. Da dürfen die Wände ruhig nass werden. Oma erzählt ihm, wie das früher war: „Wir hatten kein Badezimmer mit ➔ Toilette, Dusche, Wanne, ➔ Spiegel, Waschbecken und warmem Wasser. Die Wanne wurde aus dem Keller in die Küche geschleppt. Meine Mutter machte Wasser heiß und goss es in die Wanne. Das war alles ziemlich unbequem."

Bagger

Lena sieht an einer ➔ Baustelle zu, wie ein Baggerführer mit seinem Bagger eine Baugrube aushebt. Bevor es solche Baumaschinen gab, wurden Gruben von Arbeitern mit ➔ Schaufeln ausgehoben. Heute gibt es viele verschiedene Bagger. Manche laden Schutt auf Lastwagen. Große Bagger nehmen Erde, Steine, Schlamm und Kies auf und laden sie ab. Viele Bagger fahren auf Rädern, andere auf Raupen oder Schienen. Außer Löffelbaggern gibt es Greifbagger und Planierraupen. Schwimmbagger werden in ➔ Häfen und auf ➔ Flüssen eingesetzt. Sie heben Fahrrinnen für Schiffe aus.

Bahnhof

Anke und ihr Opa fahren mit der ➔ Eisenbahn zu Ankes Vater. Im Bahnhof gehen sie an der Gepäckaufbewahrung und den Schließfächern vorbei. Dort kann man Koffer unterbringen. In diesem großen Bahnhof gibt es viele Läden und sogar ➔ Gaststätten. Anke kauft noch etwas zu lesen. An der Information (Servicepoint) fragt Opa nach der Zugverbindung. Die Fahrkarten gibt es am Schalter. „Wir müssen zum Gleis 3", sagt Opa nach einem Blick auf den ➔ Fahrplan. Viele Züge halten hier und fahren danach weiter in andere Städte. „Güterzüge halten am Güterbahnhof", erklärt Opa. Dann sagt eine Stimme über Lautsprecher, dass ihr Zug gleich ankommt.

Bakterie

Jakob starrt in die Luft und sagt: „Lena erzählt, dass überall Bakterien herumschwirren. Aber ich sehe gar nichts. Lena spinnt." Seine Mutter sagt: „Das tut sie nicht. Bakterien sind winzig kleine Lebewesen. Du kannst sie nur unter dem ➲ Mikroskop sehen." Bakterien leben in der Luft, im Erdboden und im Wasser. Sie sind für das Leben von ➲ Menschen, ➲ Tieren und ➲ Pflanzen wichtig. Sie sorgen dafür, dass die Erde fruchtbar ist. Auch für die Herstellung von ➲ Käse und ➲ Joghurt braucht man sie. Sie helfen bei der Verdauung und bei vielem anderen. Allerdings gibt es auch Bakterien, die krank machen.

Ballett

„Die bewegen sich so komisch", sagt Jakob. Lena sagt: „Das ist Ballett." Sie sieht gern zu, wenn die Tänzerinnen und Tänzer ➲ Musik in Bewegung umsetzen. Jetzt tanzen sie auf ihren Zehenspitzen, drehen sich und springen. Das sieht leicht aus, ist aber sehr schwer. Lena war einmal mit ihren Eltern bei einem Ballettabend im ➲ Theater. Seitdem nimmt sie Ballettunterricht, um selbst so tanzen zu können.

Ballon

Auf dem Jahrmarkt bläst Tim einen Reklameballon auf. Dann lässt er ihn los. Der Ballon ist etwas schwerer als ➲ Luft. Deshalb sinkt er zu Boden. Auch Daniel lässt seinen Ballon los. Schwupp … schwebt er in den Himmel, denn er wurde mit ➲ Gas gefüllt, das leichter ist als Luft. Am Himmel schwebt ein riesiger Ballon. Unter diesem Heißluftballon hängt eine Gondel, in der Menschen stehen. Die Kinder aus der Meyerstraße würden gerne mitfahren. Lenken kann man so einen Ballon nicht richtig. Er wird vom ➲ Wind getrieben. Damit er steigt, erhitzt man die Luft in der Ballonhülle. Zum Sinken lässt man sie abkühlen.

Bambus

In einem chinesischen Lokal bestellt Anke Hühnerfleisch mit Bambussprossen. „Das sind die jungen Triebe vom Bambus", sagt ihre Mutter. Anke kennt die Pflanze aus dem Garten von Tims Großeltern. In den Tropen wird dieses ➲ Gras bis zu 40 Meter hoch. Dort wachsen dichte Bambuswälder, in denen ➲ Pandas leben. Aus den harten, hohlen Bambusstangen werden Möbel hergestellt.

Banane

„Warte mal“, sagt Ibo zu Tim. Er rennt in den Laden und holt zwei Bananen. Ibo und Tim ziehen die gelbe Schale der ➲ Früchte ab und beißen in das weiche Fruchtfleisch. Bananen wachsen in warmen Ländern. Man erntet sie, wenn sie noch grün und hart sind. Sie reifen dann in Schiffen und Lagerhäusern. In vielen südlichen Ländern sind Bananen ein wichtiges Nahrungsmittel.

Band

Rengin hat ein Keyboard. Sie übt oft auf diesem elektronischen ➲ Musikinstrument. Sie möchte mit anderen Mädchen eine Band gründen. Leider fehlt ihnen noch ein Übungsraum. Meist besteht eine Band aus einer Sängerin oder einem Sänger und mehreren anderen Musikern. Bands spielen ganz unterschiedliche ➲ Musik. Das geht vom Schlager bis zum Hip-Hop. Eine der berühmtesten Bands aller Zeiten waren die Beatles.

Bank

Lena bringt ihre Sparbüchse zur Bank. Die Angestellte schließt sie auf und sagt zu Lena: „Wenn du dein ➲ Geld hierlässt, wird die Summe auf deinem Sparkonto eingetragen. Dann bekommst du dafür jedes Jahr Zinsen. Sie sind eine Art Belohnung, dass du das Geld bei uns lässt.“ Als Lenas Mutter ein Auto gekauft hat, musste sie einen ➲ Kredit aufnehmen. – Bei welcher Bank bekommst du keine Zinsen?

Bei der Parkbank

Bär

Anke und ihr Vater beobachten die Braunbären im ➲ Zoo. Einer steht aufgerichtet da. „Der ist größer als du“, staunt Anke. Bären sind ➲ Raubtiere und können schnell laufen und gut klettern und schwimmen. Es gibt viele Bärenarten. Eisbären sind weiß. Sie leben in der Arktis am ➲ Nordpol. Einer der kleinsten Bären ist der Waschbär. In Nordamerika leben der große Grizzly und der Schwarzbär. Bären fressen Fleisch, Pflanzen und Honig. In Kinderzimmern gibt es kuschelige Teddybären. – Manchmal heißt es: ‚Der bindet dir einen Bären auf‘. Das bedeutet: Er sagt nicht die Wahrheit.

Barometer

„Oh, das Barometer ist gefallen“, ruft Oma Bode. Jakob sagt: „Nein, es hängt fest an der Wand!“ Oma lacht und erklärt: „Eigentlich fällt nur der Zeiger vom Barometer. Gestern stand er auf ‚schön‘, weil der Luftdruck hoch war und das ➔ Wetter schön. Heute ist ein Tiefdruckgebiet gekommen und der Luftdruck ist gefallen. Der Zeiger reagiert und ‚fällt‘ auf ➔ Regen. Das Barometer hilft, das ➔ Wetter vorherzusagen.“

Basketball

Die Bodes gehen zu jedem Basketballspiel ihrer Mannschaft. Zwei Mannschaften spielen viermal 10 Minuten gegeneinander. Jede besteht aus fünf Spielern und will den Ball möglichst oft in den Korb des Gegners werfen. Die Spieler dürfen sich nicht berühren. Will man sich mit dem Ball fortbewegen, muss man ihn mit einer Hand dribbeln. Die Kinder aus der Meyerstraße treffen sich oft im Hof hinter dem Laden zum Basketballspielen. Die meisten Körbe wirft Daniel, denn er ist am größten.

basteln

Ibo und Anke kaufen in einem Bastelladen ein. Sie wollen ein Modellflugzeug bauen. Die beiden sind sehr geschickt. Solche handwerklichen Arbeiten sind eines ihrer ➔ Hobbys. Ihrem Vater will Anke einen Kalender basteln. Er freut sich über selbst gemachte Geschenke. Weihnachten basteln alle Bode-Kinder Sterne für den Baum. Und wenn im Laden etwas kaputt ist, basteln Ibo und sein Vater es wieder zusammen.

Batterie

Der Wecker geht nicht mehr. Tim setzt neue Batterien ein. Eine Batterie ist ein Speicher für ➔ Energie. Chemische Stoffe in der Batterie erzeugen ➔ Strom. Nach einiger Zeit ist die Batterie leer. Deswegen kauft Tim lieber Akkumulatoren (Akkus). Diese Batterien kann man am Stromnetz wieder aufladen. Batterien stecken auch in Taschenlampen, ➔ Fotoapparaten und Elektroautos.

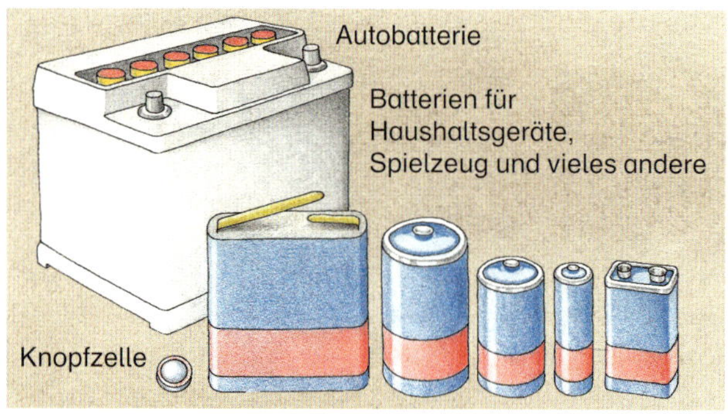

Bauernhof

Anke und ihre Mutter besuchen einen Bauernhof. Der Bauer zeigt ihnen den Kuhstall. „In den Silos dahinter ist das ➔ Futter“, sagt er. „Das Heu wird in der Scheune gelagert. Und das ist der Schuppen für die ➔ Maschinen.“ Auch ➔ Weiden gehören zu diesem Hof. Landwirte müssen viel über Pflanzen, Tiere und Technik wissen. Auf den meisten Höfen hat man sich spezialisiert. Hier auf Viehzucht und Ackerbau. Andere Höfe stellen Bioprodukte her. Dort werden die Böden zum Beispiel nicht chemisch gedüngt und die Tiere artgerecht gehalten. Dazu gehört, dass sie natürliches Futter bekommen und genug Platz haben. Anke freut sich, dass es auf diesem Hof Ponys gibt.

Baum

Tim klettert einen Baumstamm hinauf. Durch die Zweige und ➔ Blätter der Krone scheint die Sonne. Tim setzt sich auf einen Ast und sieht über den ➔ Garten seiner Großeltern zum ➔ Wald. In diesem Garten wachsen Obstbäume und andere Laubbäume, zum Beispiel ➔ Birken. Sie werfen im Herbst ihr bunt verfärbtes Laub ab. Die ➔ Kiefern, ➔ Fichten und ➔ Tannen im Nadelwald sind das ganze Jahr grün. Bäume lassen sich an den Blättern, den ➔ Früchten und der Rinde unterscheiden. Manche Bäume werden bis zu tausend Jahre alt wie die ➔ Linden. Wird ein Baum gefällt, erkennt man sein Alter an den Jahresringen im Stamm. – In Tims Stadt wollte man Bäume fällen, um eine Straße zu verbreitern. Die Anwohner waren dagegen, weil Bäume dafür sorgen, dass die ➔ Luft sauberer und im Sommer kühl ist. Außerdem finden sie Bäume schön.

Baumwolle

Jakob soll ein neues Hemd bekommen. „In dem hier schwitzt du nicht so. Das ist aus Baumwolle“, sagt die Verkäuferin. „Wächst die Wolle auf Bäumen?“, fragt Jakob. Seine Mutter antwortet: „Nein. Baumwolle wächst an ➔ Sträuchern.“ Sie wird auf Feldern in warmen Ländern angebaut, zum Beispiel in Südamerika. Die Blüten reifen zu walnussgroßen Kapseln. Wenn sie aufspringen, sieht man weiße Samenbüschel. Die erntet man mit der Hand oder mit Maschinen. In Amerika war das früher die Arbeit der ➔ Sklaven. Aus den Büscheln werden Fäden gesponnen und die webt man zu Stoffen.

Baustelle

„Wo die bauen, haben wir früher gespielt“, sagt Tim. Jemand hat das Grundstück gekauft. Ein ➔ Architekt zeichnete das Haus und berechnete, was es kostet. Eines Tages wurde dann die Baugrube mit einem ➔ Bagger ausgehoben. Bauarbeiter betonierten die Kellerfundamente und die Betonmischmaschine ratterte. Erst wurde der ➔ Keller errichtet. Gerade mauern ➔ Maurer die Hauswände. Immer wieder überprüft der Architekt alles. Zimmerleute nageln den Dachstuhl zusammen. Dann feiert man Richtfest. Danach wird das Dach gedeckt. Schreiner bauen Fenster, Türen und Treppen ein. Elektriker sorgen für den ➔ Strom. Die ➔ Heizung, Waschbecken und eine Badewanne werden montiert. Fliesenleger und ➔ Maler kommen. Bald werden die Hausbesitzer einziehen. – Fertighäuser sind viel schneller fertig. Die einzelnen Teile kommen schon vorgefertigt auf der Baustelle an.

Beamer

Ibos Lehrerin holt den Beamer. Mit dem Gerät überträgt sie Bilder und Videos von einem Computer- oder Fernsehbildschirm auf die Wand. Diese Übertragung nennt man „Projektion“. Ibos Papa sagt: „Der Beamer ist so ähnlich wie unser alter Diaprojektor.“ Mit diesem Vergrößerungsgerät projiziert man Fotos auf eine Leinwand. Diese Fotos sind durchsichtige Filmstückchen, also Dias.

Beamter

Herr Bode ist ➲ Lehrer. Er arbeitet als Beamter an der Schule. Unter seinen Freunden gibt es einige Beamte, zum Beispiel einen Polizeibeamten und eine Finanzbeamtin. Arbeiter und Angestellte werden von einem Betrieb eingestellt, Beamte vom ➲ Staat. Nach einer Probezeit ist man meist sein ganzes Leben lang Beamter. Für den Dienst erhalten die Beamten Bezüge. Wenn sie alt sind, bekommen sie eine Pension.

behindert

Frau Schlüter ist Daniels Lehrerin. Sie fährt mit einem speziellen Auto zur Schule. Dort steigt sie in ihren Rollstuhl. Zum Glück ist die Schule so gebaut, dass Behinderte ohne Hilfe hineinkommen. Leider ist das nicht bei allen Gebäuden so. Deswegen ist es für Behinderte zum Beispiel oft schwierig, in einen Laden zu kommen. Es gibt körperbehinderte Menschen wie Frau Schlüter und es gibt geistig Behinderte. Die Behinderung entsteht durch einen ➲ Unfall, durch ➲ Krieg oder Krankheit. Sie kann auch seit der ➲ Geburt vorhanden sein. Es gibt Schulen, in denen nur behinderte Kinder unterrichtet werden.

Behörde

„Ich muss heute Nachmittag kurz in die Schulbehörde", sagt Herr Bode. So eine Behörde mit ihren Beamten und Angestellten kümmert sich zum Beispiel im ➲ Staat oder in der ➲ Stadt um ganz bestimmte Aufgaben. Außer der Schulbehörde gibt es eine Finanzbehörde, die sich um das Geld kümmert, eine Wasserbehörde und viele andere Behörden. Amt ist eine andere Bezeichnung für Behörde oder Verwaltung.

Benehmen

Die Kinder fahren mit ihren Inlinern. Sie toben und sind laut. Da wird ein Fenster aufgerissen und ein Mann ruft: „Was ist das für ein Benehmen?" Er meint damit, dass sich die Kinder nicht richtig verhalten. Frau Bode sagt: „Ich finde nicht, dass ihr euch schlecht benommen habt. Aber ihr solltet Rücksicht auf den Mann nehmen, der seinen Mittagsschlaf machen will." – Obwohl Frau Bode nicht streng ist, hat sie mit Lena geschimpft: „Ich schleppe die Taschen und du knallst die Tür vor mir zu. Du benimmst dich unmöglich." Später hat sie sich gefreut, weil Lena freiwillig beim Aufräumen geholfen hat.

Benzin

An der ➲ Tankstelle füllt Herr Aksoy Benzin in den Tank. Mit Benzin werden ➲ Motoren angetrieben. Die Flüssigkeit brennt leicht und ist giftig. Waschbenzin benutzt man zum Entfernen von Flecken. Hergestellt wird Benzin aus Erdöl. Die Abgase der Benzinmotoren verschmutzen die Luft. Sie werden durch den Katalysator, eine Art ➲ Filter im Auspuff, zum Teil gereinigt. Besser ist es aber, wenig Benzin zu verbrauchen.

Berg

Familie Dietel wandert im Gebirge. „Die Berge sehen aus wie riesige Buckel", sagt Tim. Er kennt aber auch kegelförmige und spitze Berge. Berge sind vor Millionen Jahren entstanden, als sich Teile der Erdkruste gegeneinanderschoben. Andere haben sich durch Vulkanausbrüche gebildet. Der höchste Berg ist der Mount Everest. Er ist über 8800 m hoch. Noch höhere Gebirge gibt es im Meer.

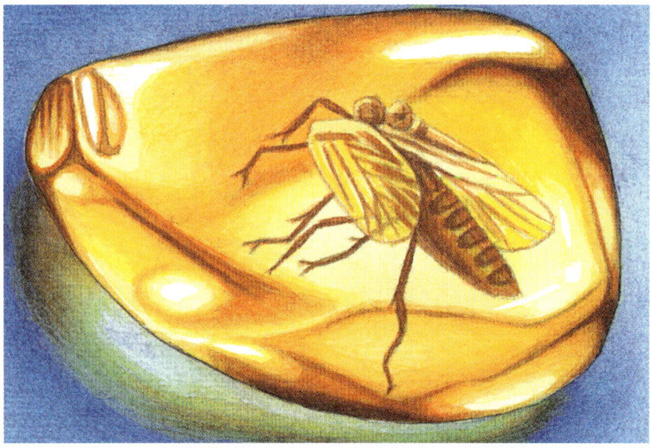

Bernstein

Im Urlaub an der Ostsee hat Anke ein Stück Bernstein gefunden. Es ist gelb und fast durchsichtig. Ihre Mutter sagt: „Bernstein kann heller, aber auch bräunlich sein.“ Manchmal ist im Bernstein eine Fliege eingeschlossen. Vor Millionen Jahren fing sie sich in einem klebrigen Harztropfen. Der wurde hart und schließlich zu Bernstein. Das Harz kam aus einem Nadelbaum, der schon lange nicht mehr steht. Aber die Fliege im Bernstein blieb bis heute erhalten. Bernstein wird oft zu Schmuck verarbeitet.

Beruf

„Ich möchte später mal im Laden von meinem Vater arbeiten und dort der ➔ Chef sein“, sagt Ibo. „Und was willst du werden?“, fragt er Anke. „Tierärztin. Ich mag Tiere. Oder ich werde Millionärin“, antwortet sie. Millionärin zu sein ist kein Beruf. Da hat man nur viel ➔ Geld. Aber in einem Laden zu verkaufen, dort Chef zu sein oder als Tierärztin zu arbeiten, das alles sind Berufe, genau wie Schreinerin, ➔ Gärtner, ➔ Lehrerin, ➔ Friseur, Mechaniker oder Computerfachfrau. Mit dem Beruf verdient man meistens das Geld, das man zum Leben braucht. Viele Berufe erlernt man während einer Ausbildung im Betrieb. Dort ist man Auszubildender. Für andere Berufe studiert man an einer ➔ Universität. So eine Ausbildung oder ein Studium wird mit einer ➔ Prüfung beendet. Allerdings hört danach das ➔ Lernen nicht auf. In den meisten Berufen bildet man sich nämlich durch Lehrgänge oder Seminare weiter. – Lena möchte gerne Pilotin werden. Ihre Oma meint dazu: „Das ist doch ein Männerberuf.“ Aber Lena will später trotzdem probieren, ob das nicht doch ein guter Beruf für sie ist. – Hast du dir schon überlegt, was du werden möchtest?

Beton

Auf der ➔ Baustelle ist das Kellerfundament fertig. „Das ist aus Beton“, sagt Lena zu Tim. Aus diesem Baustoff werden ➔ Brücken, Hochhäuser und vieles mehr gebaut. Hergestellt wird er aus Sand, Kies, Wasser und Zement, einer pulvrigen Mischung aus Kalk, Ton und anderen Zusätzen. Das alles mischt man in einer Betonmischmaschine. So entsteht ein Brei, der in Formen gegossen hart wird.

bewusstlos

Erschrocken sehen die Kinder auf dem Schulhof zu einem Mädchen, das wie leblos daliegt, nicht spricht und nichts hört. Das Mädchen ist hingefallen und bewusstlos geworden. Eine Lehrerin ruft einen Krankenwagen. Später erwacht das Mädchen im ➔ Krankenhaus. Sie war bewusstlos, weil ihr ➔ Gehirn durch den Sturz kurze Zeit nicht mehr durchblutet wurde. Auch vor Schreck kann man in Ohnmacht fallen. Vor einer ➔ Operation bekommt man eine Narkose. Dann wird man bewusstlos, damit man nichts spürt.

Biber

Im Fernsehen sieht Anke, dass es bei uns wieder Biber gibt. Die weichen Biberpelze sind sehr wertvoll, deshalb war das Tier in Europa bis vor Kurzem fast ausgerottet. Im Norden Europas, Asiens und Amerikas sieht man an ➔ Flüssen und ➔ Seen noch häufiger die großen Dämme der Biber. Der Biber ist ein Nagetier. Mit seinen kräftigen Zähnen nagt er an ➔ Bäumen, bis sie umfallen. Aus dem Holz baut er Dämme, die das Wasser stauen. Biber fressen ➔ Pflanzen. Sie schwimmen gut. Dabei helfen die Schwimmhäute zwischen den Zehen ihrer Hinterfüße. Als Steuer benutzen sie den platten Schwanz.

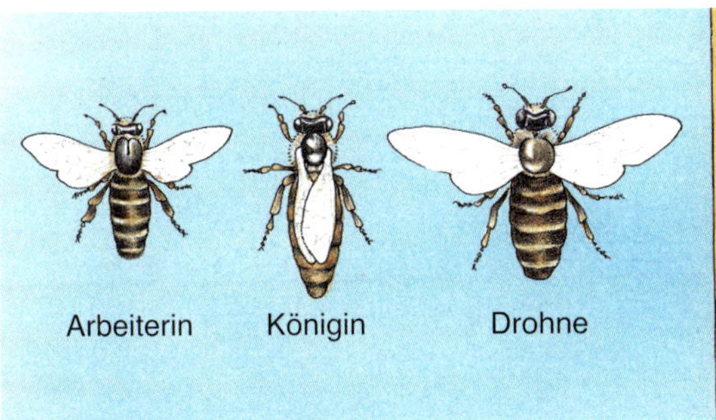

Biene

Am Waldrand sehen Anke und ihr Vater viele Bienen. „Hier ist bestimmt irgendwo ein Bienenstock", sagt Anke. Gleich darauf entdecken sie sogar mehrere. Im Bienenstock hält der Imker ein Bienenvolk, das ihm Honig und Wachs liefert. Zu jedem Volk gehört eine Königin. Sie legt Eier, aus denen junge Bienen schlüpfen. Außerdem leben im Stock einige Hundert männliche und Tausende weibliche Bienen. Weibliche Bienen nennt man Arbeitsbienen. Jede hat eine bestimmte Aufgabe. Flugbienen fliegen zu den Blüten und sammeln Zuckersaft. Diesen Nektar verwandeln sie in Honig. Vorratskammern für den Honig sind die sechseckigen Zellen in den Wachswaben im Stock, die Stockbienen gebaut haben. Bienen sind ➔ Insekten und verständigen sich durch Zeichensprache. Möchten sie anderen Bienen mitteilen, wo sie Nahrung entdeckt haben, führen sie einen Tanz auf. Nur die Weibchen haben einen Stachel. Männliche Bienen, die Drohnen, sind für die ➔ Fortpflanzung wichtig. – Hoch über sich sieht Anke eine andere Drohne. Diesen unbemannten Flugkörper steuert ein Mensch vom Boden aus.

Bier

Herr Bode schenkt seiner Frau und sich Bier ein. Goldbraun und sprudelnd fließt es in die Gläser. Daniel leckt an der Schaumkrone. Sie schmeckt bitter. Der Braumeister braut das Getränk in der Brauerei. Dazu braucht er Wasser, Hopfen, Malz und Hefe. Bier enthält ➔ Alkohol, man kann davon betrunken werden. Daniel und Lena trinken manchmal alkoholfreies Malzbier. Auch für Erwachsene gibt es alkoholfreies Bier.

Bildhauer

Lena hat eine Holzfigur geschnitzt. „Das ist eine schöne Plastik", freut sich ihre Patentante. Sie ist Bildhauerin. Ihre Kunstwerke, die man Plastiken oder Skulpturen nennt, formt sie aus verschiedenen Materialien. In ihrem Arbeitsraum, dem Atelier, zeigt sie Lena Steinfiguren. Die hat sie mit Hammer und Meißel aus Stein gehauen. Einige Plastiken sind aus Holz. Für die braucht sie als ➔ Werkzeug Schnitzmesser. Auch aus ➔ Ton oder ➔ Metall werden Plastiken geformt.

Biologie

„Ich muss für Bio lernen", sagt Rengin. So nennen Schüler das Fach Biologie. Statt Bio hat Ibo noch Sachkunde. Auch da lernt er etwas über ➔ Tiere, ➔ Pflanzen und ➔ Menschen. Mit diesen Lebewesen beschäftigt sich die Wissenschaft Biologie. Dabei nennt man das, was mit Tieren zu tun hat, Zoologie, was mit Pflanzen zu tun hat, Botanik. Biologen erforschen, wie die Lebewesen geboren werden, wie sie leben, wie sie sich unterscheiden, woraus sie bestehen und wie sie sich verhalten. Ein berühmter Naturforscher war Charles Darwin (1809–1882). Er erforschte die Entwicklung des Lebens.

Birke

Im Garten von Oma Bode wächst eine Birke. Diesen schlanken ➔ Baum kann man wegen seiner auffällig weiß-schwarzen Rinde leicht von anderen unterscheiden. Die Kätzchen an den Birken sind Blüten. Besonders schön sehen Birken mit ihren hellgrünen Blättern im Frühling aus. Birken wachsen auf sandigen oder feuchten Böden. Aus ihrem Holz macht man Möbel.

Birne

Tim pflückt eine Birne vom ➔ Baum. Die Frucht fühlt sich glatt an und schmeckt süß und saftig. Seine Oma kocht Kompott aus diesem Kernobst oder backt Kuchen daraus. Aus dem Holz des Birnbaums kann man Möbel bauen. Es gibt verschiedene Birnensorten. Eine ist aber ungenießbar. Welche ist das?

Die Glühbirne

Blatt

Es ist Spätsommer. Die ➲ Bäume und ➲ Sträucher in Oma Bodes Garten hängen voller grüner Blätter. Alle haben verschiedene Formen. „In ein paar Wochen verfärben sie sich, welken und fallen ab wie in jedem Herbst“, sagt Oma. Ein Baum mit Blättern würde im Winter verdursten, weil er viel mehr Wasser brauchte als ohne Blätter. Aber aus dem gefrorenen Boden können die ➲ Wurzeln im Winter kein Wasser aufnehmen. Erst im Frühjahr wachsen die Blätter wieder.

Das Blattgrün, auch Chlorophyll genannt, nimmt die ➲ Energie der Sonnenstrahlen auf und verwandelt sie mit Wasser und Kohlendioxid aus der Luft in Stärke, also in Nahrung für die Pflanzen. ➲ Adern durchziehen das Blatt. Sie befördern die Nährstoffe. Mit ihren Blättern atmen Pflanzen auch, denn sie brauchen ➲ Luft wie Menschen. Außerdem verdunstet über die Blätter Wasser. – Bei seiner Oma sieht Jakob ein Blatt, das an keinem Baum wächst. Was für eins?

Ein Blatt Papier

Bleistift

„Blei ist doch giftig. Ist davon was in meinen Stiften?“, fragt Tim. „Nein“, antwortet sein Vater, „Bleistiftminen werden schon lange nicht mehr aus diesem ➲ Metall hergestellt.“ Heute bestehen die Minen aus Ton und Grafit. Ab und zu spitzt Tim seinen Bleistift mit dem Spitzer. Er hat weicher und härter schreibende Bleistifte.

blind

Auf dem Bahnsteig sieht Daniel einen blinden Jungen. Mit einem weißen Stock ertastet er Hindernisse, die andere sehen. Bei vielen Blinden sind das Gehör und der Tastsinn besonders gut. Manche lassen sich auch von Blindenhunden führen, die dafür lange ausgebildet worden sind. Man kann blind geboren werden. Andere Menschen erblinden durch ➲ Unfälle oder Krankheiten. Der französische Lehrer Louis Braille hat eine Blindenschrift entwickelt. Jeder Buchstabe besteht aus höchstens sechs hoch stehenden Punkten, die der blinde Leser ertastet.

Blinddarm

Ibo hatte Bauchschmerzen, ➲ Fieber und ihm war übel. Der Arzt stellte eine Blinddarmentzündung fest. Deshalb musste Ibo ins Krankenhaus. Dort wurde er operiert. Dabei wurde nicht der ganze Blinddarm entfernt, sondern nur ein kleiner Teil, der Wurmfortsatz. Den braucht man eigentlich gar nicht. Eine Woche später war Ibo mit einer kleinen Narbe am Bauch wieder zu Hause.

Blindschleiche

„Eine ➔ Schlange!“, ruft Jakob am Waldrand. Seine Mutter sagt: „Das ist eine harmlose Blindschleiche, also eine ➔ Eidechse ohne Beine. Blind ist sie nicht. Und sie schleicht nicht, sie kriecht.“ Blindschleichen fressen Schnecken und Würmer.

Blitz

„Gleich gibts ein ➔ Gewitter“, sagt Anke. Da blitzt und donnert es schon am dunklen ➔ Himmel. Zwischen den Wolken ist Elektrizität entstanden. Die entlädt sich in Blitzen. Beim Aufzucken wird die ➔ Luft heiß und dehnt sich aus. Erst kurz danach donnert es. Denn das ➔ Licht ist schneller als der ➔ Schall. Je mehr Zeit zwischen Blitz und Donner vergeht, desto weiter ist das Gewitter entfernt.

Blume

Auf einer Wiese und am Feldrand pflücken die Hofers Blumen. Seltene Blumen sind geschützt. Man darf sie nicht pflücken, damit sie nicht aussterben. Später kommt die Familie an Gärten voller blühender, duftender Blumen vorbei. Tims Mutter schnuppert an einer gelben ➔ Rose. Blumen locken ➔ Schmetterlinge und ➔ Bienen an, die Nektar in den Blüten suchen. Dabei bestäuben die ➔ Insekten die Blüten. Außer im Winter sieht man blühende ➔ Pflanzen draußen das ganze Jahr. Und wenn der Winter fast vorbei ist, schieben sich die ersten ➔ Schneeglöckchen aus dem Boden. In der kalten Jahreszeit züchtet der ➔ Gärtner Blumen in beheizten ➔ Treibhäusern. Auch in Blumenkästen auf dem Balkon und in Blumentöpfen im Haus wachsen Blumen. Die müssen gegossen und gedüngt werden.

Blut

Jakobs Knie blutet. „Komisch“, denkt er, „gestern hat mein Finger geblutet. Ist denn überall im ➔ Körper Blut?“ Blut ist wirklich überall in uns. Ohne Blut können Menschen nicht leben. Ständig wird es vom ➔ Herzen durch die ➔ Adern gepumpt. Es transportiert Sauerstoff und Nährstoffe in die ➔ Zellen. Außerdem verteilt es die Wärme im Körper. Blut besteht aus roten und weißen Blutkörperchen und den Blutplättchen. Die roten Blutkörperchen transportieren Sauerstoff. Die weißen wehren Krankheiten ab. Die Blutplättchen sorgen dafür, dass das Blut aus Jakobs Knie verkrustet, also gerinnt. Im Körper eines Erwachsenen fließen etwa fünf bis sechs Liter Blut.

Bohne

Herr Bode kocht Bohnengemüse. Die grünen Bohnen sind frisch aus Omas Garten. Weil sie an Stangen wachsen, heißen sie Stangenbohnen. Es gibt auch Buschbohnen und dicke Bohnen. Die reifen Kerne dieser Hülsenfrüchte kann man trocknen. In Asien wachsen Sojabohnen. Daraus macht man meist Öl und Tierfutter.

Bohrinsel

„Ich habe mal auf einer Bohrinsel fotografiert", erzählt Frau Bode. „Die ist doch im ➔ Meer. Wie bist du denn da hingekommen?", fragt Daniel. Seine Mutter antwortet: „Mit dem ➔ Hubschrauber. Die Arbeiter kommen aber auch mit ➔ Schiffen auf diese riesige Stahlplattform, die höher ist als eine Kirche." Jakob will wissen, warum im Meer gebohrt wird. Seine Mutter erklärt: „Weil es ➔ Erdöl und Erdgas nicht nur unter der Oberfläche an Land gibt, sondern auch tief unter dem Meeresboden. Von Bohrinseln aus wird danach gebohrt." Der riesige Bohrer ist in einem Bohrturm befestigt. Der Bohrer kann Hunderte Meter tief in die Erde getrieben werden. Bohrinseln sind gut verankert, damit sie bei Sturm nicht weggetrieben und beschädigt werden. Wenn das doch passiert, fließt Öl ins Meer. Bei so einer Ölpest sterben viele ➔ Fische und ➔ Vögel.

Boje

Im ➔ Hafen schwimmt etwas Tonnenförmiges. „Das ist eine Boje", sagt Ibo. Damit sie nicht wegtreibt, ist sie verankert. Es gibt Bojen in verschiedenen Größen, Farben und Formen. Für Seeleute sind sie Verkehrszeichen. Sie zeigen, wo die ➔ Schiffe fahren müssen, oder warnen vor gefährlichen Stellen. Heulbojen geben Töne von sich. Andere Bojen machen Rauchzeichen.

Bombe

In der Zeitung sieht Jakob Fotos von Häusern, die von einer Bombe zerstört worden sind. „Wie kann so ein kleines Ding ganze Häuser kaputt machen?", fragt er. Sein Vater antwortet: „Im Metallkörper der Bomben ist Sprengstoff. Davon reichen schon kleine Mengen, um ein Haus zu zerschmettern." Im ➔ Krieg werden Bomben aus ➔ Flugzeugen oder von Drohnen abgeworfen. Wenn sie ihr Ziel treffen, explodieren sie und zerstören es. Durch die Strahlen von Atombomben sterben noch Jahre später Menschen.

Boot

Am ➲ See beobachten Jakob und sein Vater ein Segelboot. Das Segel am Mast wird vom ➲ Wind gebläht. Der Segler sitzt im hinteren Teil des Bootes, dem Heck. Der vordere Teil heißt Bug. In der Nähe sieht Jakob ein Schlauchboot und an der anderen Seite des Sees ein Rennboot mit Ruderern, die für ein Rennen, eine Regatta, üben. Ein Motorboot zischt vorbei. Nahe dem Ufer fährt eine Familie Tretboot. – Die ersten Boote waren ausgehöhlte Baumstämme.

Börse

Im Fernsehen sieht Ibo eine Halle voller Menschen. Sie sitzen vor ➲ Computern und beobachten Zahlenlisten. Ab und zu werden die Frauen und Männer ganz aufgeregt und rufen wild durcheinander. Das ist die Börse. Die Menschen dort sind Händler. Sie kaufen und verkaufen Aktien für ihre Kunden. So einem Kunden gehört mit seinen Aktien ein Teil einer Firma. Macht die Firma gute Geschäfte, steigt der Aktienwert. Dann wird die Aktie gerne gekauft. Geht das Geschäft schlecht, sinkt der Wert. Und die Aktien werden verkauft. An anderen Börsen handelt man mit Währungen, also Geld, oder Waren.

botanischer Garten

Die 3a geht durch den botanischen Garten, in dem heimische und ➲ Pflanzen aus anderen Ländern wachsen. Der Garten wird von Gärtnern gepflegt. Solche Anlagen sind für den Unterricht und die Forschung wichtig. Hier studiert man zum Beispiel die unterschiedlichen Formen von Pflanzen. Die Klasse kommt an seltenen ➲ Bäumen, ➲ Sträuchern und ➲ Blumen vorbei. Dann besichtigen sie eines der beheizten ➲ Treibhäuser mit Pflanzen, die sonst in den Tropen wachsen. „Jetzt sehen wir uns noch die Teiche mit Wasserpflanzen an und den Steingarten“, sagt die Lehrerin.

boxen

Im Fernsehen sieht Daniel zwei Boxer. Mit ihren Fäusten kämpfen sie im Boxring gegeneinander. Damit sie sich nicht zu sehr verletzen, tragen sie gepolsterte Handschuhe. Der Kampf ist in Runden eingeteilt, nach jeder gibt es eine Pause. Der Ringrichter passt auf, dass die Boxer die Regeln einhalten. Manchmal wird einer zu Boden geschlagen. Bleibt er länger als zehn Sekunden liegen, hat er durch K. o. verloren. – Welche Boxer boxen nicht?

Die Hunde

Bremse

Tim will bremsen. Er zieht am ➔ Fahrrad die Bremshebel seiner Felgenbremse. Sofort drücken die Gummiklötze auf die Felgen. Jetzt rollen die Räder langsamer und bleiben dann stehen. Autos haben Fuß- und Handbremsen. Es können Scheiben-, Trommel- oder Druckluftbremsen sein. – Tim kennt Bremsen, die stechen. Sie sehen aus wie große ➔ Fliegen.

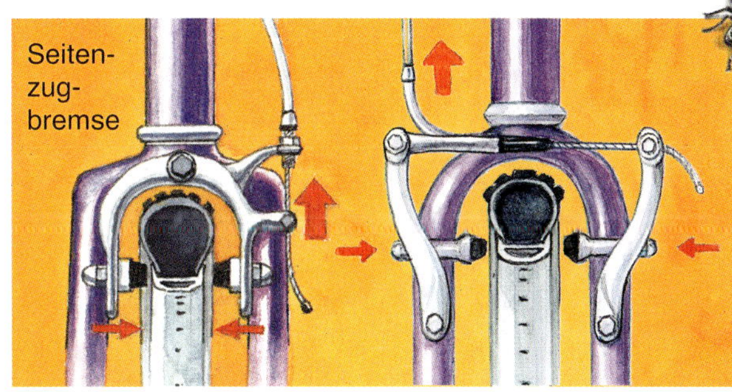

Salat aus jungen Brennnesselblättern

Brennnessel

„Aua! Brennnesseln!", schreit Jakob, als er am Feldrand geht. Er hat die ➔ Pflanzen berührt. Die Blätter und Stängel des ➔ Unkrauts tragen Brennhaare. Ihre Spitzen brechen beim Berühren der ➔ Haut ab und dringen in sie ein. Dabei sondern sie eine scharfe Flüssigkeit ab. Die lässt Jakobs Haut rot werden und brennen.

Brief

Lena schreibt an ihre Brieffreundin. Drei Blätter und ein Bild steckt sie in den Umschlag. Auf den Umschlag schreibt sie die ➔ Adresse der Brieffreundin und den Absender. Dann wiegt sie den Brief mit der Briefwaage und sagt: „Der wiegt über zwanzig Gramm." Ihre Mutter sagt: „Also kostet er mehr als normales Briefporto." Lena klebt die Briefmarke darauf und bringt ihren Brief zum Briefkasten. Dort steht auf einem Schild, wann der Kasten geleert wird.

Brille

Daniel konnte Buchstaben in Büchern nur schlecht erkennen. Der Augenarzt stellte fest, dass er weitsichtig ist. Er schrieb Brillengläser auf, die Daniels Sehfehler korrigieren. Diese Gläser, die ➔ Linsen, schliff der Optiker. Dazu kauften Daniel und sein Vater ein Brillengestell, das Daniel gefällt. – Viele Leute tragen statt Brillen Kontaktlinsen. Das sind durchsichtige Schalen aus Kunststoff, die man direkt auf die Augen setzt. – Auf welcher Brille sitzt man?

Auf der Klobrille

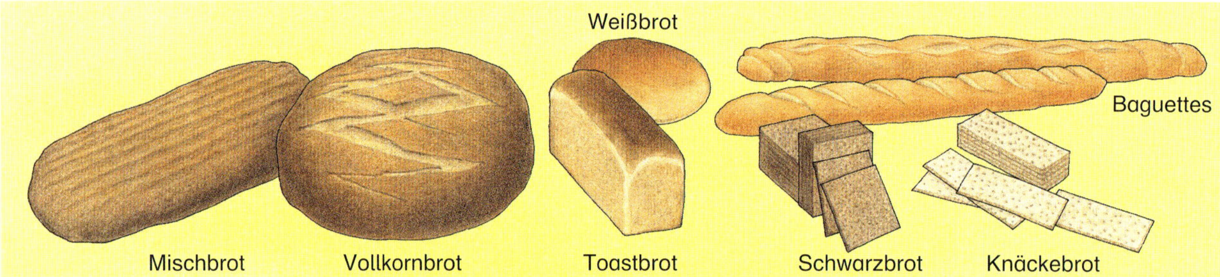

Brot

In der Bäckerei kaufen Anke und ihre Mutter ein Weißbrot und einen Laib Schwarzbrot. „Wollen wir auch mal wieder Knäckebrot essen?“, fragt Anke. Hier gibt es viele Brotsorten, zum Beispiel Weißbrot, Nussbrot, Vollkornbrot, Baguette und verschiedene Brötchen. In Deutschland kennt man über 200 Brotsorten. Für Weißbrot braucht der ➲ Bäcker Weizenmehl, für andere Brotsorten das dunklere Roggenmehl. Zum ➲ Mehl kommen Wasser, Salz, Sauerteig oder Hefe. Der Sauerteig oder die Hefe sorgt dafür, dass der Teig aufgeht und locker wird. Besonders gesund ist Vollkornbrot. Es wird aus ungeschältem ➲ Getreide hergestellt. Wenn der Teig gebacken ist, sieht das fertige Brot lecker aus und riecht gut. Auch in Brotfabriken wird Brot gebacken. Dort benutzt man viel größere Öfen als bei diesem Bäcker. – Schon vor ungefähr fünfzehntausend Jahren wurde Getreide gemahlen. Man mischte es mit Wasser und backte daraus auf heißen Steinen eine Art Fladenbrot.

Brücke

Anke und Daniel sehen über das Brückengeländer auf den ➲ Fluss. Diese Brücke wurde aus ➲ Beton und ➲ Stahl gebaut. Sie hält das Gewicht von vielen LKW aus. Weiter unten am Fluss gibt es eine Holzbrücke für Fußgänger. Anke fährt oft über eine Hängebrücke. Die besteht aus Pfeilern, an denen die Fahrbahn mit Stahlseilen aufgehängt ist. ➲ Ritter schützten früher ihre ➲ Burg, indem sie die Zugbrücke hochzogen. Toll findet Daniel Brücken, die sich hochklappen oder drehen lassen, damit ➲ Schiffe durchfahren können. – Welche Brücke macht man selbst?

➲ Die Turnübung

Brunnen

In Oma Bodes Garten wurde ein Brunnen gebaut. Zuerst bohrte man ein Loch in die Erde. In sechs Meter Tiefe stieß man auf ➲ Wasser. In das Loch kam ein Rohr. Unten im Rohr sammelt sich nun Wasser, das Oma hochpumpen kann. In gemauerten Brunnen wird Wasser aus einer ➲ Quelle mit einer elektrischen Pumpe hochbefördert. Springbrunnen bekommen Wasser aus der Wasserleitung.

Buch

Die Buchhändlerin zeigt Tim die Kinderbuchabteilung. Dort sieht er Taschenbücher und Bücher mit festem Einband. Abenteuerliche, lustige, ernste, sachliche und gruselige Bücher kann er ansehen und kaufen. Auf dem Einband stehen der Buchtitel, der Name des Schriftstellers und der Verlagsname. Im Verlag wird aus den geschriebenen Seiten des Autors und den Bildern des Illustrators ein Buch. Vorher liest ein Lektor alles und verbessert es. In der Druckerei wird es gedruckt. In der Buchbinderei fügt man die Seiten zusammen und bindet den Umschlag darum. Tim kauft ein Buch. Ein anderes leiht er sich in der ➔ Bücherei. Auch ein E-Book hat er schon gelesen, also ein elektronisches Buch. Das wird auf dem Smartphone, dem ➔ Computer oder dem E-Book-Reader gelesen. – Bis etwa 1450 wurden Bücher von Mönchen in ➔ Klöstern mit der Hand abgeschrieben und bemalt. Dann erfand Johannes Gutenberg den Buchdruck mit beweglichen einzelnen Buchstaben. Von da an konnte man Bücher in kurzer Zeit drucken. Sie verbreiteten sich viel schneller und mehr Menschen konnten sie lesen.

Buche

Anke geht mit ihrem Vater durch einen Laubwald. „Hier stehen lauter Buchen“, sagt er. Buchen sind bis zu vierzig Meter hohe ➔ Bäume mit grauer, glatter Rinde. Sie können bis zu dreihundert Jahre alt werden. Am häufigsten ist bei uns die Rotbuche mit ihrem rötlichen Holz. Ihre ➔ Früchte heißen Bucheckern. Außerdem gibt es die Weißbuche. Ihr ➔ Holz ist hell. Aus dem harten Buchenholz werden Möbel gebaut.

Bücherei

Die 3a geht mit ihrer Lehrerin in die Schulbücherei. Viele ➔ Bücher stehen in den Regalen. Und es gibt eine gemütliche Leseecke. Dort kann man sich die Bücher in Ruhe ansehen. „Ihr könnt euch aussuchen, welche Bücher ihr ausleihen wollt“, sagt die Lehrerin. Lena und Daniel gehen oft in eine größere Bücherei. Das ist die Stadtbibliothek. Sie gehen hin, weil sie nicht alle Bücher kaufen können, die sie lesen wollen. In dieser Bibliothek ist die Ausleihe kostenlos. Als sie zum ersten Mal dort waren, erklärte ihnen die Bibliothekarin, wie man findet, was man sucht. Jetzt leihen Lena und Daniel jede Woche auch neue ➔ Spiele, ➔ CDs, ➔ DVDs, ➔ Zeitschriften und ➔ Comics aus.

Buddhismus

In einer Zeitschrift sieht Ibo Männer mit orangefarbenen Gewändern. „Das sind buddhistische Mönche“, sagt seine Mutter. Diese ➲ Religion verbreitete sich vor 2500 Jahren von Indien aus in ➲ Asien. Ihr Gründer war Buddha. Buddhisten glauben an die Wiedergeburt. Ihre guten und schlechten Taten entscheiden darüber, wie sie wiedergeboren werden. Ihr Ziel ist die Erlösung, also der innere Frieden, das Nirwana.

Bumerang

Lenas Vater bringt einen Bumerang mit. Das gebogene Holzstück ist ungefähr fünfzig Zentimeter lang und sieht ähnlich aus wie eine Sichel. Es ist mit schönen farbigen Mustern verziert. Den Bumerang wirft man. Weil das Holz gebogen ist, fliegt es viel weiter als ein gerades. Die Ureinwohner ➲ Australiens, die Aborigines, benutzen Bumerangs schon sehr lange. Sie verwenden den Rückkehr-Bumerang vor allem zum Aufscheuchen von Vögeln und zum Üben. Wenn man das Ziel nicht trifft, kehrt er im weiten Bogen wieder zurück. Die Wurfhölzer, die früher für die ➲ Jagd benutzt wurden, flogen nicht zurück.

Bundeskanzler

„Vielleicht wird diese Frau Bundeskanzlerin“, sagt Frau Bode von einer Politikerin im Fernsehen. „Aber auch ein Politiker aus einer anderen ➲ Partei will das werden.“ Jakob fragt: „Warum denn? Ist das so toll?“ Seine Mutter antwortet: „Der Bundeskanzler ist der ➲ Chef der ➲ Regierung. Er wird vom ➲ Bundestag dazu gewählt und er bestimmt, welche ➲ Politik gemacht wird.“ Bei seiner Regierungsarbeit helfen dem Kanzler ➲ Minister und Berater. Der erste Bundeskanzler der Bundesrepublik ➲ Deutschland war Konrad Adenauer. – Der österreichische Bundeskanzler hat etwa die gleichen Aufgaben wie der deutsche. – In der Schweiz ist der Bundeskanzler der Leiter der Bundeskanzlei, die unter anderem Wahlen und Abstimmungen organisiert. Einen echten Chef hat die Regierung nicht.

Bundespräsident

Anke sieht den Bundespräsidenten im Fernsehen. Sie fragt: „Ist das ein hoher Politiker?“ Ihre Mutter antwortet: „Bei uns ist er das Staatsoberhaupt. Er hat das höchste Amt im Land.“ Dafür wurde er für fünf Jahre von der Bundesversammlung gewählt. Sie besteht aus den Mitgliedern des ➲ Bundestags und Vertretern der Bundesländer. Zur Arbeit des Bundespräsidenten gehört, dass er mit ausländischen Politikern über Dinge spricht, die wichtig sind für unser Land. Außerdem sind bestimmte ➲ Gesetze ohne seine Unterschrift nicht gültig. Natürlich kann auch eine Frau Bundespräsidentin werden. – In Österreich wird der Bundespräsident alle sechs Jahre vom Volk gewählt. – In der Schweiz wird jedes Jahr ein anderes Mitglied der Regierung Bundespräsident.

Bundesrat

„Wer ist eigentlich im Bundesrat?“, fragt Tim. Sein Vater antwortet: „Das sind Mitglieder aus den verschiedenen Landesregierungen der Bundesländer.“ Durch den Bundesrat mischen sich die Länder in die Bundespolitik ein. Wenn die ➔ Regierung ein ➔ Gesetz beschließen will, kann der Bundesrat es ablehnen. Bei anderen Gesetzen kann er nur Einspruch einlegen. Außerdem kann er Gesetze vorschlagen. Der Bundesrat hat 69 Mitglieder. Je mehr Einwohner ein Bundesland hat, desto mehr Vertreter dieses Landes sind im Bundesrat. Der Bundesratspräsident ist der Stellvertreter des Bundespräsidenten. – In der Schweiz bildet der Bundesrat die Regierung. – In Österreich werden seine Mitglieder in den Bundesländern nach der Zahl der Bürger gewählt.

Bundestag

Jakob und seine Mutter sehen die Nachrichten. Gerade sagt ein Politiker der Regierung seine Meinung zu einem geplanten ➔ Gesetz. Vor ihm sitzen viele andere Männer und Frauen in einem Saal. Einige klatschen, als der Mann mit der Rede aufhört. Andere sind überhaupt nicht mit dem einverstanden, was sie gehört haben. „Diese Versammlung von Politikern ist der Bundestag“, sagt Jakobs Mutter. „Der Redner und seine Zuhörer sind die Bundestagsabgeordneten.“ Jetzt spricht eine Frau ins Mikrofon. Frau Bode erklärt: „Sie kommt nicht aus einer der Regierungsparteien wie der Mann, der vorhin gesprochen hat. Sie ist Mitglied der Opposition. Auch sie sagt ihre Meinung zu dem Gesetz.“ Die rund 600 Bundestagsabgeordneten beraten über Gesetze, stimmen darüber ab und wählen den ➔ Bundeskanzler. Außerdem kontrollieren sie die ➔ Regierung. Der Bundestagspräsident oder die Bundestagspräsidentin leiten die Sitzungen des Bundestages. Die ➔ Abgeordneten werden von der wahlberechtigten Bevölkerung (ab 18 Jahre) für vier Jahre gewählt. Man wählt den Abgeordneten, der ungefähr das sagt, was man selbst sagen würde. – In Österreich und der Schweiz hat der Nationalrat etwa die gleichen Aufgaben wie der Bundestag in Deutschland.

Burg

Die Bodes besichtigen eine Burgruine auf einem ➔ Berg. „Im Mittelalter lebten hier ➔ Ritter, Fürsten und Bedienstete mit ihren Familien“, sagt Frau Bode. Rückten Feinde an, sah das zuerst der Türmer von seinem Turm. Er blies ins Horn und die Menschen aus den Dörfern flohen in die Burg. Schnell wurde die Zugbrücke vor dem Tor hochgezogen. Die Feinde standen dann vor den Mauern und oft auch vor einem Wassergraben. Sie wurden aus Schießscharten beschossen. So eine Belagerung konnte lange dauern. Dann musste man in der Burg von Vorräten leben. Aus vielen Burgen führten unterirdische Gänge hinaus. Durch die floh man, wenn man die Burg nicht mehr verteidigen konnte. Viele Burgen wurden zwischen dem neunten und sechzehnten Jahrhundert gebaut. Nach der Erfindung des Schießpulvers boten sie jedoch nicht mehr genug Schutz gegen Angreifer.

Bürgermeister

„Ich bin gespannt, wer bei uns neuer Bürgermeister wird“, sagt Tims Vater. „Wollen das denn mehrere werden?“, fragt Tim. „Ja“, antwortet sein Vater, „zwei Männer und eine Frau stehen zur Wahl.“ Der Bürgermeister (Stadtpräsident) wird als Oberhaupt einer ➔ Stadt oder Gemeinde von deren Bürgern für eine bestimmte Zeit gewählt. Meistens gehört er einer politischen ➔ Partei an. „Was tut ein Bürgermeister eigentlich?“, fragt Tim. „Er berät und entscheidet mit dem Gemeinderat oder dem Stadtrat zum Beispiel über den Bau einer Schule, eines Jugendzentrums oder eines Schwimmbads“, sagt Vater. „Außerdem empfängt er Besucher, die für die Stadt wichtig sind.“

Büro

Im Laden verkauft Herr Aksoy Lebensmittel, Obst und Gemüse. Im Büro sitzen seine Frau und er am Schreibtisch. Sie bestellen neue Ware. Sie prüfen, ob die ➔ Rechnungen bezahlt wurden, schreiben ➔ Briefe und telefonieren. Hier gibt es ein ➔ Telefon, einen Fotokopierer, ein ➔ Fax, einen ➔ Computer, einen Drucker und Aktenordner. Ibos Onkel ist in einer großen Firma beschäftigt. Dort gibt es viele Büros, in denen die Büroangestellten ähnlich arbeiten wie die Aksoys in ihrem Büro. Es gibt ein Chefbüro, Schreibbüros und ein Finanzbüro. In Großraumbüros sitzen viele Menschen.

Bus

Heute kauft Anke sich eine Fahrkarte und fährt mit dem Bus zu Opa. Der Fahrer steuert das große Auto mit dem starken Motor von Haltestelle zu Haltestelle. Ankes Freundin fährt mit dem Schulbus. Solche Busse bringen vor allem Kinder aus Dörfern zur Schule. Unterwegs wird der Bus immer voller und manchmal wird es laut. Die Fahrerin sorgt dafür, dass alle gut zur Schule kommen. In den ➔ Ferien ist Anke mit ihrer Mutter im Reisebus nach Italien gefahren. Der hatte bequeme Sitze. Es gab eine Toilette. Sie konnten fernsehen und Musik hören.

Butter

Zwei Butterbrote hat Daniel eben gegessen. „Für ein Pfund Butter braucht man zehn bis fünfzehn Liter ➔ Milch“, sagt seine Mutter. Butter wird in der Molkerei hergestellt. Lässt man die Milch stehen, setzt sich an der Oberfläche Rahm ab. Man kann die Milch aber auch in einer Maschine schleudern. Beim Schleudern trennen sich der fette, leichte Rahm und die Magermilch. Nun schleudert man den Rahm in einer Buttermaschine. Dabei ballen sich die vielen kleinen Fettklümpchen zusammen und die Butter ist fertig. Sie besteht aus Milchfett, Magermilch und etwas Salz.

C
Es sieht aus, als habe man ein O zu knapp drei Vierteln geschrieben. Unser C entwickelte sich vor vielen Tausend Jahren möglicherweise aus dem vereinfachten Bild eines Kamels. Später wurde das Zeichen immer mehr verändert. Mit C beginnen viele ungewöhnliche Wörter: Chamäleon und Cha-Cha-Cha. Welche entdeckst du?

Camping
Familie Hofer macht auf einem Campingplatz Urlaub. Hier haben sie ihr Zelt aufgeschlagen, in dem sie nun wohnen. Im Zelt schlafen sie auf Luftmatratzen. Der Campingplatz ist so etwas wie eine kleine Stadt aus Zelten. Es gibt Toiletten, Wasch- und Duschmöglichkeiten, eine ➲ Gaststätte und einen Laden. Campingplätze liegen in schönen Gegenden. Damit man campen darf, muss man etwas Geld bezahlen, aber längst nicht so viel wie im ➲ Hotel. Viele Leute wohnen auch in Campingwagen. So einen Caravan hängt man ans Auto und zieht ihn damit zu einem Campingplatz. Tim gefällt es, dass eine Menge Kinder hier ➲ Ferien machen. Am schönsten ist es, wenn die Sonne scheint.

CD
„Ich möchte ➲ Musik hören", sagt Anke. Daniel sucht eine Compact Disc in seinem CD-Ständer, die sie beide mögen. Auf so einer CD sind Töne gespeichert, also Musik oder gesprochener Text, zum Beispiel bei einem Hörspiel. CDs sind kleiner als Schallplatten, die Ankes Mutter manchmal noch auflegt. Ein scharf gebündelter Laserstrahl im CD-Spieler tastet die silbern glänzende Metallscheibe ab. Dabei entnimmt der Laserstrahl der CD die Informationen über die gespeicherten Töne. CD-ROMs sind CDs, auf denen Computerprogramme gespeichert sind. Es gibt CD-ROMs zum Spielen, zum Lernen und zum Nachschlagen.

Chamäleon

„Wechselt ein Chamäleon die Farbe, damit es aussieht wie die Umgebung?“, fragt Lena. Ihr Vater antwortet: „Nein, es wechselt die Farbe wegen der Lichtverhältnisse oder der Temperatur, weil es Angst, Hunger oder Durst hat.“ Diese Echse kann mit jedem Auge in eine andere Richtung sehen. Mit ihrer langen, klebrigen Zunge fängt sie ➲ Insekten. Chamäleons leben unter anderem in ➲ Afrika und Südspanien.

Champignon

„Ein Pfund Champignons bitte“, verlangt eine Kundin. Herr Aksoy wiegt die ➲ Pilze ab. Ihr Hut ist weiß oder bräunlich. Sie wachsen auf ➲ Wiesen, Weiden und im ➲ Wald. Beim Sammeln darf man sie nicht mit dem sehr giftigen Knollenblätterpilz verwechseln. Champignons werden auch in ➲ Höhlen und ➲ Kellern gezüchtet.

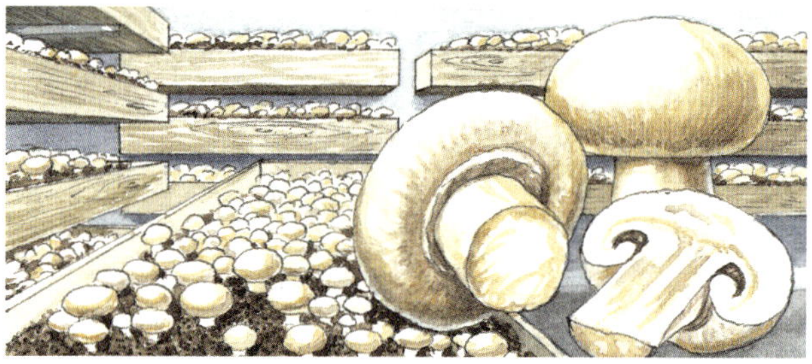

Chaos

„In deinem Zimmer herrscht wieder das absolute Chaos!“, schimpft Tims Mutter. „Meinst du mit Chaos das Durcheinander?“, fragt Tim. Seine Mutter nickt. Später hört Tim in den Nachrichten, dass es nicht nur in seinem Zimmer chaotisch aussieht. Auf der ➲ Autobahn herrscht das völlige Verkehrschaos. Auch wenn ein Orkan alles durcheinanderwirbelt, kann es chaotisch aussehen. Tim kennt noch andere Wörter für Chaos. Das eine heißt Tohuwabohu und klingt ziemlich merkwürdig. Das andere heißt Wirrwarr.

Charakter

„Unser Nachbar hat einen guten Charakter“, sagt Tims Mutter. „Woran merkst du das?“, fragt Tim. Seine Mutter antwortet: „Er ist freundlich, hilfsbereit und ehrlich und er hat ein nettes Wesen.“ Charakter nennt man die Eigenarten und Wesenszüge eines Menschen. Also seine geistigen und seelischen Eigenschaften.

Chef

Ankes Mutter kommt von der ➲ Arbeit. Freudestrahlend erzählt sie: „Ich habe ein Lob von meiner Chefin bekommen.“ Anke fragt: „Was tut so eine Chefin eigentlich?“ Ihre Mutter antwortet: „Sie ist meine Vorgesetzte und dafür verantwortlich, dass in unserer Abteilung alles klappt. Mit ihr bespreche ich meine Arbeit. Wenn ich in dieser Firma aufhöre, schreibt sie mir ein Zeugnis. Auch ob ich mehr verdiene, hängt von ihr ab.“

Chemie

Rengin hat Chemie. Im Chemieraum stehen viele verschiedene Gläser, Röhren, Brenner und ➲ Mikroskope. In diesem Fach lernt sie zum Beispiel, woraus ➲ Luft und ➲ Wasser zusammengesetzt sind. Fast alles besteht nämlich aus verschiedenen Grundstoffen. In der Naturwissenschaft Chemie wird aber auch untersucht, wie man die Dinge in ihre Grundstoffe zerlegt. Durch neue Zusammensetzungen erfanden Chemiker zum Beispiel ➲ Plastik, das es in der Natur nicht gibt. Auch Farben, Gummi und Dünger werden chemisch hergestellt.

Chor

Heute singt die Klasse 3b im Chor. Es singen also alle Kinder gemeinsam. Ihr Lehrer dirigiert. Am Anfang findet Tim, dass es noch mehr nach Durcheinander klingt als nach Miteinander. Seine Eltern singen in einem gemischten Chor. Da singen Männer und Frauen zusammen. Sie treffen sich jede Woche mit dem Chorleiter zum Üben. Der Chor tritt in Kirchen und Theatern auf. Es gibt auch reine Männer- und Frauenchöre.

Christentum

Die Hofers gehören wie ein Viertel aller Menschen der christlichen ➲ Religion an. Christen glauben, dass Jesus Christus als Sohn ➲ Gottes vor 2000 Jahren auf die Erde gekommen ist. Jesus glaubte an die Liebe Gottes zu den Menschen. Er war sicher, dass Gott dem vergibt, der seine schlechten Taten bereut. Christen glauben, dass Jesus alle Menschen durch seinen Tod am Kreuz erlöste, und sie glauben an ein Leben nach dem Tod. Die Bibel ist ihre Heilige Schrift. Aus dem Christentum entwickelten sich Religionsgemeinschaften. Die älteste ist die katholische Kirche mit dem ➲ Papst als Oberhaupt. Im 15. Jahrhundert entstand durch Martin Luther die evangelische Kirche.

Clown

„Gehst du mit in den Zirkus?“, fragt Anke. Daniel nickt. Besonders gerne sehen die beiden den Clowns zu. Mit ihren lustigen Vorführungen bringen sie das Publikum zum Lachen. Solche Spaßmacher gibt es seit vielen Hundert Jahren, im ➲ Mittelalter zum Beispiel bei den Fürsten. In Deutschland ist vor allem die Figur des ‚Dummen August‘ bekannt. Viele Clowns können singen und tanzen, balancieren und jonglieren.

Comic

Ibo und Lena stehen am Zeitschriftenkiosk und blättern in Comicheften. Sie sehen sich die bunten Bilderstreifen an und lesen die kurzen Texte. Die meisten Comics sind lustig, es gibt aber auch abenteuerliche. Die Helden dieser Hefte sind Mickymaus, Asterix und viele andere. Auch Wilhelm Buschs Bildergeschichten von Max und Moritz waren schon so etwas Ähnliches wie Comics.

Computer

„Könnte ich doch so schnell rechnen wie ein Computer“, denkt Daniel. Computer zählen in Millisekunden Millionen von Zahlen zusammen. Denken können sie nicht, aber ihre elektronischen Bauteile, die Chips, arbeiten schnell. Dazu brauchen sie eine Software, also Programme. Das sind Befehle, die der Computer ausführt. Mit Computern wird überall gearbeitet. Die Bodes haben einen PC (englisch für Personal Computer). Er besteht aus der Hardware. Das sind die Geräte der Computeranlage. Dazu gehören die Festplatte, die Programme und Daten speichert, und die Tastatur. Außerdem gehören dazu der Prozessor, der die Befehle der Programme ausführt, und der Bildschirm (Monitor). Mit dem Drucker kann man Texte und Bilder auf Papier ausdrucken. Auf ➔ CD-ROMs, ➔ DVDs oder USB-Sticks werden Daten gespeichert. Der Computer der Bodes ist ans ➔ Internet angeschlossen. Daniel hätte gern einen tragbaren Computer, also ein Laptop oder Notebook. Übersetzt heißt das „Notizbuch“. Ein Tablet ist ein kleiner und flacher Computer.

Container

„Draußen steht ein großer Metallkasten“, sagt Jakob. „Du meinst den Container“, erklärt seine Mutter. „In den werfen wir leere Flaschen, damit das ➔ Glas wiederverwertet wird.“ In anderen Containern werden Dinge befördert. Man kann sie gut stapeln und umladen. Sie werden mit Containerschiffen, ➔ Lastwagen, ➔ Eisenbahnen und ➔ Flugzeugen verschickt.

Cowboy

Tim ist bei einer Faschingsfeier als Cowboy verkleidet. „Übersetzt heißt dieses amerikanische Wort ‚Kuhjunge‘“, sagt seine Mutter. Ein Cowboy trägt einen Cowboyhut. Außerdem schwingt er ein Lasso. Damit fangen Cowboys Rinder aus den Herden, die sie über die Prärie treiben. Früher ritten Cowboys auf Pferden. Heute fahren sie meistens mit Jeeps.

D

Mit seinem geraden Rücken und dem dicken Bauch sieht es aus wie ein halbes B. Früher war unser D ein Dreieck. Erst später bekam das Dreieck seine Rundung. Interessante Wörter beginnen mit D: Däumling, Dussel, Doppelpass. Und wie viele entdeckst du im Bild?

Dach

Daniel und Anke sehen den Dachdeckern zu. Sie bedecken die Holzbalken eines Dachstuhls mit Ziegeln, bis das Dach dicht ist. So hält es Regen ab und schützt vor Hitze und Kälte. Auch mit Teerpappe, Blech, ➲ Stroh, Schiefer oder Schindeln aus Holz deckt man Dächer. Den Raum unter einem spitzen Dach nennt man Dachboden. Außer spitzen Dächern gibt es Flachdächer und viele andere Dachformen.

Dampf

Im Topf kocht ➲ Wasser. Dampf steigt hoch. „Da war doch nur Wasser im Topf. Woher kommt der Dampf?“, fragt Jakob. Seine Mutter antwortet: „Wenn Wasser kocht, dann verwandelt es sich in ➲ Gas. Das ist der Dampf. Er beschlägt die Fensterscheiben. Dann kühlt er ab und verwandelt sich in Wasser zurück.“ Jakobs Mutter hat recht: Wassertropfen rinnen die Scheiben hinab, der Dampf ist verschwunden. Wenn man einen Deckel auf den Topf legt, drückt der Dampf den Deckel hoch. Dampf hat also Kraft. Die verwendete man früher für Dampfmaschinen, Dampflokomotiven und Dampfschiffe.

Darm

Nachdem Tim das Essen gekaut hat, schluckt er es. Später kommt das Essen vom ➲ Magen in den Darm. Dieser gewundene Schlauch ist vom Magen bis zum Po etwa acht Meter lang. Dort wird das Essen weiterverdaut. Und dem Speisebrei werden Nährstoffe für den Körper entzogen. Der unverdauliche Rest landet im Klo.

Datum

„Wann bist du geboren?“, fragt Ibo seine Mutter. Sie antwortet ihm: „Am 16. Mai 1978.“ Ibo sagt: „Wenn es kein Datum gäbe, wüsste man seinen ➲ Geburtstag nicht.“ Man wüsste auch nicht, an welchem Tag, in welchem Monat und Jahr man lebt und wann genau etwas passiert ist. Das Datum wird auf ➲ Briefe geschrieben. Auch im ➲ Kalender und in Zeitungen findet man es.

Deich

Anke und ihr Opa sind ans ➔Meer gefahren. Bevor sie zum ➔Strand kommen, müssen sie über einen hohen Erdwall. „Das ist der Deich", sagt Opa. Deiche werden aus Steinen und Erde aufgeschüttet. Dieser hier ist mit Gras bewachsen. Einige Kilometer weiter hat man ihn mit Teer beschichtet. Deiche schützen das Land am Meer und an ➔Flüssen vor Überschwemmungen. Sie müssen so hoch und stabil sein, dass sie auch von einer Sturmflut nicht überspült oder beschädigt werden. Bricht ein Deich, kann es zu einer ➔Katastrophe für die Gebiete dahinter kommen. Auch zur Landgewinnung baut man Deiche.

Delfin

Im Fernsehen schauen Tim und sein Vater einen Film über Delfine. Delfine gehören zur Familie der ➔Wale. Sie sind also ➔Säugetiere und keine ➔Fische. Sie atmen durch die ➔Lunge, deswegen müssen sie immer wieder auftauchen und Luft holen. Delfine sind klug und verspielt. Sie schwimmen schnell und begleiten manchmal in großen Schwärmen Schiffe. Man hat festgestellt, dass sie eine eigene Sprache haben. Und wenn eines der Tiere verletzt ist, helfen die anderen ihm. Die Menschen haben den Delfinen eine Art zu ➔schwimmen abgeguckt, den Delfinstil.

Demokratie

Jakob sieht Wahlplakate und fragt: „Warum hängen die da?" Oma antwortet: „Die Männer und Frauen auf den Plakaten gehören zu verschiedenen ➔Parteien. Unter diesen Leuten und Parteien wählen wir, wer uns regieren soll. Das nennt man Demokratie, also Herrschaft des Volkes." Ist das Volk mit der ➔Regierung nicht einverstanden, wählt es bei der nächsten ➔Wahl eine andere. In einem demokratischen Staat haben alle Bürger die gleichen Rechte und Pflichten. Sie dürfen ihre Meinung frei sagen. Das Gegenteil ist die Diktatur, also die Herrschaft eines Einzelnen oder einer Partei.

Demonstration

In langen Reihen ziehen Menschen durch die Straßen. „Das ist eine Demonstration", sagt Lenas Mutter. Die Demonstranten tragen Plakate und rufen Parolen. Die Autos müssen anhalten. Diese Menschen demonstrieren, weil sie Angst vor den Abfällen einer Fabrik haben, die gebaut wird. Sie befürchten, dass der Müll giftig ist und sie davon kank werden. In einer ➔Demokratie dürfen Menschen sich versammeln und ihre Meinung sagen. Sie haben ein Recht auf Demonstrationsfreiheit. Morgen demonstrieren die, die wollen, dass die Fabrik gebaut wird. Sie hoffen, dass sie dort Arbeit finden.

Denkmal

„Wer ist denn der Mann aus Stein da oben?“, fragt Jakob. Seine Mutter antwortet: „Der Mann auf dem Sockel war ein ➔König. Das steht auch auf dem Schild unten. Damit man sich an ihn erinnert, hat man ihm dieses Denkmal gesetzt.“ Denkmäler, die an wichtige Menschen oder Ereignisse erinnern, stehen in jeder ➔Stadt. Übrigens: Manchmal stehen alte Häuser unter Denkmalschutz. Sie dürfen nicht abgerissen werden.

Deutschland

In der 3b hängt neben der Leseecke eine große Deutschlandkarte. Von der äußersten Grenze im Norden bis zur äußersten Grenze im Süden sind es über achthundert Kilometer Luftlinie. Von der äußersten Grenze im Osten bis zur äußersten Grenze im Westen sind es etwa sechshundertvierzig Kilometer. Tims Heimatstadt gehört zu Baden-Württemberg. Dieses Bundesland im Südwesten von Deutschland ist eines der sechzehn, aus denen unser ➔Staat besteht. Die anderen Bundesländer sind: Bayern, Berlin, Brandenburg, Bremen, Hamburg, Hessen, Mecklenburg-Vorpommern, Niedersachsen, Nordrhein-Westfalen, Rheinland-Pfalz, Saarland, Sachsen, Sachsen-Anhalt, Schleswig-Holstein und Thüringen. Gegründet wurde die Bundesrepublik Deutschland 1949 nach dem Zweiten Weltkrieg. Bis 1990 war Bonn die ➔Hauptstadt. In dem Jahr wurden die Deutsche Demokratische Republik (DDR) und die Bundesrepublik Deutschland vereint. Dafür hatten viele Menschen in der DDR demonstriert. Heute ist Berlin die Hauptstadt des vereinten Deutschland. Gut 82 Millionen Menschen leben in Deutschland. Die Bundesflagge hat die Farben Schwarz, Rot, Gold.

Diabetiker

Opa Dietel ist Diabetiker. Er sagt: „Ich bin zuckerkrank.“ Der Diabetes ist eine Erkrankung der Bauchspeicheldrüse. Diese Drüse erzeugt das Insulin, einen Stoff, den der Körper zur ➲Verdauung braucht. Beim Diabetiker schafft sie das nicht. Dadurch kann der Körper die mit der Nahrung aufgenommenen Kohlenhydrate – Zucker und Stärke – nicht verdauen. Opa Dietel muss ➲Diät halten und er bewegt sich viel. Andere Diabetiker müssen sich außerdem Insulin spritzen.

Dialekt

„Wir haben eine Neue in der Klasse“, erzählt Daniel. „Sie kommt aus Sachsen und spricht anders als wir. Ich habe sie manchmal gar nicht verstanden. Sie verwendet auch Wörter, die wir nicht kennen. In der Gegend, aus der sie kommt, sprechen alle so wie sie, sagt sie.“ Die Neue in Daniels Klasse spricht einen der vielen Dialekte, die es in den verschiedenen Gegenden Deutschlands gibt. Sie sind eine Form der deutschen Sprache, klingen aber anders als Hochdeutsch. In jedem Land der Erde werden Dialekte oder Mundarten gesprochen.

Diät

Tims Tante liegt im Krankenhaus. Durch ihre Krankheit verträgt sie zurzeit kein ➲Fett. Deswegen bekommt sie fettloses Diätessen. Manchen Menschen, wie den ➲Diabetikern, schaden bestimmte Stoffe. Die Diätkost schützt ihren Körper davor. Tims Vater stöhnt: „Ich bin zu ➲dick.“ Weil er abnehmen will, beginnt er mit einer Diät. Diese Diät schreibt ihm vor, wie viel er von jedem Nahrungsmittel essen darf.

dick

Ibo fragt: „Bin ich zu dick?“ Sein Vater antwortet: „Überhaupt nicht.“ Ibo hat für seine Größe das richtige Gewicht. Denn er isst nicht zu viel und spielt zweimal in der Woche Fußball. Er verbraucht also durch die Bewegung die ➲Energie, die er durch ➲Nahrung aufnimmt. In seiner Klasse gibt es einige dicke Kinder. Sie haben über längere Zeit zu viel gegessen und sich zu wenig bewegt. So haben sie eine Menge Energie aufgenommen und wenig verbraucht. Nicht verbrauchte Energie verwandelt der ➲Körper in Fettpolster. Die bemerkt man dann irgendwann an der Figur und auf der Waage. Dickmacher sind fettes ➲Essen, Süßigkeiten und stark gezuckerte Getränke.

digital

Daniels Mutter sieht auf ihre Uhr. Sie sagt: „Die funktioniert digital.“ Ihre ➲Uhr hat also keine Zeiger und kein Zifferblatt wie analoge Uhren. Digitale Uhren zeigen die Zeit in Zahlen. So ist das bei allen digitalen Geräten. Sie können Daten und gemessene Werte in Ziffern abbilden. Daniel fotografiert gern mit seiner Digitalkamera. Sie speichert die Fotos auf einer Speicherkarte. Die Fotos kann Daniel sich dann auf der Kamera ansehen. Oder er lädt sie auf seinen ➲Computer. Sein Vater benutzt noch seinen alten analogen ➲Fotoapparat mit einem Film. – Digitale Medien sind elektronische ➲Medien, die mit digitalen Codes, also Zeichensystemen, arbeiten. Das tun zum Beispiel Fernsehgeräte, das ➲Internet, Computer, ➲Handys und Videospiele. Die Digitalisierung der technischen Geräte hat in der Mitte des letzten Jahrhunderts begonnen.

diktieren

Ganz langsam und Satz für Satz spricht die Lehrerin den Kindern der 3a einen Text vor. Die Klasse schreibt das Diktat, das die Lehrerin diktiert. Durch Diktate üben die Kinder die Rechtschreibung. Anke mag Diktate. Sie hat immer nur wenige Fehler. Im Büro diktiert die ➔Chefin ihrer Sekretärin einen Brief. Oder sie spricht ins Diktiergerät. Das Gerät nimmt ihre Stimme dann auf Band oder ➔digital auf. Später hört die Sekretärin die Aufnahme über Kopfhörer ab und gibt den Text in den Computer ein.

Dinosaurier

„Gab es wirklich mal Saurier?", fragt Jakob. Seine Mutter antwortet: „Ja, aber lange bevor die Menschen lebten. Das weiß man, weil man ihre versteinerten Knochen und Eier gefunden hat. Diese ➔Versteinerungen kann man sich im ➔Museum ansehen." Vor vielen Millionen Jahren lebten die Riesenechsen im damals feuchtwarmen Klima. Einige Arten waren riesig, wie der über zwanzig Meter lange und etwa zehn Meter hohe Brachiosaurus. Er ernährte sich wie die meisten Dinosaurier von Pflanzen. Der Tyrannosaurus Rex dagegen war eine vom Kopf bis zum Schwanz ungefähr fünfzehn Meter lange, fleischfressende Raubechse. Er hatte gewaltige Säbelzähne. Andere Saurierarten waren viel kleiner. Es gab auch Flugsaurier. Sie sahen ähnlich aus, wie wir uns ➔Drachen vorstellen. Sogar im Wasser lebten Saurier. Warum die Saurier vor etwa sechzig Millionen Jahren ausgestorben sind, weiß man nicht sicher.

Diskussion

Die Klasse 3a diskutiert über ein Buch. Jeder Diskussionsteilnehmer sagt seine Meinung. Einem Jungen gefällt das Buch. Ein Mädchen widerspricht ihm, weil sie es langweilig findet. Bei solchen Streitgesprächen gibt es oft Diskussionsleiter oder -leiterinnen. Sie geben Anregungen, stellen Fragen und fassen Meinungen zusammen. Und sie sorgen dafür, dass jeder zu Wort kommt. – Eine Diskussion zwischen Lena und Daniel endete damit, dass Lena sagte: „Du bist doof." Daniel sagte: „Bist du selbst." Dieses Streitgespräch war mehr Streit als Gespräch. Keiner ließ gelten, was der andere sagte.

Distel

Im Garten seiner Großeltern sieht Tim eine hochgewachsene ➔Pflanze. Sie hat violette Blüten und gezackte Blätter. „Au, das tut ja weh!", ruft er, als er die stachelige Pflanze pflücken will. Wenn man eine Distel ausreißt, wächst aus den langen ➔Wurzeln dieses ➔Unkrauts eine neue Distel.

Drache

In einem Märchen sieht Jakob einen furchterregenden geflügelten Drachen. Er hat mehrere Köpfe und speit ➲ Feuer. „Gab es Drachen einmal?", fragt Jakob. Sein Vater antwortet: „Es gibt sie nur in ➲ Geschichten." Meistens stellen sich die Menschen den Drachen böse vor. Es galt als Heldentat, gegen den gefährlichen Drachen zu kämpfen und ihn zu besiegen. In der Nibelungensage schaffte Siegfried das.

Drachen

Anke und Daniel basteln ein Holzgestell und bespannen es mit Papier. Ein langer Schwanz kommt dran, dann ist ihr Drachen fertig. Auf einer Wiese wollen sie ihn steigen lassen. Die Drachen der anderen Leute hier haben unterschiedliche Farben und Formen und sind aus verschiedenen Materialien. Anke hält die Schnur fest. Der ➲ Wind hebt den Drachen hoch in die Luft. – Die ersten Drachen wurden vor 2500 Jahren in China gebaut. – Das Drachenfliegen ist ein Flugsport. Der Drachenflieger hängt dabei an seinem großen Drachen, dem Hängegleiter. Mit ihm schwebt er von einer Bergkante ins Tal.

Droge

„Früher kaufte man Drogen in der Drogerie", sagt Herr Bode. Damals hießen getrocknete, zerkleinerte Heilpflanzen so. Heute versteht man unter Drogen verbotene Rauschgifte wie Haschisch, Heroin, Kokain und Ecstasy. Das Wort Rauschgift zeigt die Gefährlichkeit der Drogen. Wenn man Drogen nimmt, bekommt man einen Rausch. Manche Menschen finden ihn so schön, dass sie ihn immer wieder erleben wollen. Sie werden süchtig danach und abhängig davon. Weil bestimmte Drogen giftig sind, werden die Menschen ➲ krank davon. Trotzdem nehmen sie mehr und mehr. Der Süchtige bezahlt dem Drogenhändler (Dealer) eine Menge Geld. Manche haben das Geld nicht und beschaffen es sich, wenn es sein muss, auch durch Diebstähle. Oder sie verkaufen selbst verbotene Drogen. Jedes Jahr sterben überall auf der Welt viele Menschen an ihrer Sucht. Auch ➲ Alkohol und das Nikotin in Zigaretten sind Drogen, die süchtig machen können.

Druck

Anke und ihr Opa laufen am Strand entlang. Sie sehen, dass sich Opas Schuhe tiefer in den Sand gedrückt haben als Ankes. Klar, denn Opa wiegt mehr als Anke. Druck nennt man in der ➲ Physik die Kraft, die senkrecht – also direkt von oben – auf eine Fläche wirkt, so wie die Schuhe im Sand das tun. Würde Opa kleinere Schuhe tragen, wäre der Abdruck im Sand noch tiefer. Dann würde nämlich die gleiche Kraft auf eine kleinere Fläche wirken. Dadurch erhöht sich der Druck. – Manchmal steht Ankes Mutter unter Druck. Dann hat sie das unangenehme Gefühl, dass sie etwas unbedingt oder schnell schaffen muss. Das belastet und bedrängt sie. Zu viel Druck kann sogar krank machen.

Druckvorgang (sehr stark vereinfacht)

drucken

Tim liest die ➔Zeitung. Die wurde vor einigen Stunden gedruckt. Auch ➔Bücher und Prospekte druckt man in Druckereien. Johannes Gutenberg erfand vor über 500 Jahren den Buchdruck. Er setzte Wörter aus einzelnen Bleibuchstaben zusammen und spannte sie in einen Rahmen. Den stellte er in eine Druckmaschine, die ➔Papier gegen die eingefärbten Buchstaben drückte. Heute gibt es schnellere Verfahren. Beim Offsetdruck überträgt der Druckzylinder die Farbe auf ein Gummituch. Von dem nimmt das Papier sie ab. Für bunte Bilder druckt man Rot, Blau, Gelb und Schwarz übereinander.

Dünger

Oma Bodes ➔Pflanzen holen sich ihre Nährstoffe aus dem Boden wie alle Pflanzen. Reichen die Nährstoffe nicht, wird der Boden gedüngt. So wachsen die Pflanzen besser. Auf den Feldern ist das oft künstlicher, in Chemiefabriken hergestellter Dünger. Wird zu viel benutzt, verseucht er die Böden und das Grundwasser. Zu viel Chemiedünger schadet den Pflanzen und ist ungesund für unsere Nahrung. Deswegen verwenden Biolandwirte natürlichen Dünger wie ➔Kompost und Stallmist.

dünn

„Die ist unheimlich dünn", sagt Anke über eine Schauspielerin. Ihre Mutter meint: „Sie ist wirklich sehr schlank. Bestimmt isst sie ganz wenig." Um schlank zu bleiben oder zu werden, machen viele eine strenge ➔Diät. Gerade junge Frauen leiden dann manchmal irgendwann an Magersucht, einer schweren Krankheit. Nach ➔Kriegen und in armen Ländern sind viele Menschen sehr dünn. Sie haben nicht genug zu ➔essen.

Durst

Es ist heiß. Ibo hat Durst. Dieses Bedürfnis nach Flüssigkeit entsteht, weil der Körper durch das Schwitzen, Atmen und den Urin ➔Wasser verliert. Und aus diesem Wasser besteht der Körper zum großen Teil. Die verlorene Flüssigkeit bekommt er durch Trinken und Essen wieder. Pro Tag braucht man etwa zwei Liter, bei größerer ➔Hitze noch mehr. Ohne Flüssigkeit kann der Mensch nur wenige Tage leben.

DVD

Daniel hat zum Geburtstag eine DVD bekommen. Den Film darauf will er sich auf dem Fernseher angucken. Auch ➔Computer sind meist mit eingebauten DVD-Geräten ausgerüstet. Eine DVD sieht aus wie eine ➔CD. Aber auf ihr kann man viel mehr Daten speichern.

E

Mit den Zacken steht das große E da wie ein Minikamm. Bei den alten ➲Ägyptern zeigten die Zacken nach unten. In anderen Schriften zeigten die Zacken nach links. Das griechische Epsilon war unserem E schon ähnlich. Mit E fangen tolle Wörter an: Erdferkel, ex und hopp, Einfaltspinsel. Welche E-Wörter findest du im Bild oben?

Ebbe und Flut

Tim und sein Vater sind am ➲Meer. Sein Vater sagt: „Bei Ebbe ist das ➲Wasser am Strand immer so flach. Bald steigt es wieder.“ An fast allen ➲Küsten sinkt der Meeresspiegel bei Ebbe sechs Stunden lang. Bei Flut steigt er sechs Stunden wieder an. Diesen Wechsel nennt man Gezeiten oder Tide. Der Unterschied zwischen dem höchsten und dem tiefsten Wasserstand kann wenige Zentimeter ausmachen. In einigen Buchten beträgt er bis zu zwanzig Meter. Ebbe und Flut entstehen durch die Anziehungskraft des ➲Mondes und der ➲Sonne. Während der Mond sich um die Erde dreht, zieht er das Meerwasser an. Bei Vollmond und Neumond ist die Anziehung besonders stark.

Echo

Die Bodes machen Urlaub in den Bergen. Während einer Wanderung zwischen hohen Felswänden ruft Oma den Namen von Jakob. Gleich darauf hört Jakob seinen Namen von der gegenüberliegenden Seite noch einmal. Omas Rufen hat Schallwellen erzeugt. Die werden als Echo oder Widerhall von einem Hindernis wie der Felswand zurückgeworfen. Etwa 330 Meter legt der ➲Schall pro Sekunde zurück.

Edelstein

Im Schaufenster eines Juweliergeschäftes liegt Schmuck. „Das ist ein Diamant“, sagt Lenas Mutter. Sie zeigt auf einen wasserhellen, glänzenden Stein im Goldring. Auch Smaragde, Saphire und Rubine zeigt sie Lena. Edelsteine sind kostbar, weil man sie selten findet. Der Juwelier schleift und poliert sie. Dann verarbeitet er sie zu Schmuckstücken. Diamanten sind besonders hart. Deshalb benutzt man weniger wertvolle Stücke zum Bohren und Schleifen.

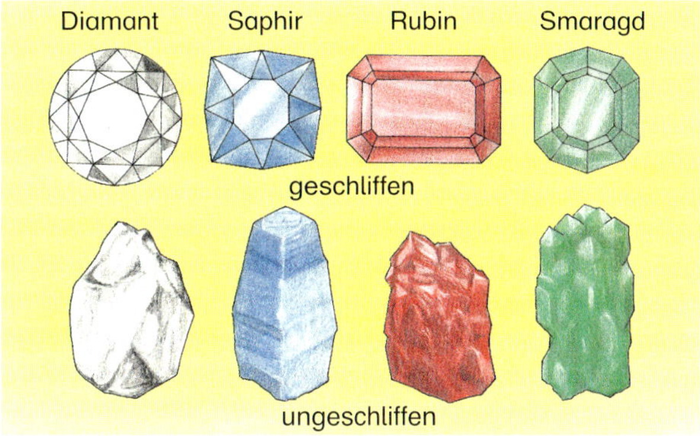

Efeu

Jakob und seine Mutter gehen an einer Mauer vorbei, die mit Efeu bewachsen ist. „Wie hält sich der Efeu da fest?“, fragt Jakob. Seine Mutter antwortet: „Mit seinen Haftwurzeln.“ Efeu kann ein ganzes Haus bedecken. Vor allem aber wächst dieser ➲Strauch in ➲Wäldern. Seine glänzenden Blätter fühlen sich fast wie Leder an. Im Herbst hat der Efeu gelbgrüne Blüten. Seine schwarzen Beeren sind giftig.

egoistisch

„Dieser Kollege ist wirklich egoistisch“, erzählt Herr Hofer beim Kaffeetrinken. Dann erklärt er Tim: „Weißt du, der Mann denkt immer nur an sich und seinen Vorteil. Er kann einfach nicht zugunsten anderer auf etwas verzichten. Gegen solche selbstsüchtigen, eigennützigen Leute muss man sich wehren. Sonst wird man ständig benachteiligt.“ Tim nickt. Dann fragt er: „Ist es auch egoistisch, wenn ich jetzt das größte Stück Torte nehme?“ Seine Mutter lacht und antwortet: „Ein bisschen egoistisch ist es. Aber ich kann das verstehen, denn das Stück sieht lecker aus. Also nimms dir.“

Ei

Beim Spazierengehen findet Anke unter einem Baum ein Vogelei. Die Kalkschale ist allerdings leer. Eiweiß und Eidotter fehlen. ➲Vögel schlüpfen aus Eiern, wenn sie ausgebrütet sind. Auch viele andere Lebewesen entstehen aus Eiern, zum Beispiel Schlangen. Damit das geschehen kann, muss sich die weibliche Eizelle mit einem männlichen ➲Samen vereint haben. So wird sie befruchtet und das neue Leben entwickelt sich – entweder im Körper der Mutter wie bei den ➲Säugetieren oder außerhalb in Eiern, wie bei den Vögeln. – Der Bandwurm legt Millionen Eier. Der ➲Pinguin legt nur eins.

Eiche
Ibo bringt Eicheln mit, die Früchte der Eiche. Dieser ➲Baum hat einen kräftigen Stamm und Äste, die eine mächtige Krone bilden. Man erkennt Eichen leicht an ihren ➲Blättern. Der Laubbaum kann fast tausend Jahre alt werden und hoch wie eine Kirche wachsen. Aus seinem harten ➲Holz baut man Möbel. Die nussartigen Eicheln schmecken Schweinen, Eichelhähern und dem Wild. Im Mittelmeergebiet wächst die Korkeiche, aus der man ➲Kork gewinnt.

Eichhörnchen
Im Park beobachten Anke und Daniel Eichhörnchen. Auch im ➲Wald haben sie diese rotbraunen oder graubraunen Nagetiere schon gesehen. Geschickt klettert eines in den Baum und springt von Ast zu Ast. Dabei benutzt es den langen, buschigen Schwanz zum Balancieren. Von unten sieht Anke seinen weißen Bauch. Eichhörnchen fressen Beeren, ➲Samen, Körner, ➲Nüsse, Eicheln und Vogeleier. Für den Winter sammeln sie Vorräte. Ihr ➲Nest bauen sie aus Zweigen, Gras und Moos in Astgabeln.

Eidechse
Im Urlaub entdeckt Tim auf einem Sandweg eine Eidechse. Sie huscht rasch unter einen Stein. Diese Kriechtiere fühlen sich bei Wärme wohl. Wie bei allen wechselwarmen Tieren hängt ihre Körpertemperatur von der Umgebung ab. Je kühler es wird, desto unbeweglicher sind sie. Im Winter fallen sie in Winterstarre. Eidechsen ernähren sich von ➲Insekten und anderen Kleintieren. Fasst man sie an, kann ihr Schwanz abbrechen. So entwischen sie ihren Feinden.

einwandern
„Nach dem Krieg wollten Opa und ich aus Deutschland auswandern“, erzählt Oma. „Es ging uns hier schlecht. Wir hatten gehört, dass man in einigen ➲Ländern Einwanderer aufnimmt und die Lebensbedingungen dort besser sind. Aber uns fiel es dann doch zu schwer, unsere ➲Freunde und Verwandten hier zu verlassen.“ Armut, Arbeitslosigkeit, politische Verfolgung, Abenteuerlust, das alles sind Gründe zum Auswandern. Seit dem 18. Jahrhundert wanderten Menschen aus ➲Europa in ➲Amerika und später in ➲Australien ein. Für sie und ihre Nachkommen wurden diese Länder zur ➲Heimat. Bei uns leben viele Einwanderer aus der Türkei, Italien, Griechenland und Osteuropa.

Eis

Im Sommer schwimmt Ben gerne im ➔See. Aber jetzt ist das ➔Wasser zu einer dicken, glatten Eisfläche gefroren, auf der Anke und Daniel ➔Schlittschuh laufen. Ben schnüffelt am Eis. Diese Erstarrung zu ➔Kristallen beginnt bei null Grad Celsius. So eine Eisdecke schützt die Tiere im Wasser vor dem Einfrieren, denn das Wasser darunter ist einige Grad wärmer als das Eis. Da Eis leichter ist als Wasser, gehen Eisschollen nicht unter. Und weil sich gefrorenes Wasser ausdehnt, platzen Wasserrohre im Winter sogar manchmal. Damit Schiffe im vereisten Wasser fahren können, brechen ihnen besonders ausgerüstete Schiffe, die Eisbrecher, Fahrrinnen. In der Arktis und Antarktis schwimmen Eisberge im Meer. Das sichtbare Stück ist aber nur ungefähr ein Achtel des Eisbergs. Der Rest versteckt sich unter Wasser. Das ist für Schiffe sehr gefährlich.

Eisen

Ibo und sein Vater heben eine Eisenplatte. „Ist die schwer“, stöhnt Ibo. Eisen wird als Erz, also im Gestein, gefunden. Im Hochofen schmilzt man das ➔Metall aus dem Gestein heraus. Bleche, Draht und Schienen entstehen aus Eisen. Liegt das Metall länger an feuchter Luft, überzieht es sich mit einer Rostschicht. Der Rost zerstört das Eisen. – Manchmal ist Ibos Mutter eisern, also unnachgiebig.

Eisenbahn

Tim und sein Vater warten an einer ➔Schranke. Da fährt eine Lokomotive vorbei. Sie zieht Personen- und Güterwagen. Solche Züge fahren auf Eisenschienen, deswegen heißen sie Eisenbahnen. Außer elektrischen Loks gibt es Dieselloks. Dampfloks sind nur noch als Erinnerung an alte Zeiten unterwegs. Reisezüge fahren unterschiedlich schnell. Regionalbahnen (RB) haben es nicht so eilig wie der Intercity (IC) oder gar der Intercity Express (ICE). Auf manchen Strecken fährt der ICE 300 Kilometer in der Stunde. In Nachtzügen gibt es sogar Schlafwagen. Die erste Eisenbahn fuhr 1825 in England, die erste in Deutschland zehn Jahre später. Damit der Schienenverkehr klappt, arbeiten viele Menschen: Lokführer fahren die Züge, andere steuern Weichen und ➔Signale. Sie bedienen Schranken, verkaufen und kontrollieren Fahrkarten und geben Auskünfte.

Eishockey

Anke und ihr Vater sehen sich ein Eishockeyspiel an. Zwei Mannschaften mit je sechs Spielern spielen gegeneinander. Die dick gepolsterten Männer flitzen auf Schlittschuhen über das künstliche Eis. Ein Spieler schlägt gegen den Puck. Geschickt fängt der Torwart die kleine Hartgummischeibe. Ein Spiel dauert drei mal zwanzig Minuten. Die Spieler werden oft ausgewechselt, weil Eishockey sehr anstrengend ist.

Eiszeit

„Leben wir in der Eiszeit?“, fragt Jakob an einem kalten Tag. Seine Mutter antwortet: „Die ist lange vorbei.“ Es gab mehrere Eiszeiten. Die letzte endete vor etwa zehntausend Jahren. Damals war es eisig kalt. Riesige Eisfelder überzogen die Kontinente. Teile Deutschlands waren von Gletschern bedeckt. Aber auch in dieser Zeit lebten in eisfreien Gebieten Menschen, zum Beispiel die Neandertaler. Tiere wie die Mammuts waren der Kälte angepasst. Zwischen den Eiszeiten gab es wärmere Zeitabschnitte.

Afrikanischer Elefant

Elefant

Im Zoo stehen Tim und seine Eltern vor dem Elefantengehege. Tims Mutter erklärt: „Es gibt Afrikanische und Indische Elefanten. Die Indischen sind etwas kleiner als die Afrikanischen. Sie haben auch kleinere Ohren und Stoßzähne.“ Ein Elefant wiegt mehr als fünfzig Männer. Den Rüssel benutzen Elefanten nicht nur zum Atmen und Riechen. Sie pflücken auch Blätter und Zweige damit. Das Trinkwasser ziehen Elefanten in den Rüssel und spritzen es sich in den Mund. Weil ihre Stoßzähne wertvoll sind, jagt man sie. Damit sie nicht aussterben, werden diese größten Landtiere der Erde geschützt.

Elektronik

Bei Bodes gibt es eine Menge elektronischer Geräte: den Fernseher, das Radio, die Waschmaschine, den Computer, das Telefon und die Mikrowelle. In solchen Geräten schalten und steuern elektronische Bauteile den Fluss des Stroms. Oft sind das kaum briefmarkengroße Chips mit Hunderttausenden von Stromkreisen. Wenn sie richtig geschaltet sind, funktionieren die Geräte. Auch Autos haben viele elektronische Bauteile, zum Beispiel die Zentralverriegelung für die Türen.

Element

„➔Chemie war heute klasse", sagt Rengin. „Wir nehmen die Elemente durch." Elemente sind Grundstoffe, deren ➔Atome chemisch nicht weiter zerlegbar sind. Dazu gehören zum Beispiel ➔Eisen, Schwefel, Wasserstoff und Sauerstoff. Aus solchen Elementen sind alle anderen Stoffe zusammengesetzt. Heute kennt man mehr als 100 dieser Grundstoffe. Im alten Griechenland glaubte man noch, dass die Welt aus vier Stoffen zusammengesetzt sei, die man Elemente nannte: ➔Feuer, ➔Wasser, ➔Luft und ➔Erde.

E-Mail

„Ich schicke eine E-Mail an Jakob", sagt Ibo. E-Mail ist eine Abkürzung für „electronic mail", also elektronische ➔Post. Mit ihr sendet und empfängt Jakob über das Internet elektronische Nachrichten.

Energie

Tim braucht viel Energie, wenn er etwas Schweres hebt. Wesentlich weniger braucht er, wenn er Leichtes hebt. Energie ist die Kraft, die für eine Arbeit aufgewendet werden muss. Ohne die Energie des elektrischen ➔Stroms läuft keine Maschine. Auch Kohle, Erdöl und Erdgas lassen sich in Energie umwandeln. Allerdings wird der Vorrat an diesen Rohstoffen immer kleiner. Kernenergie, die in Kernkraftwerken erzeugt wird, sollte Ersatz dafür sein. Aber ➔Atomkraftwerke und ihre Abfälle sind gefährlich. Deswegen plant man in Deutschland die Energiewende. Es soll mehr erneuerbare Energie genutzt werden. Das sind zum Beispiel die Energie der ➔Sonne, des ➔Windes oder des ➔Wassers. Windräder wandeln die Kraft des Windes in Energie um, Solarzellen das Sonnenlicht. Und Wasserkraftwerke erzeugen mit der Bewegung des fließenden Wassers Energie.

entdecken

Anke liest ein Buch über Christoph Kolumbus. Vor über fünfhundert Jahren wollte der Seefahrer nach Indien segeln. Dabei entdeckte er ➔Amerika. Auch vor ihm gab es schon Entdecker. Dazu gehören die ➔Wikinger, die Amerika in ihren kleinen Booten längst gefunden hatten. Immer wieder brachen Neugierige, Händler und Abenteurer zu solchen Reisen auf. Sie erkundeten ➔Wüsten, ➔Flüsse, hohe ➔Berge, das ➔Meer und das ➔Weltall.

Ente

Lena und Jakob sehen den Enten im ➔Teich zu. Sie paddeln mit den Füßen und schwimmen schnell. Dabei helfen ihnen die Schwimmhäute zwischen den Zehen. Diese Vögel fressen Wasserpflanzen, ➔Insekten, ➔Würmer und ➔Fische. „Die bunten sind die Erpel, also die Entenmänner. Die braunen Enten sind die Weibchen", sagt Lena. Die Hausenten, die bei uns gezüchtet werden, sind meist weiß.

Entführung

Im Fernsehen sieht Anke, dass ein bekannter Mann entführt wurde. Die Entführer verlangen viel Geld dafür, dass sie ihn freilassen. Bekommen die Verbrecher das Lösegeld nicht, wollen sie ihm etwas antun. Den Menschen, der so gefangen gehalten wird, nennt man Geisel. Anke stellt sich vor, dass eine Geisel furchtbare Angst hat. Auch Flugzeuge werden manchmal entführt. Die Menschen im Flugzeug sind die Geiseln der Flugzeugentführer. Entführung ist ein schweres ➔ Verbrechen, das hart bestraft wird.

Entwicklungsland

Frau Bode sagt: „Etwa die Hälfte der Menschen lebt in den wohlhabenderen und weiter entwickelten Ländern. Denen geht es im Durchschnitt gut, während es den Menschen in den Entwicklungsländern schlecht geht. Ich finde das ungerecht." Zu den Entwicklungsländern gehören viele Staaten ➔ Afrikas, ➔ Asiens und Südamerikas. Die Menschen dort leben teilweise in großer Armut. Sie haben keine ➔ Arbeit und nicht genug zu essen. Nur wenige können ➔ lesen. Es fehlen Schulen und Krankenhäuser. Die Entwicklungsländer nannte man früher auch Länder der Dritten Welt. Zu den Ländern der ersten beiden Welten gehörten die reicheren Industrienationen. Viele Staaten leisten Entwicklungshilfe. Mit ihrem ➔ Geld werden in Entwicklungsländern zum Beispiel Nahrungsmittel und Medikamente bezahlt und Fabriken und Krankenhäuser gebaut. Außerdem wird das Gehalt der Leute bezahlt, die als Entwicklungshelfer arbeiten. Wichtig ist, so zu helfen, dass die Entwicklungsländer die Hilfe irgendwann nicht mehr brauchen, weil sie sich selbst helfen können.

erben

„Meine Freundin Uta hat ein Haus geerbt", sagt Frau Dietel. Das Haus gehörte Utas Onkel. Als der gestorben war, fand man sein Testament. Er hatte auf ein Blatt Papier geschrieben, dass Uta das Haus nach seinem Tod bekommen soll. Außerdem hat er ihr Bücher und Geld vererbt. Das war sein Letzter Wille. Gibt es kein Testament, gilt die gesetzliche Erbfolge. Dann erben die Ehepartner, Kinder und Verwandten. Man kann auch ➔ Schulden erben. Aber zum Glück muss man eine Erbschaft nicht annehmen.

Erbse

Ibo öffnet eine Dose Erbsen. Klein, grün und rund sind sie. Auf der Dose sieht er die Hülse oder Schale, in der immer mehrere Erbsen stecken. Jetzt versteht er, warum sie Hülsenfrüchte heißen. Wenn sie reif sind, fallen die Erbsen aus der Hülse. Die Erbsen sind die ➔ Samen der rankenden Erbsenpflanze. Man isst sie gekocht als ➔ Gemüse oder als Erbsensuppe.

Erdbeben

„Bei einem Erdbeben in Japan sind in der letzten Nacht Häuser eingestürzt", hört Jakob im Radio. Seine Mutter erklärt ihm: „Die Erdkruste dort wurde stark erschüttert. Manchmal reißt der Boden dabei sogar auf." Jakob kann sich das kaum vorstellen. Er sieht ja auch nur die äußere, dünne Kruste der ➔ Erde. Sie schützt uns vor dem Erdinnern, in dem es heftig kocht und brodelt. Diese Kräfte können an manchen Stellen so stark sein, dass der Boden wirklich aufbricht. Meistens erschüttern sie die Erde aber nur. Erdbeben am Meeresgrund nennt man Seebeben. Sie können Tsunamis auslösen, das sind riesige Wellen, die Küstenregionen überschwemmen können.

Erdbeere

In Oma Bodes Garten sieht Lena die leuchtend roten ➲Früchte der Erdbeerpflanzen zwischen den grünen Blättern. Sie steckt eine der süßen Früchte in den Mund. Ihre Oma belegt ➲Kuchen mit Erdbeeren und macht ➲Marmelade daraus. Walderdbeeren sind kleiner als die gezüchteten Sorten. Sie sind weniger süß, aber auch lecker.

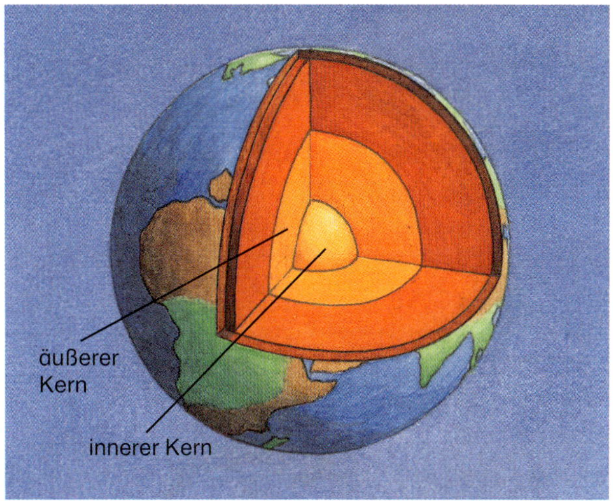

Erde

„Die Erde ist riesig", staunt Jakob. Sein Vater sagt: „Für uns ist sie das wirklich. Aber sie ist kein besonders großer Himmelskörper im ➲Weltall. Man kann sie sich wie ein Staubkorn in einer riesigen Halle vorstellen." Oben und unten ist die Erdkugel ein wenig zusammengedrückt. Am ➲Äquator hat sie über 40 000 Kilometer Umfang. Jedes Jahr bewegt sich die Erde einmal um die ➲Sonne. Gleichzeitig dreht sie sich jeden Tag einmal um sich selbst. Solche Wandelsterne nennt man ➲Planeten. Der Planet Erde hat den Vorteil, dass sich auf ihm Lebewesen entwickeln konnten. Hier wird es nämlich weder zu kalt noch zu heiß, denn eine Lufthülle, die Atmosphäre, schützt die Erde. Vier bis fünf Milliarden Jahre ist die Erde alt. Niemand weiß genau, wie sie entstanden ist. Unter der bis zu sechzig Kilometer dicken Erdkruste liegt das glühende, flüssige Erdinnere. Der Erdkern in der Mitte der Kugel hat einen Durchmesser von 7000 Kilometern. Der fruchtbare Boden an der Oberfläche der Erde ist nur eine dünne Schicht. Über zwei Drittel der Erdoberfläche sind von Wasser bedeckt. Die Landmasse teilt man in sechs Erdteile, die ➲Kontinente, ein: ➲Europa, ➲Asien, ➲Afrika, ➲Amerika, ➲Australien und Antarktika.

Erdkunde

Ibos Schwester lernt für eine Erdkundearbeit. Dieses Fach wird auch Geografie genannt. Im Erdkundeunterricht erfährt man etwas über ➲Kontinente, ➲Länder, ➲Meere, ➲Berge und ➲Flüsse. Man behandelt das ➲Wetter, lernt die Bodenschätze kennen und erfährt, wo sie vorkommen. Außerdem beschäftigt man sich mit dem ➲Verkehr, der Wirtschaft, den Pflanzen und Tieren eines Landes und damit, wie die Menschen dort leben. Im Unterricht benutzt man Wandkarten und ➲Atlanten.

Erdnuss

Ibo holt sich Erdnüsse (spanische Nüsschen) aus dem Laden. Dann knackt er die dünne Schale. Die Kerne, die in der Schale stecken, schmecken ihm. Erdnüsse wachsen in warmen Ländern, zum Beispiel in Südamerika. Wenn die Erdnusspflanze verblüht ist, senken sich die Stiele. Die jungen Früchte wachsen in die Erde und reifen. Darum heißen sie Erdnüsse. Aus Erdnüssen wird ➔Öl gepresst. Man verwendet es als Speiseöl. Ibo isst gerne Erdnussbutter.

Erdöl

„Kommt Erdöl aus der ➔Erde?“, fragt Jakob. „Ja“, antwortet seine Mutter, „es ist tief in der Erde aus Überresten von Pflanzen und Tieren entstanden.“ Hitze und starker Druck verwandeln diese Überreste in Millionen Jahren zu Erdöl. Aus dieser dunklen, schmierigen, schlecht riechenden Flüssigkeit macht man zum Beispiel ➔Benzin, Kunststoffe und Heizöl. Mit Bohrern, die Tausende Meter in die Erde bohren, holt man das ➔Öl nach oben. Oder man verankert ➔Bohrinseln im Wasser und holt das Öl aus dem Meeresboden. Tankschiffe bringen es zum Hafen. Verunglückt so ein Tanker, fließt das Öl ins ➔Meer und liegt als schmutziger Teppich auf dem Wasser. So eine Ölpest tötet das Leben im Meer. Vom ➔Hafen kommt das Öl, das früher auch Petroleum genannt wurde, durch Röhren zu Raffinerien, wo es verarbeitet wird. Weil die Erdölvorräte knapp werden, sucht man Ersatz.

erfinden

Das ➔Telefon klingelt ständig und Frau Bode stöhnt: „Wer den Apparat erfunden hat, müsste bestraft werden!“ Das geht nicht mehr, denn der Erfinder Johann Philipp Reis ist lange tot. Alle Dinge, die man heute ständig benutzt, wie das Fahrrad oder das ➔Fernsehen, hat sich einmal ein Erfinder oder eine Erfinderin ausgedacht und konstruiert. Wenn jemand etwas erfindet, meldet er ein Patent an. Auf dieser ➔Urkunde steht, dass er der Erfinder ist. Doch Erfindungen brachten neben Fortschritt auch Nachteile. Durch die Erfindung des Gewehrs wurde es einfacher zu jagen, aber auch, sich gegenseitig zu töten. Mit dem ➔Auto kommt man schnell voran. Es gibt aber auch viele Unfälle. Zu den wichtigsten Erfindungen gehörte das ➔Rad. Lena würde gerne eine Hausaufgabenmaschine erfinden.

Ernte

Als Tim und seine Eltern an einem Feld vorbeilaufen, sagt seine Mutter: „Das ➔Getreide ist reif. Es wird bald geerntet.“ Auch die Kartoffel- und Rübenäcker werden bald abgeerntet. Für die Ernte auf den Feldern setzt man ➔Maschinen ein wie den Mähdrescher. Im Garten erntet man Äpfel und andere ➔Früchte. Dies muss man meist per Hand erledigen. Wenn die Ernte schlecht ausfällt, verdient der Bauer weniger. Wird die Ernte durch Unwetter vernichtet, entstehen in manchen Ländern ➔Hunger und Not.

Erste Hilfe

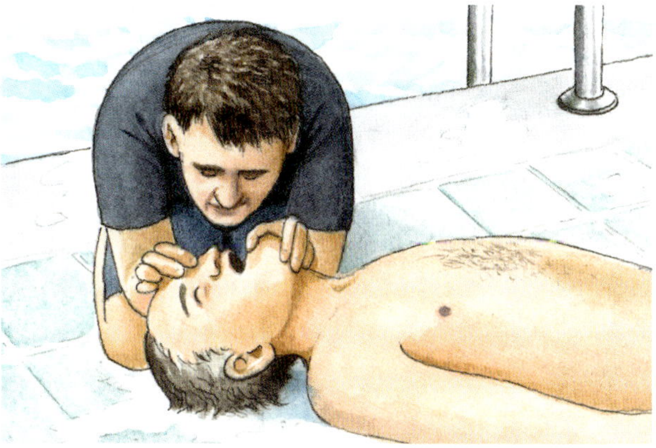

Im Schwimmbad hat Ibo gesehen, wie der Bademeister einen Mann aus dem Wasser gezogen hat. Er wäre beinahe ertrunken. Die Erste-Hilfe-Maßnahmen des Bademeisters haben den Mann gerettet. In diesem Fall war das Mund-zu-Nase-Beatmung. Erste Hilfe muss man einem Kranken oder Verunglückten leisten, bis der ➔ Arzt kommt. Kurse für Erste Hilfe bietet zum Beispiel das Rote Kreuz an. Dort lernt man, wie man Verletzte lagert und vieles mehr. Jeder Autofahrer muss einen Erste-Hilfe-Koffer haben.

Esel

„Du Esel!“, schimpft Lena. Daniel stört das nicht, denn Esel sind klug. Als ➔ Haustier wird dieses genügsame Tier mit den langen Ohren vor allem in südlichen Ländern gehalten. Esel klettern gut. Sie schleppen Lasten und ziehen Wagen. Wildesel leben in ➔ Afrika und ➔ Asien. Übrigens: Aus der Kreuzung eines Eselhengstes mit einer Pferdestute wird ein Maultier. Kreuzt man Pferdehengst und Eselstute, wird es ein Maulesel.

Eskimo

Tim sieht einen Film über Eskimos, das bedeutet „Rohfleischesser“. So möchten sie aber nicht genannt werden. Sie nennen sich „Inuit“, das heißt Mensch. Sie leben in kalten Gebieten, nicht weit vom ➔ Nordpol, im Norden ➔ Amerikas und in Grönland. Jahrtausende lang zogen sie dort umher. Ihre Lasten transportierten sie dabei mit Hundeschlitten. Im Winter wohnten sie in halbrunden Schneehäusern. Diese Iglus schützten sie vor Kälte. Im Sommer wohnten sie in Lederzelten. Sie lebten von der ➔ Jagd und vom Fischfang. Dazu benutzten sie kleine wendige ➔ Boote, die Kajaks. Heute sind fast alle Inuit sesshaft und wohnen in Dörfern und Städten.

essen

Zum Mittagessen gibt es ➔Kartoffeln, ➔Gemüse und ➔Fleisch. Dieses ➔Gericht schmeckt Jakob. Er schlingt alles hinunter. „Iss nicht so hastig", ermahnt ihn seine Mutter. Nach dem Kauen rutscht das Essen durch die Speiseröhre in den ➔Magen. Dann wird es im ➔Darm weiterverdaut. Familie Bode achtet auf gesundes, vitaminreiches Essen. Sie kaufen möglichst wenig verarbeitete ➔Lebensmittel, dafür viel Gemüse, ➔Salat, ➔Obst, ➔Brot, Fleisch und ➔Fisch. Ihr Essen enthält, was der ➔Körper braucht. ➔Vegetarier essen kein Fleisch. – Viele Menschen in anderen Ländern haben zu wenig zu essen.

Eule

Anke hat noch nie eine Eule gesehen. „Kein Wunder", sagt ihr Vater. „Diese ➔Vögel verlassen ihre Schlupfwinkel, wenn es dunkel wird." Mit ihrem weichen Gefieder fliegen sie fast lautlos. Sie sehen so gut, dass sie sich bei der Jagd auf Nahrung in der Dämmerung auf ihre ➔Augen verlassen können. Ist es völlig dunkel, jagen sie nach dem Gehör, das ebenso gut funktioniert wie ihre Augen. Der Eulenschnabel ist gekrümmt. Mit ihren spitzen, scharfen Fängen packen Eulen zum Beispiel ➔Mäuse und verschlingen sie. Die unverdauten Reste, das Gewölle, würgen sie aus. Es gibt etwa 140 Eulenarten, darunter den großen seltenen Uhu und die Schleiereule.

Europa

„➔Deutschland gehört doch zu Europa. Ist das groß?", fragt Jakob. Seine Mutter antwortet: „Europa ist der zweitkleinste und am dichtesten besiedelte ➔Kontinent." Im Osten stößt Europa am Uralgebirge an ➔Asien. Im Westen ist Europa von Meeren begrenzt. An den europäischen Küsten liegen viele Halbinseln und ➔Inseln. Das ➔Klima ist im Durchschnitt mild, obwohl es im Süden heiß und im Norden kalt werden kann. Das höchste Gebirge sind die Alpen. Wolga heißt der längste Fluss. An Bodenschätzen werden zum Beispiel ➔Kohle, Eisenerz, ➔Erdöl, Erdgas, Blei und Platin gewonnen. Im kalten Norden leben Rentiere und Elche. In den Wäldern Europas gibt es ➔Hirsche, ➔Rehe, ➔Wildschweine, ➔Bären, Dachse, ➔Füchse, ➔Eichhörnchen, Hamster, ➔Hasen und ➔Mäuse. Vor allem in den wärmeren Gebieten am Mittelmeer leben ➔Eidechsen. Steinböcke, Gämsen und ➔Murmeltiere sind in den hohen Gebirgen zu Hause. Die dichte Besiedlung und die viele ➔Industrie haben die Lebensräume der Tiere und Pflanzen verkleinert. Viele Europäer arbeiten in den ➔Fabriken der Industriebetriebe und in der Landwirtschaft. Über siebzig Sprachen gibt es. Viele Menschen wollen, dass sich die europäischen Länder enger zusammenschließen. Politiker beraten schon lange darüber. Erreicht wurde die Europäische Union (EU). In diesem Bund haben sich viele europäische ➔Staaten zusammengeschlossen. Ihr Ziel ist das vereinte Europa. Inzwischen ist es schon viel einfacher geworden, innerhalb der Staaten der EU zu reisen. Auch der ➔Handel wurde erleichtert. Und es gibt gemeinsames ➔Geld: den Euro. Große Städte Europas sind Berlin, London, Madrid, Moskau, Paris, Rom, Wien, Zürich, Prag und Budapest. Die Flagge von Europa ist blau mit einem Kreis von zwölf goldenen Sternen.

Europäerinnen
und Europäer
Wein
Oliven
Kartoffeln
Getreide
Erdöl
Hase
Wildgans
Reykjavik
Wal
Bär
Helsinki
Oslo
Stockholm
Wolga
Ural
Moskau
Kopenhagen
Dublin
Berlin
Warschau
London
Rhein
Oder
Brüssel
Prag
Paris
Donau
Bern
Wien
Loire
Montblanc
Istanbul
Elch
Rom
Tejo
Madrid
Lissabon
Athen
Storch
Fuchs
Fachwerk-
haus
Igel
Hirsch
Wohnhaus
Basilius-
kathedrale
Eiffelturm
Steinbock
Murmeltier

Expedition

Im Radio hört Ibo, dass einige Männer und Frauen zu einer Expedition aufgebrochen sind. Die Gruppe will einen der höchsten ➔Berge der Erde besteigen. Sie haben diese Forschungsreise lange vorbereitet. Ausgerüstet sind sie mit Zelten, Decken, Proviant, Sauerstoffflaschen und vielen anderen Dingen. Expeditionen führen Menschen in unbekannte Länder, zu unerforschten Volksstämmen, in ➔Wüsten, ➔Urwälder und auf die ➔Meere. Der ➔Nordpol und der ➔Südpol wurden zum Beispiel durch Expeditionen erforscht. Immer wieder verunglücken Teilnehmer solcher gefährlichen Unternehmungen.

Experiment

„Wasserdampf hat Kraft“, sagt Frau Bode. Jakob glaubt das nicht. Deswegen will seine Mutter ihm das durch ein Experiment beweisen. Sie legt einen Deckel auf einen Topf voll Wasser. Als das Wasser kocht, drückt der ➔Dampf den Deckel mit seiner Kraft ein Stück hoch. Mit diesem Versuch hat Jakobs Mutter bewiesen, dass es stimmt, was sie sagt. ➔Wissenschaftler machen Experimente, um zu beweisen, dass ihre Gedanken oder Theorien stimmen. Wenn sie stimmen, klappt das Experiment. Wenn nicht, geht es schief. Schüler experimentieren in den Fächern ➔Chemie und ➔Physik.

Explosion

Aus sicherer Entfernung beobachten Anke und Daniel, wie ein Fabrikschornstein durch eine Explosion gesprengt wird. Blitzartig verbrennt bei der Explosion ➔Gas oder ein Gemisch aus Staub und ➔Luft. Ein ohrenbetäubender Knall begleitet das alles. Und es entsteht eine gewaltige Druckwelle, die den Schornstein einstürzen lässt. Explodierende ➔Bomben und Granaten richten im ➔Krieg große Schäden an. Die Kraft einer Explosion setzt man auch bei den Benzinmotoren der Autos ein. Was da explodiert, wenn es gezündet wird, ist ein Gemisch aus Luft und ➔Benzin. In Steinbrüchen werden Steinblöcke zum Hausbau aus dem Fels gesprengt.

F
Es sieht aus wie ein E, das den unteren Querstrich verloren hat. In sehr alten Alphabeten gab es das F nicht. Bei frühlateinischen Verwandten unseres F zeigten die Querstriche noch nach links. Das änderte sich später. Schöne Wörter beginnen mit F: Frechdachs, Fakir, Fatzke. Welche F-Wörter siehst du im Bild?

Fabrik
Bis vor Kurzem hat Ankes Vater in einer Autofabrik gearbeitet. Dort stehen Industrieroboter in großen Hallen. Diese ➔Maschinen ziehen zum Beispiel Schrauben fest. Sie schweißen und hämmern. Menschen bedienen die Maschinen und erledigen immer gleiche Arbeiten. Auch ➔Büros gehören zu so einer Fabrik. Täglich entstehen hier Hunderte von Autos. In Fabriken arbeitet man so, dass man möglichst schnell und billig viel produziert. Deswegen werden immer mehr Arbeiten statt von Menschen von Maschinen erledigt. Auch Schuhe, Bleistifte, Papier und andere Dinge werden in Fabriken hergestellt.

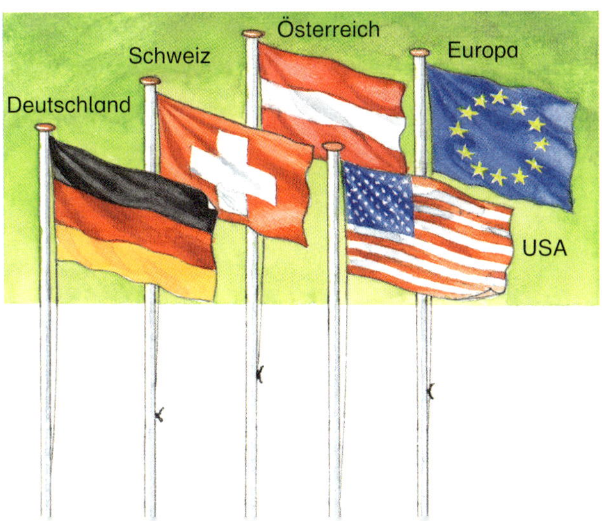

Fahne
Daniel sieht im ➔Fernsehen ein Fußballspiel. Viele Zuschauer schwenken Vereinsfahnen. Mit dem Stück farbigem Stoff an einer Stange zeigen sie, dass sie den Verein unterstützen. Fahnen haben ganz verschiedene Muster. Auch die Flagge ist eine Fahne. Jeder ➔Staat hat eine eigene. An Trauertagen hängen Flaggen auf halber Höhe des Masts.

Fahrplan

Daniel, Anke und Ben warten an der Haltestelle. „Wann kommt der ➔Bus?", fragt Daniel. Anke sieht auf den Fahrplan. Auf diesem Blatt Papier steht, wann die Busse ankommen und abfahren, wohin welcher Bus fährt und wo er hält. „In vier Minuten", sagt Anke. Auch für die ➔Eisenbahn, für die ➔U-Bahn, für ➔Straßenbahnen und für manche ➔Schiffe gibt es Fahrpläne, für ➔Flugzeuge Flugpläne.

Fahrrad

Tim fährt mit dem Rad (🇨🇭 Velo) zu den Großeltern. Seine Trittkraft wird von der ➔Kette auf den Zahnkranz des Hinterrads übertragen. Da das Kettenrad dreimal so viele Zähne hat wie der Zahnkranz, dreht sich das Hinterrad bei einer Pedaldrehung dreimal. Schaltet Tim in einen höheren Gang, fährt er schneller, braucht aber auch mehr Kraft. Tims Rad ist mit Klingel, zwei ➔Bremsen und Dynamo ausgerüstet. Es hat ein Vorder- und ein Rücklicht, einen weißen Strahler (Reflektor) vorne und einen roten Rückstrahler. Auch an den Pedalen und Speichen sind Reflektoren. – Tim sieht ein Rad für zwei, ein Tandem. Dann überholt ihn ein E-Bike, ein Rad mit Elektromotor.

fair

Die Klasse 3a spielt gegen die 3b ➔Fußball. Nach dem Spiel lobt die Lehrerin die Kinder: „Ihr habt wirklich fair gegeneinander gespielt." Damit meint sie, dass sich alle an die Regeln gehalten haben. Es gab keine schlimmen Fouls. – Ankes Mutter klagt: „Meine ➔Chefin hat mich heute unfair behandelt." Das bedeutet, dass sie sich von ihrer Chefin ungerecht behandelt fühlt. Mit unfairen Leuten spielt und arbeitet man nicht gerne.

Falke

„Das ist ein Falke!", ruft Anke ihrem Vater zu. Sie zeigt auf den Greifvogel über dem Feld. Er hat lange, spitze Flügel und einen gebogenen Schnabel. Jetzt hat er mit seinen scharfen ➔Augen eine Beute entdeckt und stürzt sich blitzschnell hinunter. Er ernährt sich zum Beispiel von ➔Mäusen, ➔Hasen, ➔Vögeln und großen ➔Insekten. Bei uns stehen alle Falkenarten unter Naturschutz.

Fallschirm

Am Flugplatz sehen Tim und sein Vater einer Vorführung von Fallschirmspringern zu. Die schnallen zusammengefaltete Fallschirme auf den Rücken und steigen in ein ➔Flugzeug. Wenn es hoch oben ist, springt der Erste aus dem Flugzeug. Er fällt ein Stück. Nun öffnet sich der große Schirm automatisch oder dadurch, dass man an einer Leine zieht. Der Springer hängt in den Gurten, die mit dem Fallschirm verbunden sind. Im Schirm aus Seide oder Nylon fängt sich die ➔Luft und bremst den Fall.

Familie

„Wir sind eine ziemlich große Familie", stellt Jakob fest. Er meint damit seine Mutter, seinen Vater und die beiden Geschwister. „Jedenfalls sind wir eine größere Familie als die bei uns übliche Durchschnittsfamilie", sagt seine Mutter. Trotzdem nennt man so eine Familie aus Eltern und ➔Kindern Klein- oder Kernfamilie. Jakobs Urgroßmutter lebte noch in einer Großfamilie. Das war damals nichts Besonderes. Zur Familie gehörten die Eltern, sieben Kinder, die Großeltern, eine Urgroßmutter und eine unverheiratete Tante. Alle lebten in einem Haus. Sie aßen zusammen und arbeiteten alle auf ihrem Bauernhof. – Ankes Familie ist vor ein paar Jahren kleiner geworden. Ihre Eltern haben sich scheiden lassen. Sie lebt nur mit ihrer Mutter zusammen. Ihren Vater besucht sie oft. Er wohnt in einer anderen Stadt. In Ankes Klasse gibt es noch vier andere Kinder, die ähnlich leben. Drei davon mit einer alleinerziehenden Mutter und eines mit einem alleinerziehenden Vater. Würde Ankes Mutter noch einmal heiraten, wäre der neue Ehemann Ankes Stiefvater.

Fantasie

Anke liest ein Buch. In Gedanken malt sie sich genau aus, was sie da liest. Sie sieht alles vor sich und meint fast, sie würde es selbst erleben. Dazu braucht sie ihre Fantasie, also ihre Vorstellungskraft. In der Schule wurde Anke für eine ➔Geschichte gelobt. „Die ist sehr fantasievoll", sagte ihre Lehrerin. Auch Forscher und ➔Wissenschaftler brauchen Fantasie. Sonst kämen sie gar nicht auf die Idee, etwas Neues entdecken, erkunden oder ➔erfinden zu wollen. Ohne Fantasie gäbe es auch keine ➔Bücher, ➔Filme und Bilder, kein ➔Theater und auch keine ➔Musik.

Farbe

Jakob sieht einen ➔Regenbogen. Sein Vater zeichnet die Farben des Regenbogens auf: Rot, Orange, Gelb, Grün, Blau, Indigo und Violett. Das sind die Grundfarben, aus denen sich das Weiß des ➔Lichts zusammensetzt. Zum Sehen brauchen wir Licht. Wenn Jakob das Hemd seines Vaters betrachtet, erscheint es ihm rot, weil es die roten Strahlen des Lichts zurückwirft. Die anderen verschluckt es. Das vorbeifahrende Rad sieht türkis aus, weil es nur die blauen und grünen Lichtstrahlen zurückwirft. So entsteht die Mischfarbe Türkis. Verschluckt ein Gegenstand alles Licht, sehen wir ihn schwarz. Wirft er alles Licht zurück, erscheint er weiß. Farbenblinde können bestimmte Farben nicht sehen.

Farn

An einer feuchten, schattigen Stelle im ➔Wald sieht Lena ➔Pflanzen mit großen, gefiederten Blättern. Das sind Farne. Noch vor einigen Wochen waren die jungen Farnblätter eingerollt. Jetzt haben sie sich zu Wedeln entfaltet. In feuchtwarmen ➔Urwäldern wachsen baumhohe Farne. Farne waren die ersten Landpflanzen und bildeten riesige Wälder.

Fasan

Am Waldrand fliegt plötzlich ein großer ➔Vogel aus dem Gebüsch. „Ein Fasan!“, ruft Tim. Die Fasanenhähne haben einen langen Schwanz mit bunten ➔Federn. Die Hennen sind braun und unauffälliger. Fasane fliegen nicht besonders gut. Dafür laufen sie ziemlich schnell. Sie fressen ➔Pflanzen, ➔Insekten, ➔Schnecken und ➔Würmer. Fasanenbraten schmeckt gut. Deswegen werden diese Vögel gejagt.

Fasching

Es ist Februar. Die Kinder der Klassen 3a und 3b freuen sich schon lange auf den Tag vor Aschermittwoch. Da feiern sie nämlich ihr Faschingsfest. Anke hat sich als Gespenst verkleidet, Lena als Hexe, Ibo als Superman und Tim kommt als Prinz. Die Lehrerin hat sich in eine Außerirdische verwandelt. Die Feste in den letzten Tagen und Wochen vor Aschermittwoch sind ein alter Brauch. In manchen Gegenden wälzen sich am Faschingstag große Umzüge mit maskierten Menschen und aufwendig geschmückten Wagen durch die Städte. Sie feiern diese närrische Zeit, die auch Fastnacht oder Karneval genannt wird.

Fata Morgana

Daniel liest ein Buch über einen Mann in der ➜Wüste. Da steht: ‚In der Nähe bemerkte er einen See, obwohl dieser weit hinter einem Hügel lag. Eigentlich konnte er ihn gar nicht sehen.' So ein Trugbild nennt man Fata Morgana. Sie entsteht beim Aufeinandertreffen unterschiedlich warmer Luftschichten. An den Grenzen der Luftschichten wird das ➜Licht wie von einem ➜Spiegel zurückgeworfen. Dadurch können einem Bilder von Dingen erscheinen, die eigentlich zu weit entfernt sind, um sie zu sehen.

faul

„Du tust nie was für die Schule", schimpft Frau Bode mit Lena. „Du bist ganz schön faul." Lena weiß, dass ihre Mutter recht hat. Sie spielt lieber, als zu lernen. Ihre Mutter sagt: „Manchmal ist es schön, faul zu sein. So erholt man sich und bekommt wieder Lust zu arbeiten. Aber jetzt hast du dich wirklich genug erholt." – Auch ➜Obst kann faul werden. Dann sollte man es nicht mehr essen.

Faultier

„Du Faultier", sagt Anke zu ihrer Mutter, als die am Sonntag lange im Bett liegt. Wenn sie wirklich ein Faultier wäre, hinge sie ihr Leben lang mit dem Rücken nach unten an Ästen. Faultiere klettern und bewegen sich sehr langsam. Sie fressen vor allem ➜Blätter. An den Armen und Beinen haben sie lange, sichelförmige Krallen zum Klettern und Hängen. Faultiere leben in den heißen Ländern Süd- und Mittelamerikas.

Fax

Daniel faxt seiner Tante einen Geburtstagsbrief. Faxgeräte senden und empfangen über das Telefonnetz ➜Schrift und Bilder. Daniel wählt die Faxnummer seiner Tante. Den Brief legt er ins Gerät. Ein Lichtstrahl tastet die Seite ab und zerlegt sie in Bildpunkte. Daraus werden elektrische ➜Signale, die zum Faxgerät von Daniels Tante gesendet werden. Das entschlüsselt die Signale sofort und druckt den Brief aus.

fechten

Im Fernsehen sieht Jakob zwei Fechter. Einer greift den anderen mit seiner ➜Waffe an. „Die piken sich!", ruft Jakob. Das stimmt, der eine wurde mit dem Florett getroffen und es steht eins zu null für den anderen. Damit sie sich nicht verletzen, sind ihre Köpfe, Arme und Oberkörper geschützt. Außer mit dem Florett wird mit dem schweren Degen und dem noch schwereren Säbel gefochten.

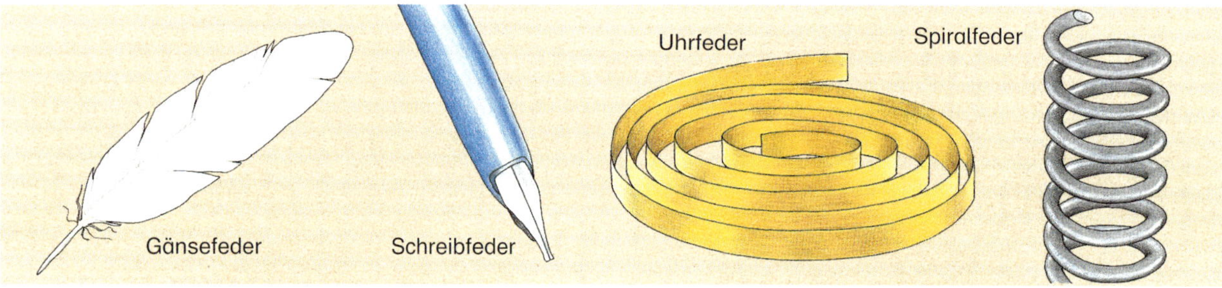

Feder

Tim pustet gegen eine Feder. Leicht schwebt sie durch die Luft. Trotzdem ist sie belastbar und biegsam. Federn schützen die Körper der ➲Vögel. Jungen Vögeln wachsen zuerst besonders weiche, wärmende Daunenfedern. Darüber liegen dann die Deckfedern. An den Flügeln haben Vögel lange Schwungfedern, die sie zum Fliegen brauchen. Früher benutzte man Gänsefedern zum Schreiben. Heute sind Schreib- und Zeichenfedern aus ➲Metall. Außerdem gibt es Uhrfedern und Spiralfedern. Federn in Fahrzeugen fangen Stöße ab. Man sagt: „Das Auto ist gut gefedert."

Federball

Daniel spielt gerne Federball mit Anke. Die Schläger sind kleiner und viel leichter als beim Tennis. Man schlägt einen leichten Plastikball über ein ➲Netz ins Feld des Gegners. Bevor der Ball den Boden berührt, muss er zurückgeschlagen werden. Beim letzten Schulfest im Sommer gab es ein Badmintonturnier. So heißt Federball, wenn man es nach bestimmten Regeln zu zweit oder zu viert in einem Spielfeld spielt.

Fee

Jakobs Mutter liest eine ➲Geschichte vor. Dabei geht es um eine Fee. Jakob unterbricht seine Mutter und fragt: „Gibts Feen eigentlich wirklich?" Seine Mutter antwortet: „Nein, leider gibt es sie nur in ➲Märchen. Da sind es schöne Frauen, die ➲zaubern können und Wünsche erfüllen. Außerdem helfen oder bestrafen sie Menschen." Da überlegt Jakob, welchen Wunsch er sich von einer Fee erfüllen lassen würde.

Fehler

„In deinem Aufsatz ist ein Fehler", sagt seine Mutter zu Tim. Tim seufzt: „Ach ja, da steht ‚Fogel' statt ‚Vogel'." Seine Mutter tröstet ihn: „Fehler macht jeder mal. Ich weiß auch nicht, wie alle Wörter geschrieben werden. Wenn ich unsicher bin, schlage ich im Wörterbuch nach." Kinder mit einer angeborenen Lese- und Rechtschreibschwäche (➲Legasthenie) machen immer wieder bestimmte Fehler. – Tims Vater sagt: „Der Sesselkauf war ein Fehler. Das Ding ist unbequem."

Feiertag

„Nächste Woche haben wir einen Feiertag", sagt Frau Bode. Sie freut sich darauf. An solchen gesetzlich festgelegten Tagen arbeitet sie nicht. Für die Kinder fallen an Feiertagen die Schule und der Kindergarten aus. Die Bodes unternehmen dann meistens etwas. – Feiertage erinnern an wichtige Ereignisse. Manche werden immer am gleichen Tag gefeiert, wie ➔ Weihnachten. Andere, wie ➔ Ostern und ➔ Pfingsten, fallen jedes Jahr auf ein anderes ➔ Datum. Einige Feiertage gibt es nur in bestimmten Gegenden.

feige

Beim Spielen stößt Ibo gegen eine Schale. Sie zerbricht. Im ersten Augenblick will er die Scherben wegwerfen und niemandem erzählen, was passiert ist. Er hat ➔ Angst, dass seine Eltern schimpfen. Trotzdem überwindet er sich später und erzählt alles. Er wäre sich sonst feige vorgekommen. Und feige oder mutlos will er sich nicht fühlen. Im Winter ging Ibo einmal mit anderen Kindern zum See. Das Eis war noch dünn. Einige wagten sich trotzdem darauf. Als er nicht mitkam, rief jemand: „Du Feigling!" Da fand er sich nicht feige, sondern klüger als die Kinder auf dem Eis. – Das Wort ‚feige' gibt es auch großgeschrieben. Die Feige ist eine Frucht.

Feile

Tims Mutter feilt ihre Fingernägel. Herr Hofer benutzt auch größere Feilen. Mit diesen ➔ Werkzeugen glättet er zum Beispiel die Kante eines Metallstücks. Im Werkzeugkasten liegen grobe und feine Feilen aus ➔ Stahl. Ihre Oberfläche besteht aus vielen kleinen Schneiden, die Späne von dem Stück abheben, an dem gefeilt wird. In Werkstätten und Fabriken benutzt man Maschinen zum Feilen.

Feind

„Die Jungen aus der Falkenstraße tun so, als wären sie unsere Feinde", sagt Tim. Anke sagt: „Stimmt. Aber ich hab keine Ahnung, warum wir verfeindet sein sollten." Wenn die aus der Falkenstraße Kinder aus der Meyerstraße sehen, beschimpfen und bedrohen sie die. Sie ärgern sich wegen jeder Kleinigkeit, die die anderen tun, und fühlen sich als Gegner der Kinder aus der Meyerstraße. Aber nicht nur einzelne Menschen sind verfeindet, sondern auch ganze ➔ Staaten. Die Politiker des einen Landes trauen dann den Politikern des anderen nur Schlechtes zu. Manchmal kämpfen dann die ➔ Soldaten der verfeindeten Staaten gegeneinander. So wird aus einer Feindschaft ➔ Krieg. Im Krieg behaupten beide Seiten, dass man sich nur verteidigt, um sich vor seinen Feinden zu schützen.

Ferien

„In einer Woche fangen die Sommerferien an", freut sich Tim. Er fährt mit seinen Eltern ans ➔ Meer. Da wollen sie baden und Ausflüge unternehmen. Sein Vater hat drei Wochen Urlaub genommen. So eine Zeit zum Erholen von der ➔ Arbeit, der ➔ Schule und dem Alltag tut gut. Anke fährt mit ihrer Mutter nicht weg, weil das zu teuer ist. Aber sie werden den Haushalt gemeinsam erledigen, damit sie danach gemeinsam etwas unternehmen können. Anke ist froh, dass auch Ibo zu Hause bleibt. Aksoys können den Laden nicht schließen. Bodes sind in Spanien in einem Ferienhaus. Im Winter fahren sie oft an die Nordsee oder zum Skifahren in die ➔ Berge.

Fernglas

Daniel sieht mit seinem Fernglas zu Ankes Fenster. Jetzt sieht er Anke, als sei sie ganz nah und sehr groß. Unterschiedlich geformte Glaslinsen und dreieckige Glaskörper, die Prismen, in solchen optischen Geräten rücken alles näher heran, was man mit beiden ➔Augen durch das Okular betrachtet. Auf der anderen Seite des Fernglases ist das Objektiv. Auch Operngläser und Feldstecher benutzt man, um Dinge nah und groß zu sehen. Anke hat ein kleines Fernrohr. Durch das guckt sie nur mit einem Auge. In ➔Sternwarten gibt es riesige Teleskope. Damit beobachten Wissenschaftler den ➔Himmel.

Fernsehen

Rengin sieht fern. Die Bilder werden von Kameras aufgenommen, die Töne von Mikrofonen. Die Kamera zerlegt die Bilder in Punkte. Die Bildpunkte und Töne wurden früher in elektrische Signale verwandelt, die von Funkwellen durch die Luft gesendet wurden. Antennen fingen diese elektrischen Wellen auf und leiteten sie zu den Fernsehgeräten. Dort wurden die Signale wieder in Bildpunkte und Töne verwandelt. Beim Kabelfernsehen kommen die Sendungen als elektronische Signale durch Glasfaserkabel. Mit dem Kabelfernsehen und Satellitenantennen kann man viele ➔Programme empfangen. ➔Digitales Fernsehen bietet besonders gute Bilder und Töne. Geräte mit Flachbildschirm sind viel flacher und leichter als die alten Röhrengeräte. Sie flimmern nicht und brauchen weniger Strom. 1926 erfand John Logie Baird das Fernsehen. 1929 gab es in England die ersten Sendungen. Seit den 1950er-Jahren kann man in Farbe fernsehen.

Fest

Am Wochenende wird bei Aksoys ein Fest gefeiert. Sie haben ➔Freunde eingeladen, Verwandte, Bekannte und Nachbarn. Ibo freut sich, dass viele Menschen kommen. Er mag diese Feststimmung. Es ist ganz anders als im Alltag. Man unterhält sich. Es wird gelacht. Man spielt, einige tanzen zur Musik. Besonders gut gefällt es Ibo, dass sein Onkel Gitarre spielt und dazu singt. Man isst und trinkt. Einige Wochen nach diesem Fest wird Ibos Geburtstagsfest mit seinen Freunden gefeiert. Andere Wörter für Fest sind Party, Fete oder Feier. Für viele Kinder ist das Weihnachtsfest das wichtigste Fest im Jahr.

Fett

Anke und ihre Mutter lassen Speck in der Pfanne aus. Mit Zwiebeln, Äpfeln und Gewürzen machen sie Schmalz daraus. Außer tierischen Fetten, wie sie im Speck vorhanden sind, gibt es Pflanzenfette. Margarine enthält solche Fette. Man gewinnt sie, indem man zum Beispiel ➜Nüsse oder Sonnenblumenkerne auspresst. ➜Butter ist ein tierisches Fett. Unser Körper braucht Fett, es erzeugt Wärme und gibt Kraft. Aber man sollte nicht zu viel essen. Das unverbrauchte Fett macht dick, es wird zu Fettpolstern. Fett kann fest sein oder flüssig wie ➜Öl. Man benutzt es auch, um Cremes herzustellen.

Feuer

Am Grillplatz schichten Daniel und seine Mutter dünnes ➜Holz über Papier. Mit einem ➜Streichholz zündet Frau Bode das Papier an. Bald fängt auch das Holz Feuer. Der Sauerstoff, den es braucht, ist in der ➜Luft. Feuer wärmt, es gibt Licht und man kann Essen darauf zubereiten. Die Urmenschen kannten es nur durch Blitzschlag und Brände. Es dauerte lange, bis sie entdeckten, dass sie Feuer machen konnten, indem sie Hölzer gegeneinanderrieben. Oder sie schlugen Steine aneinander und entfachten mit den Funken Feuer. Die Beherrschung des Feuers ist eine der wichtigsten Entdeckungen. Übrigens: Streichhölzer gibt es erst seit Beginn des 19. Jahrhunderts.

Feuerwehr

„Dahinten brennt es!“, ruft Ibo aufgeregt. Er hat die Berufsfeuerwehr mit Blaulicht und Sirene zur Brandstelle fahren sehen. Auf dem Land gibt es auch eine freiwillige Feuerwehr. Wenn die Feuerwehr durch einen Anruf oder ein ➜Signal aus einem Feuermelder alarmiert wird, weiß jeder Feuerwehrmann genau, was er tun muss. Bei großen Bränden fährt dann sofort ein Löschfahrzeug mit Motorpumpe und Schlauch los, dazu ein Tanklöschfahrzeug mit Wassertank und ein Wagen mit Drehleiter. Am Brandort werden zuerst die Menschen gerettet. Feuerwehrleute mit Schutzkleidung, Atemschutzgeräten und Sauerstoffmasken dringen dazu ins brennende Haus ein. Auch über Leitern retten sich Menschen. Oder sie springen aus Fenstern in Sprungtücher. Zum Löschen verwendet man Wasser oder Schaum. Auch bei ➜Unfällen und ➜Katastrophen hilft die Feuerwehr.

Feuerwerk

Am Silvesterabend gibt es ein Feuerwerk. Anke und Daniel sehen gespannt zu, als die Feuerwerkskörper gezündet werden. Die Papphülsen der ➔Raketen sind mit brennbarem Pulver gefüllt. Zusätze darin sorgen für Farben und Geräusche. Zischend, leuchtend und knallend steigen die Raketen auf. Farbige Kugeln zerplatzen. Nächstes Jahr wollen die Kinder in der Meyerstraße ihr eigenes Feuerwerk machen. – Vorsicht mit Feuerwerkskörpern! Sie können Menschen schlimm verletzen.

Feuerzeug

Zum Geburtstag hat Opa von Anke und ihrer Mutter ein Feuerzeug bekommen. Damit zündet er eine Geburtstagskerze an. Feuerzeuge bestehen aus einem mit ➔Benzin oder ➔Gas gefüllten Behälter. Wenn man sie anknipst oder am Rädchen dreht, schlägt ein Feuerstein Funken. Die Funken entzünden den benzingetränkten Docht oder das ausströmende Gas. Oft kann man die Höhe der Flamme verstellen.

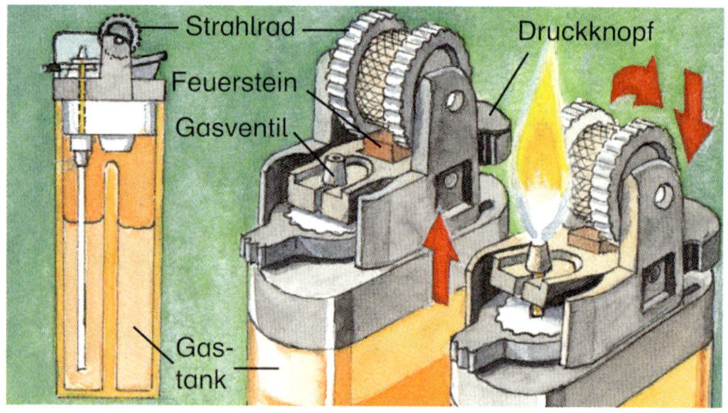

Fichte

Beim Spaziergang im Wald fragt Jakob: „Sind das ➔Tannen?“ Seine Oma antwortet: „Nein, die Nadelbäume hier sind Fichten.“ Bei Fichten hängen die Zapfen nach unten. Bei den Tannen stehen sie aufrecht. Die Fichtennadeln wachsen rund um die Zweige, während die Tannennadeln in zwei Reihen oben auf den Zweigen sitzen. Fichten wachsen schnell und werden sehr groß. Deswegen werden sie oft da angepflanzt, wo neuer ➔Wald entstehen soll. Kleine Fichten benutzt man gerne als Weihnachtsbäume. Aus Fichtenholz werden Möbel hergestellt.

Fieber

Tim ist stark erkältet. Seine Mutter legt eine Hand auf seine Stirn und sagt: „Ziemlich heiß, bestimmt hast du Fieber.“ Mit dem Fieberthermometer misst sie Tims Körpertemperatur. Die beträgt über 39 Grad. Schon wenn sie sich deutlich über 37 Grad erhöht, spricht man von Fieber. Damit wehrt sich der ➔Körper gegen Krankheitserreger. Der Körper versucht also, sich selbst zu helfen. Bei hohem Fieber schlägt das ➔Herz schnell und auch der Puls geht schneller. Der Arzt empfiehlt kalte Umschläge und sagt zu Tim: „Du musst ein paar Tage im Bett bleiben, aber bald bist du wieder gesund.“

Film

Ibo sieht sich im ➲Fernsehen und im ➲Kino gern Filme an, am liebsten lustige oder Tierfilme. Ein Film besteht aus vielen Einzelbildern, die hintereinander aufgenommen wurden. Unser Auge kann höchstens fünfzehn verschiedene Bilder pro Sekunde auseinanderhalten. Spielt man die Bilder schneller hintereinander ab, sehen wir sie als eine fortlaufende Bewegung, also als Film. Filmbilder werden von Kameras aufgenommen, pro Sekunde immer vierundzwanzig Bilder. Besondere Filme sind 3-D-Filme, bei denen man das Gefühl hat, mitten im Geschehen dabei zu sein. Zum ersten Mal führten 1895 die Brüder Lumière in Paris solche „bewegten Bilder“ vor. Dafür hatten sie ein Aufzeichnungs- und Vorführgerät entwickelt: den Kinematografen. Zunächst waren alle Filme Stummfilme in Schwarzweiß, ab 1927 gab es Tonfilme, ab 1935 Farbfilme. Einer der berühmtesten Filmschauspieler war Charlie Chaplin (1889–1977).

Filter

Anke und ihre Mutter kochen ➲Kaffee. Anke legt eine Filtertüte in die Kaffeemaschine. Ihre Mutter füllt Kaffee hinein und stellt die Maschine an. Das Wasser tropft durch die Filtertüte in die Kanne. Der Filter wirkt wie ein Sieb und hält den Kaffeesatz zurück. Mit dem Filter an Daniels ➲Aquarium wird Schmutz aus dem Wasser geholt. Filter in Fabrikschloten sorgen dafür, dass weniger gefährliche Stoffe in die ➲Luft kommen.

Filzstift

Jakob hat Filzstifte in verschiedenen ➲Farben. Er mag es, dass er mit ihnen so weich malen kann. Außerdem verwischen ihre Striche nicht. Auch auf glattem ➲Papier malen Filzstifte gut. Die Schreibflüssigkeit ist im Speicher des Stifts. Seine Spitze aus gepresstem Filz gibt die Farbe ans Papier ab. Die Flüssigkeit in einigen Filzstiften soll ungesund sein, deswegen darf man nicht auf ihnen kauen.

Fink

„Guck mal, ein Buchfink“, sagt Oma Bode. Jakob sieht einen ➲Vogel mit rötlichem Gefieder und blauem Kopf. Die Buchfinken gehören zu den vielen Finkenarten, die es fast überall auf der Erde gibt. Die meisten haben einen kurzen, dicken Schnabel. Zu den Finken, die bei uns leben, gehören auch der Kernbeißer, der Dompfaff und der Zeisig. Auch die ➲Kanarienvögel sind Finken.

Fisch

Stundenlang sitzt Daniel vor seinem ➔ Aquarium und beobachtet die Fische darin. Eigentlich leben diese schuppigen Tiere in ➔ Flüssen, ➔ Seen und ➔ Meeren. Ihre Flossen brauchen sie, um vorwärtszukommen. Außerdem steuern sie damit und halten das ➔ Gleichgewicht. Viele Fische haben eine luftgefüllte Schwimmblase. Sie sorgt dafür, dass der Fisch richtig im Wasser liegt und nicht zu Boden sinkt. An der ➔ Luft ersticken Fische. Den Sauerstoff, den sie brauchen, holen sie sich durch die Kiemen aus dem Wasser. Viele Fische haben Gräten, andere ein Skelett aus Knorpel wie der ➔ Hai. Bei den meisten Fischen entwickeln sich die Jungen aus Eiern. Nur wenige bringen lebende Junge zur Welt. Fisch ist eine wertvolle Nahrung. Speisefische wie Kabeljau, ➔ Hering und Thunfisch werden mit Netzen im Meer gefangen. In Flüssen und Seen angelt man Raubfische wie ➔ Forellen und ➔ Hechte. Gut schmecken auch ➔ Karpfen und ➔ Aale. Weil man zu viel gefischt hat und das Wasser oft verschmutzt ist, wird es für viele Meeresfische immer schwieriger zu überleben.

Fischotter

„Fischotter sind selten geworden", erzählt Opa Dietel. Die ➔ Säugetiere leben am Wasser und werden bis zu 1,50 Meter lang. Sie haben einen Schwanz, dichtes Fell und Schwimmhäute zwischen den Zehen. Fischotter sind mit den ➔ Mardern verwandt. Weil ihr Pelz wertvoll ist und ihr Lebensraum immer kleiner wird, wurden sie fast ausgerottet. Heute sind sie geschützt.

Flamingo

Im Zoo sieht Anke große ➔ Vögel mit rosafarbenem Gefieder. „Das sind Flamingos", sagt ihr Vater. Mit ihrem seltsam gebogenen Schnabel filtern sie kleine ➔ Fische, ➔ Krebse und ➔ Algen aus dem Wasser. In Freiheit gibt es diese scheuen Vögel vor allem in Afrika, Süd- und Mittelamerika und Südfrankreich. Sie leben in Sümpfen und flachen Seen und bilden Kolonien von vielen Tausend Vögeln.

Flaschenpost

Anke wirft eine gut verschlossene Flasche in den Fluss. In der Flasche liegt ein Zettel mit ihrer Anschrift und dem Ort, wo die Flaschenpost ins Wasser geworfen wurde. „Vielleicht schreibt der Finder mir. Dann weiß ich, wie weit sie geschwommen ist“, denkt Anke. Schiffbrüchige auf einsamen ➲ Inseln versuchen mit der Flaschenpost, Hilfe zu holen. Auch die Meeresströmung wurde früher mit der Flaschenpost erkundet.

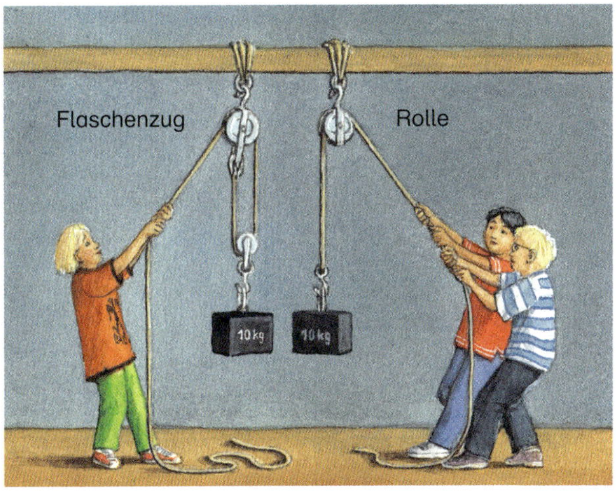

Flaschenzug

Im Großmarkt ziehen Ibo und sein Vater einen schweren Sack mit einem Flaschenzug hoch. Das Gerät besteht aus zwei Rollen, die durch ein Seil verbunden sind. Die obere Rolle (Flasche) ist an der Decke festgemacht. Die untere hängt lose im Seil. An ihr ist ein Haken befestigt, an den Ibos Vater den Sack hängt. Dann ziehen sie ihn am freien Ende des Seils hoch. Mit diesem einfachen Flaschenzug brauchen sie nur halb so viel Kraft. Dafür müssen sie das Seil die doppelte Strecke ziehen, um die Last zu heben. Bei einem Flaschenzug mit vier Rollen würden sie ein Viertel der Kraft brauchen.

flechten

Anke und ihr Vater stehen vor einem Wagen voller Körbe. „Die sind aus Weidenruten geflochten“, sagt Herr Dietel. Das Flechten war eine der ersten Techniken, die die Menschen lernten. Dabei werden zum Beispiel Weidenruten oder Bänder miteinander verschlungen oder verkreuzt. So kann man zum Beispiel Hüte und Matten herstellen. Ankes Oma trug die Haare früher zum Zopf geflochten.

Fledermaus

„Ich habe noch nie eine Fledermaus gesehen“, sagt Jakob. Seine Mutter sagt: „Kein Wunder, die sind nur unterwegs, wenn wir schlafen.“ Tagsüber hängen Fledermäuse kopfüber in ➲ Höhlen, alten Gemäuern oder Dächern. Sie sind ➲ Säugetiere und benutzen zum Fliegen ihre lederartigen Flughäute. Dabei stoßen sie für Menschen unhörbare Töne aus. Diese werden von Hindernissen wie ein ➲ Echo zurückgeworfen. So hören die Tiere das Hindernis. Genauso bemerken sie ➲ Insekten, von denen sich viele Fledermausarten ernähren.

Fleisch

Tim isst heute Fleisch. So nennt man die weichen Muskelteile eines ➔Körpers. Früher tötete man Tiere bei der ➔Jagd. Heute werden fast alle Tiere, die wir essen, gezüchtet und im Schlachthof geschlachtet. Meistens sind es ➔Schweine, Rinder und Geflügel. Fleisch verdirbt schnell. Tiefgefroren, geräuchert, getrocknet oder in Dosen ist es länger haltbar. Nur gesundes Fleisch darf gegessen werden. Deswegen wird es vom Fleischbeschauer untersucht. ➔Vegetarier essen kein Fleisch. Veganer essen überhaupt nichts, was von Tieren stammt, wie zum Beispiel Eier und Käse.

Fleischer

Anke geht zum Fleischer (🇦🇹 Fleischhauer, 🇨🇭 Metzger). In der Theke des Ladens sind verschiedene Fleischsorten ausgestellt. ➔Schinken liegen da, Mett- und Leberwurst, Brat- und Bockwürste. Der Fleischer kauft das ➔Fleisch im Schlachthof oder er schlachtet die Tiere selbst. Danach verarbeitet er das Fleisch. Diesen ➔Beruf erlernt man während einer Ausbildung. In manchen Gegenden nennt man die Fleischerei Schlachterei oder Metzgerei.

Venusfliegenfalle

fleischfressende Pflanzen

„Fressen die wirklich ➔Fleisch?", fragt Jakob. Oma antwortet: „Ja, denn viele dieser Pflanzen wachsen auf nährstoffarmen Böden in Sumpf- oder Moorgebieten." Um ➔Insekten anzulocken, sind sie oft farbenprächtig. Oder sie scheiden süßen Saft aus. Ihre Beute fangen sie in klebrigen Blütenfallen oder einfaltbaren Blättern. So bekommen sie Nährstoffe. Bei uns wachsen unter anderem Sonnentau und Fettkraut.

Fliege

Auf Lenas Teller sitzt eine Stubenfliege. Lena sieht die großen Augen und die durchsichtigen Flügel des ➔Insekts. Über hunderttausend Fliegenarten gibt es und alle haben nur zwei Flügel. Ihre Nahrung nimmt die Fliege mit einer Art Rüssel auf. Lena verscheucht das Insekt, denn sie weiß, dass es oft auf Dreck sitzt. Deswegen können Fliegen Krankheiten übertragen. Manche Fliegen stechen ganz gemein wie die ➔Bremse. Übrigens gehören auch die ➔Mücken zu den Fliegen. – Welche Fliege ist aus Stoff?

Die Fliege zum Umbinden

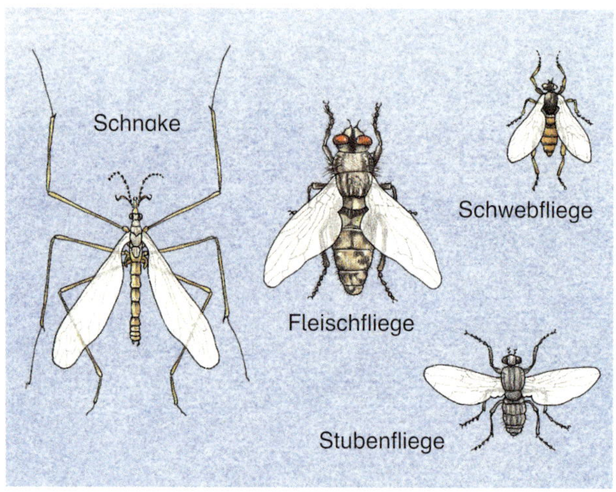

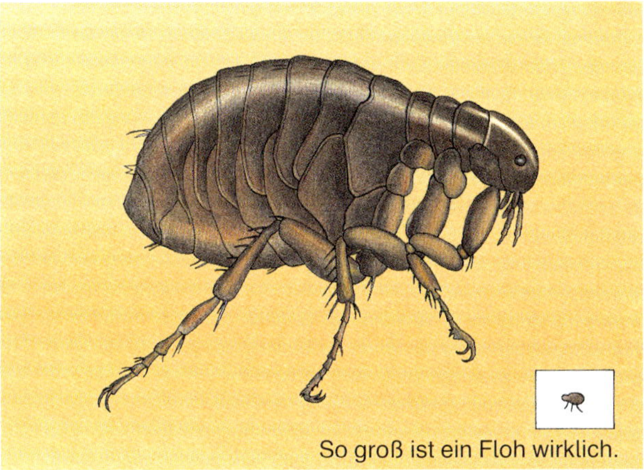
So groß ist ein Floh wirklich.

Floh

Ben kratzt sich ständig am Fell. „Bestimmt hat er Flöhe", sagt Anke. Nicht nur auf den Körpern von ➲Säugetieren und ➲Vögeln lebt dieses ➲Insekt, sondern manchmal auch auf der Haut von Menschen. Bis zu vierzig Zentimeter weit springt der Menschenfloh mit seinen Sprungbeinen, obwohl er nur drei Millimeter groß ist. Würden wir im Verhältnis zu unserer Körpergröße so weit springen, wären das 200 Meter. Der Floh benutzt seine Mundwerkzeuge zum Stechen und Blutsaugen. Seine Stiche jucken. Flöhe können Krankheiten übertragen.

Flohmarkt

In der Stadt wird ein Flohmarkt veranstaltet. „Werden dort Flöhe verkauft?", fragt Jakob. Seine Mutter antwortet: „Das ist ein ➲Markt, auf dem jeder alle möglichen Sachen verkaufen und kaufen kann." Einige Kinder aus der Meyerstraße wollen hingehen. Daniel möchte Spielsachen verkaufen, die er nicht mehr braucht. Anke will ➲Comics, ➲CDs und ➲Bücher anbieten. Als Verkäufer muss man für den Standplatz eine Gebühr bezahlen. Vielleicht werden die Kinder auf dem Flohmarkt auch etwas kaufen. Herr Bode geht mit. Er hofft, dass er eine interessante Kleinigkeit findet. Auf vielen Flohmärkten gibt es neben Kindern und Erwachsenen, die ihre alten Sachen verkaufen, auch Berufshändler.

Flöte

Tim und seine Mutter stehen vor einem Schaufenster voller ➲Musikinstrumente. Tim wünscht sich nämlich eine Blockflöte. Sie sehen sich die verschiedenen Flöten an. Metall- und Holzflöten in den unterschiedlichsten Größen liegen da. Alle haben eines gemeinsam: Man bläst ➲Luft hinein. Wenn man die Grifflöcher oder Klappen bedient, kann man verschiedene Töne erzeugen. Sind alle Klappen geschlossen, klingt der tiefste Ton. Es gibt Langflöten, wie die Blockflöten, und Querflöten, die man seitlich anbläst.

Flucht

In den Nachrichten sieht Jakob Menschen, die aus ihrer ➜Heimat flüchten. Sein Vater erklärt: „Sie flüchten, weil Soldaten im Anmarsch sind. Vor denen haben sie ➜Angst. Um schnell wegzukommen, lassen sie fast alles zurück, was ihnen gehört." Menschen verlassen ihre Heimat, weil sie durch ➜Krieg, politische oder religiöse Verfolgung, durch Hungersnöte oder Naturkatastrophen in großer Gefahr sind. Viele kommen auf der Flucht um. Andere retten sich in fremde ➜Staaten. Dort werden sie vielleicht in Lagern aufgenommen und versorgt. Wenn die Flüchtlinge keine Chance haben, in ihre Heimat zurückzukehren, bitten sie um ➜Asyl. Das heißt, dass sie in ihrem Gastland leben möchten. Es soll ihre neue Heimat werden. Flüchtlinge dürfen nicht in ihre alte Heimat zurückgeschickt werden, wenn sie befürchten müssen, dass man sie dort tötet oder einsperrt. Vor allem in den ➜Entwicklungsländern, aber auch anderswo sind Millionen Menschen auf der Flucht.

Flughafen

Die Aksoys fahren zum Flughafen. Sie wollen einen Freund abholen, der aus London zu Besuch kommt. Auf dem Rollfeld starten und landen ständig ➜Flugzeuge aus vielen Ländern. Die Maschinen befördern Passagiere, Waren und Post. Zum Flughafen gehören alle Gebäude mit ihren technischen Einrichtungen und das weite Gelände. Im Abfertigungsgebäude, dem Terminal, bekommen die Fluggäste an den Schaltern und Automaten der verschiedenen Fluggesellschaften ihre Bordkarten und geben Gepäck auf. Auch der ➜Zoll und die Sicherheitskontrollen sind hier. Es gibt viele ➜Gaststätten, ➜Hotels und Läden. In den Warteräumen warten die Passagiere auf ihre Flüge. „Der hohe ➜Turm ist der Kontrollturm und heißt Tower", sagt Herr Aksoy. Im Tower arbeiten die Fluglotsen. Sie sehen die anfliegenden Flugzeuge auf dem Radarschirm. Auch bei Dunkelheit leiten sie die Maschinen über ➜Funk sicher zur Landebahn. Nach der Landung rollen die Flugzeuge dann weiter zum Vorfeld. Hier warten Busse, die die Passagiere zum Terminal bringen. Manchmal rollen die Flugzeuge auch direkt zu einem Gate oder Tor. Dort gehen die Passagiere über fahrbare überdachte Brücken vom Flugzeug direkt in den Terminal. Bevor eine Maschine wieder zur Startbahn rollt, wird sie aufgetankt. Außerdem putzt man die Flugzeuge innen und lädt Proviant ein. Natürlich gibt es auf dem Flughafengelände auch Hallen (Hangars), in denen die Flugzeuge überprüft und repariert werden.

Flugzeug

Daniel sieht einem Flugzeug nach. Wie immer staunt er, dass es fliegt, obwohl es schwerer ist als ➲Luft. Flugzeuge bleiben durch ihre Vorwärtsbewegung und die Form der Flügel in der Luft. Beim Fliegen wird unter den Flügeln die Luft zusammengepresst. So entsteht Druck von unten. Gleichzeitig wird über den Flügeln ein Sog erzeugt. So halten sich Flugzeuge in der Luft. Jahrhunderte träumten die Menschen nur vom Fliegen. Dann wurde vor über hundert Jahren das erste Gleitflugzeug gebaut. 1903 starteten die Brüder Wright mit dem von ihnen gebauten Motorflugzeug. Und 1927 flog Charles Lindbergh ganz allein und ohne Zwischenlandung von New York nach Paris. Heute überqueren Düsenflugzeuge in wenigen Stunden Länder und Meere. Piloten im Cockpit steuern das Flugzeug und überwachen die Instrumente.

Fluss

Anke und Daniel stehen am Ufer des Rheins. Breit fließt er im Flussbett, das sich das ➲Wasser gegraben hat. Die beiden kennen auch die ➲Quelle dieses Flusses, wo das Wasser aus der Erde sprudelt. Als Bach fließt es weiter. Andere Bäche kommen dazu und es wird ein Fluss daraus. Seine Nebenflüsse speisen ihn mit noch mehr Wasser. Besonders breite und lange Flüsse nennt man Strom. Der Fluss, an dem Anke und Daniel stehen, mündet ins Meer. ➲Schiffe transportieren Lasten und Menschen auf ihm. Der längste Fluss der Erde ist der Amazonas. Er fließt in ➲Südamerika.

Flüssigkeit

Ibo gießt Milch ins Glas. Sofort passt sie sich der Form des Glases an, denn Flüssigkeiten haben keine feste Form. Die Stellung der ➲Atome oder Moleküle ist nämlich nicht starr wie in Festkörpern. Nur die Menge der Flüssigkeit bleibt gleich. Erhitzt man eine Flüssigkeit, wird ➲Gas daraus. So entsteht aus ➲Wasser Dampf. Wenn man sie stark abkühlt, wird die Flüssigkeit fest. Deswegen wird aus Wasser ➲Eis.

Forelle

Anke und ihr Vater gehen an einem Bach mit klarem Wasser entlang. Plötzlich ruft Anke: „Da, eine Forelle!“ Blitzschnell schwimmt der ➲Fisch davon. Forellen sind Raubfische, die kleine Fische und andere Wassertiere fressen. Außer Bachforellen gibt es See- und Meerforellen. Sie werden größer als Bachforellen. Forellen züchtet man in Teichen. Wie die meisten Fische legen Forellen Eier, aus denen sich kleine Fische entwickeln.

Förster

Die Klasse 3a besucht einen Förster in der Förs-terei. Dort lebt und arbeitet er. Der Mann erzählt: „In meinem Revier kümmere ich mich um die Tiere, Pflanzen und Wege. Ich sorge dafür, dass ➜ Schädlinge bekämpft werden. Und ich ent-scheide, welche ➜ Bäume im ➜ Wald gefällt und wo neue gepflanzt werden. Außerdem beobach-te ich das Wild. Ich achte darauf, dass man nicht zu viele und die richtigen Tiere jagt."

Fortpflanzung

„Ohne mich, Daniel und Lena würde es später unsere ➜ Familie nicht mehr geben", sagt Jakob. Seine Mutter nickt und sagt: „Dadurch, dass wir euch bekommen haben, hat sich unsere Familie fortgepflanzt. Und dadurch, dass immer wieder ➜ Kinder geboren werden, pflanzt sich die Menschheit fort." Beim Menschen gehören das Glied (der Penis) des ➜ Mannes und die Scheide (die Vagina) der ➜ Frau zu den Fortpflanzungs-organen. Man nennt sie ➜ Geschlechtsorgane. Wenn Mann und Frau sich lieb haben, steckt der Mann sein steifes Glied in die Scheide der Frau. Dann fließt der Samen des Mannes in die Schei-de der Frau. In ihrem Bauch gibt es winzige Ei-zellen. Nun kann der Samen mit einer Eizelle zusammenwachsen. Aus dieser befruchteten Ei-zelle kann in der Gebärmutter der Frau ein Kind wachsen. Wenn alles normal verläuft, wird das ➜ Baby neun Monate später geboren. Auch Pflanzen und Tiere pflanzen sich fort. Bei den einfachsten kleinen Pflanzen und Tieren teilt sich ein Lebewesen in zwei. Andere Arten ver-mehren sich mit ihren Fortpflanzungsorganen.

Fotoapparat

Daniel macht ein Foto von Anke. Mit dem Mo-duswahlrad seiner Digitalkamera bestimmt er, was der Apparat tun soll. Er sieht Anke auf dem Bildschirm und drückt den Auslöser. Das Foto wird mit einem lichtempfindlichen Computerchip aufgenommen und ➜ digital auf der Speicher-karte gespeichert. Das fertige Foto sieht Daniel dann auf dem Bildschirm. Und er kann es auf den ➜ Computer laden. Auch Videos nimmt er auf. – Oma muss in ihren alten analogen Foto-apparat einen Film einlegen. Danach kann sie fotografieren. In der Dunkelkammer entwickelt man den Film chemisch, bevor Papierabzüge hergestellt werden.

Digitalkamera

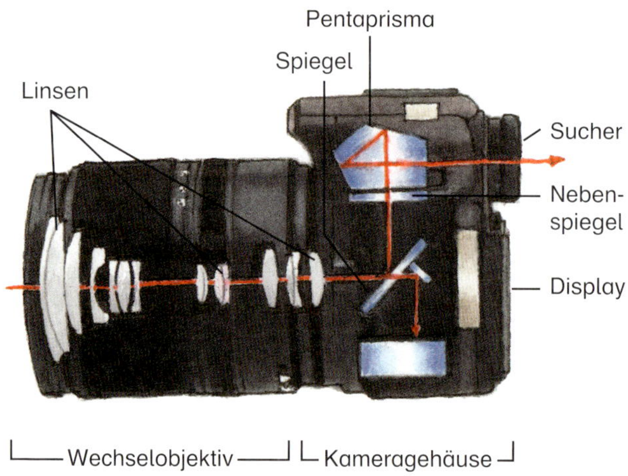

Fotokopie

Herr Aksoy sagt zu Ibo: „Mach mir doch bitte eine Kopie dieser Rechnung.“ Ibo legt die Rechnung mit der Schrift nach unten auf die Glasscheibe des Fotokopierers. Dann drückt er den grünen Knopf. Die Vorlage wird von unten mit einem grellen Lichtblitz fotografiert. Dann wird das Bild über eine Trommel auf ein Blatt Kopierpapier übertragen. Gleich darauf hat Ibo zwei völlig gleiche Rechnungen.

Frau

Im Badezimmer sagt Lena zu ihrer Mutter: „Jetzt bin ich noch ein Mädchen. Ich kann mir gar nicht vorstellen, dass ich einmal eine Frau sein werde wie du.“ Frauen sind erwachsene weibliche ➔Menschen. „Ohne dich gäbe es mich nicht“, überlegt Lena. „Stimmt“, sagt ihre Mutter. „Von uns Frauen werden die ➔Kinder geboren. Gezeugt werden sie von ➔Männern und Frauen zusammen.“ Männer und Frauen unterscheiden sich äußerlich durch die ➔Geschlechtsorgane. Frauen haben einen Busen und eine Scheide (Vagina). Früher arbeiteten Frauen vor allem im Haushalt und versorgten die Kinder. Inzwischen gehen viele Frauen arbeiten, auch wenn sie Kinder haben. So viel ➔Arbeit ist nur zu schaffen, wenn sich Mann und Frau die Hausarbeit teilen. Immer mehr Frauen arbeiten auch in ➔Berufen, die früher nur von Männern ausgeübt wurden.

frei

Im Radio hört Tim, dass in einem Land zum ersten Mal freie ➔Wahlen stattfinden. Die Menschen können also selbst entscheiden, wer sie regiert. Außerdem soll es keine unnötigen Einschränkungen mehr geben. Man darf überallhin reisen. Zeitungen, Radio und Fernsehen können frei berichten. Sie werden nicht mehr gezwungen, bestimmte Meldungen zu verbreiten. Die Menschen dürfen ihre Meinung sagen. Schon immer kämpften Menschen für ihre Freiheit, denn jeder wünscht sich ein Leben nach seinen eigenen Vorstellungen. Aber auch ein freier Mensch kann nicht immer tun, was er möchte. Tim hat zum Beispiel nicht die Freiheit, im Unterricht loszubrüllen. Damit würde er die Freiheit der Kinder einschränken, die zuhören wollen. Schulfrei findet Tim schön. Dann hat er Freizeit.

fremd

Ein Mädchen fragt Ibo: „Ich kenne mich hier nicht aus. Weißt du vielleicht, wie ich in die Bertramstraße komme?“ Ibo erklärt: „Das ist gleich die nächste Straße rechts.“ Das Mädchen hat das verstanden. Jetzt findet sie sich zurecht, obwohl die Gegend fremd für sie ist. Schwieriger ist es, als Fremder im ➔Ausland zu sein, denn da kann man sich oft nur schwer verständigen. Ibos Eltern stammen aus der Türkei. Trotzdem fühlt er sich hier nicht fremd. Schließlich ist er in dieser Stadt aufgewachsen. Hier ist seine ➔Heimat. Und hier hat er seine ➔Freunde. Ibo fühlt sich aber fremd, wenn er in der Türkei seine Großeltern besucht. Er versteht nämlich nicht alles, was sie sagen. Außerdem sind die Bräuche dort so anders, fremdartig eben. Seine Großeltern dagegen fühlen sich fremd, wenn sie hierherkommen. – Bist du schon einmal neu in eine fremde Klasse gekommen?

Freund

Anke sagt: „Daniel ist mein Freund und ich bin seine Freundin." Sie mag ihn einfach lieber als andere Kinder und er mag sie lieber. Die beiden können gut miteinander reden und spielen. Deswegen treffen sie sich oft. Es ist ein schönes Gefühl, befreundet zu sein. Und es wäre traurig, wenn sie sich einmal trennen müssten. Aber auch mit Lena, Tim und Ibo sind die beiden befreundet. Sie verstehen sich gut miteinander. – Daniels Vater sagt: „Ich bin mit meiner besten Freundin verheiratet. Es ist eure Mutter."

Frieden

„Es herrscht wieder Frieden im Land", hört Lena im Radio. Die verfeindeten Parteien haben einen Waffenstillstand vereinbart. Ihre Soldaten kämpfen nicht mehr. Die Menschen hoffen, dass sie nach diesem Krieg in Sicherheit leben können. Auch in Friedenszeiten gibt es Streit. Den versucht man ohne Gewalt zu schlichten. Jemand, der sich besonders für den Frieden einsetzte, war Mahatma Gandhi. Er kämpfte gewaltlos für die Unabhängigkeit Indiens. Der Amerikaner Martin Luther King bekam für seinen friedlichen Widerstand gegen die Benachteiligung der Afroamerikaner den Friedensnobelpreis.

Friseur

Jakob geht zum Friseur (Coiffeur). In diesem Geschäft werden Haare geschnitten, gewaschen und gefärbt. Außerdem kann man hier viele Dinge kaufen, die man zur Haarpflege braucht. Im Herrensalon warten einige Kunden. Im Damensalon daneben lässt eine Frau gerade ihre Haare föhnen. Das Geschäft gehört einer Friseurmeisterin. Mit ihr arbeiten mehrere Gesellen und zwei Auszubildende.

Frosch

Tim entdeckt viele kleine Kaulquappen im Teich. Die sind aus den Froscheiern geschlüpft, die das Weibchen im Wasser abgelegt hat. Diesen Laich hat das Männchen befruchtet. Aus dem Laich entwickeln sich Larven: die Kaulquappen. „In ein paar Wochen werden das Frösche sein", denkt Tim. Die Kaulquappe atmet durch Kiemen, genau wie ein Fisch. Während sie sich zum Frosch verwandelt, wachsen ihr Beine. Eine Lunge entwickelt sich. Wenn die Kaulquappe ihren Schwanz abgeworfen hat, ist die Verwandlung zum Frosch abgeschlossen. Die Haut des Frosches muss immer feucht bleiben. Frösche leben fast überall auf der Erde und es gibt viele verschiedene Arten. Die kleinste misst nur zwei Zentimeter. Der Goliathfrosch kann über dreißig Zentimeter lang sein. – Welcher Frosch macht Krach?

Der Knallfrosch

Frucht

„Mein Apfelbaum blüht", freut sich Oma Bode. Wenn die Blüten bestäubt werden, entwickeln sich Früchte aus den Fruchtknoten. Durch die Bestäubung werden männliche Pollen einer Pflanzenart auf die weibliche Narbe einer Blüte dieser Pflanzenart übertragen. Meistens geschieht das durch ➔Insekten. Einige Pflanzenarten können sich selbst bestäuben. Die Früchte, die sich dann entwickeln, umschließen die ➔Samen für neue ➔Pflanzen. Im saftigen Fruchtfleisch von ➔Äpfeln und ➔Birnen stecken mehrere Samenkerne. Das Fruchtfleisch von ➔Kirschen, ➔Pflaumen und ➔Pfirsichen umgibt einen harten Stein mit Samen. Früchte können auch so feste Schalen haben wie die ➔Nüsse. Essbare Früchte nennt man ➔Obst. Aus Obst macht man Kompott, Gelee, ➔Marmelade, ➔Saft und ➔Wein. Auch viele Gemüsearten sind Früchte, zum Beispiel die ➔Erbsen.

Fuchs

Daniel und Anke sehen im Waldboden ein großes Loch. „Das ist ein Fuchsbau", sagt Anke. Füchse fressen vor allem kleine Tiere und Früchte. Die ➔Raubtiere sind mit dem ➔Hund verwandt. Wegen seines Fells und weil er die Tollwut übertragen kann, wird der Fuchs gejagt.

Er gilt als sehr schlau. – Welcher Fuchsschwanz ist aus Metall?

Die Handsäge

Füller

Tim bekommt einen Füller (Füllfeder). Im Schreibwarenladen probiert er verschiedene dieser Schreibgeräte aus. Einer hat eine spitzere Feder, ein anderer eine breitere. „Möchtest du einen Patronenfüller?", fragt der Verkäufer. „Wenn du die Tintenpatrone leer geschrieben hast, nimmst du sie aus dem Füller und setzt eine neue ein. Es gibt auch Kolbenfüller, bei denen du die Tinte aus dem Glas nachfüllst."

Fundbüro

Am Zaun findet Jakob einen Geldbeutel. Zu Hause stellt seine Mutter fest, dass 20 Euro darin sind. „Darf ich das Geld behalten?", fragt Jakob. Seine Mutter antwortet: „Nein, wer etwas findet, das Geld wert ist, muss es beim Fundbüro abgeben." Das Fundbüro (Fundamt) ist die Stelle, bei der man Fundsachen abliefert oder abholt. Da liegt von der Badehose bis zum Geigenkasten alles Mögliche. Meldet sich derjenige, der etwas verloren hat, nicht, bekommt der Finder die Fundsache oder sie wird versteigert. Wenn sich der Besitzer meldet, bekommt der Finder einen Finderlohn.

Funk

Daniel und seine Mutter sitzen im Taxi. Über den Empfänger des Funksprechgerätes kommen Meldungen aus der Funkzentrale an. Ab und zu spricht der Fahrer auch mit der Zentrale. Funkgeräte sind nicht durch Leitungen verbunden. Die Funktechnik funktioniert drahtlos. Mitteilungen werden als Funksignale mithilfe elektromagnetischer Wellen ausgestrahlt und von ➔Antennen empfangen. Ohne Funktechnik gäbe es kein ➔Radio, keine ➔Handys und keine Funkuhren. Wichtig ist die Funktechnik auch in der Luft- und Schifffahrt: Mit ➔Radar werden Hindernisse gesichtet.

Fußball

Anke geht mit ihrem Vater heute ins Stadion zu einem Fußballspiel. Zwei Mannschaften spielen zweimal 45 Minuten gegeneinander. Zu jeder Mannschaft gehören zehn Feldspieler und ein Torwart. Der Schiedsrichter mit seiner Pfeife passt auf, dass alle Regeln eingehalten werden. Dabei helfen ihm die Schiedsrichterassistenten. Gerade wird der Ball von einem Stürmer nach vorne geschossen. Der gegnerische Verteidiger stoppt ihn und gibt ihn zum Torwart zurück. Ein Tor ist dann gefallen, wenn der Ball über die Torlinie gespielt wird. Es gewinnt die Mannschaft, die mehr Tore schießt. Die vielen Zuschauer jubeln vor Begeisterung, wenn die Mannschaft, zu der sie halten, ein Tor schießt.

Fußgänger

„Guck mal, so viele Fußgänger“, sagt Ibo in der Stadt zu Daniel. Für die Fußgänger gibt es Bürgersteige. An Zebrastreifen müssen die ➔Autos anhalten, wenn Fußgänger die ➔Straße überqueren. Die Innenstadt wurde teilweise für Fahrzeuge gesperrt. Dadurch entstanden Fußgängerzonen. Als Fußgänger an der Landstraße sollte man auf der linken Seite gehen. Da erkennen einen die entgegenkommenden Fahrzeuge besser. Bei Dunkelheit trägt man am besten helle Kleidung, damit man gesehen wird.

Futter

„Ich füttere Ben“, sagt Anke. „Er kriegt Fertigfutter aus der Dose. Morgen koche ich ihm etwas.“ Frau Dietel ist froh, dass Anke dem ➔Hund regelmäßig das Fressen gibt, das er braucht. ➔Kühe im Stall werden mit Gras und Rüben gefüttert. Für die ➔Pferde legt der Bauer Heu, Hafer und Kraftfutter in die Futterkrippe. Im Winter füttert der Förster bei großer Kälte das Wild, damit es nicht verhungert. – Welches Futter schmeckt keinem?

Futter aus Stoff, zum Beispiel im Mantel

G

Das G sieht aus wie ein C, an das ein Strich gemacht wurde. Diesen Strich hat ein römischer Sprachlehrer vor ungefähr 2200 Jahren ans C angefügt. Bis dahin gab es kein G. Erst mit dem Strich war es vom C zu unterscheiden. Interessante Wörter fangen mit G an: Grobian, Gartenzwerg, Gangster. Wie viele sind im Bild?

gähnen

Im Unterricht gähnt Daniel laut. Seine Lehrerin guckt ihn strafend an. Dabei kann er gar nichts dafür. Gähnen geschieht einfach, wenn man sich langweilt oder müde ist. Dieser Zwang zum Aufreißen des Mundes und tiefen Einatmen entsteht durch Sauerstoffmangel, Blutleere im ➔Gehirn oder durch Ermüdung des Gehirns. Das Gähnen verschafft der ➔Lunge mehr Luft und der Kreislauf wird angeregt.

Gans

Oma Hofer und Tim beobachten Gänse, die hintereinander – im Gänsemarsch – zum ➔Teich gehen. „Das sind Hausgänse“, sagt Oma. Die weißen Schwimmvögel werden gezüchtet, weil sie gebraten gut schmecken. Sie stammen von den wild lebenden Graugänsen ab. Mit ihren Federn füllt man Kissen und Bettdecken. Ganter oder Gänserich nennt man die männliche Gans. Übrigens sind Gänse sehr wachsame Tiere.

Gänseblümchen

Auf dem Rasen wachsen überall viele kleine ➔Blumen. „Das sind Gänseblümchen“, sagt Lena zu Jakob. Die Blüten sind weiß bis rötlich und in der Mitte gelb. Gänseblümchen blühen fast das ganze Jahr. Man nennt sie auch Maßliebchen.

Gänsehaut

Daniel und Anke sehen sich einen Film an. Der ist so spannend, dass sie eine Gänsehaut (🇨🇭 Hühnerhaut) bekommen. Man sieht sie ganz deutlich auf ihren Armen. Außer durch Spannung oder Schreck entsteht so eine Gänsehaut durch Kälte. Dabei zieht sich die ➔Haut zu Knötchen zusammen und die kleinen Haare auf der Haut richten sich auf. Die Haut sieht dann wirklich aus wie die Haut einer gerupften Gans.

Garten

Lena besucht ihre Oma im Schrebergarten. Er liegt inmitten vieler anderer Kleingärten. Auf Oma Bodes Stück Land gibt es Rasen, ➔Blumen, ➔Kräuter, ➔Gemüse und ➔Obst. Oma pflanzt, gießt, düngt, mäht und beschneidet die Pflanzen und jätet ➔Unkraut. Ziergärten sollen schön sein, während man in Nutzgärten Obst und Gemüse anbaut. ➔Botanische Gärten braucht man für Unterricht und Wissenschaft.

Gärtnerei

Eine Freundin von Frau Dietel ist Gärtnerin von ➔Beruf. In ihrer Gärtnerei züchtet sie ➔Blumen. Die ➔Pflanzen pflegt sie, bis sie verkauft werden. In den beheizten ➔Treibhäusern der Gärtnerei gedeihen Pflanzen, die Wärme brauchen. Dort blühen auch im Winter Blumen und es wachsen Setzlinge. Während der Ausbildung lernen Gärtnerinnen und Gärtner alles, was sie über Pflanzen und den Boden wissen müssen.

Gas

Familie Aksoy hat einen Gasherd. Das Gas, mit dem man Wärme zum Kochen erzeugt, Wasser wärmt und ➔Heizungen betreibt, ist Erdgas. Es entstand vor Millionen Jahren und lagert tief in der ➔Erde. Durch Bohrungen holt man es nach oben, und in unterirdischen Leitungen kommt es in die Häuser. Gase sind luftförmige, meist unsichtbare Stoffe. Sie haben keine bestimmte Form. ➔Flüssigkeiten und feste Stoffe werden durch starkes Erhitzen gasförmig. Kühlt man Gas stark ab, wird es zu einer Flüssigkeit. Einige Gase schaden der Gesundheit, wenn man sie einatmet.

Gaststätte

Heute geht Familie Bode in ihre Lieblingsgaststätte. Der Wirt, dem sie gehört, begrüßt alle. Sie können sich aus der Speisekarte etwas aussuchen und werden vom Kellner (Ober) freundlich bedient. In der ➲Küche bereiten der Chefkoch und die anderen Köche das Essen zu. Später bezahlen die Eltern alles, was die Familie gegessen und getrunken hat. Der Kellner bekommt für seine gute Arbeit ein ➲Trinkgeld. Andere Namen für Gaststätte sind Lokal, Restaurant, Gasthaus, Wirtschaft, Wirtshaus.

Geburt

„Wie war das, als ich geboren wurde?“, fragt Jakob. Seine Mutter erzählt: „Nachdem Papa und ich dich gezeugt hatten, bist du neun Monate in mir gewachsen. Dann warst du groß und entwickelt genug, um geboren zu werden. Schon einige Stunden vor der Geburt spürte ich, dass es bald so weit sein würde. Denn da begannen die Wehen. Das waren ziemlich starke Bauchschmerzen. Wir fuhren dann ins ➲Krankenhaus, Papa und ich. Die Entbindung – so nennt man die Geburt auch – hat bald begonnen. Zuerst bist du mit dem Kopf aus meiner Scheide gekommen. Eine Hebamme half dabei. Als du geboren warst, wurde die Nabelschnur durchgeschnitten, die uns verband. Du hast ein bisschen geschrien. Wir freuten uns riesig, als wir unser ➲Baby sahen. Und das warst du.“

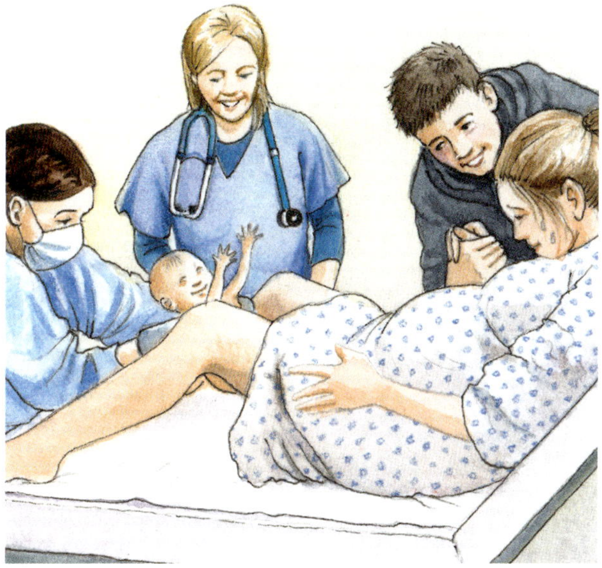

Geburtstag

Morgen hat Lena Geburtstag. Genau neun Jahre ist es dann her, dass sie geboren wurde. Dieser Tag wird gefeiert! Lena freut sich sehr darauf. In der Schule steht bestimmt eine Kerze auf ihrem Platz und auf einem Teller liegen neun Kekse. Außerdem singt die Klasse ein Geburtstagslied für Lena. Für den Nachmittag hat sie ihre Freundinnen und ➲Freunde eingeladen. Alle werden ihr gratulieren. Sie trinken Limonade oder ➲Kakao, essen Torte und spielen miteinander. Und natürlich ist Lena gespannt auf ihre Geburtstagsgeschenke.

Gedächtnis

„Dein Gedächtnis ist prima“, lobt die Lehrerin Anke. Ankes Gehirn kann sich leicht etwas merken und sich daran erinnern. Dafür sorgt ihr Kurzzeitgedächtnis, das Eindrücke kurze Zeit festhält, also einige Sekunden bis zu ein oder zwei Stunden. Auch ihr Langzeitgedächtnis funktioniert gut, in dem Eindrücke länger gespeichert werden. Ankes alter Nachbar ist dement. Demenz ist eine Krankheit des Gehirns. Demente Menschen vergessen beispielsweise schnell, was sie eben erst gehört haben.

Gedicht

Ibo liest ein Gedicht im Lesebuch:

Die Feder

Ein Federchen flog über Land.
Ein Nilpferd schlummerte im Sand.
Die Feder sprach: Ich will es wecken.
Sie liebte, andere zu necken.
Aufs Nilpferd setzte sich die Feder.
Und streichelte sein dickes Leder.
Das Nilpferd öffnete den Rachen.
Und musste ungeheuer lachen.

Dieses Gedicht hat Joachim Ringelnatz geschrieben. Seine Zeilen nennt man Verse. Manchmal reimen sich Verse. Mehrere Verse sind eine Strophe. Die Wörter und Zeilen eines Gedichts kann der Dichter beim Schreiben so auswählen, dass sie einen besonderen Klang und Rhythmus bekommen. So wird noch deutlicher, was in dem Gedicht ausgedrückt werden soll. Berühmte deutsche Dichter waren Walther von der Vogelweide, Johann Wolfgang von Goethe und Friedrich Schiller.

Gefängnis

Tim und seine Mutter gehen an einem großen Gebäude vorbei. Die Fenster sind vergittert und es hat hohe Mauern. „Das ist das Gefängnis“, sagt Frau Bode. „In den Gefängniszellen verbüßen Häftlinge ihre ➔Strafe. Ein ➔Gericht hat sie dazu verurteilt, weil sie zum Beispiel eine Bank überfallen haben.“ Wenn sich ein Häftling im Gefängnis gut benimmt, kann ihm ein Teil der Strafe erlassen werden. Für Männer, Frauen und Jugendliche gibt es jeweils eigene Gefängnisse.

Gegenwart

„Was ich gerade erlebe, passiert doch in der Gegenwart?“, fragt Jakob. „Stimmt“, sagt seine Mutter. „Die Gegenwart ist die Zeit zwischen ➔Vergangenheit und ➔Zukunft. Also zwischen dem, was war, und dem, was sein wird.“ Wenn man zum Beispiel sagt „Ich spiele“, dann bedeutet das, dass man jetzt, in der Gegenwart, spielt. Auch den Zeitraum, in dem wir gerade leben, die Wochen und Monate, nennt man Gegenwart.

Geheimnis

Anke und Daniel sitzen im Park und flüstern leise miteinander. Lena möchte zu gerne wissen, worum es bei diesem geheimnisvollen Flüstern geht. Hat es vielleicht etwas damit zu tun, dass sie bald ➔Geburtstag hat? Die beiden reden noch leiser, wenn jemand näher kommt. Denn niemand soll erfahren, was sie gerade besprechen. Es ist ihr Geheimnis. Übrigens ist es für Daniel auch ein großes Geheimnis, wie Anke es immer schafft, so gute Arbeiten zu schreiben. Es ist ihm also rätselhaft. – Geheim sind bei uns auch ➔Wahlen.

Geheimschrift

Tim findet einen Zettel, den er nicht lesen kann. Er wurde in Geheimschrift geschrieben. Mit Geheimschriften werden Botschaften verschlüsselt. Sie werden also nach einem bestimmten System unlesbar gemacht. Nur wenn man das System kennt, kann man sie entschlüsseln. Geheimtinte wird nach dem Schreiben unsichtbar. Erst durch Wärme wird sie wieder sichtbar.

Gehirn

Wenn Ibo eine Seite aufschlägt, passiert das nicht automatisch. Seine Finger bekommen vom Gehirn über die ➔Nerven erst den Befehl dazu. Wenn er darüber nachdenkt, was er gelesen hat, geschieht auch das im Gehirn. Es steuert außerdem das Sprechen, und unsere Gefühle entstehen im Gehirn. Wenn man riecht, sieht, schmeckt, hört und ertastet, hat das mit dem Gehirn zu tun. Alle Eindrücke werden dort gesammelt und danach vergessen oder behalten. Das Gehirn besteht aus Milliarden Nervenzellen. Es ist weich und empfindlich und liegt geschützt unter den Schädelknochen des Kopfes.

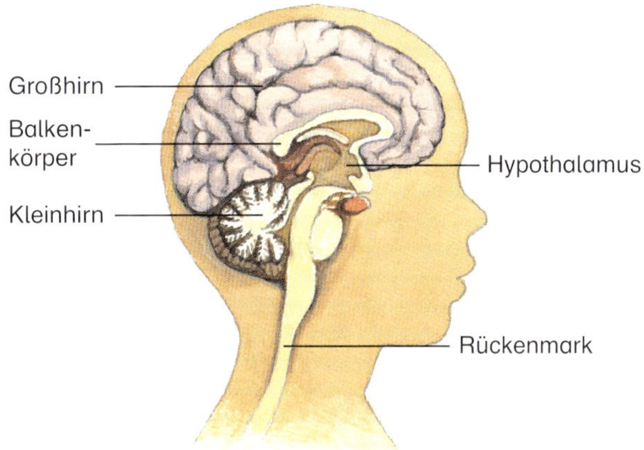

Geier

„Guck mal, ein Geier“, sagt Ankes Vater im Zoo. Gerade bewegt der große ➔Vogel seine breiten Flügel. Anke sieht die starken Krallen, den gebogenen Schnabel und den nackten Hals. Geier ernähren sich als Aasfresser vor allem von toten Tieren. Sie kreisen in großer Höhe und halten nach Beute Ausschau. Es gibt mehrere Arten, zum Beispiel den Königsgeier und den Rabengeier. Der Kondor ist der größte Geier.

Geige

Ibos Schwester klemmt ihre Geige unter das Kinn. Mit der rechten Hand führt sie den Bogen. Die Finger der linken drücken die Saiten auf das Griffbrett. Dann streicht Rengin mit dem Bogen über die Saiten. Es entstehen Töne, deren Klang durch den Holzkörper verstärkt wird. Man nennt dieses Streichinstrument mit vier Saiten auch Violine.

geizig

In Tims Klasse geht ein Junge, der es nicht schafft, etwas zu verschenken. Er will auch nichts mit anderen teilen. Muss er es doch, fällt ihm das sehr schwer. Sogar sich selbst gegenüber ist er geizig. Er kauft sich nichts, weil er nur daran denkt, was es kostet. Bei diesem Jungen ist das keine Sparsamkeit, er ist ein Geizhals.

Geld

„Ich gebe dir vier Comics", sagt Lena. „Dafür hätte ich gerne diese CD." Anke ist mit dem Tauschhandel einverstanden. Vor vielen Hundert Jahren war Tauschen üblich, denn es gab noch kein Geld. Allerdings musste man jemanden finden, der das haben wollte, was man anbieten konnte. Eine Zeit lang wurde auch mit ➔Silber oder ➔Gold bezahlt. Heute bezahlt man Arbeit und Waren mit Geld. Dabei unterscheidet man das Bargeld in Münzgeld und Papiergeld. Beides darf nur vom ➔Staat hergestellt werden. – Wer in ein anderes Land reist, tauscht bei der Bank das Geld seines Landes in eine andere Währung. So nennt man das Geld eines Landes. Seit 2002 bezahlt man in einigen Staaten ➔Europas mit einer gemeinsamen Währung, dem ➔Euro. – Bekommst du ➔Taschengeld?

Gemüse

Im Laden von Aksoys wird Gemüse verkauft. Bei einigen Arten isst man die ➔Wurzel einer Pflanze, wie bei ➔Karotten. Von anderen Arten werden die Blätter verwendet, wie beim ➔Spinat und ➔Kohl. Bei den ➔Erbsen isst man die ➔Samen, beim ➔Spargel den Stängel. Wenn man es nur kurz kocht, ist Gemüse gesund. Es enthält viele ➔Vitamine und Ballaststoffe. Gemüse wird auf Feldern und in ➔Treibhäusern angebaut.

Gen

Jakob sieht seinen Eltern ziemlich ähnlich. Auch einige Charaktereigenschaften hat er von ihnen. Das liegt an den Erbanlagen, den Genen. Gene sind chemische Verbindungen, die aussehen wie winzig kleine verdrehte Strickleitern. Diese nennt man DNS. Eineiige ➔Zwillinge haben genau die gleichen Gene. Die Wissenschaft von der ➔Vererbung ist die Genetik. Genetiker erforschen zum Beispiel fehlerhafte Gene, die Krankheiten verursachen. Das Klonen ist eine Gentechnik, durch die man genetisch gleiche Nachkommen von Lebewesen erzeugen kann. Diese Methode ist sehr umstritten.

Generation

Ankes Mutter öffnet ihren Schmuckkasten. Sie sagt: „Dieses Armband wird in unserer Familie von einer Generation zur nächsten weitergegeben." Anke überlegt: „Das Armband hat also schon Oma von ihrer Mutter bekommen. Dann hat sie es an dich weitergegeben und ich werde es als Nächste bekommen." Wenn man den Begriff Generation so benutzt, meint man die einzelnen Altersstufen in einer Familie. Ankes Vater hat zu Anke gesagt: „Ich bin gespannt, wie deine Generation später leben wird." Da meint er mit Generation alle Menschen, die jetzt ungefähr neun Jahre alt sind, so wie Anke.

Gericht

Tims Vater erzählt: „Die ➔Polizei hat einen Mann festgenommen. Sie glaubt, dass er ein Geschäft ausgeraubt hat. Jetzt wird er vor Gericht gestellt und angeklagt." Das Gericht versucht unter Leitung eines Richters herauszufinden, ob dieser Mann der Täter ist und gegen das ➔Gesetz verstoßen hat. Der Staatsanwalt klagt ihn an. Sein Rechtsanwalt nimmt ihn in Schutz. Er verteidigt ihn. Ein Zeuge sagt zum Beispiel: „Ich habe den Mann in der Nähe des Geschäfts gesehen." Ein anderer sagt: „Ich saß mit dem Angeklagten während der Tatzeit im Gasthaus."

Alle Aussagen werden überprüft. Später spricht der Richter das Urteil. – Welche Gerichte kocht man?

Germanen

„Haben in Deutschland die Germanen gelebt?", fragt Jakob. Sein Vater antwortet: „Ja, sie lebten vor über 2000 Jahren im heutigen Nord- und Mitteleuropa." Die Germanen waren eine Volksgruppe, die aus verschiedenen Stämmen bestand. Dazu gehörten zum Beispiel Friesen, Sweben und Wandalen. Sie waren ziemlich groß, oft blond oder rothaarig und galten als geschickt und kriegerisch. Im Lauf der Zeit siedelten sie sich in ganz Europa an. Viele heutige Europäer haben germanische Vorfahren.

Geruch

„Hm, das duftet gut", sagt Jakob. Um das zu erkennen, muss er die Luft mit den Duftstoffen einatmen. Die Riechzellen in der ➔Nase nehmen den Geruch wahr. Nun senden sie Informationen darüber ans ➔Gehirn. Auch Jakob selbst hat einen Geruch. Er kann ihn aber nicht vom Geruch anderer Menschen unterscheiden. Ankes Hund Ben dagegen erkennt ihn daran sofort. Hunde riechen eine ➔Spur und können mit ihrem Geruchssinn sogar einen tief im Schnee verschütteten Menschen finden. Einige Tiere, wie die Fische, haben am ganzen Körper Geruchszellen, mit denen sie riechen.

Geschichte

Ibos Schwester lernt für das Fach Geschichte. Sie lernt also, was in der Vergangenheit passiert ist: wie die Menschen gewohnt und gearbeitet haben, von wem sie regiert wurden und woran sie glaubten. Man weiß das, weil bei ➲Ausgrabungen zum Beispiel alte Gegenstände gefunden wurden. So erfährt man, was für Geräte benutzt wurden. Das meiste erfährt man aus alten Urkunden, Berichten, Münzen, Landkarten und Büchern. – Ibo hat eine Geschichte gelesen. Was meint man, wenn man das Wort so benutzt?

Etwas schriftlich oder mündlich Erzähltes

Geschirr

„Wir brauchen einen neuen Geschirrschrank", sagt Ankes Mutter. In so einem Schrank stehen zum Beispiel Teller, Tassen, Untertassen und Gläser. Auch Töpfe, Schüsseln und das Besteck sind darin untergebracht. Eben alles, was man an Gefäßen zum ➲Essen und Kochen braucht. – Welches Geschirr besteht aus Riemen und Schnallen?

Das Geschirr, mit dem Pferde vor den Wagen gespannt werden.

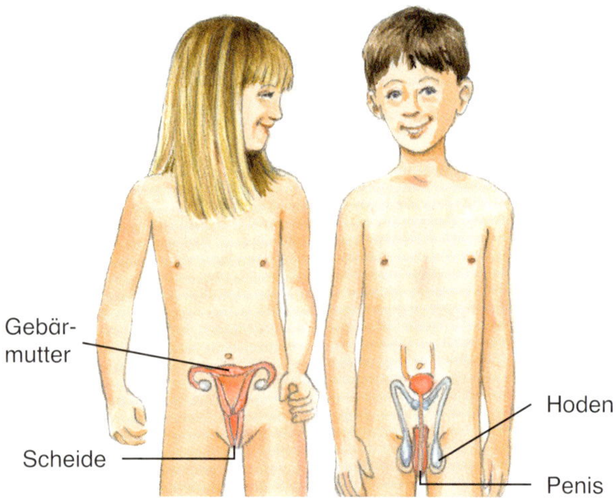

Geschlechtsorgane

Schon als kleines Kind hat Lena gesehen, dass sich ➲Frauen und ➲Männer äußerlich unterscheiden. Man sieht das an ihren Geschlechtsorganen. ➲Menschen, ➲Tiere und ➲Pflanzen brauchen die Geschlechtsorgane zur ➲Fortpflanzung. Der Mann hat ein Glied (Penis) und zwei Hoden. Darin bilden sich die Samenzellen. Zu den Geschlechtsorganen der Frau gehören die Brust und die Scheide (Vagina). Die Scheide ist wie eine Röhre, die in den Bauch führt. An ihrem Ende liegt die Gebärmutter. In ihr kann ein Kind wachsen, wenn der Samen des Mannes die Eizellen der Frau befruchtet hat.

Geschmack

„Iiii! Sauer!", sagt Tim. Sein Geschmackssinn hat den Geschmack einer Zitrone an das ➲Gehirn gemeldet. Zum Schmecken gibt es Geschmacksknospen überall auf der Zunge. Süß schmeckt man mit der Zungenspitze, sauer an den mittleren Rändern, salzig am vorderen Rand und bitter hinten auf der Zunge. – Tims Mutter sagt: „Diese Musik ist nicht mein Geschmack." Das heißt, sie mag sie nicht und hört sie nicht gern.

geschützte Pflanzen

Jakob sieht eine ➲ Blume und will sie pflücken. „Lass das! Die ist geschützt!“, ruft seine Mutter. Es ist verboten, geschützte ➲ Pflanzen auszugraben, zu pflücken oder zu beschädigen. Tut man das doch, macht man sich strafbar. Pflanzen werden geschützt, weil sie vom Aussterben bedroht sind. Bei uns gehören unter anderem Enzian, Küchenschelle, Edelweiß, ➲ Orchidee und Lilie zu den geschützten Pflanzen. Bei teilweise geschützten Pflanzen wie den Maiglöckchen stehen nur die Wurzeln unter Schutz.

Geschwindigkeit

Der Tachometer im ➲ Auto zeigt auf 130. Ibo und sein Vater sind also mit einer Geschwindigkeit von 130 Kilometern in der Stunde unterwegs. Unter Geschwindigkeit versteht man den Weg, der in einer bestimmten Zeit zurückgelegt wird. Die Menschen gehören nicht zu den schnellsten Lebewesen. Wenn Ibo zu Fuß geht, schafft er 5 km/h. Viel schneller ist der Gepard, der bis zu 110 km/h erreicht. Die ➲ Schnecke kommt auf 6 Meter pro Stunde. Das ➲ Licht ist mit 300 000 Kilometern pro Sekunde unterwegs.

Gesetz

„Im Kaufhaus hat die ➲ Polizei heute einen Ladendieb verhaftet“, erzählt Ankes Mutter. „Wird er bestraft?“, fragt Anke. Ihre Mutter antwortet: „Ja, denn er hat gegen ein Gesetz verstoßen.“ Gesetze sind Vorschriften, nach denen wir zusammenleben. Sie sorgen dafür, dass man friedlich miteinander umgeht. Was Gesetz ist, wird bei uns von ➲ Bundestag und ➲ Bundesrat bestimmt. Die Polizei passt auf, dass die Gesetze eingehalten werden. Erwischt sie einen Gesetzesbrecher, wird er vor ➲ Gericht gestellt.

Gespenst

„Gibts Gespenster wirklich?“, fragt Jakob. Sein Vater antwortet: „Nein, nur in Geschichten. Da tappen diese Geister nachts durch ➲ Schlösser. Sie rasseln mit ihren Ketten. Die Menschen rufen dann erschrocken: „Hier spukts!“ Der Spuk hört nach Mitternacht auf, weil die Geisterstunde dann vorbei ist.“ Jakob lässt sich gerne Gespenstergeschichten vorlesen. – Frau Bode hat zu ihrem Mann gesagt: „Du siehst Gespenster!“ Damit meint sie, dass er sich grundlos fürchtet.

gesund

„Ich freue mich, dass ich gesund bin“, sagt Oma Bode. Sie fühlt sich körperlich wohl. Und sie hat keinen Kummer, der sie krank macht. Oma Bode hat einiges getan, um gesund zu bleiben. Dazu gehört eine gesunde Ernährung. ➲ Alkohol hat sie nur wenig getrunken und geraucht hat sie überhaupt nicht. Früher trieb sie oft ➲ Sport, und auch heute noch macht sie ➲ Gymnastik. Außerdem bewegt sie sich gerne an der frischen Luft. Um gesund zu bleiben, muss man auch genug schlafen.

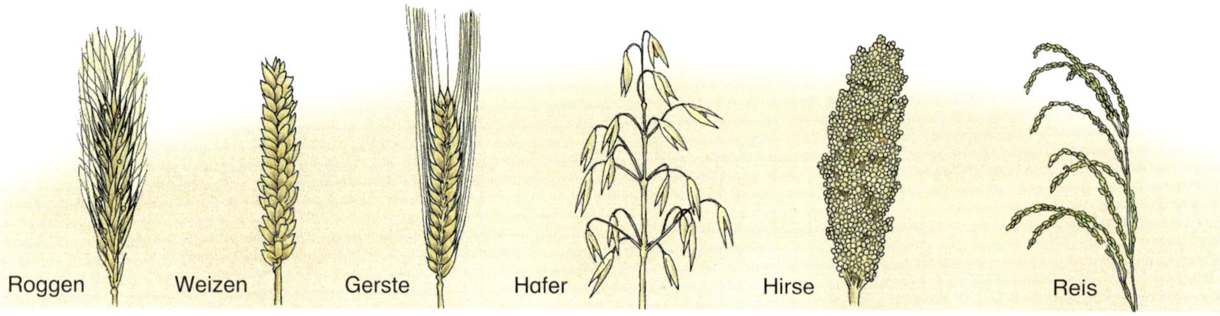

Getreide

„Bald wird das Getreide geerntet“, sagt Tims Mutter, als sie an Feldern vorbeifahren. Unter Getreide versteht man verschiedene ➔Gräser mit essbaren ➔Samen. Diese Körner enthalten Stärke, Eiweiß, Vitamine und Mineralstoffe. Auf unseren Feldern wachsen vor allem Weizen, Roggen, Hafer und Gerste. Die Körner sitzen beim Weizen, Roggen und der Gerste in Ähren. Beim Hafer, bei der Hirse und beim ➔Reis wachsen sie in Rispen und beim ➔Mais an Kolben. Aus den Körnern wird ➔Mehl gemahlen.

Gewerkschaft

„Meine Gewerkschaft verhandelt über höhere ➔Löhne“, sagt Ankes Mutter. Viele Arbeiter und Angestellte haben sich zu einer Art ➔Verein zusammengeschlossen, den man Gewerkschaft nennt. Mitglieder der Gewerkschaften verhandeln mit den Arbeitgebern, also den Besitzern der Betriebe, zum Beispiel über Löhne, über die Arbeitszeit und den Urlaub. Sie wollen bessere Arbeitsbedingungen erreichen. Wenn man sich nicht einigt, kann die Gewerkschaft zum ➔Streik aufrufen. Das heißt, dass nicht mehr gearbeitet wird. Die ersten Gewerkschaften gab es im 19. Jahrhundert in England.

Gewissen

„Bist du mit den Hausaufgaben fertig?“, fragt Daniels Mutter. „Klar“, antwortet Daniel, obwohl das nicht stimmt. Aber er weiß, dass er nicht nach draußen darf, wenn er noch Hausaufgaben machen muss. Jetzt spielt Daniel draußen. Aber er hat ein schlechtes Gewissen. Er spürt, dass es falsch war zu lügen. Das Gewissen ist so etwas wie eine innere Stimme. Es sagt einem, ob das, was man tut, richtig oder falsch ist. – Unter Lenas Arbeit steht: „Du hast gewissenhaft gearbeitet.“ Das heißt, dass sie sorgfältig war.

Gewitter

Die ➔Wolken werden immer dunkler. „Gleich gibts ein Gewitter“, sagt Ibo. So ein Unwetter kommt auf, wenn unterschiedlich warme und feuchte Luftmassen aufeinanderstoßen. Dabei entsteht zwischen den Wolken Elektrizität. Sie entlädt sich in Funken, den ➔Blitzen. Die überhitzen die ➔Luft so stark, dass sie sich schnell ausdehnt. Deshalb donnert es. Zwischen Blitz und Donner zählt Ibo langsam bis drei. Das heißt, dass das Gewitter einen Kilometer entfernt ist. Denn der Schall legt einen Kilometer in drei Sekunden zurück. Jetzt prasselt Regen gegen die Fenster.

Gewürz

„Gib mir mal bitte den ➔Pfeffer“, sagt Tims Vater. Im Küchenschrank stehen noch viele andere Gewürze: Nelken, Muskat, Zimt, Majoran und Curry. Gewürze werden aus ➔Pflanzen gewonnen. Man macht sie aus getrockneten Blättern, Blüten, Wurzeln oder Samen. ➔Petersilie, Dill, Basilikum und ➔Schnittlauch werden frisch verwendet. Zu jedem Gericht passen bestimmte Gewürze, die dem ➔Essen Geschmack geben.

Gift

Im Gartencenter kaufen Oma Bode, Daniel und Lena ein Mittel gegen ➔Schädlinge im ➔Garten. „Vorsicht damit“, warnt die Verkäuferin, „das Mittel ist auch für Menschen giftig!“ Gifte sind Stoffe, die dem ➔Körper schaden und sogar tödlich wirken können. Viele Gifte kommen in der Natur vor, andere werden künstlich hergestellt. Auch Gase und Dämpfe können giftig sein. Einige ➔Pflanzen enthalten Gifte. Der Knollenblätterpilz ist so giftig, dass Menschen sterben, wenn sie ihn essen. Es gibt ➔Schlangen mit Giftzähnen. Zigaretten, ➔Kaffee und ➔Alkohol enthalten Giftstoffe. Wenn man sie regelmäßig zu sich nimmt, sind sie gesundheitsschädlich. Bei einer Vergiftung muss man sofort zum ➔Arzt.

Gips

In der Flurwand ist ein Loch. Ankes Mutter sagt: „Das gipse ich zu.“ Im Baumarkt hat sie Gips gekauft. Sie vermischt das weiße Pulver mit Wasser und schmiert ein wenig Masse in das Loch. Bald ist der Gips trocken und hart und das Loch ist zu. Aus dem restlichen Gipsbrei formt Anke eine Figur. Als Tim sich ein Bein gebrochen hatte, musste er ein Gipsbein tragen, damit der ➔Knochen wieder richtig zusammenwuchs.

Giraffe

„Die haben aber einen langen Hals“, staunt Jakob im Zoo über die Giraffen. Giraffen überragen alle anderen Tiere. Sie werden bis zu sechs Meter groß. Allein der Hals ist drei Meter lang. Das ist ganz schön praktisch. Giraffen ernähren sich nämlich von den Blättern der Bäume. Mit ihrem langen Hals kommen sie gut an die Blätter in den Baumkronen heran, die sie dann mit ihrer rauen Greifzunge abrupfen. Giraffen leben in Herden in der afrikanischen ➔Savanne. Auf dem Kopf tragen die Tiere zwei fellbedeckte Stirnhöcker. Ihr geschecktes Fell ist in der Savanne eine gute ➔Tarnung.

Gitarre

Zum Geburtstag wünscht sich Tim eine Gitarre. Er will Lieder auf diesem Saiteninstrument begleiten. Manche Gitarristen spielen sogar so gut, dass sie die Gitarre nicht nur als Begleitinstrument benutzen. Sie geben auf ihrem Instrument ➔Konzerte. Die meisten Gitarren haben sechs Saiten. Der Spieler zupft oder schlägt sie. In der Popmusik werden oft elektrische Gitarren benutzt. Sie klingen lauter und metallischer.

Glas

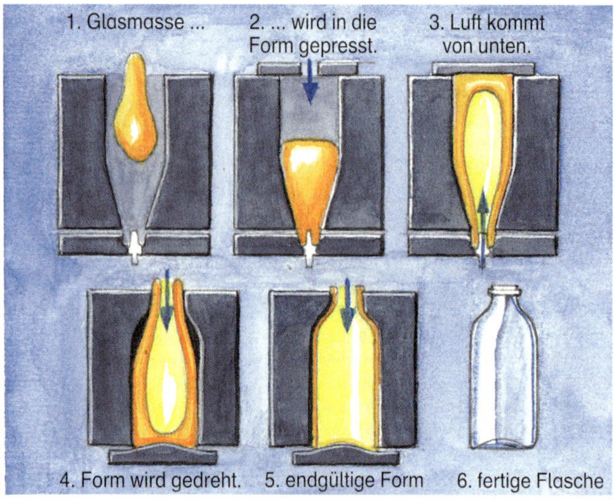

Ibo fällt eine Glasschale runter. Da merkt er, wie zerbrechlich Glas ist. Sehr nützlich an diesem Werkstoff ist dagegen, dass er durchsichtig ist. Der Glaser setzt Glas in Fenster ein. ➔Spiegel und Vasen werden daraus gemacht. Geschliffenes Glas wird für ➔Brillen und ➔Ferngläser benutzt. Autoscheiben sind aus Sicherheitsglas. Wenn es bricht, entstehen keine scharfen Splitter. Glas wird seit etwa 5000 Jahren hergestellt. Man mischt Quarzsand, ➔Kalk, Soda und andere Stoffe und erhitzt sie auf über tausend Grad. Aus der flüssigen Glasschmelze werden Gegenstände gegossen, gezogen oder geblasen.

gleich

„Der Kollege meiner Freundin bekommt für die gleiche Arbeit mehr ➔Lohn als sie“, sagt Frau Bode. „Außerdem gibt es in dem Betrieb nur Männer als Chefs.“ Die Gleichberechtigung zwischen ➔Männern und ➔Frauen steht im Grundgesetz. Daran halten sich aber nicht alle. Schon lange kämpfen Frauen dafür, die gleichen Möglichkeiten zu haben wie Männer. Seitdem sie das tun, hat sich auch bereits viel gebessert. – In ➔Amerika kämpfen die schwarzen Bürger immer noch darum, die gleichen Chancen wie die weißen zu bekommen. – Wenn zwei Dinge gleich sind, unterscheiden sie sich nicht.

Gleichgewicht

Schon oft hat Jakob versucht, auf einem Balken zu balancieren. Aber bis jetzt hat er das Gleichgewicht nicht halten können. Mal ist er zur einen Seite gekippt, mal zur anderen. Heute hat er es endlich geschafft. Im ➔Zirkus hat er kürzlich einen ➔Artisten gesehen. Der lief auf einem Seil. Mit den Händen hielt er eine Balancierstange. Sie half ihm dabei, im Gleichgewicht zu bleiben. Die Gleichgewichtsorgane des Menschen liegen im ➔Ohr.

Gletscher

Bei einer Wanderung sagt Ibo: „Ich möchte bis zum Gletscher rauf." Gletscher entstehen im Hochgebirge, wo ➲Schnee abtaut und wieder gefriert. Immer wieder fällt neuer Schnee darauf und der Schnee darunter wird zu ➲Eis gepresst. Gletscher sind also riesige Eismengen, die im Winter bis zu hundert Meter dick werden. Auch im Sommer ist es da oben so kalt, dass sie nicht tauen. Wie riesige Eiszungen ziehen sie sich ins ➲Tal. Dort schmelzen sie zu Gletscherbächen. Wenn die Eismassen reißen, entstehen gefährliche Gletscherspalten. Die Gletscher schleppen ➲Steine mit und lagern sie als Moränen ab.

Globus

Die Bodes haben einen Globus. Lena dreht die leuchtende Kugel, sodass die ➲Länder und ➲Meere vorbeiflitzen. Globen sind kleine Nachbildungen der ➲Erde. Auf ihnen findet man die Erdteile, Länder, großen Städte, die Meere, Seen, Flüsse und Gebirge. Lena sieht auf dem Globus mehr Blau als Braun und Grün. Daran erkennt sie, dass es mehr Wasser als Land auf der Erde gibt, denn blau sind die Gewässer, braun die Gebirge und grün das flache Land.

Glocke

Tim hört die Glocken läuten. Kirchenglocken werden aus Bronze oder ➲Stahl gegossen und hängen im Glockenstuhl des Kirchturms. Wenn sie pendeln, schlägt ein Metallklöppel innen gegen die Glockenwand. Je größer die Glocke ist, desto lauter klingt sie. – Welche Glocke findet man in der Küche?

Die Käseglocke

Glühbirne

Jakob knipst den Schalter an und sofort verbreitet die Glühbirne Licht. In ihrem Glaskolben steckt ein dünner Metalldraht. Fließt ➲Strom hindurch, erwärmt er sich und glüht. Je mehr Watt Glühbirnen haben, desto heller sind sie. Da sie viel Energie verbrauchen, werden sie heute durch Energiesparlampen ersetzt.

Glühwürmchen

Es ist dunkel. Da sieht Lena im Garten lauter fahlgrüne Leuchtpunkte. „Das sind Glühwürmchen“, sagt Oma Bode. Diese Leuchtkäfer werden einen Zentimeter groß. Ihre Leuchtorgane sitzen am Hinterleib. Nur die Männchen können fliegen. In warmen Juninächten locken die Weibchen mit Lichtsignalen die Männchen an.

Gold

Tims Eltern tragen goldene Eheringe. Gold ist ein gelblich glänzendes Edelmetall und sehr wertvoll, weil man es nur selten findet. Früher siebten Goldwäscher es aus Gebirgsflüssen. Heute wird es in Bergwerken aus Goldadern gewonnen. Das weiche ➲Metall verarbeitet der Goldschmied zu Schmuck. ➲Banken verkaufen Gold, das zu Goldbarren geschmolzen wurde. Vor langer Zeit wurde mit Goldstücken bezahlt.

Goldfisch

„Guck mal, ein Goldfisch!“, ruft Jakob. Er hat den Zierfisch im ➲Aquarium entdeckt. Auch in Teichen und Brunnen schwimmen Goldfische. Oft sind sie goldfarben. Es gibt aber auch rote, braune und gefleckte. Die ersten Goldfische wurden aus Karpfen gezüchtet, und zwar vermutlich vor etwa tausend Jahren in China.

Goldhamster

„Der ist so niedlich“, sagt Anke, als sie den Goldhamster ihrer Freundin streichelt. Die kleinen Nagetiere werden bei uns in Käfigen gehalten. Sie haben braunes oder braun-weiß geflecktes Fell. In ihren Backentaschen tragen sie oft Nahrung. Goldhamster werden zwei bis vier Jahre alt und vermehren sich sehr schnell. Größer und dunkler gefärbt als der Goldhamster ist der Feldhamster, der bei uns wild lebt.

Gorilla

Im Zoo sieht Anke einen Gorilla. Das Männchen dieser größten Menschenaffen wird so groß wie ein Mensch und kann mehr als 200 Kilogramm wiegen. In Freiheit leben die friedlichen Pflanzenfresser in den Bergwäldern ➲Afrikas. Meistens halten sie sich am Boden auf. Ihr Anführer ist ein älteres Männchen mit silbergrauem Rückenfell. Zum Einschüchtern von Feinden trommeln Gorillas gegen ihre Brust.

Gott

Die Hofers gehören der christlichen ➔Religion an, wie viele Menschen bei uns. Sie glauben an Gott. Darunter stellen sie sich ein unsichtbares, allmächtiges und heiliges Wesen vor. Dieses überirdische Wesen hat alles erschaffen und lenkt das Schicksal jedes Menschen. Im Gottesdienst beten die Gläubigen zu Gott. Auch die Juden und Moslems glauben an einen einzigen Gott. Bei den alten ➔Griechen und ➔Römern gab es eine Göttin für die Jagd, einen Meeresgott, einen für den Krieg und viele andere. Früher stellte man sich auch die ➔Sonne als Gott vor. Atheisten glauben nicht an Gott.

Gras

Im Park sieht Anke überall Gräser. Es gibt Tausende Arten dieser ➔Pflanze mit den schmalen Blättern. Die Halme sind durch Knoten unterteilt und oft hohl. Aus den Körnern der Getreidegräser wird ➔Mehl gemahlen. Die Süßgräser auf ➔Wiesen und Weiden verwendet man als Futter fürs Vieh. Heu ist getrocknetes Gras.

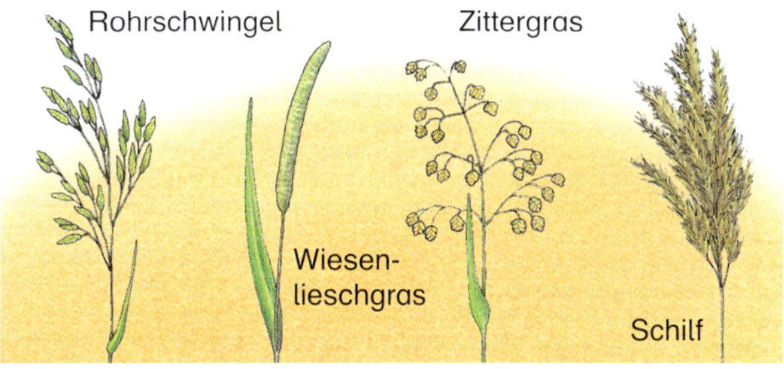

Grenze

Im Urlaub müssen die Bodes an einem Grenzübergang ihre ➔Pässe vorzeigen. Viele Grenzen zwischen ➔Ländern werden bewacht, damit niemand heimlich in das andere Land hineinkann oder unerlaubt Waren hinüberbringt. Trotzdem versuchen Schmuggler das. Sie müssten eigentlich ➔Zoll dafür bezahlen, dass sie die Waren in ein anderes Land einführen. Zwischen den Staaten der Europäischen Union sind die Grenzen durchlässiger geworden. Das heißt, man kann leichter von einem Land ins andere reisen und Waren ein- und ausführen. Auch Städte, Gemeinden und Grundstücke haben Grenzen.

Griechen

Die Hofers wollen im nächsten Urlaub nach Griechenland fahren. Wegen des guten Wetters, der schönen Landschaft und der Sehenswürdigkeiten machen viele Menschen Ferien in diesem südeuropäischen Land. Im Altertum war Griechenland einer der mächtigsten Staaten. Aus der ➔Kultur der alten Griechen entstand die europäische Kultur. Vieles von dem, was man heute weiß und denkt, hatte vor etwa 2500 Jahren dort seinen Ursprung. Damals lebten in Griechenland die wichtigsten Naturwissenschaftler, Architekten, Philosophen und Dichter. Die ➔Demokratie entwickelte sich in Griechenland. Und die Idee der ➔Olympischen Spiele entstand dort. Im alten Griechenland verehrte man viele Götter. Der bedeutendste griechische Herrscher und Eroberer war Alexander der Große. Der Seefahrer Odysseus ist eine Gestalt der griechischen ➔Sagen.

grillen

„Ich habe ➔Fleisch zum Grillen (grillieren) gekauft“, sagt Tims Vater. Tim stellt den Grill auf den Balkon. Unter den Rost wird Holzkohle gelegt und angezündet. Als sie glüht, kommen Würstchen auf den Grill. Es riecht gut. Viele Leute legen das Fleisch in Aluminiumschalen auf den Grill. Die sollen verhindern, dass es mit schädlichen Stoffen in Berührung kommt. Die bilden sich, wenn Fett auf die Kohle tropft.

Grippe

„Du hast die Grippe“, sagt Frau Dietel zu Anke. Die Krankheit fing mit ➔Fieber, Hals- und Kopfschmerzen an. Ankes Glieder schmerzten. Außerdem fühlt sie sich sehr schwach. Im Moment haben viele Menschen Grippe, da hat auch sie sich angesteckt. Die Krankheit wird durch ein ➔Virus übertragen. Der ➔Arzt verschreibt Anke Medikamente und sie muss ins Bett. Manche Leute lassen sich gegen Grippe impfen.

Gummi

Jakob zieht Stiefel an. Die sind aus Gummi wie Autoreifen und vieles andere. Um den weichen, dehnbaren Naturgummi herzustellen, braucht man Kautschuk. Diesen weißen Saft gewinnt man, wenn man die Rinde des Gummibaumes anschneidet. Heute wird Kautschuk aber meist künstlich hergestellt.

Gurke

In Oma Bodes Garten wachsen Gurken. Diese ➔Pflanzen brauchen Sonne und Feuchtigkeit. Sie können auf dem Boden liegend wachsen oder als Kletterpflanze. Gurken gehören zu den Kürbisgewächsen. Es gibt viele Arten. „Ich mache Gurkensalat daraus“, sagt Oma. Kleine Gurken legt sie in Essig ein.

Gymnastik

Vor dem Training machen Lena und die anderen Gymnastik. So wärmen sich Sportler auch vor einem Wettkampf auf. Gymnastische Übungen machen den ➔Körper beweglich, stärken die ➔Muskeln und beseitigen Haltungsschäden. Frau Bode geht zur Jazzgymnastik. Ihr tut es gut, sich zur Musik zu bewegen. Als Oma Bode Rückenschmerzen hatte, hat ihr Krankengymnastik geholfen.

H
Streng und gerade steht das H da. Es sieht aus wie eine Turnstange. Der Vorfahre des Hs war ein gehauchter Laut, der übersetzt ‚Zaun' hieß. Mehrere Hs hintereinander sehen heute noch wie ein Zaun aus. Prima Wörter beginnen damit: Hampelmann, Heulsuse und Hokuspokus. Entdeckst du noch andere H-Wörter?

Haar
Jakob hat am ganzen Körper kurze, feine Haare. Längere und dichtere wachsen auf dem Kopf. Haare bestehen aus Horn und sprießen aus Haarwurzeln in der ➲ Haut. In zehn Tagen wachsen sie etwa drei Millimeter. Jeder Mensch hat etwa 100 000 Haare auf dem Kopf. Davon fallen am Tag etwa 80 aus, andere Haare wachsen nach. Je nach dem Farbstoff in den Haaren sind sie schwarz, braun, blond oder rot. Wird man älter, haben die Haare weniger Farbstoff. Sie werden langsam grau. Jakobs Onkel hat keine Haare mehr, also eine Glatze.

Habicht
„Sieh mal, da ist ein Habicht!", sagt Tims Opa. Der Greifvogel fliegt über dem Waldrand. Seine Flügelspannweite beträgt etwa einen Meter. Die Weibchen sind noch größer als die Männchen. Gerade hat der ➲ Vogel Beute entdeckt – vielleicht ein ➲ Kaninchen oder eine ➲ Maus? Er stürzt sich blitzschnell hinunter. Mit den scharfen Krallen seiner Fänge packt er die Beute und trägt sie davon.

Hafen

Familie Aksoy besichtigt einen Hafen. Solche natürlichen oder künstlich angelegten Wasserbecken liegen an ➔ Meeren, ➔ Flüssen oder ➔ Seen. Mit seinen Molen und Dämmen schützt ein Hafen ➔ Schiffe, die dort angelegt haben, vor Stürmen und Strömungen. Gerade geht ein Schiff am Kai vor Anker. Waren werden ein- und ausgeladen. Heute verschifft man Fracht häufig in ➔ Containern. In Kühlräumen, Lagerhallen und Silos wird die Fracht gelagert. An den Landungsbrücken legt gerade ein Passagierschiff an. Passagiere gehen von Bord. Wasser, Verpflegung und Öl werden an Bord genommen. In großen Häfen gibt es ➔ Werften und Docks, in denen Schiffe repariert und gebaut werden. Im Trockendock kann man ein Schiff auch an der Unterseite reparieren. Die wichtigsten Häfen in Deutschland sind in Hamburg, Wilhelmshaven, Rostock, Bremen und Lübeck. Häfen an Flüssen und ➔ Kanälen nennt man Binnenhäfen. Der größte Binnenhafen Europas ist in Duisburg.

Hagel

„Gleich gibts ein ➔ Gewitter“, sagt Tim zu Anke. Aber was dann mitten im Sommer vom Himmel prasselt, ist kein ➔ Regen. Das sind Eiskörner. Es hagelt. In feuchten, hohen Gewitterwolken gefriert das Wasser manchmal auch im Sommer zu ➔ Eis. Oft werden die Körner dann durch Aufwinde in den kalten Wolken festgehalten. Dabei wachsen sie weiter zu immer größeren Körnern. Eisregen kann schlimme Schäden anrichten.

Hai

In einem Film sieht Ibo die dreieckige Rückenflosse eines Hais. Dieser Raubfisch lebt vor allem in warmen ➔ Meeren. Er schwimmt blitzschnell und kann sehr gut riechen. Obwohl er zu den ➔ Fischen gehört, hat er keine Gräten. Sein Skelett besteht aus Knorpel. Die Haut des Hais ist rau und seine Kiefer sind mit scharfen Zähnen besetzt. Der Grauhai und der Weißhai fallen manchmal Menschen an. Die harmlosen Walhaie werden bis zu achtzehn Meter lang und sind die größten Fische.

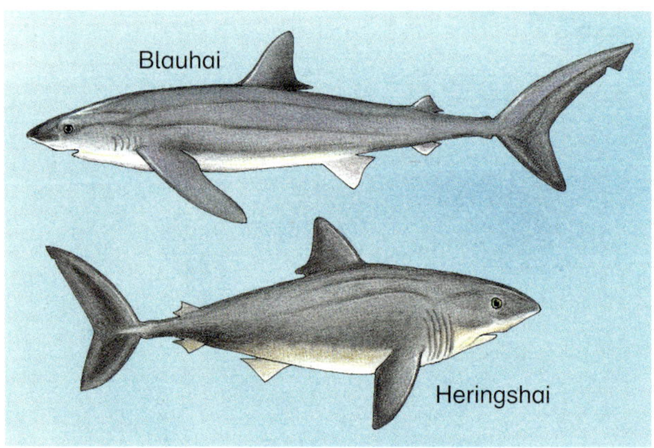

Hammer
Jakobs Mama schlägt mit dem Hammer Nägel in die Wand. Viele ➲ Handwerker benutzen dieses ➲ Werkzeug. Hämmer unterscheiden sich in Form und Material des Hammerkopfes und in der Größe. Mit Vorschlaghämmern werden Pfosten in die Erde geschlagen. Im Straßenbau benutzt man schwere Presslufthämmer. Als Jakobs Mutter der Hammer runterfällt, fragt Jakob: „War das Hammerwerfen?“ Seine Mutter lacht: „Nein, Hammerwerfen ist ein Sport, bei dem man eine Kugel an einem Draht wegschleudert.“

Hand
„Guten Tag“, sagt Ibo und gibt dem Besucher die Hand. Die Hände sind unser wichtigstes Werkzeug. Auch ➲ streicheln kann man damit. Eine Hand besteht aus der Handwurzel, der Mittelhand und den fünf Fingern. Die Fingerspitzen braucht man zum Tasten. Wenn man etwas anfasst, hinterlassen sie einen Fingerabdruck. Die meisten Menschen arbeiten lieber mit der rechten Hand, Linkshänder sind mit der linken geschickter.

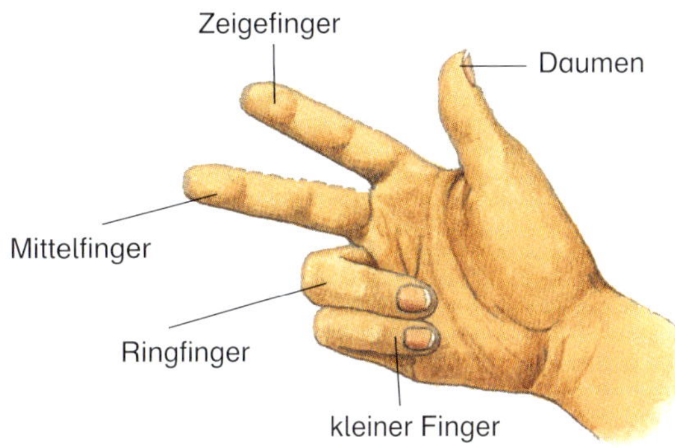

Handball
Die Hofers sehen bei einem Handballspiel in einer Sporthalle zu. Zwei Mannschaften mit je sieben Spielerinnen spielen gegeneinander. Die Spielzeit beträgt zwei mal dreißig Minuten. Der Ball wird mit der Hand gespielt. Beim Torwurf dürfen die Spieler die Linie sechs Meter vor dem Tor nicht übertreten. Ein Schiedsrichter achtet darauf, dass die Regeln eingehalten werden. Es gewinnt die Mannschaft, die mehr Tore wirft.

Handel
Daniel kauft im Laden von Ibos Vater Obst. Herr Aksoy baut das Obst aber nicht selbst an. Als Einzelhändler kauft er es vom Großhändler. Und der kauft es, wo es angebaut wird, zum Beispiel vom Bauern. Durch diesen Handel kommt die Ware schließlich vom Erzeuger zum Käufer. Dabei kostet sie immer mehr, weil jeder etwas daran verdienen muss. Auch der ➲ Staat verdient am Handel: Er erhebt auf jede Ware beim Verkauf Umsatzsteuer. – Auf dem ➲ Flohmarkt handelt Daniel besonders gern. Er versucht dann, etwas ganz billig zu bekommen. Als es noch kein ➲ Geld gab, wurden verschiedene Waren gegeneinander getauscht. Heute wird nicht nur innerhalb eines Landes mit Waren gehandelt, sondern auch ➲ international. Das nennt man Außenhandel.

Handwerker

„Die Schuhe brauchen neue Sohlen. Bring sie bitte zum Schuster“, sagt Frau Dietel zu Anke. Dieser Handwerker bedient mit den Händen seine ➔ Werkzeuge und Maschinen und repariert die Schuhe. Manche Schuhmacher fertigen auch neue Schuhe an. Sie stellen allerdings nicht Tausende her, wie das in einer Schuhfabrik gemacht wird. Auch ➔ Friseure, ➔ Schreinerinnen, ➔ Installateure und Automechaniker sind zum Beispiel Handwerker. Sie lernen ihren ➔ Beruf in einer Ausbildungszeit, die sie mit der Gesellenprüfung beenden. Später können sie Meister werden und eine eigene Firma eröffnen.

Handy

Rengin hat ein Mobiltelefon. Mit dem kann sie jemanden anrufen und angerufen werden. Im Handy steckt eine Sende- und Empfangsantenne. Den Strom liefern spezielle ➔ Batterien. Die müssen immer wieder aufgeladen werden. Handys benutzen ein Funknetz. Dafür wurden ➔ Antennen aufgestellt. Die empfangen die Funksignale der Handys und senden sie weiter. Mit dem Handy kann Rengin auch SMS schreiben, also kurze Nachrichten. Viele Handys haben eine Digitalkamera zum Fotografieren. Im Handy steckt eine SIM-Karte aus Plastik. Auf dieser Speicherkarte sind alle Handydaten gespeichert, also alle Telefonnummern, Fotos oder Musik. – Gern hätte Rengin ein Smartphone. Das kann mehr als ihr Handy und hat ein größeres Display. Mit ihm könnte sie auch im ➔ Internet surfen, ➔ E-Mails schreiben und lesen, ➔ Radio hören und fernsehen.

Hase

Anke und Daniel gehen am Feldrand entlang. Plötzlich läuft ein Hase Haken schlagend weg. Sie hatten ihn vorher nicht gesehen, denn er saß versteckt in einer Mulde. Seine bräunliche Farbe hat ihn getarnt. Hasen können über 70 Kilometer pro Stunde rennen. Die Männchen dieser Pflanzenfresser nennt man Rammler. Die langen Ohren heißen Löffel. Übrigens: Hasen sind mit den ➔ Kaninchen nicht direkt verwandt.

Hauptstadt

„Ist die Hauptstadt die größte ➔ Stadt eines ➔ Landes?“, fragt Tim. Seine Mutter antwortet: „Oft schon, aber nicht immer. Die größte Stadt der USA ist New York, die Hauptstadt aber Washington. Sie wurde nach dem ersten amerikanischen Präsidenten George Washington benannt.“ ➔ Deutschlands Hauptstadt ist Berlin. Das Parlament eines Landes hat seinen Sitz fast immer in der Hauptstadt. Auch die Bundesländer haben Hauptstädte. So ist zum Beispiel München die Hauptstadt von Bayern.

Haustier

Anke hat einen ➔ Hund: Ben. Außerdem hätte sie gerne ein ➔ Pferd als Haustier. Aber ihre Mutter sagt: „Das ist zu teuer.“ Daniel würde sich über einen ➔ Goldhamster freuen. Dazu meint sein Vater: „Kümmere dich erst mal um die ➔ Fische in deinem ➔ Aquarium.“ Haustiere müssen regelmäßig gefüttert und gepflegt werden. Haustiere, die sich der Mensch hält, weil er gerne mit ihnen zusammen ist, nennt man auch Heimtiere. Dazu gehören Hunde und ➔ Katzen. Andere Haustiere sind nützlich, zum Beispiel ➔ Kühe, ➔ Schweine, ➔ Schafe, ➔ Ziegen, ➔ Hühner, ➔ Enten und ➔ Pferde. Sie liefern Milch, Eier, Fleisch, Häute, Federn und Wolle oder schleppen Lasten.

Kinder mit verschiedenen Hautfarben aus unterschiedlichen Erdteilen

Haut

Herr Bode schimpft: „Ich möchte aus der Haut fahren!“ Es wäre nicht gut, wenn er das täte. Denn ohne dieses Organ können Menschen und Tiere nicht leben. Die menschliche Haut besteht aus drei Schichten: Oberhaut, Lederhaut und Unterhaut. In der Haut liegen ➲ Nerven. Damit fühlen wir zum Beispiel Kälte und Wärme. Davor schützt die Haut den ➲ Körper auch, genauso wie vor Schmutz und Krankheiten. Außerdem schwitzt er durch die Haut. So regelt er seine Temperatur und scheidet schädliche Stoffe aus. Die Hautfarbe kann dunkel, hell oder etwas dazwischen sein. Das liegt an Farbkörnchen in der Haut. Diese Pigmente bewirken bei hellhäutigen Menschen, dass die Haut durch Sonnenlicht bräunt. Bei manchen Menschen fehlt der Farbstoff. Sie haben weiße Haut und weiße Haare.

Hecht

„Ich habe einen Hecht geangelt“, freut Opa Dietel sich. Der Hecht ist ein Raubfisch und lebt in ➲ Seen und ➲ Flüssen. Blitzschnell stößt er aus einem Versteck hervor. Dann packt er den Beutefisch mit seinen Zähnen. Hechte können über einen Meter lang und mehr als zwanzig Kilo schwer werden. Das Weibchen legt Hunderttausende Eier.

Heide

„Im Herbst fahren wir in die Heide“, sagt Ankes Mutter. „Da blüht das Heidekraut.“ Außer Heidekraut (Erika) wachsen auf dem sandigen Boden Gräser, Sträucher und Wacholder, aber auch ➲ Kiefern und ➲ Birken. Tiere finden in dieser flachen Landschaft wenig zu fressen. Aber für die genügsamen Schafe, die Heidschnucken, reicht es. Die bekannteste Heidelandschaft bei uns ist die Lüneburger Heide in Norddeutschland. – Was bedeutet es, wenn ein Mensch Heide ist?

Dass er kein Christ ist

Heidelbeere

Die Hofers pflücken Heidelbeeren (Bickbeeren, Blaubeeren, Schwarzbeeren). Tims Lippen sind blau vom Saft. Die säuerlichen Beeren wachsen an ➔ Sträuchern im Wald. Oder sie werden in Gärtnereien gezüchtet. Man kann Kuchen, Kompott oder Marmelade daraus machen.

Heilpflanzen

Ibo ist schlecht. „Du musst Kamillentee trinken“, sagt seine Mutter. Wenn sie nervös ist, nimmt sie Baldriantropfen, und bei Husten lutscht sie Fenchelbonbons. Diese Heilmittel werden aus Heilpflanzen hergestellt. Die enthalten Stoffe, die Krankheiten heilen. Man verwendet die Wurzeln, Blätter oder Blüten. Heilpflanzen wie Salbei, Fenchel und Arnika sind die ältesten Arzneimittel. Mit manchen muss man vorsichtig sein. Winzige Mengen der Tollkirsche und des Fingerhuts heilen, obwohl beide giftig sind.

Heimat

Am Ende des Urlaubs sagt Herr Bode: „Jetzt geht es in die Heimat zurück.“ Die Heimat ist das ➔ Land oder der Ort, in dem man geboren und aufgewachsen ist. Man spricht die gleiche ➔ Sprache und lebt ähnlich wie die anderen Menschen. Dort wohnen die meisten Verwandten und Freunde. Ibos Eltern stammen aus der Türkei. Die Türkei ist ihre Heimat, obwohl sie schon lange in ➔ Deutschland leben. Ibo wurde hier geboren und wächst hier auf. In der Türkei fühlt er sich oft fremd. Seine Heimat ist hier. – Im Krieg werden Menschen aus ihrer Heimat vertrieben und flüchten in ein anderes Land. Dort fühlen sich manche ihr Leben lang ganz ➔ fremd, andere finden hier ihre zweite Heimat.

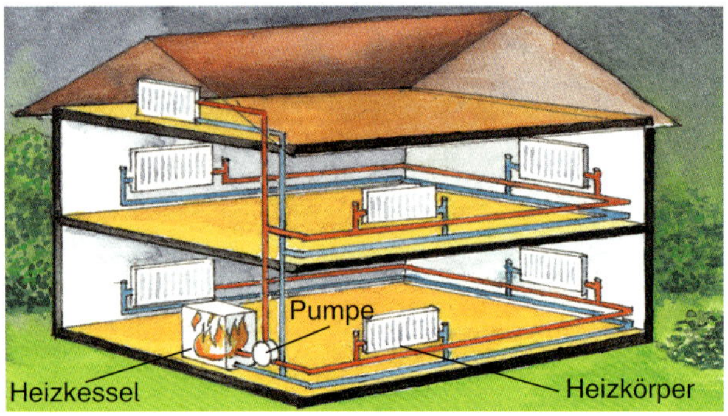

Heizung

„Mir ist kalt“, sagt Anke. Sie dreht die Heizung an. Früher verwendete man als Brennstoffe Holz und ➔ Kohle. Heute benutzt man vor allem ➔ Gas, Heizöl oder Elektrizität, um Wärme zu erzeugen. Meistens werden die Heizungen zentral von einem Kessel im ➔ Keller mit ➔ Öl oder Gas beheizt. Im Kessel wird ➔ Wasser erwärmt oder zu Dampf erhitzt. Das warme Wasser oder der Dampf steigt durch Rohre in die Heizkörper.

Hering

Lenas Mutter kauft frische Heringe. Sie sagt: „Heringe gibt es immer weniger. Deshalb werden sie teurer.“ Heringsschwärme schwimmen in nördlichen Meeren. Die Fischer fangen sie in großen Netzen. In Essig eingelegt und um ein Stück Gurke gewickelt heißt der ➔ Fisch Rollmops. – Welchen Hering kann man nicht essen?

Pflock zum Aufbauen von Zelten

Herz

Tim hält seine Hand auf die Brust. Jetzt spürt er den Herzschlag. Wenn er rennt, klopft sein Herz rasch, beim Schlafen langsam. Der hohle, faustgroße ➔ Muskel arbeitet wie eine Pumpe. Das ganze Leben lang pumpt er sauerstoffreiches ➔ Blut, das aus der ➔ Lunge kommt, in den Körper. Dieses Pumpen ist der Herzschlag. Dann verbraucht der Körper den Sauerstoff. Das sauerstoffarme Blut fließt durch die ➔ Adern zum Herzen zurück und wird zurück in die Lunge gepumpt. Die Atemluft versorgt es wieder mit Sauerstoff. So hält das Herz den Blutkreislauf in Gang. Es schlägt pro Minute 60- bis 80-mal.

Heuschrecke

„Eine Heuschrecke!“, ruft Jakob. Er sieht das ➔ Insekt auf einer ➔ Wiese und will es fangen. Schnell ist das Tier mit einem Riesensatz seiner kräftigen Hinterbeine weggehüpft. An warmen Abenden kann man das Zirpen der Männchen hören. Das Geräusch entsteht, wenn sie ihre Vorderflügel an den Hinterbeinen reiben. So versucht das Männchen, ein Weibchen anzulocken. Es gibt viele Heuschreckenarten. Sie fressen Pflanzen und kleine Insekten. Gefürchtet sind die Wanderheuschrecken, die zum Beispiel in ➔ Afrika vorkommen und große Gebiete kahl fressen. Heuschrecken nennt man auch Grashüpfer, Heuhüpfer oder Heupferde.

Hexe

„Können Hexen hexen?“, fragt Jakob. Seine Mutter beruhigt ihn: „Nein, das können sie nur in ➔ Geschichten.“ Da werden Hexen meistens als alte, böse Frauen beschrieben. Sie reiten auf Besen durch die Luft und verhexen andere. Im ➔ Mittelalter war es gefährlich, als Hexe zu gelten. Man glaubte damals, dass sich manche Frauen mit dem Teufel verbündet hätten. Viele von ihnen wurden auf Scheiterhaufen verbrannt.

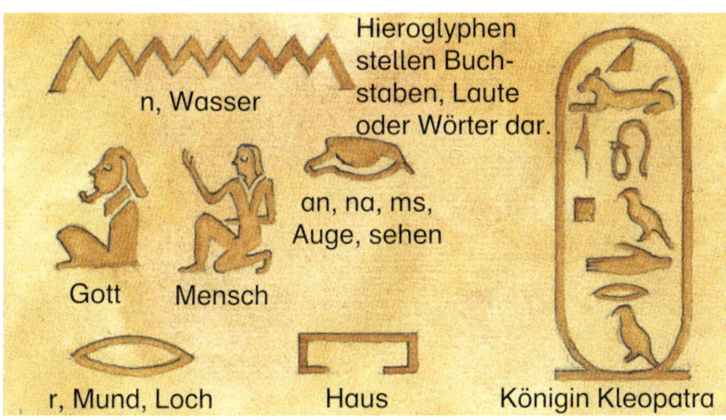

Hieroglyphen

„Das sind ja Hieroglyphen!“, sagt Frau Hofer. Damit meint sie Tims unleserliche ➔ Schrift. Eigentlich sind Hieroglyphen eine Bilderschrift aus ➔ Ägypten, die vor etwa 5000 Jahren entstand. Später vereinfachte man die komplizierten Schriftzeichen. Dann wurden sie durch die griechische Schrift ersetzt und vergessen. Niemand konnte die Schrift lesen, bis sie im 19. Jahrhundert enträtselt wurde.

Himbeere

In Oma Bodes Garten pflücken Daniel und Anke Himbeeren. „Au!“, ruft Daniel, als er sich an dem stacheligen ➜ Strauch pikt. Auch im Wald haben die beiden schon oft Himbeeren gesucht. Die ➜ Früchte dort sind kleiner als die gezüchteten. Reife Himbeeren duften und schmecken süß. Oma Bode macht Marmelade und Sirup daraus.

Himmel

„Wir haben richtig schönes ➜ Wetter“, freut sich Ibo. Heute scheint die Sonne und der Himmel ist blau. Gestern war er mit dunklen ➜ Wolken verhangen und es regnete. Bei einem ➜ Gewitter kann der Himmel fast schwarz sein. Auch in der Nacht ist der Himmel dunkel. Bei klarem Wetter sieht man dann die ➜ Sterne und den ➜ Mond. Sie gehören wie die ➜ Sonne zu den Himmelskörpern. Tagsüber scheint die Sonne aus verschiedenen Himmelsrichtungen. Morgens geht sie im Osten auf. Mittags steht sie dann im Süden. Abends geht sie im Westen unter. Aus dem Norden scheint die Sonne nie. In diese vier Himmelsrichtungen wurde der Horizont eingeteilt. Auf Landkarten, zum Beispiel im ➜ Atlas, ist der Norden immer oben. Mit einem ➜ Kompass kann man leicht feststellen, wo welche Himmelsrichtung ist, denn die Kompassnadel zeigt immer nach Norden. – Wenn man in einer Ebene steht, meint man zu sehen, wie in weiter Ferne Himmel und ➜ Erde zusammenstoßen. Diese Linie nennt man ➜ Horizont. Der Punkt, der genau über einem ist, wenn man in den Himmel blickt, ist der Zenit. – Viele Menschen glauben, dass der Himmel der Ort ist, wo sich ➜ Gott aufhält.

Hinduismus

In Daniels Klasse geht ein Junge aus Indien. Wie die meisten Inder gehört er der hinduistischen ➜ Religion an, die es seit rund 4000 Jahren gibt. Jeder Hindu gehört von Geburt an zu einer Kaste. Er lebt also in einer bestimmten Schicht. Hindus glauben, dass alle Wesen immer wiedergeboren werden. War einer im vorherigen Leben schlecht, wird er als Strafe danach kein gutes Leben haben. Die Hindus verehren viele Götter, zum Beispiel Brahma.

Hirsch

„In diesem Wald habe ich schon mal Hirsche gesehen“, sagt Tim. An seinem Kopf trägt das männliche Tier ein Geweih mit mehreren Spitzen. Am Ende des Winters wirft es das ab. Im Frühling wächst ein neues, größeres Geweih. Die männlichen Hirsche kämpfen im Herbst um die Hirschkühe. In ➜ Europa gibt es Rothirsche, Damhirsche, ➜ Rehe und ganz im Norden Europas Elche und Rentiere.

Hit
Anke und Daniel hören ➲ Musik. Anke sagt: „Das Stück ist der absolute Hit." Eigentlich bedeutet das englische Wort ‚Hit' Glücksfall oder Treffer. Es wird aber vor allem für erfolgreiche neue Musikstücke benutzt. Die werden in Hitparaden gespielt. Die ‚Charts' sind das Gleiche wie eine Hitparade. Auch für andere Verkaufserfolge wird das Wort ‚Hit' benutzt. Ankes Mutter erzählt: „Diese Schuhe sind ein Verkaufshit!"

Hitze
„Oh, ist das eine Hitze", stöhnt Anke. Heute ist es richtig unangenehm warm. Die Sonne brennt und nicht nur Anke hat ➲ Durst und schwitzt. Sie hofft, dass sie in der Schule Hitzefrei bekommt. In ➲ Wüsten ist es so heiß, dass alles austrocknet. Menschen, Tiere und Pflanzen können nur schwer überleben. Vor Hitze schützt man sich durch leichte, helle Kleidung. Klimaanlagen kühlen die Raumluft. Bei starker Hitze kann man einen Hitzschlag bekommen. Dann quälen einen Kopfschmerzen und Übelkeit.

Hobby
Opa Dietel arbeitet nicht mehr. Er sagt: „Jetzt bin ich froh, dass ich Hobbys habe." Er fotografiert und liest gern. Mit diesen Hobbys langweilt er sich nicht wie andere, die ohne ihre ➲ Arbeit nicht mehr wissen, was sie tun sollen. Ankes Vater sammelt Briefmarken. Ankes Hobby ist die Beschäftigung mit ihrem Hund und anderen Tieren. Ihre Mutter töpfert in der Freizeit. Viele Menschen haben so eine Freizeitbeschäftigung, die ihnen Spaß macht. Außerdem verschafft sie Abwechslung zu dem, was man sonst tut. Beliebte Hobbys sind zum Beispiel Musizieren, Basteln, Schwimmen, Wandern und Malen. Hobby ist ein englisches Wort. Es bedeutet Liebhaberei. Man kann auch Steckenpferd dazu sagen.

Hobel
Bei Aksoys klemmt eine Tür. Ibo und sein Vater hängen sie aus. Dann hobelt Herr Aksoy Späne von der Unterkante der Tür. Schon klemmt sie nicht mehr. Der Hobel ist ein ➲ Werkzeug des Schreiners. Er braucht es, um mit der scharfen Klinge ➲ Holz zu glätten. Oft werden elektrische Hobel benutzt. In der Schreinerei gibt es große Hobelbänke. Die Werkstücke werden auf diesem Arbeitstisch eingespannt und festgehalten.

Hochhaus
„Ist das ein hohes Haus!", staunt Jakob. Seine Mutter sagt: „Klar, es ist ja auch ein Hochhaus." So heißen Häuser, die höher als etwa 25 Meter sind. Das erste moderne Hochhaus entstand vor über hundert Jahren in ➲ Amerika. Eines der höchsten Gebäude der Welt ist der ‚Shanghai Tower' in China mit 128 Stockwerken und 632 Metern Höhe. Ein anderer Name für Hochhaus ist Wolkenkratzer. Auch im Altertum gab es schon hohe Bauwerke wie den Turm von Babylon.

Hochwasser

Im Fernsehen sieht Tim einen Bericht über ein Hochwasser. „Das hat ja alles überschwemmt", staunt er. Dieses Hochwasser ist durch starke Regenfälle entstanden. Die haben einen ➲ Fluss über die Ufer treten lassen. Die Keller und Erdgeschosswohnungen der umliegenden Häuser stehen unter Wasser. Wege, Straßen und Felder wurden überflutet. Auch an ➲ Seen und ➲ Meeren kommen solche gefährlichen hohen Wasserstände vor. Außer durch Regen entstehen sie durch die Schneeschmelze. Vor Überflutung schützen ➲ Deiche, Dämme und Talsperren.

Hochzeit

Die Schwester von Ankes Mutter heiratet ihren Freund. Die beiden wollen ein Ehepaar werden. „Wir sind zur Hochzeit eingeladen", sagt Frau Dietel. Am Hochzeitstag gehen die Braut und der Bräutigam zum Standesamt. Ein Standesbeamter traut sie dort. Damit sind sie verheiratet. Viele Paare lassen nach dieser Trauung ihre Ehe noch durch eine kirchliche Trauung segnen. Anke freut sich auf die Hochzeitsfeier. Dazu sind Verwandte und Freunde eingeladen. Es wird erzählt, gegessen, getrunken und getanzt. Zur Erinnerung an die Hochzeit feiert man nach 25 Jahren die Silberhochzeit, nach 50 Jahren die goldene Hochzeit. Zu den Hochzeitsbräuchen gehört zum Beispiel der Polterabend. Das ist eine Feier kurz vor der Hochzeit. Bevor die Gäste ins Haus kommen, zerschlagen sie Geschirr. Die Scherben sollen dem Paar Glück bringen.

Hockey

Mit vielen anderen Zuschauern sehen Anke und Daniel bei einem Hockeyspiel zu. Zwei Mannschaften spielen auf einem Rasenplatz gegeneinander. Zu jeder Mannschaft gehören elf Spielerinnen. Mit dem Hockeyschläger schlagen sie den harten, kleinen Lederball. Ein Spiel dauert 2 mal 35 Minuten. Es gewinnt die Mannschaft, die die meisten Tore schießt. Bei einem Hockeyspiel passen zwei Schiedsrichter auf, dass die Regeln befolgt werden.

Höhle

Im Gebirge stehen die Hofers vor einer Felsenhöhle. Tim ist das Dunkel ein bisschen unheimlich. Höhlen sind natürliche Hohlräume. Sie entstanden meist dadurch, dass Regenwasser den Kalkstein aufgelöst hat. Die Hohlräume wurden dann durch unterirdische ➔ Flüsse weiter ausgewaschen. Höhlen an ➔ Küsten werden durch Wellen ausgespült. In Felsenhöhlen lebten die Urmenschen. Man weiß das durch Knochenfunde und Höhlenmalereien. Andere Höhlenbewohner waren Höhlenlöwen, Höhlenbären und Riesenfaultiere. Heute schlafen ➔ Fledermäuse darin. Der blinde Grottenolm, Höhlenkrebse und -schnecken leben in Höhlen. Die größten Höhlen sind über tausend Meter tief und kilometerlang. In Tropfsteinhöhlen entstanden durch den ➔ Kalk im herabtropfenden Wasser seltsame Gebilde. Hängen sie von der Decke, sind es Stalaktiten, ragen sie vom Boden auf, Stalagmiten.

Holz

In einer Holzhandlung kaufen Ibo und sein Vater Bretter. Sie wollen daraus ein Regal bauen. Holz ist das feste Material von ➔ Bäumen und ➔ Sträuchern. Es wächst ständig weiter. Beim gefällten Baum sieht man dieses Wachstum an den Jahresringen. Mehr als tausend Holzarten gibt es. Sie unterscheiden sich in ihrer Färbung, Maserung und Härte. Eichenholz zum Beispiel ist hart. Nadelbäume liefern weiches Holz, das man für die Papierherstellung benutzt. Am wertvollsten sind die Edelhölzer des Regenwaldes. Deswegen werden dort zu viele Bäume abgeholzt. Damit zerstört man diese ➔ Urwälder.

Horizont

Daniel steht am Meer. Am Horizont taucht ein Schiff auf. Der Horizont ist die ferne Linie, wo ➔ Himmel und Wasser oder Himmel und ➔ Erde scheinbar zusammenstoßen. Von dem Schiff sieht Daniel erst nur den Mast, dann langsam mehr. Das liegt daran, dass die Erde die Form einer Kugel hat. Daniel überblickt nur den Teil der Kugel bis zum Horizont. Je höher er steht, desto weiter entfernt ist der Horizont für ihn.

Horoskop

Frau Dietel liest Ankes Horoskop vor. Anke ist im Mai geboren, im ➔ Sternbild des Stiers. Das ist für ein Horoskop wichtig, denn es wird von einem Astrologen erstellt. Astrologen meinen, dass sich aus der Stellung der Sterne bei der Geburt das Schicksal eines Menschen ablesen lässt. Darauf bauen sie ihr Horoskop auf. Viele Leute glauben daran. Für andere ist das ➔ Aberglauben.

Hotel
Familie Bode wohnt im Urlaub in einem Hotel. Außer ihnen schlafen und essen noch viele andere Gäste in diesem großen Haus. Es gibt verschiedene Zimmer und Appartements, die unterschiedlich teuer sind. Vor der Abreise müssen die Gäste für die Benutzung der Zimmer, für Essen, Getränke und Telefonate die Rechnung an der Rezeption bezahlen. Frau Bode wohnt auch bei ihren Geschäftsreisen für kurze Zeit im Hotel. Wenn man nur schlafen und frühstücken möchte, geht man in ein Hotel garni. Motels sind Hotels an Autostraßen. Dort übernachten Autofahrer auf Reisen gerne.

Hubschrauber
Die Aksoys besuchen einen Freund im Krankenhaus. Auf dem Dach landet gerade ein Hubschrauber. „Mit diesen Luftfahrzeugen kann man Kranke schnell hierher bringen", erklärt Ibos Mutter. Man nennt Hubschrauber auch Helikopter. Sie starten und landen senkrecht. Deshalb brauchen sie wenig Platz dazu. Statt Tragflächen wie ➔ Flugzeuge haben sie Drehflügel (Rotoren). „Der kann ja in der Luft stehen bleiben!", staunt Ibo. Auch rückwärts, vorwärts und seitwärts können Hubschrauber fliegen. Der Pilot steuert das mit den Rotorblättern. Auch ➔ Polizei und Militär benutzen Hubschrauber.

Huhn
Auf dem ➔ Bauernhof beobachtet Anke die Hühner. Sie scharren und picken. Eines flattert schwerfällig weg und ein männliches Tier, der Hahn, kräht. Ankes Mutter deutet auf die jungen Hühner und sagt: „Guck mal, die Küken." Etwa 300 ➔ Eier legt eine Henne im Jahr. Auch wegen des Fleisches züchtet man Hühner. Die meisten leben beengt in Legebatterien. Unsere Haushühner stammen vom wilden Bankivahuhn aus Indien ab. Wild lebende Hühnervögel sind der Auerhahn, der ➔ Fasan und die Wachtel.

Hummel
„Da fliegt eine Hummel", sagt Anke zu Daniel. Sie zeigt auf ein dickes ➔ Insekt mit pelzigem Körper, das sich auf eine Blume gesetzt hat. Die beiden berühren die Hummel aber nicht, denn sie kann stechen. Sie beobachten, wie das Tier mit seinem langen Saugrüssel Nektar aus den Blüten holt. Hummeln gehören zu den ➔ Bienen. Ihre Nester bauen sie meistens unterirdisch.

Hund

„Komm, Ben“, sagt Anke. Sie führt ihren Hund Gassi, wie sie das jeden Tag mehrmals macht. Ben gehört zu keiner bestimmten Rasse. Er ist ein Mischling. Auch die Bode-Kinder wünschen sich einen Hund. Die Rasse wäre ihnen egal. Etwa 400 Rassen gibt es. Die kleinsten sind nur eine Handvoll Hund, wie der Chihuahua. Bernhardiner dagegen können etwa 45 Kilo schwer werden. Am größten ist der Irische Wolfshund. Die Kinder möchten einen Welpen haben. So nennt man die jungen Tiere. Am liebsten wäre ihnen ein Rüde, also ein Hundemännchen. Eine Hündin wirft etwa 65 Tage, nachdem sie vom Rüden gedeckt wurde, drei bis zehn Welpen. In den ersten Wochen nach der Geburt sind sie blind. Als junge Hunde sollten sie dann gut erzogen werden. Sie brauchen Pflege, gesundes Futter und man muss sie ausführen. Hunde können bis zu fünfzehn Jahre alt werden. Sie sind ausdauernd, gehorsam, wachsam und haben einen sehr guten Geruchssinn. Die ersten Haushunde wurden vor über fünfzehntausend Jahren aus gezähmten Wölfen gezüchtet. Sie gelten als die ältesten ➔ Haustiere des Menschen. Man teilt die Rassen auch nach ihrer ursprünglichen Verwendung ein. Wachhunde sind zum Beispiel Schäferhunde und Doggen. Diensthunde werden als Polizei- und Blindenhunde gebraucht. Auch das sind vor allem Schäferhunde, aber auch Schnauzer und Golden Retriever. Jagdhunde sind Setter, Windhunde und Dackel.

Hunger

Nach der Schule hat Tim Hunger, also das Gefühl, dass er etwas ➔ essen muss. Vor Hunger hat ihm auch schon der ➔ Magen wehgetan. Aber sein Hunger wurde immer schnell gestillt. Wenn der Körper tagelang keine Nahrung bekommt, wird der Hunger gefährlich. Irgendwann ist nämlich die letzte Fettreserve des Körpers verbraucht. Dann verhungert der Mensch. Manche Menschen kamen schon über achtzig Tage ohne Nahrung aus. Durch ➔ Kriege und Naturkatastrophen entstehen Hungersnöte. In vielen ➔ Entwicklungsländern ist der Hunger nichts Ungewöhnliches. Dort verhungern täglich Menschen. In anderen Ländern hat man so viel zu essen, dass Lebensmittel weggeworfen werden.

Hypnose

„Du bist jetzt hypnotisiert“, sagt Anke. Dabei guckt sie Daniel ganz starr in die Augen. Aber er lässt sich von Anke nicht in diesen schlafähnlichen Zustand versetzen. Ein geübter Hypnotiseur schafft das auch nur dann, wenn sich der andere innerlich darauf einlässt. Der Zustand, in den dieser dann fällt, heißt Trance. In Trance weiß man nicht, was man tut. Man führt Befehle aus und erinnert sich an Vergessenes. Nachher weiß man nicht, was geschehen ist.

I

Der Buchstabe I sah nicht immer aus wie ein Strich. Er entwickelte sich aus einem Buchstaben, der einem Z ähnelte. Im 12. Jahrhundert machte man über das kleine i einen Ministrich, damit der Buchstabe mehr auffiel. Daraus wurde der i-Punkt. Interessante I-Wörter gibts: Idefix, Irrlicht, Intelligenz. Und welche noch?

Idee

„Ich habe Langeweile", jammert Daniel. Da hat er eine Idee. Er will Ibo fragen, ob er mit ihm Basketball spielt. Diesen Einfall hatte er ganz plötzlich. „Prima Idee!", sagt seine Mutter. Weniger gut findet sie die Idee, dass Daniel heute Abend lange fernsehen will. „Die Idee kannst du dir aus dem Kopf schlagen", sagt sie. Manche Kinder sind von einer Idee besessen. Sie wollen zum Beispiel unbedingt einen Hund haben. Mit dieser Vorstellung beschäftigen sie sich andauernd, manchmal sogar bis in ihre Träume.

Igel

Abends hört Jakob ein Rascheln im Garten. „Ein Igel", sagt Oma. „Der wird erst bei Dunkelheit munter." Jetzt rollt sich der Igel zu einem Stachelball zusammen und ist so vor Angreifern geschützt. Bei der Geburt sind die Stacheln noch weich. So verletzen sie die Igelmütter nicht. Igel fressen ➔ Insekten, ➔ Würmer und ➔ Schnecken. Im Winter halten sie im Laub versteckt ➔ Winterschlaf und ernähren sich von ihrem Fett.

imitieren

Im Radio hört Anke einen Politiker. Er spricht aber nicht selbst. Die Stimme wird von einem Stimmenimitator täuschend ähnlich nachgemacht. Anke hat versucht, wie Ben zu bellen. Aber jeder hat gehört, dass es nicht Ben war. Auch wertvolle Kleidung, Sonnenbrillen, Parfum, Bilder, ➔ Gold und ➔ Edelsteine werden imitiert. Manchmal sehen die billigen Nachahmungen den teuren Originalen zum Verwechseln ähnlich und man muss sich gut auskennen, um Unterschiede zu bemerken.

Impfung

Im Winter haben viele Menschen Grippe. Die Aksoys lassen sich gegen diese ansteckende Krankheit impfen. Der Arzt spritzt den Impfstoff, das Serum, unter die ➲ Haut. Davon spürt man kaum etwas. Im Impfstoff sind abgeschwächte oder abgetötete Krankheitserreger. Sie reizen den ➲ Körper, sich gegen die Krankheit zu wehren. Dann bildet er Antikörper. Diese Abwehrstoffe schützen den Körper vor der Krankheit, sie machen ihn immun. Vor allem Kinder werden gegen verschiedene Krankheiten geimpft. Manche Schutzimpfungen sind Pflicht. Sie werden im Impfpass eingetragen.

Indianer

Jakob und Lena verkleiden sich als Indianer. Sie setzen den Kopfschmuck aus Federn auf und stecken ein Kriegsbeil in den Gürtel. „Das Beil heißt bei den Indianern Tomahawk“, sagt Lena. „Und ich bin eine Indianerfrau. Wir wohnen in einem Tipi. So wird das Wohnzelt der Prärieindianer genannt.“ – Eigentlich ist es ein Irrtum, dass die Indianer Indianer heißen. Als der Seefahrer Christoph Kolumbus vor über 500 Jahren in ➲ Amerika landete, wusste er nicht, dass er in Amerika war. Er nannte die Menschen dort Indianer, weil er dachte, er wäre in Indien gelandet. Die Indianerstämme lebten damals über ganz Amerika verstreut. Die Mayas, Inkas und Azteken in Süd- und Mittelamerika kannten schon lange vor Kolumbus' Ankunft Straßen, Städte, Steinhäuser, Staudämme, Bewässerungsanlagen und eine Post. Die Ureinwohner Nordamerikas ernährten sich vom Fischfang, von der Jagd, als Sammler und Ackerbauern. Zu den Prärieindianern gehörten die Stämme der Komantschen, der Sioux und der Cheyenne. Sie lebten von der Büffeljagd. Anfang des 19. Jahrhunderts kamen weiße Siedler aus ➲ Europa. Sie besaßen Gewehre und waren gierig auf das Gold und das Land der Indianer. Außerdem wollten sie die Indianer zu Christen bekehren. Deswegen haben sie sie in grausamen Kämpfen unterworfen. Sie nahmen ihnen ihr Land und töteten viele von ihnen. Noch Mitte des 19. Jahrhunderts drangen weiße Siedler in die letzten Gebiete der Indianer ein. Heute gibt es noch etwa zwei Millionen Indianer. Viele leben unter ärmlichen Bedingungen in Gebieten (Reservationen), die man ihnen zugeteilt hat. Weiße dürfen sich dort nicht ansiedeln.

Industrie

„Wie wurde früher ohne ➔ Fabriken all das hergestellt, was man brauchte?“, fragt Daniel. Seine Mutter antwortet: „Alles entstand einzeln und mit der Hand.“ Das änderte sich durch die Erfindung der Dampfmaschine 1795. Sie trieb die ersten ➔ Maschinen an. Die brauchte man, um viele Waren in kurzer Zeit zu produzieren. So entstand die Industrie. Durch sie wurde es möglich, in Fabriken Waren mit Maschinen herzustellen.

Information

Anke interessiert sich für Pferde. Deshalb möchte sie alles über sie wissen. Also sucht sie Informationen. In ➔ Lexika, in anderen ➔ Büchern, in ➔ Zeitschriften, ➔ Filmen und im ➔ Internet findet Anke eine Menge zum Thema ‚Pferd‘. Weil sie noch mehr erfahren will, fragt sie Leute, die sich mit Pferden auskennen. So sammelt Anke Informationen und ist gut informiert. Mit ➔ Computern kann man heute Informationen oder Daten leicht speichern, verbreiten und bekommen.

Ingenieur

Tims Onkel ist Ingenieur. Für diesen ➔ Beruf hat er studiert. Wenn man das Studium abgeschlossen hat, wird man Diplomingenieur, abgekürzt Dipl.-Ing. Als Ingenieur ist man Fachmann oder Fachfrau für ➔ Technik. Zur Arbeit gehören die Forschung, Entwicklung, Planung, Konstruktion und vieles andere. Ingenieur wird man in einem bestimmten Bereich, zum Beispiel in der Elektrotechnik, im Maschinenbau oder im Bergbau.

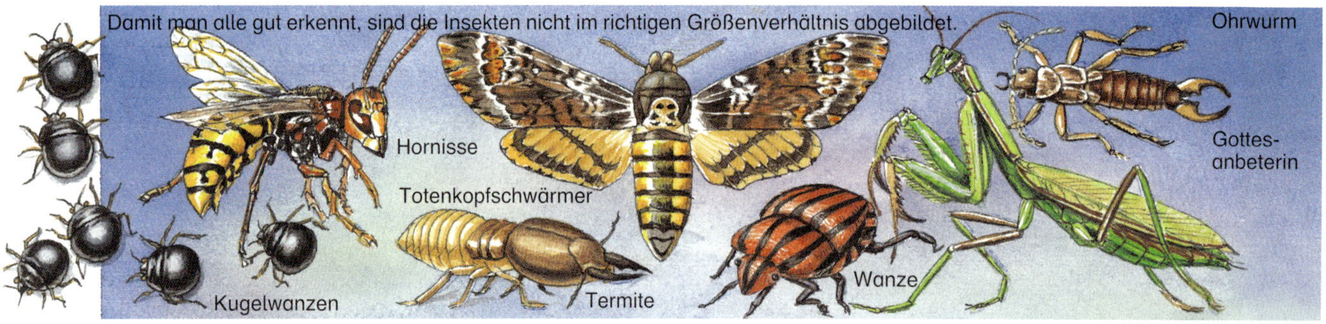

Insekt

Anke und Daniel sitzen auf einer Wiese. „Hier sind viele Ameisen“, sagt Daniel. ➔ Bienen fliegen vorbei. ➔ Schmetterlinge flattern umher. All diese kleinen Tiere sind Insekten. Über eine Million Arten gibt es. Die kleinsten erkennt man nur unter dem ➔ Mikroskop. Andere werden über dreißig Zentimeter groß. Ihre harte Haut, der Chitinpanzer, schützt die Insekten. Man nennt sie auch Kerbtiere, weil ihr Körper zwischen Kopf und Brust und zwischen Brust und Hinterleib eingekerbt ist. Insekten haben sechs Beine. Viele können fliegen. Am Kopf sitzen zwei Fühler, die Antennen. Mit ihren Netzaugen können sie nach allen Seiten sehen. Insekten verändern sich mehrmals während ihres Lebens. Sie schlüpfen zum Beispiel als Raupen aus ➔ Eiern. Dann spinnen sie sich ein. Man sagt auch: Sie verpuppen sich. Aus den Puppen schlüpfen fertige Insekten. Manchmal schimpft man über Insekten. Einige stechen nämlich und saugen Blut, manche übertragen Krankheiten.

Insel

Anke und ihre Mutter waren auf Amrum. Das ist eine Insel in der Nordsee, also von ➲ Wasser umgebenes ➲ Land. Inseln entstehen, wenn sich Festland absenkt. Es wird überflutet, bis nur noch hoch gelegene Teile herausragen. Auch durch Vulkanausbrüche unter Wasser entstehen Inseln. Dann türmt sich Lava bis über den Meeresspiegel auf. Ohne ➲ Brücken erreicht man Inseln nur mit dem ➲ Schiff oder ➲ Flugzeug. Die größte Insel heißt Grönland. Von einer Halbinsel kann man zum Festland gehen, weil sie nur von drei Seiten mit Wasser umgeben ist.

Installateur

„Die ➲ Heizung ist kaputt. Ich rufe den Installateur an", sagt Frau Aksoy. Dieser ➲ Handwerker repariert auch Gasleitungen, Rohre, Lüftungen und Blitzableiter. Und er berät die Kunden, verkauft und montiert. Diesen ➲ Beruf lernt man während einer Ausbildungszeit, die mit der Gesellenprüfung endet. Später kann man Meister werden. Installateure nennt man auch Klempner, Flaschner oder Spengler.

Instinkt

„Woher weiß ein Zugvogel, dass er im Herbst in den Süden fliegen muss?", fragt Jakob. Seine Mutter antwortet: „Das sagt ihm sein Instinkt." Ohne nachzudenken, weiß der Vogel, was er tun muss. Niemand bringt ihm das bei. Das instinktive Wissen ist ererbt und angeboren. Tiere brauchen es zum Überleben. Ein natürlicher Trieb sagt dem Vogel, dass es bei uns im Winter zu kalt für ihn wird. Auch Menschen haben Instinkte. Ein Baby lernt nicht, Milch zu saugen. Es kann das instinktiv. Es ist auch ein Instinkt, sich zu wehren. Allerdings können Menschen ihre Instinkte durch den Willen beeinflussen.

intelligent

„Anke ist intelligent", sagt die Lehrerin zu Ankes Mutter. Der Lehrerin ist aufgefallen, dass Anke etwas Neues schnell begreift. Sie kann Sachlagen, Zusammenhänge und Probleme mit ihrem Verstand klar erfassen. Die Schule fällt Anke ziemlich leicht. – Mit Tests versucht man, Intelligenz zu messen. Das Ergebnis ist der Intelligenzquotient, abgekürzt IQ. Ein IQ von 100 ist etwa Durchschnitt.

Internat

Ein Freund von Tim geht ins Internat. Das ist eine ➲ Schule mit Wohnheim. Die Kinder und Jugendlichen werden im Internat nicht nur unterrichtet. Sie wohnen auch da. Dafür bezahlen ihre Eltern Geld. Tims Freund erzählt: „Mir gefällts dort. Es gibt viele Kinder, mit denen ich was unternehmen kann. Die Lehrer haben mehr Zeit für mich als in normalen Schulen. Und in der Freizeit treibe ich Sport und mache Musik. In den Ferien und am Wochenende fahre ich nach Hause."

international

Im Fernsehen sieht Lena eine ➔ Band. Ihre Mutter sagt: „Die sind mit ihren Hits inzwischen international bekannt geworden.“ Das bedeutet, dass man die Band in vielen ➔ Ländern kennt. Vorher war sie national bekannt, also nur in ihrem Heimatland. Auf einem Plakat liest Lena, dass es ein internationales Jugendtreffen geben wird. Es kommen Jugendliche aus England, Spanien, Holland, Italien und Schweden.

Internet

Daniels ➔ Computer ist ans Internet angeschlossen. Dieses internationale Computernetzwerk verbindet Computer und Menschen, die mit ihm arbeiten. Vorhin hat Daniel mit seinem Computer eine E-Mail an Paul in Australien geschrieben und abgeschickt. Die Daten der E-Mail kommen über Kabel oder ➔ Satelliten zum Empfänger. Im Internet sucht Daniel eine Website. Auf der findet er Texte und Bilder. Links zeigen Verbindungen zu anderen Websites. Manchmal liest Daniel einen Blog, den ein Blogger geschrieben hat. Blogs sind so etwas wie ein Internettagebuch. Daniel lädt sich eine App aus dem Internet, also ein Anwendungsprogramm für sein Smartphone, herunter.

Interview

Ibo sieht fern. Ein ➔ Journalist sagt: „Wir senden jetzt ein Interview mit der Bundeskanzlerin.“ Dann stellt ein Reporter der Kanzlerin Fragen. Durch diese Fragen möchte er für die Zuschauer etwas über die Politik und die Person der Kanzlerin erfahren. Die Kanzlerin beantwortet die Fragen. Solche Gespräche werden von Journalisten mit bekannten Persönlichkeiten geführt und im ➔ Radio oder ➔ Fernsehen ausgestrahlt. Oder sie werden in ➔ Zeitungen und ➔ Zeitschriften gedruckt.

Iris

„Die Iris im Garten blüht“, erzählt Oma Bode. Es gibt ungefähr 300 Irisarten. Ihre Blätter sind schwertförmig oder schilfähnlich. Deshalb nennt man sie auch Schwertlilie oder Schilflilie. Die Blüten können gelb, blau oder violett sein. Alle wild wachsenden Arten der bis zu einen Meter großen Pflanze sind geschützt. – Auch im Auge gibt es eine Iris. Was ist das?

Die Regenbogenhaut um die Linse

Islam

Die Aksoys sind Moslems (Muslime). Ihre ➔ Religion, der Islam, wurde vom Propheten Mohammed begründet. Etwa eine Milliarde Menschen, vor allem in ➔ Afrika und ➔ Asien, gehören diesem Glauben an. Im heiligen Buch der Muslime, dem Koran, hat Allah (Gott) durch Mohammed zu den Menschen gesprochen. Im Koran stehen die Regeln dieser Religion. Die Gotteshäuser heißen Moscheen. Strenggläubige Muslime beten oft. Sie essen kein Schweinefleisch und trinken keinen Alkohol.

J

Das J sieht aus wie ein I mit einem Haken unten. Als Albrecht Dürer die Großbuchstaben unseres Alphabets zeichnete, kam nach dem I gleich das K. Das J fehlte noch. Es entstand erst danach. Heute fangen interessante Wörter mit J an: Jux, Jahrtausendwende, Joghurt. Welche findest du im Bild noch?

Jagd

Im Herbst sieht Tim Jäger mit Gewehren und Jagdhunden. Sein Vater sagt: „Sie jagen vor allem ➲ Hasen, ➲ Fasane, ➲ Rehe und ➲ Wildschweine." Früher war das erlegte Wild für die Ernährung wichtig. Heute wird vor allem gejagt, damit es nicht zu viel Wild gibt. Denn das Wild frisst die jungen Pflanzen. Außerdem werden alte und kranke Tiere erlegt. Bei der Jagd muss man viele Vorschriften beachten. In der Schonzeit darf zum Beispiel nicht gejagt werden. Wilderer beachten solche Vorschriften nicht.

Jaguar

Im Zoo beobachtet Anke einen Jaguar. In Freiheit lebt diese Raubkatze in den feuchtheißen ➲ Urwäldern von Mittel- und Südamerika. Das ➲ Raubtier, das bis zu zwei Meter lang werden kann, hält sich gern am Wasser auf. Es kann gut schwimmen und klettern. Oft stürzt es sich von einem Baum auf seine Beute. Das sind vor allem ➲ Säugetiere, ➲ Vögel, ➲ Schlangen und ➲ Fische.

Jahr

„Ein Jahr dauert lang", sagt Jakob. Seine Mutter sagt: „Ich habe das Gefühl, dass diese 365 Tage immer schneller vergehen, je älter ich werde." Eigentlich besteht ein Jahr aus 365 ➲ Tagen, 5 Stunden, 48 Minuten und 47 Sekunden. In dieser Zeit kreist die ➲ Erde einmal um die ➲ Sonne. Im ➲ Kalender findet man meist nur 365 Tage. Um den Zeitunterschied zwischen Kalender- und Sonnenjahr auszugleichen, ist jedes vierte Jahr ein Schaltjahr. Es hat einen Tag mehr: den 29. Februar.

Jahreszeit

„Heute beginnt endlich der Frühling", sagt Tims Mutter am 20. März. Sie mag diese Jahreszeit zwischen Winter und Sommer. Die ➔ Tage werden jetzt länger und die ➔ Nächte kürzer. Die ersten Blumen blühen. Bald sind die Bäume wieder grün. Der Sommer beginnt am 21. Juni. Die ➔ Sonne geht in dieser Jahreszeit früh auf. Mittags scheint sie heiß. Erst spät am Abend geht sie unter. Mit seinen Freunden ist Tim oft beim Baden und sein Taschengeld reicht kaum für genug Eis. Am 23. September beginnt dann der Herbst. Es wird kühler und die Tage sind kürzer. Langsam färbt sich das Laub der Bäume gelb. Bauern fahren zur ➔ Ernte auf die Felder. Am 21. Dezember fängt der Winter an, die kalte Zeit um ➔ Weihnachten, mit Kerzen in den Wohnungen. Manchmal schneit es und wird so kalt, dass man auf den Eisflächen der Seen Schlittschuh laufen kann. Abends schaltet man das Licht früh ein. Die Jahreszeiten entstehen, weil die ➔ Erde jedes Jahr einmal um die Sonne kreist. Dadurch bekommt immer ein Teil der Erde mehr Sonne als der andere. Wenn es bei uns auf der nördlichen Erdhalbkugel kalt geworden ist, beginnt auf der südlichen die warme Zeit. Jetzt bekommt dieses Gebiet der Erde mehr Sonne als das, auf dem wir leben. Aber schon einige Monate später scheint bei uns die Sonne wieder länger und kräftiger. Dann beginnt unser Frühling.

Jahrmarkt

Anke und Daniel gehen zusammen zum Jahrmarkt (🇨🇭 Chilbi, 🇦🇹 Kirtag). Von Weitem schon hören sie laute Musik und aufgeregte Stimmen. Dann sehen sie ➔ Karussells, eine Achterbahn, ein Riesenrad, Autoscooter, Geisterbahnen, Losbuden und Schießbuden. Der Geruch von Süßigkeiten, Bratwürsten, Hähnchen, Schaschlik und Kartoffelpuffern steigt ihnen in die Nase. Sie kaufen Zuckerwatte. Dann fahren sie Riesenrad und Achterbahn. In anderen Gegenden heißt der Jahrmarkt Kirmes oder Messe. Früher fand er einmal im Jahr statt. Man konnte alles Mögliche kaufen. Allmählich entwickelte sich daraus ein Volksfest. Schausteller fahren mit ihren Wohnwagen zu diesen Festen und bauen alles auf. Der größte Jahrmarkt ist das Oktoberfest in München.

Joghurt

„Haben wir noch einen Kirschjoghurt im Kühlschrank?“, fragt Ibo. Er mag die säuerliche, dicke ➔ Milch gern, wenn sie mit ➔ Früchten vermischt ist. Seine Mutter isst den Joghurt am liebsten ohne irgendeinen Zusatz. Joghurt entsteht, wenn man Milchsäurebakterien in Milch gibt. Durch die ➔ Bakterien wird die Milch nach einiger Zeit dick und bekommt den säuerlichen Geschmack. Joghurt ist leicht verdaulich und gesund.

Johannisbeere

„Die Johannisbeeren (Ribiseln) sind reif!“, freut sich Lena. Sie pflückt eine der kleinen Trauben aus rot leuchtenden, säuerlichen ➔ Früchten vom ➔ Strauch. Ihre Oma backt leckeren Johannisbeerkuchen und kocht Johannisbeermarmelade. Außer den roten gibt es schwarze (Cassis) und weiße Johannisbeeren. Die schwarzen sind besonders gesund.

Jo-Jo

„Gib mir mal das Jo-Jo“, sagt Lena zu Daniel. Dieses alte asiatische Geschicklichkeitsspiel besteht aus zwei durch einen Holzstab verbundenen, runden Scheiben aus Holz oder Plastik, also einer Spule. Am Holzstab zwischen den Scheiben ist eine Schnur befestigt. Durch Auf- und Abbewegen der Hand läuft die Spule an der Schnur rauf und runter. Frau Bode erzählt: „Ich hatte als Kind auch ein Jo-Jo.“

Jongleur

Anke und ihr Vater sind im ➔ Zirkus. Gespannt sehen sie einem Jongleur zu. Der ➔ Artist wirft Bälle in die Luft. Dann fängt er sie einzeln auf und wirft sie blitzschnell wieder hoch. Schließlich sind acht Bälle in der Luft. Anke hat das mal mit nur zwei Bällen versucht. Schon das war schwierig. Dann jongliert der Mann mit Messern. Sie wirbeln hoch und er fängt sie. Natürlich macht er das so geschickt, dass keines runterfällt. Am spannendsten findet Anke das Jonglieren mit laufenden Motorsägen. Immer wieder wirft der Jongleur sie hoch, fängt sie, wirft sie hoch. Vor Spannung kann Anke kaum hinschauen. Dieser Artist hat jahrelang für seine Kunststücke geübt und führt sie jetzt perfekt vor.

Journalist

Eine Freundin von Frau Bode ist Journalistin. „Was tut die eigentlich?“, fragt Lena. Ihre Mutter antwortet: „Sie schreibt Artikel für ➔ Zeitungen und ➔ Zeitschriften.“ Andere Journalisten arbeiten für das ➔ Fernsehen, das ➔ Radio und das Internet. Die meisten Journalisten haben sich spezialisiert. Sie berichten zum Beispiel über Politik, Kultur, Wissenschaft oder Sport. Reporter sind Journalisten, die von dort berichten, wo ein Ereignis passiert ist. Auch die Pressefotografen gehören zu den Journalisten.

Jubiläum

„Die Firma, in der ich arbeite, hat Jubiläum", erzählt Frau Dietel Anke. Die Firma ist vor hundert Jahren gegründet worden. Solche Jahrestage werden oft mit einem ➲ Fest gefeiert. Kürzlich hatte auch Ankes Mutter Jubiläum. Sie arbeitete genau zehn Jahre in dieser Firma. Als Jubilarin bekam sie einen Blumenstrauß und ➲ Geld geschenkt. Übrigens: Das Wort Jubiläum stammt aus dem Lateinischen und bedeutet Jubelzeit.

Judentum

Ibo sieht einen Bericht über Israel. Etwa vier Millionen Juden leben in dem Staat. Weltweit gibt es etwa vierzehn Millionen Juden. Sie gehören zu einem Volk mit einer gemeinsamen ➲ Religion. Sie hat viel mit dem ➲ Christentum zu tun. Jesus war zum Beispiel ein Jude. Nachdem die ➲ Römer im Jahr 70 Jerusalem zerstörten, verließen die Juden ihre Heimat Palästina. Im ➲ Mittelalter siedelten sie sich in Europa an. Wegen ihrer anderen Lebensweise wurden sie verfolgt. Die deutschen Nazis ermordeten in der Hitlerzeit sechs Millionen Juden. 1948 gründeten die Juden den Staat Israel.

Judo

Im Fernsehen sieht Tim zwei Judokämpferinnen. Sie tragen weiße Anzüge mit Gürteln. Die Farbe der Gürtel zeigt an, wie gut sie in dieser Kampfsportart sind. Die beiden versuchen, sich gegenseitig aus dem ➲ Gleichgewicht zu bringen. Jetzt wirft die eine die andere über die Schulter. Damit das nicht wehtut, haben sie das Fallen trainiert und kämpfen auf weichen Matten. Beim Judo lernt man, sich ohne Waffen zu verteidigen.

Jugendherberge

Anke und ihr Vater machen eine Radtour. „Wir übernachten in Jugendherbergen", sagt ihr Vater. Dort werden sie vor allem Jugendliche treffen, die unterwegs sind. In Deutschland gibt es Hunderte solcher Herbergen. Auch in anderen Ländern kann man in Jugendherbergen preiswert übernachten. In den Zimmern sind mehrere Gäste untergebracht. Man muss sein Bett selbst machen und das Geschirr abwaschen. Wenn man in Jugendherbergen übernachten will, braucht man einen Jugendherbergsausweis.

Jugendweihe

Ein Freund von Ibos Schwester wohnt in Dresden. Er hat Rengin zur Jugendweihe eingeladen. Die wird anstelle der Kommunion, der Konfirmation oder der Bar-Mizwa gefeiert, die in katholischen, evangelischen und jüdischen Familien üblich sind. In der DDR war die Jugendweihe eine staatliche Feier am Ende des achten Schuljahres. Durch sie wurden die Jugendlichen in den Kreis der Erwachsenen aufgenommen. Sie wird auch heute noch in den ostdeutschen Bundesländern mit einem Familienfest gefeiert.

K

Das K entwickelte sich aus einem Zeichen, das ‚offene Hand' bedeutete. Früher sah es auch mal aus wie ein nach unten zeigender Pfeil. Daraus entstand im Laufe der Jahrhunderte unser heutiges K. Bei uns gibt es viele witzige K-Wörter: Klammeraffe, Knacker, Knirps, Kuddelmuddel. Welche entdeckst du im Bild?

Kabel

Der Elektriker repariert ein Stromkabel. Dabei sieht Tim, dass es aus einzelnen Drähten besteht. Die sind von einer Schutzhülle umgeben, also isoliert. Mit Kabeln gelangt ➲ Strom von der Steckdose zu elektrischen Geräten. Beim Kabelfernsehen kommen die ➲ Programme durch Kabel zum Empfänger. Dadurch hat man ein gutes Bild und viele Sender. Sogar auf dem Meeresboden liegen Kabel, zum Beispiel für Telefonleitungen. Auch die Drahtseile, an denen ➲ Aufzüge hängen, nennt man Kabel.

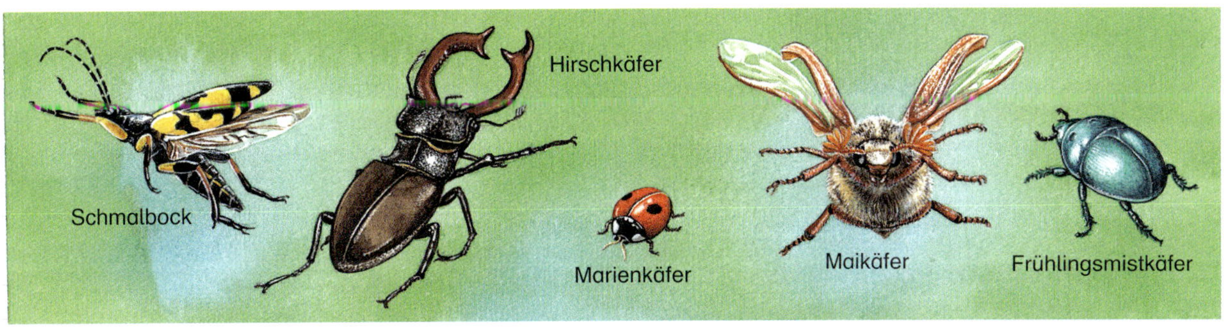

Käfer

Käfer krabbeln im Gras, fliegen durch die Luft oder schwimmen im Wasser. Toll findet Jakob den großen Hirschkäfer mit seinem Geweih. Lena mag besonders gerne Marienkäfer. Über Borkenkäfer schimpft ihre Mutter sehr oft, denn die vernichten Wälder. Etwa 350 000 Käferarten gibt es. Sie werden alle durch einen Hautpanzer geschützt. Unter der Flügeldecke liegen zwei zarte Hautflügel. Käfer haben sechs Beine und Fühler zum Tasten. Während ihrer Entwicklung verwandeln sich diese ➲ Insekten vom Ei zur Larve. Die verpuppt sich. Aus der ➲ Puppe wird der Käfer.

Kaffee

„Ich konnte nicht schlafen, weil ich zu viel Kaffee getrunken hatte“, sagt Lenas Mutter. Kaffee enthält Koffein und das regt an. Wenn man sehr viel Kaffee trinkt, kann das ungesund sein. Kaffeesträucher und -bäume wachsen in warmen Gebieten, zum Beispiel in Südamerika. Bis zu acht Meter wird der Baum hoch, an dem die Kaffeekirschen reifen. In ihnen steckt ein Stein, der zwei ➔Samen enthält: die Kaffeebohnen. Bevor man sie verwendet, muss man sie rösten und mahlen. Das Kaffeepulver wird dann mit kochendem Wasser übergossen. Lena findet, dass Kaffee gut riecht und bitter schmeckt. Vor etwa 300 Jahren brachten die Türken den Kaffee nach Europa.

Käfig

Ankes Freundin Lea hat einen Hamster. Meistens sitzt er im Käfig. Aus dem kann er nicht entwischen. Andere Tiere in Käfigen, zum Beispiel ➔Löwen, werden niemandem gefährlich. Große Vogelkäfige nennt man auch Volieren. In Hühnerfarmen leben ➔Hühner in qualvoll engen Käfigen. Sie müssen auf Gittern stehen und dürfen nie nach draußen. Deswegen kaufen immer weniger Menschen Eier aus solchen Betrieben.

Kakadu

Im Zoo stehen Jakob und sein Vater vor einem Vogelkäfig (Voliere). „Die großen ➔Vögel da drin heißen Kakadus“, sagt Herr Bode. Kakadus gehören zu den ➔Papageien. Ihr Gefieder ist weiß, rosarot oder schwarz. Sie leben in ➔Australien und auf Inseln im Stillen Ozean und fressen Samen, ➔Früchte und ➔Insekten. Wenn sie sich aufregen, breiten sie ihren Federschopf auf dem Kopf wie einen Fächer aus.

Kakao

Ibo macht sich jeden Morgen eine Tasse Kakao. Dazu rührt er Fertigkakao in heiße ➔Milch. Kakaobohnen kommen zum Beispiel aus ➔Afrika und Südamerika. An Bäumen, die über zehn Meter hoch werden, wachsen gurkenähnliche Früchte. Die 25 bis 60 ➔Samen in ihrem Fruchtfleisch sind die bitteren Kakaobohnen. Sie müssen gären, trocknen und werden geröstet. Nach dem Entfetten mahlt man sie zu Kakaopulver.
Auch in ➔Schokolade ist Kakao.

Kaktus

Anke und ihre Mutter kaufen einen Kaktus. „Kakteen blühen sehr schön, aber selten“, sagt Frau Dietel. Zu Hause stellen sie die ➲Pflanze auf das Fensterbrett. Einige Kakteen sind kugelrund, andere lang und dürr oder verzweigt. Anstatt der ➲Blätter haben Kakteen Stacheln oder Haare. Die schützen sie davor, gefressen zu werden. Kakteen wachsen in heißen ➲Wüsten, Grasgebieten (Steppen) und Gebirgen. Unter den vielen Arten gibt es welche, die über zehn Meter hoch werden. Kakteen können Wasser speichern und überstehen so lange Trockenzeiten. Die Früchte einiger Kakteen sind essbar.

Kalender

Lena blättert im Kalender. Darin stehen die ➲Tage, ➲Wochen und ➲Monate, in die ein ➲Jahr eingeteilt wird. Außerdem findet sie in ihrem Kalender Ferientermine und Feiertage. ‚Unser‘ Kalender gilt in Europa und in vielen anderen Ländern. Er wurde vor über zweitausend Jahren von Julius Cäsar, dem Herrscher Roms, eingeführt. Für den ➲Advent gibt es Adventskalender. Sie haben nur 24 Tage.

Kalk

„Die Mauer muss gekalkt werden“, sagt Ibos Vater. Außer zum Anstreichen von Mauern verwendet man dieses weiße Material zusammen mit Zement, Sand und Wasser, um Mörtel anzurühren. Der Kalk wird in Steinbrüchen abgebaut. Kalksteine bestehen aus Ablagerungen von Meeren, die dort früher waren. Auch Eierschalen, Fingernägel, Wasser, ➲Dünger und unsere ➲Knochen enthalten Kalk.

Kamel

Im Zoo sieht Anke Kamele. „Das zweihöckrige nennt man auch Trampeltier, das einhöckrige Dromedar“, sagt ihr Vater. In ➲Afrika und ➲Asien schleppen diese Reittiere Lasten durch ➲Wüsten und Steppen. Sie halten große Hitze aus und können über zwei Wochen ohne Wasser leben. Ihre breiten Füße verhindern, dass sie im Sand einsinken. Bei Sandsturm können Kamele die Nasenlöcher zuklappen. Von den Fettpolstern ihrer Höcker zehren sie, wenn sie wenig Futter finden. Auch die ➲Lamas gehören zu den Kamelen.

Kamille

Daniel hat Magenschmerzen. Sein Vater kocht ihm Kamillentee und sagt: „Der wird dir helfen." Auch gegen Entzündungen hilft Kamille. Die Echte Kamille ist eine ➲Heilpflanze. Oft wächst sie an Feldrändern. Deswegen heißt sie auch Feldkamille. Man verwendet die getrockneten Blütenköpfe. Sie enthalten heilendes Öl. Die Blütenblätter hängen nach dem Aufblühen nach unten. Es gibt etwa fünfzig Kamillenarten.

Kanal

Anke geht an einem Kanal entlang. Sie sieht, dass er künstlich angelegt wurde. Natürliche ➲Flüsse sind nicht so gerade. Kanäle verbinden Flüsse, ➲Seen und ➲Meere miteinander. Durch sie verkürzt man den Weg der ➲Schiffe. ➲Schleusen gleichen Höhenunterschiede aus. Mit Kanälen entwässert und bewässert man auch Felder. Deutschlands längster Kanal ist der Mittellandkanal zwischen Rhein und Elbe.

Kanalisation

Das Duschwasser gurgelt durch den Abfluss. „Wohin fließt das ➲Wasser jetzt?", fragt Jakob. Seine Mutter antwortet: „Es fließt in die Kanalisation." Das ist ein System von Rohrleitungen und Kanälen unter den Städten und Dörfern. Zuerst fließt das Schmutzwasser aus den Wohnungen durch Rohre in eine Leitung unter dem Haus. Von dort gelangt es in eine größere Leitung unter der Straße. Diese Leitung endet in einem Kanal und schließlich landet das Abwasser in einer ➲Kläranlage. Regenwasser fließt durch die Gullys in die Kanalisation. Von den Dächern wird es durch Rohre in die Kanalisation gespült.

Kanarienvogel

Seit Daniel denken kann, hat Oma Bode einen gelben Kanarienvogel. Hansi heißt er. Daniel mag den kleinen ➲Vogel, weil er so schön singt. Kanarienvögel sind mit den ➲Finken verwandt. In Freiheit leben sie in Spanien auf den Kanarischen Inseln. Im Spätsommer wechseln sie ihr Federkleid und singen nicht mehr. Man sagt dann: „Sie sind in der Mauser."

Känguru

Im Zoo sehen Anke und ihr Vater Kängurus. „Große Kängurus springen bis zu drei Meter hoch und zehn Meter weit“, sagt Ankes Vater. Die Hinterbeine dieser Gras fressenden Beuteltiere sind sehr stark und länger als die Vorderbeine. Bei der ➲Geburt sind Kängurus nur einige Zentimeter groß. Sie kriechen dann sofort in den Beutel der Mutter und bleiben acht Monate dort. Aus den Zitzen im Beutel saugen sie Milch. In Freiheit leben Kängurus in ➲Australien und Neuguinea. Es gibt viele Arten. Sie können hasengroß oder so groß wie ein Mensch sein.

Kaninchen

„Ein Hase“, ruft Jakob. Sein Vater sagt: „Nein, das ist ein Wildkaninchen. Die haben kürzere Ohren und sind kleiner als ➲Hasen. Und sie leben ganz anders.“ Kaninchen leben in Gruppen und graben Erdhöhlen. Dort bringen die Weibchen bis zu zwölf unbehaarte Junge zur Welt. Hauskaninchen, auch Stallhasen genannt, werden wegen ihres Fleisches und Fells gehalten. Die Zwergkaninchen sind beliebte Haustiere.

Kanone

Im Museum sieht Anke eine alte Kanone. Das große Kriegsgerät steht auf Rädern. Daneben liegen Kanonenkugeln. Sie wurden durch eine explodierende Pulverladung abgefeuert, trafen Menschen und zerstörten Häuser. Auch heute werden im ➲Krieg noch Kanonen eingesetzt. Sie feuern Geschosse mit großer Wucht und gekrümmter Flugbahn ins Ziel. Meist sind sie in Panzer, Schiffe oder Flugzeuge eingebaut.

Kanu

In einem Buch sieht Ibo zwei ➲Indianer in ihrem ➲Boot. Diese alten Indianerboote heißen Kanus. Sie wurden aus Tierhäuten oder Baumrinde gebaut. Zum Vorwärtsbewegen benutzten die Indianer Paddel. Die ersten Kanus entstanden in der ➲Steinzeit aus ausgehöhlten Baumstämmen. Heute sind Sportpaddelboote aus Plastik.

Kapitän

Ankes Onkel ist Kapitän. Als Kommandant eines ➲Schiffes ist er dafür verantwortlich, dass die Passagiere, die Mannschaft und die Ladung gut ans Ziel kommen. Für diesen ➲Beruf musste er studieren. Danach bekam er sein Kapitänspatent. Auch im ➲Flugzeug gibt es einen Kapitän. Er ist der ➲Chef des Flugzeugs. Daniel wurde zum Kapitän seiner Fußballmannschaft gewählt und darf die Kapitänsbinde tragen.

Karawane

Im Fernsehen sieht Ibo eine Karawane. Solche Reisegesellschaften aus Kaufleuten, Pilgern oder Forschern ziehen mit ➔Kamelen, Pferden oder Geländewagen durch die ➔Wüsten Afrikas und Asiens. Dadurch, dass viele Menschen zusammen unterwegs sind, kann man sich auf diesen mühsamen Reisen besser schützen, zum Beispiel bei einem Sandsturm. Die alten Karawanenstraßen gibt es seit Tausenden von Jahren.

Karies

„Ich habe Zahnschmerzen", jammert Tim. „Vielleicht hast du Karies", sagt seine Mutter. „Wir gehen zum Zahnarzt." Karies ist die häufigste Zahnerkrankung. Man sagt auch Zahnfäule dazu. Sie entsteht durch ➔Bakterien, die den harten Schmelz der ➔Zähne zerfressen. So bilden sich Löcher. Durch den ➔Zucker in Süßigkeiten entsteht besonders oft Karies. Dagegen gibt es ein Mittel: regelmäßiges Zähneputzen.

Karotte

„Heute gibt es Karotten", sagt Ankes Mutter. Anke nimmt sich eine. Sie knabbert die orangefarbene ➔Wurzel gerne roh. Auch Karottensaft schmeckt ihr gut. Karotten sind ➔gesund. Sie enthalten Karotin, ein wichtiges ➔Vitamin. Man baut das ➔Gemüse im Garten und auf Feldern an. Es gibt verschiedene Sorten. Man nennt die Karotte auch Möhre, Gelbe Rübe, Mohrrübe oder Wurzel.

Karpfen

„In diesem ➔Teich werden Karpfen gezüchtet", sagt Ibos Vater. Im Herbst werden sie abgefischt und verkauft. Auch im schlammigen Wasser von ➔Seen und ➔Flüssen lebt der Speisefisch. Dort findet er genug Larven, Würmer, Wasserflöhe und Pflanzen, von denen er sich ernährt. Karpfen können über einen Meter lang und zwanzig Kilogramm schwer sein. Sie sind bei uns ein beliebtes Weihnachtsessen.

Kartoffel

Aus Kartoffeln (Erdäpfeln) bereitet man viele Gerichte zu. Kartoffelsalat und ➲Pommes frites schmecken Jakob gut. Seine Mutter mag Salzkartoffeln und Bratkartoffeln. Lena isst gerne Kartoffelbrei, Daniel Kartoffelpuffer. Ihrem Vater schmecken Kartoffelklöße. Kartoffeln enthalten Stärke, Eiweiß und ➲Vitamine. Sie sind ein ➲gesundes Nahrungsmittel. Schon die Inkas in Südamerika bauten sie an. Nach der Entdeckung Amerikas brachten die Spanier die Kartoffel nach Europa. Bei uns galt das ➲Gemüse zuerst als Zierpflanze. Keiner wusste damals, dass nur die Knollen, also Teile der ➲Wurzel, essbar sind. Die grünen Pflanzenteile sind giftig. Heute gibt es viele verschiedene Sorten.

Karussell

Auf dem ➲Jahrmarkt stehen Jakob und sein Vater vor einem Karussell. An den ➲Ketten, die daran hängen, sind Sitze befestigt. Durch einen ➲Motor angetrieben dreht sich das Kettenkarussell. Die Menschen auf den Sitzen werden durch die Luft geschleudert. Sie lachen und schreien. In der Nähe dreht sich ein anderes Karussell. Auf seinem Boden sind kleine Autos, Motorräder und Holztiere montiert. Früher konnte man auf Karussells im Vorbeifahren mit Stäben nach Ringen stechen. Deswegen heißt das Karussell in Österreich Ringelspiel (Rösslispiel).

Käse

„So viele Käsesorten!“, staunt Tim im Käsegeschäft. Käse kann hart oder weich sein. Die Sorten enthalten mehr oder weniger ➲Fett und unterschiedliche Gewürze. „Hier ist ein Käse mit essbarem ➲Schimmel“, sagt Frau Hofer. Für die Herstellung von Käse braucht man in der Molkerei Kuh-, Schaf- oder Ziegenmilch. Die ➲Milch wird zum Gerinnen gebracht. Dabei trennen sich die flüssige Molke und der Bruch. Diesen Bruch verarbeitet man zu Käse. Er kommt in Formen und wird gesalzen. Danach reift er einige Zeit. Die Löcher im Käse entstehen durch ➲Gase beim Reifen.

Kasper

Jakob und Lena spielen Kasperletheater. Der Kasper (Kasperl, Kasperli) mit seiner Zipfelmütze ist die Hauptfigur. Er überlistet die Bösen, also den Räuber, den Zauberer, die Hexe, den Teufel, das Krokodil und den Drachen. Auch Kaspers Freund Seppel, die Großmutter, der König, die Prinzessin und der Polizist gehören zu den Figuren. Man bewegt die Handpuppen mit den Fingern.

Kassettenrekorder

Ibo stellt den alten Kassettenrekorder seines Vaters an. Beim Abspielen der Kassette werden die auf dem Band aufgezeichneten Töne in elektromagnetische Schwingungen verwandelt. Im Lautsprecher werden daraus Schallwellen, zum Beispiel ➔Musik. Manchmal nimmt Ibo mit dem ➔Mikrofon des Geräts seine Stimme auf. Das Mikrofon verwandelt den Schall in elektromagnetische Schwingungen. Die zeichnet das Band auf. Später hört Ibo dann seine eigene Stimme. Einen kleinen, tragbaren Kassettenrekorder mit Kopfhörern nennt man Walkman. Rengin hat ihre Musik ➔digital auf einem Musikplayer abgespeichert.

Kastanie

Vor der Schule steht ein Kastanienbaum. Im Herbst hat Daniel Kastanien, die Samen des Rosskastanienbaums, darunter gefunden. Dunkelbraun glänzend liegen sie da, wenn sie aus der stacheligen grünen Hülle platzen. Die Blüten des ➔Baumes sind rötlich oder weiß. Sie stehen in großen Blütenständen, die man Kerzen nennt. Daniel mag geröstete Esskastanien gern. Sie heißen auch Maronen (Maroni).

Katastrophe

Im Fernsehen wird über ein schweres ➔Erdbeben berichtet. „Das ist eine Katastrophe", sagt Ankes Mutter. Menschen wurden durch diese Naturkatastrophe getötet und verletzt. Viele haben alles verloren, was ihnen gehörte. Auch ➔Hochwasser, ➔Stürme und Vulkanausbrüche sind Naturkatastrophen. Andere Katastrophen entstehen durch menschliche oder technische Fehler. Züge entgleisen, Flugzeuge stürzen ab, Häuser brennen aus. Wenn so ein schreckliches Ereignis passiert, muss man versuchen, den Menschen in ihrer katastrophalen Lage zu helfen. Auch eine Krankheit oder Arbeitslosigkeit können ein schweres Unglück für einen Menschen sein.

Angorakatze

Hauskatze in Droh- und Abwehrhaltung

Siamkatze, die Aufmerksamkeit fordert

Tiger

Katze

Lena wünscht sich eine Katze. Sie mag die verspielten, schnurrenden Tiere. Es gibt viele Arten von Hauskatzen. Eine Katzenmutter bringt im Jahr zweimal 5 bis 6 Junge zur Welt, die bis zum neunten Tag nach der Geburt blind sind. Wenn sich eine Katze an Mäuse heranschleicht, merkt man, dass sie ein ➲Raubtier ist. Vorsichtig und vollkommen lautlos setzt sie ihre Pfoten mit den weichen Sohlen auf. Noch sind die Krallen eingezogen. Da springt sie und packt die Maus mit den Krallen und den scharfen Eckzähnen. Katzen sehen ihre Beute auch im Dunkeln. Außerdem klettern und springen sie sehr gut. Zum Tasten benutzen sie ihre feinen Schnurrhaare. Die männliche Katze heißt Kater, die weibliche Kätzin. Unsere Hauskatzen stammen von der ägyptischen Falbkatze ab. Schon vor etwa 4000 Jahren hielten sich die ➲Ägypter zahme Katzen. Zur großen Katzenfamilie gehören auch der ➲Löwe, der ➲Tiger, der ➲Leopard, der ➲Jaguar, der Puma und der ➲Luchs.

Kaufhaus

Anke und Daniel fahren im Kaufhaus mit der Rolltreppe von einer Etage in die nächste. In diesem riesigen Haus wird fast alles angeboten. Es gibt zum Beispiel Abteilungen für Lebensmittel, CDs, Bücher, Elektroartikel, Kleidung, ein Reisebüro und Restaurants. Ankes Mutter arbeitet in der Sportartikelabteilung des Kaufhauses. Besonders lange bleiben Anke und Daniel in der Spielzeugabteilung. In den meisten Abteilungen muss man sich selbst bedienen. Man nennt solche Häuser auch Warenhäuser. Oft stehen sie mitten in der ➲Stadt. Als Verbrauchermärkte findet man sie auch am Stadtrand.

Kaugummi

Ibo kauft ein Päckchen Kaugummi. Er wickelt einen Streifen aus dem Papier. Als er ihn kaut, wird aus dem festen Stück eine gummiartige Masse. Die schmeckt süß und nach Pfefferminz. Kaugummi besteht aus dem eingedickten Milchsaft der Sapotillbäume. Den kauten die Mayas schon vor vielen Hundert Jahren. Man kann die Masse aber auch künstlich herstellen. Dazu kommen dann noch ➲Zucker und Aromastoffe.

Keks

„Kekse, lecker!“, freut sich Jakob. Seine Mutter hat zwei Packungen des trockenen Kleingebäcks mitgebracht. Eine hebt sie auf. „Die Sorte hält lange“, sagt sie. Kekse (🇨🇭 Guetzli) werden vom ➲Bäcker oder in der Backfabrik gebacken. Als wichtigste Zutaten verwendet man: ➲Mehl, ➲Zucker, ➲Fett, ➲Eier und ➲Milch. Manchmal backen Frau Bode und Jakob auch selbst Kekse oder Plätzchen.

Keller

Frau Hofer sagt zu Tim: „Geh bitte in den Keller und hol Kartoffeln." Es ist dunkel und voller Schatten im untersten Geschoss des Mietshauses. Tim hört ein Knarren. Schnell knipst er das Licht an. Irgendwie ist es ihm hier unheimlich. Zur Wohnung von Familie Hofer gehört einer der vielen Kellerräume im Haus. Sie benutzen ihn als Abstellraum. Zum Glück ist der Keller nicht feucht. Mehr Platz hat man in den Kellerräumen des Einfamilienhauses, in dem ein Freund von Tim wohnt. Da gibt es einen Heizungs- und einen Vorratskeller. In einem anderen Raum wird gewaschen und im größten kann man spielen und toben, ohne jemanden zu stören.

Kette

Ankes Mutter legt sich ihre Lieblingskette um den Hals. In einem Buch liest Anke: ‚Die Gefangenen wurden in Ketten vorgeführt.' Diese Ketten waren keine Schmuckstücke, sondern Fesseln. Der ➲Anker eines Schiffes hängt an einer langen, schweren Kette. Ohne Fahrradkette fährt Ankes Rad nicht. Wenn sie es abstellt, kettet sie es an. All diese Ketten bestehen aus Kettengliedern, die ineinandergreifen.

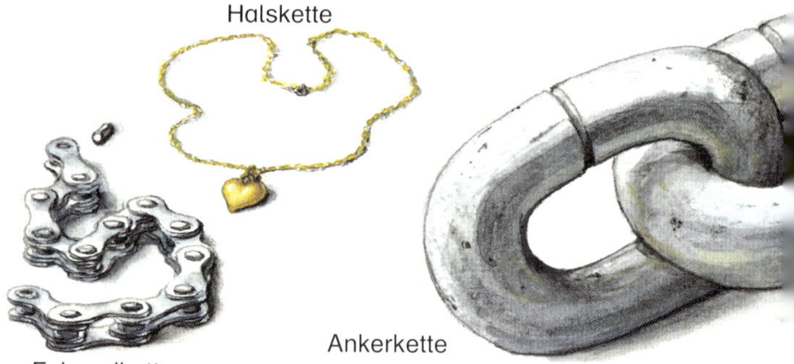

Kiefer

Die Hofers gehen in einem Nadelwald spazieren. „Hier wachsen lauter Kiefern", sagt Frau Hofer. Zu den Kiefern (🇦🇹 🇨🇭 Föhren) gehören viele Arten von Bäumen. Ihre harten, langen Nadeln wachsen in Büscheln. Die Zapfen sind klein und rundlich. Kiefern werden bis zu fünfzig Meter hoch. – Einen Kiefer trägst du immer bei dir. Welchen?

Teil des Schädels, in dem die Zähne sitzen

Kilometer

„Wir müssen noch sechzig Kilometer fahren, bis wir da sind", sagt Ibos Mutter. Diese Entfernung hat sie auf einem Schild am Autobahnrand gelesen. Der ➲Tachometer zeigt, dass sie hundertzwanzig Kilometer in der Stunde fahren. Sie werden also noch ungefähr eine halbe Stunde brauchen. Der Kilometerzähler zeigt ihnen, dass sie schon zweihundert Kilometer zurückgelegt haben. – Zu Fuß geht man ungefähr fünf Kilometer in der Stunde. Das sind fünftausend Meter. Kilo bedeutet immer das Tausendfache einer Einheit. Ein Kilometer ist also genau das Tausendfache eines Meters.

Kind

Lena, Daniel und Jakob bekommen Besuch. Zwei dieser Kinder gehen wie Jakob noch nicht in die ➔Schule. Die anderen sind schon Schulkinder. Kinder nennt man alle Menschen vom Säuglingsalter bis zu ungefähr zwölf Jahren. Dann sind sie Jugendliche. Oma Bode spricht allerdings auch von ihren längst erwachsenen Töchtern und Söhnen als ‚meine Kinder'. Kind ist nämlich auch der Begriff für die Nachkommen von jemandem, gleichgültig wie alt diese Nachkommen sind. Manchmal kann sich Jakob kaum vorstellen, dass auch seine Eltern einmal Kinder waren. Obwohl seine Mutter kürzlich im Spaß zu seinem Vater gesagt hat: „Sei nicht so kindisch." Da war er so richtig schön albern.

Kindergarten

Bevor Lena und Daniel in die ➔Schule gingen, waren sie im gleichen Kindergarten wie Jakob. Die Kinder dort sind drei bis sechs Jahre alt. In den Räumen und auf dem ➔Spielplatz kann man prima spielen. Jakobs Erzieherin ist nett. Und sie hat gute Ideen, was man tun kann. In vielen Familien sind beide Eltern berufstätig. Ihre Kinder bleiben deswegen bis zum späten Nachmittag. Jakob wird mittags abgeholt.

Kinderheim

In der Klasse sitzt Anke hinter Martin. Der wohnt nicht zu Hause bei seinen Eltern, denn die sind bei einem Unfall gestorben. Martin lebt in einem Kinderheim. Die Erzieherinnen und Erzieher dort sind der Ersatz für seine Eltern. In anderen Heimen wohnen Kinder, die in ihrer Entwicklung gestört sind. Sie wurden zum Beispiel drogensüchtig, gewalttätig oder sie stehlen. Auch wenn Eltern es nicht schaffen, sich um ihre Kinder zu kümmern, kommen die manchmal in ein Kinderheim. Sie sind dann dauernd oder für einige Zeit dort. Außerdem gibt es Heime für ➔behinderte Kinder und Jugendliche. Sie werden dort besonders betreut und gefördert. Auch ein Ferienerholungsheim für Kinder nennt man Kinderheim.

Kino

Ibo und Rengin gehen heute ins Kino. Sie wollen einen ➔Film sehen. An der Kasse kaufen sie Eintrittskarten, Popcorn und Cola. Dann suchen sie sich im Zuschauerraum einen guten Platz. Schon geht das Licht aus und der Vorhang wird geöffnet. Im Vorführraum wird der Film mit dem Projektor (dem Vorführgerät) abgespielt, der die Bilder auf die große Leinwand überträgt.

Kiosk

Anke und Daniel gehen zum Kiosk (Trafik). Hinter den Scheiben dieses kleinen Häuschens sind viele Dinge ausgestellt, zum Beispiel Süßigkeiten, ➔Comics, ➔Zeitungen und Getränke. Anke und Daniel kaufen ➔Eis und eine Computerzeitschrift. Einige Straßen weiter gibt es so einen Verkaufsstand im Erdgeschoss eines großen Wohnhauses. Oft sind Kioske auch dann noch geöffnet, wenn alle anderen Läden schon geschlossen haben.

Kirche

Tim und sein Vater gehen an einer Kirche vorbei. „Hier hat dich der ➔Pfarrer getauft. Außerdem haben Mama und ich hier geheiratet“, sagt Herr Hofer. Im Kirchturm hängen die Glocken. Auf dem Altar stehen Kerzen und ein Kreuz. Die Decke des Gotteshauses ist mit Gemälden geschmückt. Ruhig und feierlich wirkt der Raum. Eine große Kirche kann ein Dom oder eine Kathedrale sein. Eine Kapelle ist nur ein Kirchlein. Kirchen sehen sehr unterschiedlich aus. Der Baustil hängt von der Zeit ab, in der sie gebaut wurden. – Kirche ist auch die Bezeichnung für alle Mitglieder einer christlichen Religionsgemeinschaft. Tim ist Mitglied der evangelischen Kirche. Ein Freund von ihm ist Mitglied der katholischen Kirche. Ein anderer Freund gehört keiner Kirche an. Mit vierzehn darf man selbst entscheiden, ob man Mitglied einer Kirche sein möchte.

Kirsche

Im Frühling blühen in Omas Garten die Kirschbäume. „Das sind Süßkirschbäume“, sagt Oma zu Jakob. Im Sommer werden die reifen roten Kirschen gepflückt. Am liebsten steckt sich Jakob die süßen, saftigen ➔Früchte gleich in den Mund. Außer roten gibt es schwarzrote und gelbe Sorten des Steinobstes. Sauerkirschen oder Weichseln schmecken säuerlich. Oma kocht ➔Marmelade oder Kompott daraus. Man muss aufpassen, dass man Kirschen nicht mit Tollkirschen verwechselt. Die sind nämlich giftig.

Kitsch

Auf dem ➔Flohmarkt sieht Daniel einen Gartenzwerg mit Schaufel und Mütze. Daniels Mutter sagt entsetzt: „Ist der kitschig!“ Sie meint damit, dass sie den Gartenzwerg als völlig geschmacklos empfindet. Er ist keine ➔Kunst für sie, sondern Kitsch. Daniel gefällt der Zwerg trotzdem irgendwie. Außer solchen Skulpturen können auch Bücher, Filme und Musikstücke kitschig sein.

Kläranlage

Die Aksoys fahren an einem eingezäunten Gelände mit verschiedenen Becken und Gebäuden vorbei. „Das ist eine Kläranlage“, sagt Rengin. Kläranlagen säubern die Abwässer aus Haushalten und Fabriken. Das Schmutzwasser fließt durch die ➔Kanalisation hierher. Rechen und Filter im ersten Becken halten den groben Schmutz zurück. Danach werden die noch vorhandenen pflanzlichen und tierischen Schmutzteilchen durch ➔Bakterien und Kleintiere zersetzt. Aus dem Schlamm, der dabei entsteht, gewinnt man Biogas zum Heizen. Von den restlichen Abfallstoffen wird das Wasser chemisch gereinigt und kann wiederverwendet werden.

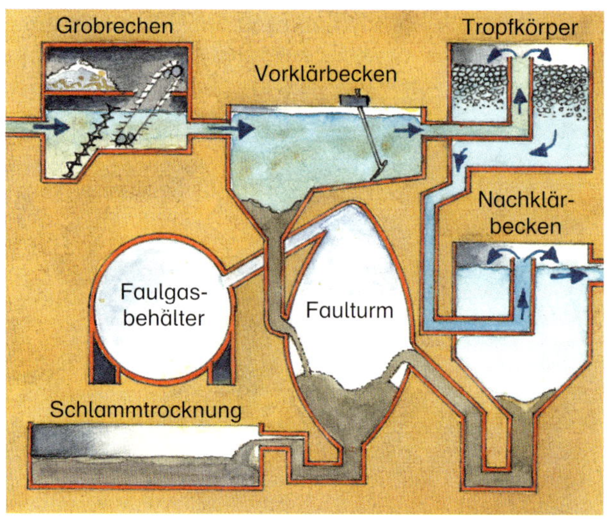

Klavier

Daniel schlägt die weißen und schwarzen Tasten des Klaviers an. Die Töne entstehen im Inneren des großen Holzgehäuses. Dort sind unterschiedlich lange Saiten aus Metall gespannt. Durch das Drücken einer Taste schnellt eines der Hämmerchen gegen eine der Saiten. So entsteht der Ton. Ein anderes Wort für Klavier ist Piano. Sehr große Klaviere nennt man Flügel, weil ihre Form einem Vogelflügel ähnelt.

Klebstoff

Tim und Daniel basteln. „Gib mir mal den Klebstoff", sagt Tim. Mit dieser Masse klebt er Kartonstreifen zusammen. Spezielle Klebstoffe verbinden sogar ➲Metall und ➲Holz. Klebstoff gibt es als zähe Paste oder fast flüssig. Hergestellt wird er zum Beispiel aus Harz oder künstlichen Stoffen. Für unterschiedliche Materialien gibt es verschiedene Klebstoffarten. Auch Leim, Kleister und Kitt sind Klebstoffe.

Klee

Auf einer Wiese sucht Lena vierblättrigen Klee. Aber sie findet nur Stängel mit drei Blättern. „Dann werde ich wohl kein Glück haben", denkt sie, denn vierblättriger Klee gilt als Glücksbringer. Die Blüten bestehen aus vielen kleinen Blättern. Sie können gelb, weiß, rosa, rot oder mehrfarbig sein. Es gibt etwa 240 Kleearten. ➲Kühe fressen gerne Klee. Deswegen bauen die Landwirte ihn als Futterpflanze an.

Klima

Eine Kundin im Laden von Aksoys erzählt Ibo, dass sie in ➲Afrika war. „Das Klima ist anders als hier", sagt sie. Unter Klima versteht man das typische ➲Wetter in einem Gebiet der Erde. Wir leben in gemäßigtem Klima. Die Winter sind nicht zu kalt und die Sommer nicht sehr heiß. Heiß und feucht ist das Gebiet der tropischen Regenwälder am ➲Äquator. In ➲Savannen und ➲Wüsten ist es heiß und trocken. An den Polen herrscht kaltes Klima. Aber das Klima hängt nicht nur von der Nähe zum Äquator ab, also der Sonnenbestrahlung, und nicht nur von der Nähe zu den Polen. Es wird davon bestimmt, ob das Gebiet hoch oder tief gelegen ist. Und am ➲Meer ist das Klima anders als im Landesinneren. Auch die Menschen beeinflussen es, zum Beispiel durch das Abholzen der tropischen Regenwälder. Dadurch entstehen Wüstengebiete mit völlig anderem Klima. Abgase von Autos, Flugzeugen oder Fabriken verändern die Erdatmosphäre. Dann kann nicht mehr genug Wärme von der Erde ins Weltall abstrahlen. Sie staut sich. So entsteht der Treibhauseffekt, der das Klima verändert. Die ➲Temperaturen steigen. Man nennt das den Klimawandel. Dadurch könnte das Eis an den Polen weiter schmelzen. Die Folge davon sind steigende Wasserstände, die die Küsten überfluten könnten. Vom Klima hängt ab, welche ➲Tiere es gibt und welche ➲Pflanzen wachsen. Das Klima beeinflusst die Kleidung der ➲Menschen und ihre Art zu wohnen. Im Auto von Ibos Eltern sorgt eine Klimaanlage für eine angenehme Temperatur.

Kloster

Anke und ihr Vater fahren an einem Kloster vorbei. „In solchen Gebäuden leben Mönche oder Nonnen ganz für sich“, sagt Ankes Vater. „Sie haben ihr Leben ➔ Gott geweiht und leben nach bestimmten Regeln, je nachdem, welcher Gemeinschaft (Orden) sie angehören. Heiraten dürfen sie nicht. Sie sind gehorsam und bleiben arm.“ Ein Nonnenkloster wird von einer Äbtissin geleitet, ein Mönchskloster von einem Abt.

Knoblauch

Im Laden von Aksoys wird Knoblauch verkauft. Diese ➔ Pflanze baute man zuerst in Asien an. Ihre rundliche Zwiebel besteht aus mehreren länglichen Teilen, den Knoblauchzehen. Man benutzt die Knoblauchzehen gerne als ➔ Gewürz und auch als Heilmittel. Ihr Geruch ist ziemlich durchdringend und hält lange an.

Knochen

Jakob drückt an sich herum. „In mir sind überall Knochen“, sagt er. Etwa 220 Knochen bilden mit den Knorpeln das menschliche Skelett. Bänder und Sehnen halten die Knochen zusammen. Die beweglichen Knochen haben Gelenke. Man unterscheidet Röhrenknochen, wie die Armknochen, und Knochenplatten, wie den Beckenknochen. Im Knocheninnern steckt das Knochenmark. Die Härte bekommt er durch ➔ Kalk im Knochengewebe. Gebrochene Knochen wachsen wieder zusammen. Dazu werden sie vom Arzt eingegipst, geschient oder genagelt. Tiere, die Knochen haben, nennt man Wirbeltiere.

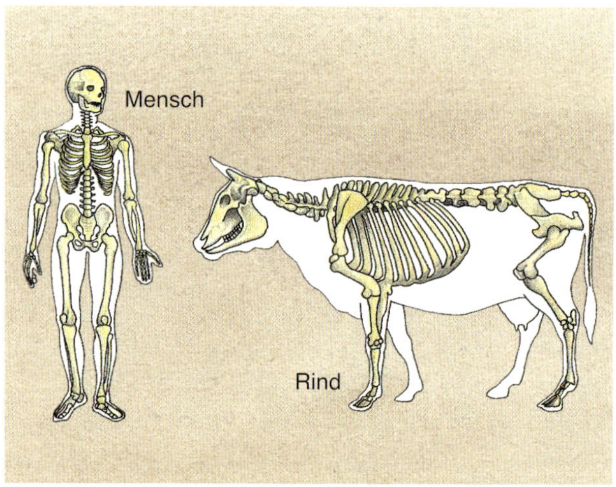

Knospe

Der Frühling ist da. Im Garten sagt Oma Bode zu Lena: „Guck mal, überall an den ➔ Pflanzen sitzen kleine, hellgrüne Knospen.“ Noch umhüllen die Knospenschuppen die zarten zusammengefalteten Blüten und Blätter. Dort sind sie vor Frost und Regen geschützt und können sich entwickeln. Wenn es länger warm bleibt, brechen die Knospen auf und Blüten und Blätter schieben sich heraus.

Knoten

Tim knotet zwei kurze Schnüre zu einer langen Schnur zusammen. Er verschlingt sie also und zieht die Verschlingung fest. In seine Schuhbänder macht er doppelte Knoten, weil die besser halten. Besonders tolle Knoten knüpfen Matrosen: die Seemannsknoten. – Die Geschwindigkeit von ➲ Schiffen wird in Knoten angegeben. Ein Knoten entspricht einer Seemeile pro Stunde.

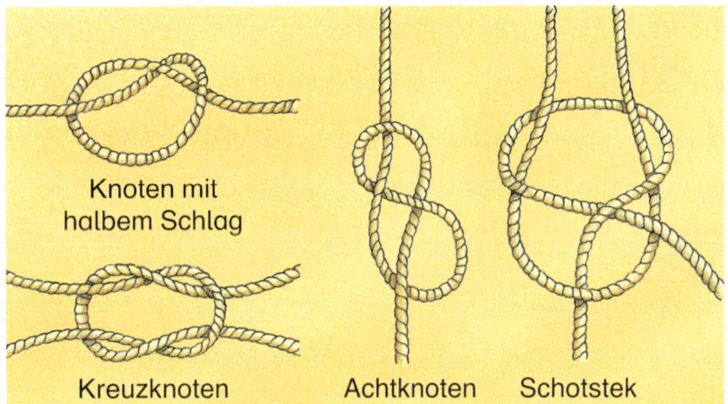

Koala

Im Fernsehen sieht Jakob Koalas. „Sind die niedlich!", sagt er. Die Koalas sehen zwar aus wie kleine Bären. Sie sind aber Beuteltiere. Sie leben nur in ➲ Australien, wo Eukalyptusbäume wachsen. Denn von deren Blättern und Rinde ernähren sie sich. Tagsüber klettern die Koalas langsam in den Ästen herum. Oder sie hängen faul in einer Astgabel. In der Nacht werden sie munter. Die jungen Tiere hocken erst im Beutel der Mutter. Später lassen sie sich noch sieben Monate von ihr auf dem Rücken tragen.

kochen

Anke und ihre Mutter kaufen Lebensmittel. Sie wollen etwas Gutes daraus kochen (sieden). Neben den Lebensmitteln brauchen sie ➲ Gewürze, einen Herd, Töpfe, Pfannen, Löffel, anderes Geschirr und Küchengeräte. Eigentlich bedeutet kochen, dass man tierische und pflanzliche Nahrungsmittel in siedendem ➲ Wasser gart. Oft zählt man aber ganz allgemein auch das Braten, Schmoren und Dünsten noch dazu. Schon in der ➲ Steinzeit wurde gekocht. Gekochte Nahrungsmittel sind leichter verdaulich und besser zu kauen. Es bilden sich neue Geschmacksstoffe, und ➲ Bakterien werden abgetötet. Durch das Kochen gehen aber ➲ Vitamine verloren. Deshalb sollte man auch oft rohe Nahrungsmittel essen. – Köche lernen ihren ➲ Beruf. Sie kochen in Restaurants für Gäste.

Kohl

Im Gemüseladen von Aksoys wird Kohl verkauft. Aus Kohl bereitet man ➲ Gemüse oder ➲ Salat. Einige Sorten schmecken Ibo richtig gut, zum Beispiel Blumenkohl (Karfiol) und Rosenkohl (Sprossenkohl). Auch Wirsing, Chinakohl, Grünkohl, Weißkohl und Rotkohl sind Kohlsorten, die die Kunden bei Aksoys kaufen können. Sauerkraut ist eingelegter Weißkohl. Man baut Kohl auf Feldern und in Gärten an. Gekocht riecht er ziemlich stark.

Kohle

Aus Kohle wird in Kraftwerken ➲ Energie gewonnen. Tims Großeltern benutzten früher Kohlebriketts als Brennstoff. Die sehen aus wie schwarze Steine und bestehen aus gepresstem Kohlenstaub. Entstanden ist Kohle aus ➲ Urwäldern, deren Bäume vor Millionen von Jahren abstarben. Dann wurden die Pflanzen von Gestein und Schlamm bedeckt. Druck, Luftabschluss und Hitze verwandelten die Pflanzen unterirdisch zu Kohle, sie verkohlten. In Bergwerken (Zechen) holt man sie aus der Erde. Steinkohle finden die Bergleute tief zwischen den Gesteinsschichten. Die jüngere Braunkohle liegt nur einige Meter unter der Erde. Sie wird mit riesigen Schaufelradbaggern abgebaut. Ihr Heizwert ist geringer als der von Steinkohle. Und sie enthält Stoffe, die beim Verbrennen die Luft verschmutzen. – Zum ➲ Grillen braucht man Holzkohle. Sie besteht aus verkohltem Holz.

Kokosnuss

Frau Aksoy holt eine Kokosnuss aus dem Laden. Die ist fast so groß wie Ibos Kopf. Sie öffnet die harte Nussschale mit einem Hammer. Das weiße Innere der Frucht schmeckt Ibo. Auch die süße Kokosmilch trinkt er gerne. Kokosnüsse erntet man von der Kokospalme, die es zum Beispiel in ➲ Afrika gibt. Bis zu dreißig Meter hoch wird dieser Baum. Hoch oben wächst ein Büschel langer Blätter. Dort hängen die von braunen Fasern umhüllten Nüsse. Die Fasern werden zu Matten und Seilen verarbeitet.

Kolibri

In einem Film sieht Jakob Kolibris. Die farbenprächtigen ➲ Vögel leben in den heißen Gebieten Amerikas. Es gibt mehr als 300 Arten. Die ‚Hummelelfe' wiegt nur zwei Gramm und misst fünf Zentimeter. Sie ist der kleinste Vogel.
Mit ihrem langen, dünnen Schnabel holen Kolibris Nektar und Insekten aus den Blüten, wie mit einem Strohhalm. Dazu schlagen sie vor der Blüte blitzschnell mit den Flügeln. So bleiben sie wie ein Hubschrauber auf einer Stelle.

Komet

Lena und ihr Vater sehen einen Stern mit leuchtendem Schweif am Nachthimmel. „Ein Komet“, sagt Papa Bode. Solche Schweifsterne aus ➲Gas und Staub umkreisen die Erde auf regelmäßigen Bahnen. Wir sehen sie nur, wenn sie der ➲Sonne nah sind. Denn dann leuchtet ihr Schweif. Er kann Millionen Kilometer lang sein. Der bekannteste Komet ist der Halleysche Komet. Er erscheint nur alle 76 Jahre, das nächste Mal im Jahr 2062.

komisch

Die Bodes gucken sich einen Film an. Was sie da sehen, reizt sie zum Kichern, Schmunzeln und ➲Lachen. „Das ist zu komisch“, prustet Herr Bode. Im Theater werden Komödien aufgeführt. Oft zeigen diese komischen Stücke die Fehler und Schwächen von Menschen so, dass die Zuschauer das lustig finden. Jakob freut sich immer wieder über Komiker, denn die machen tolle Späße. Seine Mutter sagt von einer Frau: „Die ist komisch zu mir.“ Benutzt man das Wort so, bedeutet es ‚sonderbar‘ oder ‚eigenartig‘.

Kommunion

Tims Freund Martin ist neun Jahre alt und katholisch. Er sagt: „Am Sonntag habe ich Erstkommunion.“ Festlich angezogen wird er an diesem Tag mit seinen Eltern zur ➲Kirche gehen. Gemeinsam mit anderen Kindern und Eltern besuchen sie die Messe. Dabei nehmen die Kinder zum ersten Mal an der Kommunion teil, also am Abendmahl. Schon seit der Taufe gehören die Kinder zur Gemeinschaft der Gläubigen. Durch die Erstkommunion werden sie noch enger in diese Glaubensgemeinschaft einbezogen. Martin sagt zu Tim: „Danach feiern wir zu Hause. Willst du auch kommen?“

Kompass

Anke hat einen kleinen Kompass geschenkt bekommen. Mit diesem Gerät kann sie die Himmelsrichtung feststellen. Die bewegliche Magnetnadel unter dem Kompassglas zeigt mit ihrer Spitze immer zum magnetischen ➲Nordpol. So weiß man, wo Norden ist. Dadurch kann man auch die anderen Himmelsrichtungen bestimmen. Seefahrer finden mit dem Kompass ihren Weg über die ➲Meere. Wanderer benutzen einen Marschkompass. Erfunden wurde der Kompass in China.

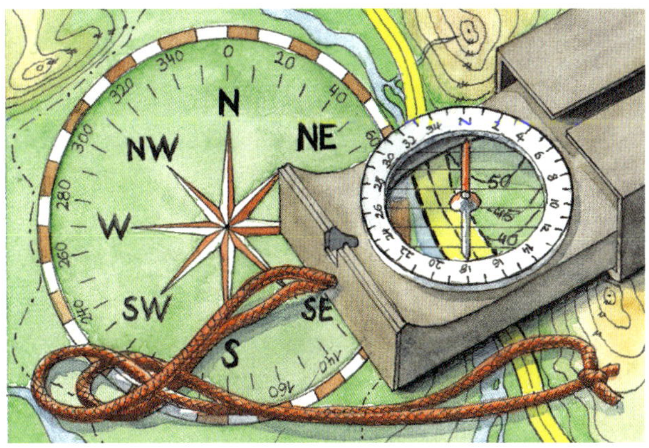

kompliziert

„Oh, ist das kompliziert!“, stöhnt Rengin. Ihre Rechenaufgaben kommen ihr im Augenblick furchtbar schwierig vor. Aber nachdem sie den Rechenweg verstanden hat, findet sie die Aufgaben überhaupt nicht mehr kompliziert. Ihr Vater bringt das Auto zur Werkstatt. Die Reparatur dauert zwei Stunden, wenn alles ohne Komplikationen verläuft, das heißt, wenn es keine besonderen Schwierigkeiten gibt.

Komponist

„Wer denkt sich eigentlich Musik aus?“, fragt Jakob. Seine Mutter antwortet: „Komponisten erfinden und gestalten ➔ Musik. Sie schreiben sie in Notenschrift auf.“ Das nennt man komponieren. Die musikalischen Werke, die so entstehen, sind Kompositionen. Jede Zeit hat große Komponisten. Einer der berühmtesten ist Wolfgang Amadeus Mozart (1756–1791). Der Österreicher komponierte schon mit fünf Jahren.

Kompost

Oma Bode und Daniel bringen Abfälle auf den Komposthaufen im ➔ Garten. Dorthin kommt alles, was sich zum Kompostieren eignet. Da liegen zum Beispiel Kartoffelschalen, Gemüsereste, Laub, Eierschalen und Kaffeesatz. Das alles verwest hier und wird von kleinsten Lebewesen wie Bakterien und Pilzen langsam in Humus verwandelt. Das ist schwarze, sehr fruchtbare Erde, die man im Garten wieder verwendet.

Konfirmation

Rengins Freundin ist vierzehn Jahre alt und evangelisch. Sie sagt: „Am Sonntag werde ich konfirmiert.“ Zusammen mit den Eltern geht sie dann zur ➔ Kirche. Dort versammeln sich die Mädchen und Jungen, die Erwachsenen und der ➔ Pfarrer zum Gottesdienst. Mit der Feier werden die Jugendlichen in die kirchliche Gemeinschaft aufgenommen und empfangen oft zum ersten Mal das Abendmahl. Auf die Konfirmation (Firmung) oder Einsegnung werden die Jugendlichen durch einen besonderen Unterricht vorbereitet. Nach dem Gottesdienst feiert Rengins Freundin mit ihrer Familie zu Hause.

König

In einer Zeitschrift sieht Tim die englische Königin. „Auch in anderen europäischen Ländern gibt es noch Könige“, sagt seine Mutter. Aber heute herrschen Könige nicht mehr wie früher. Die ➔ Politik in Königreichen wird von gewählten ➔ Abgeordneten und ➔ Regierungen bestimmt. Könige und Königinnen tragen auch heute noch bei feierlichen Anlässen die Krone und das Zepter. Ihre Töchter sind Prinzessinnen, ihre Söhne Prinzen. Die Staatsform, in der ein König regiert, nennt man Monarchie. – Mit welchem König spielt man auf einem Brett?

Figur beim Schachspiel

Konservendose

Im Laden von Aksoys kann man auch Obst- und Gemüsekonserven kaufen. Hergestellt werden sie in Konservenfabriken. Dort macht man die Lebensmittel keimfrei. Man sterilisiert also das ➔ Obst, ➔ Gemüse, ➔ Fleisch oder die ➔ Wurst. Dann werden die Lebensmittel luftdicht in Dosen verpackt. So sind sie lange haltbar. – Auch durch Räuchern, Einkochen, Trocknen, Salzen und Tiefgefrieren konserviert man Lebensmittel.

Kontinent

„Ist Europa ein großer Erdteil?“, fragt Jakob. Sein Vater antwortet: „Er ist der zweitkleinste. Kleiner ist nur Australien.“ Sechs Kontinente oder Erdteile gibt es: ➔ Asien, ➔ Afrika, ➔ Amerika, Antarktis, ➔ Australien und ➔ Europa. Der größte ist Asien. Vor etwa 250 Millionen Jahren bestand die Landmasse der ➔ Erde aus einem einzigen großen Erdteil. Der brach auseinander. Einige Teile entfernten sich voneinander, andere kamen sich näher. So entwickelten sich die heutigen Kontinente.

Konto

Wenn Ibo ➔Geld übrig hat, zahlt er es auf sein Sparkonto bei der ➔Bank ein. Braucht er Geld, hebt er es von dort ab. Für das Geld auf seinem Konto bekommt Ibo Zinsen. Er bekommt also etwas mehr zurück, als er eingezahlt hat. Seine Eltern haben für ihre ständigen Einnahmen und Ausgaben ein Girokonto. Auf den Kontoauszügen sehen sie, was ein- und ausgezahlt wurde.

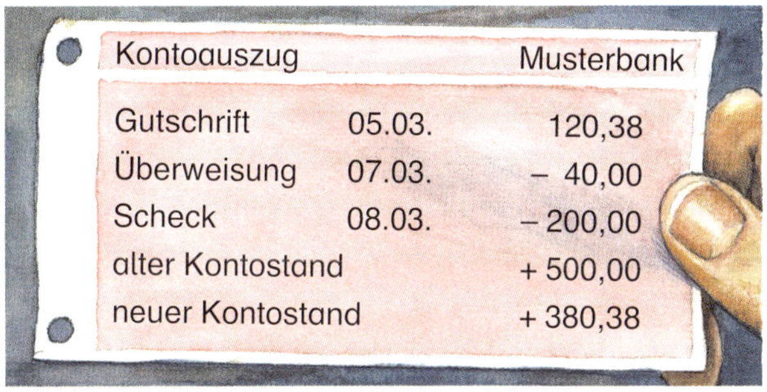

Kontoauszug		Musterbank
Gutschrift	05.03.	120,38
Überweisung	07.03.	– 40,00
Scheck	08.03.	– 200,00
alter Kontostand		+ 500,00
neuer Kontostand		+ 380,38

konzentrieren

Daniel macht Hausaufgaben. Aber andauernd kommt Jakob ins Zimmer und fragt ihn etwas. Schließlich stöhnt Daniel: „Ich kann mich nicht konzentrieren!“ Das bedeutet, dass er seine Gedanken und seine Aufmerksamkeit nicht so auf die Aufgaben richten kann, wie es nötig wäre. – Kürzlich hat Daniel im Radio gehört: „Die Truppen wurden in einer Gegend konzentriert.“ Das heißt, sie wurden dort zusammengezogen.

Konzert

„Das Konzert war sehr schön!“, sagt Ankes Mutter. Bei dieser Veranstaltung hat eine Sängerin Lieder gesungen. Die Musiker eines kleinen ➔Orchesters begleiteten sie auf ihren Instrumenten. Anke hat in der Schule bei einem Flötenkonzert mitgespielt. Die Kinder haben viel Beifall bekommen. Auch Popbands, Jazzbands und Rockgruppen geben Konzerte. Dafür müssen die Zuhörer meistens Eintritt bezahlen.

Koralle

„Ich bin im Urlaub in einem Korallenriff getaucht“, erzählt Lenas Onkel. „Die Korallen sehen aus wie ➔Pflanzen, aber sie sind ➔Tiere. Sie haben völlig unterschiedliche Farben und Formen. Das sieht toll aus.“ Korallen wachsen im warmen, nicht zu tiefen Wasser. Manchmal leben sie einzeln, meistens aber mit vielen in einem Korallenstock. Die Korallen wachsen und verästeln sich ständig. So entstehen langsam Korallenriffe, in denen bunte ➔Fische und andere Tiere leben.

Kork

Ankes Mutter und Felix wollen Wein trinken. Sie öffnen die Flasche mit dem Korkenzieher. Anke nimmt den Korken (Zapfen). Leicht und elastisch ist das bräunliche Material. Kork stellt man aus der Rinde der Korkeiche her. Dieser Baum wächst in Portugal, Spanien, Italien und Afrika. Alle acht bis zwölf Jahre wird die Rinde abgeschält. Aus Kork macht man auch Schuhsohlen, Linoleum und Dämmmaterial.

Körper

Jakob sieht sich Leute an. Jeder von ihnen hat einen etwas anderen Körperbau. Einer ist groß, einer klein, einer dick, einer dünn. Körper nennt man bei Menschen und Tieren den Leib mit Kopf, Hals, Rumpf, Armen und Beinen. Das Knochenskelett stützt den Körper. Beim Menschen beträgt die Körpertemperatur knapp 37 Grad. Das Blut sorgt dafür, dass Sauerstoff und Nährstoffe im Körper verteilt werden. Bewegung und abwechslungsreiche Nahrung sind wichtig, damit der Körper gesund bleibt. Manche Menschen sind behindert. Ihr Körper kann durch einen Unfall oder eine Krankheit nicht das Gleiche leisten wie ein gesunder Körper.

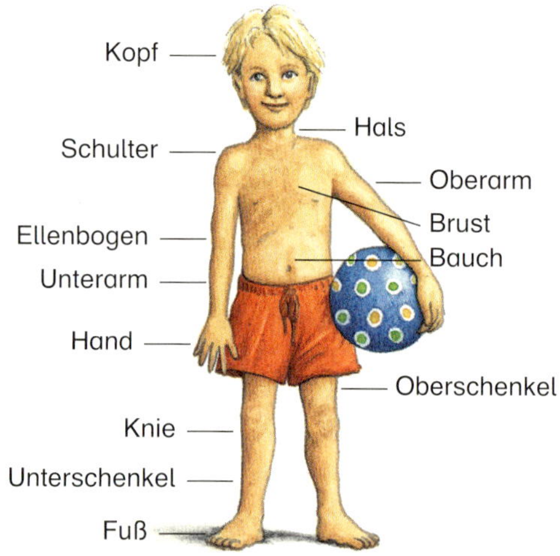

Kran

Anke und Daniel sehen an der Baustelle einem Kran zu. Der Turmdrehkran mit seinem langen Ausleger hebt schwere Steinladungen und andere Lasten. Hoch oben sitzt der Kranführer in seiner Kabine. Auf Schienen fährt er den Kran hin und her. Schiffe und Güterzüge werden von Kränen be- und entladen. Es gibt Kräne, die über tausend Tonnen heben können. Das ist so viel, wie tausend Kleinwagen zusammen wiegen. Damit der Kran nicht umfällt, beschwert man ihn mit einem Gegengewicht.

krank

Ibo ist krank. Er hat Schnupfen, Halsschmerzen und Fieber. Die Ärztin Frau Dr. Lampe untersucht ihn. Die Anzeichen der Krankheit, die Symptome, zeigen ihr, dass Ibo eine Erkältung hat. Dieses Feststellen der Krankheit nennt man Diagnose. Zur Behandlung, der Therapie, bekommt Ibo Tabletten und muss im Bett bleiben. – Krank sein bedeutet, dass ein Teil des Körpers nicht so funktioniert wie sonst. Krank wird zum Beispiel, wer sich mit Bakterien oder Viren ansteckt. Manche Menschen leiden an einer Erbkrankheit. Durch falsche oder fehlende Behandlung werden Krankheiten chronisch. Man hat sie also lange. Leichte Erkrankungen heilt der Körper oft selbst. Bei schweren Krankheiten hilft der Arzt in seiner Praxis oder man muss ins Krankenhaus. Erkrankt die Seele eines Menschen, hat er eine psychische Krankheit. Das kann zum Beispiel eine Depression sein. Daran leidende Menschen fühlen sich oft sehr traurig und hoffnungslos.

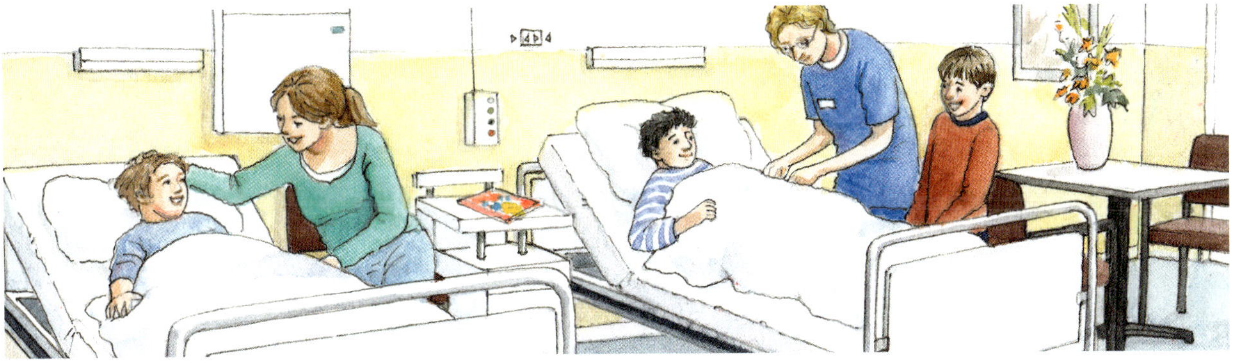

Krankenhaus
Tim besucht einen Freund im Krankenhaus (  Spital). Dem wurde der Blinddarm herausgenommen. In den verschiedenen Abteilungen (Stationen) des Gebäudes arbeiten Ärzte mit vielen medizinischen Geräten. Die brauchen sie, um Krankheiten zu erkennen und zu heilen. Es gibt Operationssäle, Röntgen- und Behandlungszimmer. Auf der Isolierstation liegen Kranke mit ansteckenden Krankheiten. Auf die Intensivstation kommt man zum Beispiel nach einer schweren ➲Operation. Dort kümmert man sich besonders sorgfältig um die Kranken. ➲Krankenschwestern und Krankenpfleger versorgen die Patienten zum Beispiel mit Medikamenten und helfen ihnen. Tims Freund liegt mit zwei anderen Kindern auf der Kinderstation. „Wenn kein Besuch kommt, spielen wir oder ich lese“, erzählt er. Tims Mutter lag auf der Entbindungsstation dieses Krankenhauses, als Tim geboren wurde. In allgemeinen Krankenhäusern wie diesem werden unterschiedliche Krankheiten behandelt. Es gibt auch Spezialkrankenhäuser, zum Beispiel für Augenkrankheiten oder Suchtkrankheiten. Seelisch kranke Patienten werden in psychiatrischen Kliniken behandelt.

Krankenschwester
Ankes Tante ist Krankenschwester. Anke fragt: „Sind die Männer in deinem Beruf Krankenbrüder?“ Die Tante lacht und antwortet: „Nein, die nennt man Krankenpfleger.“ Diesen ➲Beruf erlernt man in einer Ausbildung. Im ➲Krankenhaus betreuen die Krankenschwestern Patienten nach den Anweisungen der ➲Ärzte. Zur Betreuung gehört zum Beispiel, dass sie Verbände anlegen, medizinische Apparate überwachen und Medikamente austeilen. Sie waschen die Patienten. Und sie bringen Getränke und Essen.

Kräuter
Oma Bode und Jakob gehen zum Kräuterbeet im Garten. Kräuter sind grüne ➲Pflanzen mit Wurzeln, Blättern und einem Stamm. Dieser Stamm ist nicht hart und holzig wie bei ➲Bäumen und ➲Sträuchern. Er ist weich oder biegsam. Einjährige Kräuter sterben im Herbst ab. Mehrjährige schlagen im Frühling wieder aus, sie sind winterhart. Als Gewürzkräuter benutzt Oma Basilikum, Dill, Majoran, ➲Petersilie, Rosmarin, ➲Schnittlauch und Thymian. Auch als Heilpflanzen braucht man Kräuter wie Wermut, Salbei, Pfefferminze oder Beifuß.

Krebs

Am Strand findet Ibo einen Krebs. Ibo fallen die fünf Beinpaare und der breite Schwanz auf. „Vorsicht, Krebse können mit ihren ➲Scheren zwicken!“, warnt Ibos Schwester. Die Scheren sind die vorderen Beinpaare. Am Kopf tragen viele Krebse Fühler, die man Antennen nennt. Der Körper dieser Krustentiere ist durch einen Panzer geschützt. Krebse leben im Salz- oder Süßwasser. Einige Arten sind winzig, andere bis zu 60 Zentimeter groß. Auch die Hummer, Langusten und Krabben gehören zu den Krebsen. – Krebs ist außerdem der Name einer gefährlichen Krankheit.

Kredit

Die Bodes überlegen, ob sie ein Haus kaufen sollen. „Das kostet aber mehr ➲Geld, als wir haben“, sagt Frau Bode. „Wir müssten bei der ➲Bank einen Kredit aufnehmen.“ So ein Kredit oder Darlehen ist ein Geldbetrag, den man sich von der Bank leiht. Nach und nach muss man das Geld zurückzahlen. Für den Kredit verlangt die Bank zusätzliches Geld, die Zinsen. Man zahlt also mehr zurück, als man geliehen hat.

Kreditkarte

Tim und seine Mutter kaufen Schuhe. An der Kasse sagt Tims Mutter: „Ich bezahle mit Kreditkarte.“ Sie nimmt eine Plastikkarte aus der Tasche. Mit der bezahlt sie nun ohne Bargeld. Auf der Karte stehen ihr Name und die Kontonummer. Das ➲Geld für die Schuhe bekommt das Geschäft von der Kreditkartenfirma. Die holt es sich vom ➲Konto von Hofers zurück. Einmal im Monat erhält Tims Mutter eine Aufstellung. Auf der steht, was sie wann wo gekauft hat und wie viel sie dafür bezahlen musste. Mit Kreditkarten kann man sich aus dem Geldautomaten einer ➲Bank auch Bargeld holen.

Kreis

„Setzt euch bitte in einen Kreis“, sagt die Lehrerin zu den Kindern der 3a. Kreisrund sieht dieser Kreis dann aber nicht aus. Mit dem Zirkel zeichnet Lena einen Kreis. Bei diesem Kreis haben alle Punkte auf der Kreislinie den gleichen Abstand vom Mittelpunkt. Diesen Abstand nennt man Radius. Der Durchmesser eines Kreises ist die gerade Linie von einer Seite zur anderen direkt durch den Mittelpunkt.

Kreuzotter

„Sind Kreuzottern giftig?“, fragt Jakob ängstlich. Seine Mutter antwortet: „Ja, sie beißen aber nur, wenn man sie reizt oder angreift.“ Wer gebissen wird, muss schnell zum Arzt. Meistens versteckt sich die bis zu einem Meter lange ➲Schlange unter Steinen und im Gestrüpp. Sie frisst zum Beispiel Mäuse und Frösche. Bei Kälte liegt sie starr in ihrem Versteck. Wenn es warm wird, bewegt sie sich wieder.

Krieg

In den Nachrichten hört Ibo, dass zwei ➲Staaten ➲Streit haben. Aus so einem Streit wird manchmal Feindschaft. Können die Politiker die Konflikte dann nicht friedlich lösen, versuchen sie es mit Gewalt: Es gibt Krieg. ➲Soldaten kämpfen mit ➲Waffen gegeneinander. Durch die Erfindung immer furchtbarerer Waffen werden die Kriege immer schrecklicher. Viele Menschen sterben, Orte werden vernichtet, Überlebende fliehen. Der Zweite Weltkrieg dauerte von 1939 bis 1945. Damals kämpften viele Staaten gegen Deutschland, Italien und Japan. Seitdem gab und gibt es noch etliche Kriege zwischen einzelnen Ländern. Kämpfen verfeindete Gruppen eines Landes gegeneinander, ist das ein Bürgerkrieg. Auch für Kriege gibt es Regeln. Wer die verletzt, begeht Kriegsverbrechen.

Krimi

Tim sieht einen Krimi. Darin geht es um ein ➲Verbrechen. Tim findet es aufregend, was der Kommissar alles erlebt. Auch im Bücherregal stehen Krimis. Diese spannenden ➲Bücher handeln wie die Filme von Verbrechen und ihrer Aufklärung. Einer der bekanntesten Krimi-Detektive ist Sherlock Holmes. Agatha Christie (1890–1976) ist eine berühmte Autorin von Kriminalromanen.

Kristall

Anke sagt: „Vorgestern war der Honig noch flüssig. Jetzt ist er kristallisiert.“ Aus flüssigen oder gasförmigen Stoffen können Kristalle entstehen. Das sind feste Körper, begrenzt durch unzählige ebene Flächen. Die Zuckerkristalle des Honigs entstanden in wenigen Tagen. Der Bergkristall aus Quarz braucht Millionen Jahre für seine Entstehung. Schneekristalle bilden sich aus Wasserdampf in der Luft, wenn es friert.

Kritik

Die 3a spielt ein Theaterstück und wird dafür gelobt. Über diese Kritik freuen sich die Kinder. Die Aufführung hat so gut geklappt, weil die Kinder und die Lehrerin beim Proben des Stückes sehr kritisch waren. Sie prüften und beurteilten ihre Leistungen also genau. – Daniels Mutter sagt: „Deine Schrift sieht schlimm aus.“ Diese Kritik passt Daniel gar nicht. – Berufskritiker beurteilen zum Beispiel ➲Bücher und ➲Filme.

Krokodil

Im Zoo sieht Anke ein Krokodil. Wild leben die bis zu zehn Meter langen Panzerechsen zum Beispiel in den Flüssen und Seen ➲Afrikas. Zu den über 20 Arten gehören die Alligatoren und Kaimane. Ihr Ruderschwanz hilft ihnen beim Schwimmen und Tauchen. Meist liegen diese Reptilien aber wie Baumstämme im Wasser und lauern. Nähert sich ein Beutetier, packen sie es mit ihren spitzen Zähnen. Sie fallen auch Menschen an. Man züchtet sie, um aus ihrer Haut Leder zu machen.

Krokus

Oma Bode und Lena gehen durch den Garten. Es ist März. In den letzten Tagen schien die Sonne. Oma zeigt auf einige bunte ➲Blumen. „Guck mal da", sagt sie, „die Krokusse blühen schon!" Sie gehören zu den ersten Frühlingsblumen. Weiß, gelb und violett blühen sie. Ihre Blätter sehen ähnlich wie Gras aus. Die Pflanze entwickelt sich aus Blumenzwiebeln, die Oma Bode im Herbst in die Erde steckt.

Kröte

„Eine Kröte!", ruft Jakob. Er zeigt auf ein plumpes Tier mit warziger Haut. Kröten sehen ➲Fröschen ähnlich und gehören auch zu den Lurchen. Es gibt über 300 Arten. Die kleinste ist zwei Zentimeter groß, die größte 23 Zentimeter. Fast alle Arten schlüpfen im Wasser als Kaulquappen aus Eiern. Sie haben einen Ruderschwanz und noch keine Beine. Aus den Kaulquappen entwickeln sich Kröten. Meistens sind sie in der Dunkelheit aktiv. Sie leben an feuchten Stellen an Land und fressen Nacktschnecken und Insekten. Wenn man sie reizt, scheiden viele Arten eine schwach giftige Flüssigkeit aus.

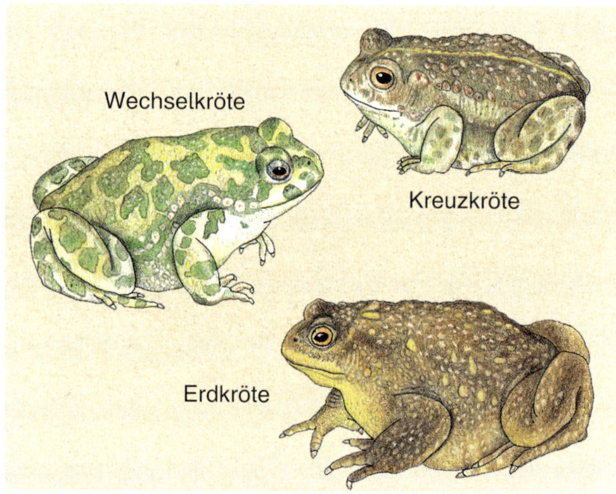

Küche

Lena und Daniel kommen in die Küche. Auf dem Herd stehen Töpfe und eine Pfanne. Die beiden heben die Deckel und sehen nach, was die Eltern und Jakob Leckeres ➲kochen. „Ihr könnt schon mal den Tisch decken", sagt Papa. Bei Bodes in der Küche wird das Essen nicht nur zubereitet, sondern auch gegessen. Außer dem Herd, der Mikrowelle, der Kaffeemaschine und der Küchenmaschine stehen in der Küche ein Kühlschrank, ein Geschirrspüler und eine Spüle. Vorbereitet wird das Essen auf den Arbeitsflächen. Die sind so hoch, dass man sich nicht ständig bücken muss. Eine Dunstabzugshaube sorgt dafür, dass die Essensgerüche verschwinden. In den Schränken sind zum Beispiel Teller, Tassen, Pfannen, Töpfe, Besteck, Haushaltsgeräte, ➲Gewürze, Vorräte und die verschiedenen Mülleimer untergebracht.

Kuchen

Anke sagt zu Daniel: „Komm, wir backen einen Kuchen (🇦🇹 Mehlspeise).“ Sie rühren ➔Butter und ➔Zucker schaumig und geben zwei ➔Eier dazu. „Jetzt noch ➔Mehl und das Backpulver!“, sagt Anke. Daniel schneidet Schokolade klein und rührt sie in den Teig. Der fertige Teig kommt in eine Backform. Im Backofen wird er nun gebacken. – Auch in ➔Bäckereien und Konditoreien werden Kuchen gebacken.

Kuckuck

Im Wald hört Tim einen Kuckuck rufen. Der scheue ➔Vogel hat einen schmalen Schnabel und einen langen Schwanz. Er frisst Raupen und Insekten. Das Weibchen legt zehn Eier und verteilt sie in die ➔Nester anderer Vögel. Die merken das nicht und brüten auf allen Eiern. Ist der junge Kuckuck ausgeschlüpft, braucht er Platz und wirft die anderen Jungen aus dem Nest. Die fremden Eltern ziehen ihn auf.

Kugelschreiber

„Hast du meinen Kuli?“, fragt Ibo seine Schwester. Die benutzt seinen Kugelschreiber gerne, denn der lässt sich gut in der Hand halten und schreibt sehr leicht. Der Kugelschreiber heißt so, weil seine Schreibspitze eine kleine Kugel ist. Die dreht sich beim Schreiben. Dabei nimmt sie etwas Farbpaste von der Mine im Inneren auf. Da sich die Kugel weiterdreht, wird die Farbe dann auf das Papier übertragen.

Kuh

Anke und ihre Mutter sehen zu, wie die Kühe in den Stall getrieben werden. Die Euter der Pflanzen fressenden Wiederkäuer sind voll ➔Milch. „Gleich werden sie mit Melkmaschinen gemolken“, sagt Ankes Mutter. Früher wurde mit der Hand gemolken. Kuh heißt das weibliche Rind, wenn es das erste Junge (Kalb) geboren hat. Auch die Muttertiere der ➔Elefanten, ➔Hirsche, ➔Nashörner und ➔Nilpferde nennt man Kühe.

Kühlschrank

Tim nimmt eine Flasche Milch aus dem Kühlschrank. In diesem elektrischen Gerät bleibt alles kühl und dadurch länger frisch. Für die niedrigen ➔Temperaturen sorgt eine eingebaute Kältemaschine. Die wird durch einen Elektromotor angetrieben. Außerdem ist der Schrank so dicht, dass die Kälte nicht herauskann und die Wärme nicht hineinkommt. Im Eisfach des Kühlschrankes werden noch tiefere Temperaturen als im Kühlschrank erzeugt. Darin werden Eis und Tiefkühlprodukte aufbewahrt.

Kultur

„Die Inkas hatten eine sehr interessante Kultur“, sagt Frau Bode. Unter Kultur versteht man all das, was nicht durch die ➔Natur entstanden ist. Frau Bode meint mit Kultur also das, was die Menschen damals geschaffen haben. Dazu gehören ➔Sprache, Wirtschaft, ➔Kunst, Bauwerke, ➔Philosophie, ➔Religion, Gebräuche und Lebensformen. Jedes Volk und jede Zeit haben eine eigene Kultur. Je mehr man über die Kultur anderer weiß, desto besser versteht man diese Menschen. Herr Bode sagt: „Frau Mevis ist kultiviert.“ Damit meint er zum Beispiel ihre Intelligenz, ihre Bildung und ihr gepflegtes Äußeres.

Kunst

Anke und ihre Mutter besuchen eine Bilderausstellung. Vor einem Bild bleibt Frau Dietel stehen und sagt: „So etwas möchte ich auch können. Aber dazu bräuchte ich Begabung und eine Ausbildung.“ Außer ➔Malern sind zum Beispiel ➔Bildhauer, ➔Komponisten, ➔Schriftsteller und Musiker Künstler. Durch ihre Arbeit können Kunstwerke entstehen. Auch Schauspieler, Tänzer, Pantomimen und Fotografen sind Künstler. Unter Kunst versteht man das schöpferische und gestalterische Tun eines Menschen. Das heißt, der Künstler entwickelt eine Idee. Die formt er zum Beispiel mit Materialien oder Tönen, mit Farben und Formen, durch Bewegungen oder mit Sprache zu einem Kunstwerk. Zu den ersten Kunstwerken gehören die Höhlenmalereien aus der ➔Steinzeit.

Kürbis

„Der ist ja riesig!“, bestaunt Jakob einen Kürbis bei seiner Oma. Die Frucht ist aus einem kleinen Kern gewachsen. Von Fruchtfleisch umgeben liegen die Kerne im Inneren der ➔Frucht. Der Kürbis ist mit der ➔Gurke verwandt. Er kann grün, weiß oder gelb sein. Man isst ihn als ➔Gemüse. Auch die Zucchini ist ein Kürbis.

Küste

Familie Aksoy fährt im Auto die Küstenstraße entlang. Ganz allmählich geht das Land an dieser flachen Küste ins ➔Meer über. An anderen Stellen fällt die Küste steil und felsig ab. Draußen im Meer ragen Klippen aus dem Wasser. Durch Brandung, ➔Wind und Strömung verändert sich die Küste ständig. Aksoys fahren an einem ➔Deich vorbei. Diese Wälle baut man, um das Land vor ➔Hochwasser zu schützen. Ibo und seine Eltern freuen sich auf eine Wanderung im ➔Watt. Bei ➔Ebbe werden sie über diesen Meeresboden aus Sand und Schlick gehen, den die Flut dann später wieder überspült.

Kutsche

Anke, Daniel und zwei andere Kinder sitzen auf dem Kutschwagen. Er wird von zwei ➔Pferden gezogen. Solche Kutschen nennt man Zweispänner. Es gibt zum Beispiel auch Vier- und Achtspänner. Mit den Zügeln lenkt der Kutscher die Tiere vom Kutschbock aus. Bevor es ➔Autos, ➔Busse und Züge gab, reiste man in Kutschen. Solche Reisen dauerten sehr lange und waren ziemlich anstrengend.

L

Früher war es ein Strich mit einem halbkreisförmigen Bogen, der entweder oben saß oder unten, rechts oder links. Erst seit 2100 Jahren hat das L seine endgültige Form. Interessante Wörter fangen damit an, zum Beispiel: Leseratte, Lachtaube und Laptop. Und wie viele Wörter, die mit L beginnen, entdeckst du im Bild?

Labor

Die Ärztin sagt zu Tim: „Ich nehme dir Blut ab. Das wird dann im Labor untersucht.“ Durch solche Untersuchungen in medizinischen Labors stellt man Krankheiten fest. Labor ist die Abkürzung für Laboratorium. Laboratorien sind Arbeitsräume für Naturwissenschaftler, Techniker und Mediziner. Dort wird von Laboranten experimentiert, geforscht und untersucht. Dafür brauchen sie viele Geräte, Reagenzgläser und Filter.

Labyrinth

Jakob und sein Vater suchen in einem großen Gebäude ein bestimmtes Zimmer. Aber überall gehen Türen von den langen Fluren ab, die alle gleich aussehen. Die beiden finden sich nicht zurecht. „Das ist hier wie in einem Labyrinth“, seufzt Herr Bode. Labyrinth nennt man ein Gebäude oder einen Irrgarten mit verwirrend vielen, unübersichtlichen Gängen, in denen man sich leicht verlaufen kann. Im Labyrinth findet man nur schwer den Ausgang. Labyrinthe gab es schon in den Sagen der alten ➲ Griechen.

lachen

Als Ankes Vater ihr einen Witz erzählt, lacht Anke. Man hört das durch die Laute, die sie ausstößt. Auch in ihrem Gesicht sieht man es. Anke strahlt und freut sich. Wenn sie etwas Komisches sieht oder hört und wenn sie gekitzelt wird, muss sie einfach lachen. Noch viel öfter lächelt sie. Zum Beispiel, wenn sie jemanden begrüßt. Übrigens: Auch die Menschenaffen lachen, wenn sie gekitzelt werden.

Lachs

Heute gibt es bei Bodes Lachs (Salm). Dieser ➔ Fisch wird bis zu 1,50 Meter lang. Früher lebten bei uns viele Lachse. Aber durch die Verschmutzung der Gewässer sind sie hier selten geworden. Heute lebt der Lachs vor allem in nordischen ➔ Meeren. Geboren wird er im Quellgebiet eines Flusses. Ein Jahr später schwimmt er ins Meer. Nach zwei bis drei Jahren kehrt er an seinen Geburtsort zurück. Dabei überwindet er Stromschnellen und Wasserfälle. Forscher sagen, dass die Lachse den Weg in ihren Heimatfluss riechen. Nur dort legen sie ihre Eier ab. Nach diesen Anstrengungen sterben viele.

Lager

Im Fernsehen sieht Tim Flüchtlinge, die in einem Lager untergebracht wurden. Das Lager besteht aus Baracken, in denen die Flüchtlinge für einige Zeit als Notbehelf leben. Tim war einmal in einem Ferienlager an der See. Dieses Lager war wie eine kleine Stadt aus Zelten, in der die Kinder und die Betreuer die Ferien verbracht haben. Nachts schlief Tim auf einem Lager. Es bestand aus einer Matratze und einem Schlafsack. Auch so einen Schlafplatz nennt man also Lager. Im Lager, wo Tim auf einem Lager lag, gab es noch ein drittes Lager: den Raum für Vorräte. Viele Firmen haben ein großes Lager, in dem man Dinge aufbewahrt, die nicht sofort benutzt werden.

Laie

Bei Aksoys tropft ein Wasserhahn. Ibo und sein Vater wollen ihn reparieren. Herr Aksoy sagt: „Hoffentlich schaffen wir Laien das.“ Er meint damit, dass sie keine Fachleute sind. Der Fachmann wäre in dem Fall der ➔ Installateur. Er hat gelernt, solche Dinge zu reparieren. Ibo und sein Vater brauchen einige Zeit, aber dann tropft der Wasserhahn nicht mehr. Frau Aksoy und Rengin waren einmal Laienschauspielerinnen. Sie spielten in einem Theaterstück mit, obwohl sie nicht als Schauspielerinnen ausgebildet sind. Für diese Laienaufführung bekamen sie viel Beifall.

Lakritze
Im Supermarkt kaufen Anke und Daniel Lakritzschnecken. Das sind aufgerollte Bänder aus schwarzer Lakritze. Es gibt auch Figuren, Bonbons und Stangen aus Lakritze. Die beiden mögen den Geschmack. Zur Herstellung von Lakritze mischt man den eingedickten Saft der ➔ Wurzel des Süßholzstrauches, der in Südeuropa und Asien wächst, unter anderem mit ➔ Zucker, ➔ Mehl und Stärkesirup.

Lama
Im Zoo sehen die Hofers Lamas. „Geh nicht zu nah heran!", warnt Tims Mutter. „Wenn sie sich aufregen, spucken sie!" Das weiche Fell dieser Lamas ist gelbbraun. Es gibt auch weiße, fast schwarze und gescheckte. Lamas sind so groß wie ➔ Hirsche und gehören zur Familie der ➔ Kamele. Sie leben in den Bergen Südamerikas. Als Haustiere schleppen sie Lasten, liefern ➔ Milch, ➔ Wolle und ➔ Fleisch und dienen als Reittiere.

Land
Jakob und seine Eltern machen einen Schiffsausflug. Nachdem das Schiff angelegt hat, gehen sie an Land. Jetzt haben sie wieder festen Boden unter den Füßen. Manchmal fahren sie auch mit dem Auto zu Freunden aufs Land. Die wohnen zwischen Feldern und Wiesen in einem Dorf. Auch so eine Gegend wird als Land bezeichnet. Im Gegensatz dazu wohnt Jakob in der ➔ Stadt. Die liegt wie das Dorf, das sie besuchen, im Bundesland Baden-Württemberg. Und das gehört zu dem Land, in dem wir leben: ➔ Deutschland.

Langeweile
Daniel hat Langeweile. Es passiert nichts und er empfindet alles als eintönig und öde. Es fällt ihm auch überhaupt nichts ein, was er unternehmen könnte. Seine Mutter schlägt vor: „Geh raus, lies was oder ruf jemanden an." Daniel spielt kurz an seinem ➔ Computer. Aber auch dazu hat er eigentlich keine Lust. Dann geht Daniel zu Anke. Die beiden fahren mit ihren Inlineskates los und die Langeweile ist wie weggeblasen. Später sehen sie sich einen langweiligen ➔ Film an. Der ist völlig ohne jede Spannung.

Lärm
„Der Lärm macht mich krank!", jammert Ankes Mutter. Seit Tagen dröhnen Presslufthämmer auf der Straße. Wenn man längere Zeit laute Geräusche hört, kann man wirklich krank werden. Die Lautstärke wird in Phon oder Dezibel gemessen. Besonders in den ➔ Städten belästigt der Verkehrslärm die Menschen. Mit Lärmschutzwällen schützt man sich an einigen Stellen davor. An lauten ➔ Maschinen der ➔ Fabriken arbeiten die Menschen mit Ohrenschutz. Eine Freundin von Anke wohnt am ➔ Flughafen. „Ich kann nie richtig schlafen", schimpft sie.

Laser

Ibos Mutter musste vor Kurzem an einem Auge operiert werden. Bei dieser ➔ Operation benutzte der Arzt kein Skalpell (kleines Chirurgenmesser). Er operierte mit Laserstrahlen. Der Laser ist ein elektrisches Gerät. Mit ihm kann man sehr scharf gebündeltes und verstärktes Licht erzeugen. Solche Laserstrahlen enthalten viel Energie. Man setzt sie immer dann ein, wenn es um ganz besondere Genauigkeit geht, wie zum Beispiel bei Operationen. Außerdem kann man mit Laserstrahlen auch die härtesten ➔ Metalle zerschneiden und schweißen. Übrigens: Ibos ➔ CDs werden mit einem Laserstrahl abgespielt.

Lastkraftwagen

„So ein großer Laster!“, ruft Jakob. Zum Fahren solcher Lastkraftwagen (Lkws) braucht man einen besonderen Führerschein. Bei langen Fahrten lösen sich zwei Fahrer ab. Einer sitzt am Steuer und der andere ruht sich in der Schlafkabine aus. ➔ Busse sind Lkws (Camion) für den Transport von Menschen. Kürzlich hat Jakob einen noch viel längeren Lastkraftwagen gesehen. Das war ein Riesentruck.

Laterne

Es ist Martinstag. Draußen tragen Jakob und einige andere Kinder Stöcke, an denen bunt bemalte Laternen aus Papier hängen. In diesen Lampions brennen Kerzen oder kleine Glühbirnen. Die hohen Laternen am Straßenrand beleuchten bei Dunkelheit den Bürgersteig und die Straße. „Früher machte jemand sie einzeln an und aus“, erzählt Jakobs Vater. „Heute wird das vom Elektrizitätswerk gemacht.“

Laune

Anke lacht und freut sich. „Du hast gute Laune“, sagt ihre Mutter. Die ist gerade schlecht gelaunt nach Hause gekommen. Ein Kollege hat ihr die Stimmung verdorben. „Der ist so launisch“, erzählt sie. „Eben unterhalten wir uns noch ganz freundlich. Im nächsten Moment ist er sauer. Damit verdirbt er mir die beste Laune.“ Dann ruft Frau Dietels Freund Felix an. Sie verabreden sich. Schon ist ihre Laune wieder viel besser.

Laus

Im Garten behandelt Oma Bode die ➔ Pflanzen gegen Blatt- und Schildläuse. Die kleinen ➔ Insekten saugen den Saft der Pflanzen und gelten als ➔ Schädlinge. Es gibt viele Arten. Einige Läuse saugen das ➔ Blut von Menschen und Tieren. In Daniels Klasse hatte ein Junge Kopfläuse. Ihr Stich juckt. Aber es gibt Mittel gegen diese Schmarotzer.

Geburt einer Blattlaus

Lawine
Im Winterurlaub waren Ibo und seine Eltern zum ➔Skifahren in den ➔Bergen. Im Nachbartal gab es ein Lawinenunglück. Durch Erschütterung lösten sich an einem Steilhang große Massen Neuschnee vom harten Altschnee, der darunterlag. Sie rutschten und stürzten ins Tal. Dabei rissen sie immer mehr ➔Schnee mit. Größer und größer wurde die Lawine. Lawinen können Bäume umknicken und Häuser zerstören. Skifahrer werden unter den Schneemassen begraben. Sie werden dann mit Lawinensuchhunden und Sonden gesucht. Außer Schneelawinen gibt es Eis-, Stein- und Staublawinen.

Lebensmittel
Im Supermarkt kauft Tims Mutter, was die Familie zum Essen und Trinken braucht. Pflanzliche und tierische Lebensmittel gibt es, zubereitete und rohe. Bei den Lebensmitteln unterscheidet man außerdem Nahrungs- und Genussmittel. Wichtige Grundnahrungsmittel sind Brot, Kartoffeln, Reis, Nudeln, Milch, Fleisch und Fisch. Die braucht man für die Ernährung. Genussmittel sind zum Beispiel ➔Kaffee, ➔Schokolade und ➔Gewürze. Die genießt man wegen ihres Geschmacks. Besonders gesund sind Obst und Gemüse. Am Gemüse- und Obststand liest Tim „Bio". Was hier verkauft wird, kommt alles aus biologischem Anbau. Es wächst auf Böden ohne chemischen Dünger und wird nicht mit Pestiziden (giftigen Stoffen) gegen Schädlinge gespritzt. Zur Verbesserung des Bodens benutzt man nur natürlichen ➔Dünger wie Kompost und Stallmist. Am Stand daneben gibt es „Biofleisch" und „Biowurst". Das ist Fleisch und Wurst von Tieren aus artgerechter Haltung. Ihr Futter stammt von Böden ohne chemischen Dünger. Viele Lebensmittel kann man als Bioprodukte kaufen. Natürlich sind sie teurer als die anderen. Sie gelten aber auch als gesünder.

Leber
„Wo ist eigentlich die Leber?", fragt Jakob. Seine Mutter zeigt ihm, dass sie rechts unter den Rippen sitzt. Sie wiegt etwa eineinhalb Kilo. Dieses lebenswichtige Organ ist die größte Drüse des Körpers. In einer Stunde läuft das ➔ Blut einmal durch die Leber. Dabei filtert sie Giftstoffe wie ➔ Alkohol heraus. Außerdem produziert sie Galle, die man zur Verdauung von ➔ Fett braucht. Sie speichert ➔ Zucker und sorgt dafür, dass das Blut gerinnt. Übrigens: Wer lange zu viel Alkohol trinkt, schadet der Leber.

Leder
Tim und sein Vater kaufen eine Lederjacke. „Die ist aus Tierhaut", sagt Tims Papa. „Solche Häute braucht man, um Leder herzustellen." In der Gerberei säubert man die Häute von Fleisch und Haaren. Dort werden sie auch geschmeidig und haltbar gemacht, gefärbt, eingefettet und gewalzt. Man verwendet zum Beispiel die Häute von Rindern und Ziegen. Für manche Lederwaren nimmt man auch Schlangen- und Krokodilhaut. Reh- und Hirschhaut braucht man für Wildleder.

Legasthenie

Jan, ein Freund von Ibo, ist Legastheniker. Diese Lese- und Rechtschreibschwäche wurde noch bei zwei anderen Kindern in Ibos Klasse festgestellt. Legastheniker sind nicht ➔ krank und nicht dumm oder ➔ faul. Auch sehr intelligente Kinder können Legastheniker sein. Sie machen nur beim Schreiben und Lesen ständig bestimmte Fehler. Typisch sind Buchstabenverwechselungen wie b und d, q und p. Oft vertauschen sie auch Doppellaute wie ie oder ei. Für Legastheniker gibt es besondere Kurse.

Lehm

Als Oma Bode im Garten gräbt, sagt sie: „Hier ist der Boden sehr lehmig.“ Bräunlich gelb sieht der Boden aus. Das Graben strengt Oma Bode an, denn der Lehmboden ist schwer. Er besteht aus ➔ Ton und Sand und lässt kaum Wasser durch. Früher wohnte man in Lehmhäusern. Solche Häuser werden in warmen Ländern auch heute noch gebaut. Außerdem macht man aus Lehm Ziegel. Sie werden im Ofen gebrannt.

Lehrer

In den meisten Fächern hat Anke bei ihrer Klassenlehrerin Unterricht. Frau Schlüter erzieht die Kinder zum Beispiel auch dazu, dass sie sich melden, zuhören, pünktlich sind, dass jeder den anderen achtet und dass sie sich nicht prügeln. Den Lehrerberuf hat sie gelernt. Nach dem ➔ Abitur studieren zukünftige Lehrer an einer ➔ Universität. Dort lernen sie zum Beispiel, wie und was sie unterrichten. Nach einer ➔ Prüfung können sie Lehrer werden. Auch Herr Bode ist Lehrer. Er unterrichtet an einem Gymnasium.

Leichtathletik

Lena trainiert Leichtathletik im Sportverein. Sie ist eine gute Läuferin. Man läuft Kurz-, Mittel- und Langstrecken. Es werden Hindernis-, Hürden- und Staffelläufe ausgetragen. Außerdem gibt es den Weitsprung, Hochsprung, Stabhochsprung, Dreisprung, das Speerwerfen, Diskuswerfen, Hammerwerfen und Kugelstoßen. Beim Zehnkampf der Männer muss man zehn Disziplinen beherrschen, beim Siebenkampf der Frauen sieben. Bei den ➔ Olympischen Spielen treten die besten Sportler gegeneinander an.

leihen

Daniel fragt seinen Tischnachbarn: „Leihst du mir bitte dein Lineal? Ich habe meines vergessen.“ Der Junge gibt es ihm, bis er es selbst wieder braucht. ➔ Bücher leiht sich Daniel immer in der Stadtbibliothek. Er darf sie vier Wochen behalten. Daniels Eltern wollen ein neues Auto kaufen. Sie haben aber nicht genug ➔ Geld und leihen es sich von der ➔ Bank. Die gibt ihnen einen ➔ Kredit, den sie mit Zinsen zurückzahlen. – Statt leihen sagt man auch ‚borgen‘ oder ‚pumpen‘.

Leopard

In einem Buch sieht Anke Leoparden. Das Fell der Großkatzen ist gelblich mit dunklen Flecken. Bis zu eineinhalb Meter werden sie lang. Sie leben als Einzelgänger in Afrika und Teilen Asiens. Tagsüber liegen sie oft auf Bäumen. Leoparden jagen vor allem in der Dunkelheit. Sie klettern sehr gut und schleichen sich an ➲ Antilopen und ➲ Vögel an, um sie zu erbeuten. Übrigens: Schwarze Leoparden nennt man Panther.

Lerche

Bei einem Spaziergang hören Tim und sein Vater lauten Vogelgesang. „Der klingt schön", sagt Tim. Sein Vater erklärt ihm: „Das ist eine Lerche." Er zeigt Tim den unscheinbaren graubraunen ➲ Vogel, der über dem Feld fliegt. Während er singt, schraubt er sich steil nach oben in die Luft. Lerchen bauen ihre Nester auf dem Boden.

lernen

Vor drei Jahren konnte Ibo fast noch nichts ➲ lesen und schreiben. Inzwischen kann er es. Er hat es also gelernt. Ibo fällt das Lernen nicht schwer, denn er kann sich konzentrieren und begreift schnell. Und was er erfahren hat, behält er. Natürlich gibt es Fächer, in denen er leichter lernt als in anderen. Bei Ibos ➲ Lehrerin lernt man viel. Sie unterrichtet gut. – Lernbehinderten Kindern fällt das Lernen schwer.

lesen

Anke liest gerne spannende ➲ Bücher. Durch die ➲ Wörter und Sätze, die sie liest, entstehen Bilder in ihrem Kopf. Ihre ➲ Fantasie macht daraus einen Film. Manche Kinder lernen das Lesen mit ganzen Wörtern. Viele beginnen mit Buchstaben und Lauten. Inzwischen hat die 3a eine Klassenbücherei. Die Lehrerin möchte, dass das Lesen allen Kindern Spaß macht, obwohl es einigen noch schwerfällt.

Leuchtturm

In den Ferien sieht Tim an der ➲ Küste einen Leuchtturm. Solche Türme stehen an Land oder im flachen Wasser. Sie haben ein starkes Leuchtfeuer. Nachts und bei schlechter Sicht sehen die Seeleute es schon von Weitem. Es ist für sie wie ein Wegweiser. Da jeder Leuchtturm sein eigenes Blinksignal hat, wissen die Seeleute, wo sie gerade sind. Außerdem warnen Leuchttürme vor Klippen und Untiefen. Früher wurden Leuchttürme von Leuchtturmwärtern bedient. Heute funktionieren sie automatisch.

Lexikon

Bei den Bodes steht ein Lexikon im Bücherregal. Es besteht aus vierundzwanzig Bänden mit Texten, Bildern und Karten. In diesen dicken ➲ Büchern schlagen Herr und Frau Bode nach, wenn sie etwas wissen wollen. Damit man schnell findet, was man sucht, sind die Stichwörter nach dem ➲ Alphabet geordnet. Für Kinder gibt es besondere Lexika. Eines liegt gerade vor dir. Schreib uns doch, wie es dir gefällt.

Entwicklung von der Larve zur Libelle

Libelle

Anke sitzt am Rand eines ➲ Teiches. Sie beobachtet eine Libelle. Deren durchsichtige Flügel schillern im Licht. Das große Raubinsekt kann sehr schnell fliegen. Jetzt fliegt es gerade ein Stück vorwärts. Plötzlich bleibt es in der Luft stehen. Danach fliegt es sogar rückwärts. Libellen sehen sehr gut. Sie ernähren sich von ➲ Würmern, ➲ Fliegen, ➲ Käfern und ➲ Schmetterlingen. Die Libellenlarven leben im Wasser. Außerhalb Europas gibt es Libellen, die bis zu fünfzehn Zentimeter groß werden.

Licht

Als Ibo in sein Zimmer kommt, knipst er die Lampe an. Jetzt sieht er alle Gegenstände im Zimmer, weil sich Licht von jeder Lichtquelle geradlinig nach allen Seiten ausbreitet und auf die Gegenstände fällt. Von denen wird es zurückgeworfen und kommt in Ibos Augen. Der Lampenschirm lässt Licht durch. Er wirkt durchsichtig. Andere Dinge lassen kein Licht durch. Sie sind undurchsichtig. Die Dinge, die alles Licht verschlucken, wirken schwarz. Das künstliche Licht einer Lampe und das natürliche Licht der ➲ Sonne erscheinen uns weiß. Man kann dieses Licht aber in seine sieben Farben zerlegen, die wir im ➲ Regenbogen sehen. Licht besteht aus elektromagnetischen Wellen. Sie breiten sich extrem schnell aus. Ein Lichtstrahl rast in einer Sekunde von der Erde fast bis zum Mond. Trotzdem braucht das Licht mancher fernen ➲ Sterne im Weltall viele Tausend Jahre, bis es bei uns ist.

Liebe

Jakob ist ganz sicher, dass sich seine Eltern lieb haben. Er merkt das zum Beispiel daran, wie liebevoll sie miteinander reden. Sie nehmen sich auch oft zärtlich in die Arme. Die beiden fühlen sich zueinander hingezogen und sind sehr gerne und möglichst oft zusammen. „Schade, dass auch Menschen, die sich lieben, sich manchmal trotzdem ➲ streiten“, denkt Jakob. – Aber nicht nur Menschen lieben einander. Anke liebt auch ihren Hund Ben.

Linde

Es ist Juni. Als Tim mit seiner Mutter durch die Stadt geht, sagt sie: „Oh, blühende Lindenbäume.“ Auch die Bienen mögen den süßen Duft der gelben Blüten. Die größten dieser Laubbäume haben einen so dicken Stamm, dass zwei Männer ihn nicht umfassen können. Bis zu vierzig Meter werden sie hoch und tausend Jahre alt. Das weiche Lindenholz verwendet man gerne zum ➔ Schnitzen.

Linse

„Nicht fallen lassen“, warnt Lenas Mutter, als Lena den ➔ Fotoapparat nimmt. Sie hat Angst um die empfindlichen Linsen im Gerät. Linsen in optischen Geräten können aus ➔ Glas oder Kunststoff sein. Sie sind geschliffen, lichtdurchlässig und rund oder oval. Nach außen gebogene Linsen sammeln Licht. Man nennt sie konvex. Nach innen gebogene zerstreuen Licht. Die nennt man konkav. – Welche Linsen schwimmen in der Suppe?

Getrocknete Samen einer Hülsenfrucht

Liter

Ankes Mutter sagt: „Bring mir bitte einen Liter Milch mit.“ Vorhin hat sie an der Tankstelle fünfzig Liter Benzin getankt. Der Liter ist ein Maß für Flüssigkeiten. Man kürzt es mit ‚l‘ ab. Ein Liter Wasser wiegt ein Kilogramm, also tausend Gramm. In der Küche steht ein Litermaß. Wenn Anke und ihre Mutter zum Beispiel Milch für einen Kuchenteig brauchen, benutzen sie es. Damit messen sie die Menge der ➔ Flüssigkeit ab.

Litfaßsäule

Tim geht auf der Straße an einer dicken Säule vorbei. Sie ist von oben bis unten und rundherum mit vielen bunten Plakaten beklebt. Auf den Plakaten wird zum Beispiel für ➔ Konzerte, Kinofilme, Geschäfte, ➔ Parteien und Reisen geworben. Damit man sie beachtet, stehen diese Säulen dort, wo viele Menschen unterwegs sind. Tim hat einige Male zugesehen, wie ein Mann die Plakate anklebte. Solche Säulen nennt man Litfaßsäulen. Die erste wurde nämlich 1854 vom Buchdrucker Ernst Litfaß aufgestellt. Der suchte für eine Zirkusveranstaltung eine neue Art von ➔ Werbung. Da fiel ihm diese auffallende Säule ein.

logisch

Am Elternsprechtag sagt die Lehrerin zu Tims Eltern: „Ihr Sohn denkt sehr logisch." Damit meint sie, dass Tim seine Gedanken folgerichtig entwickelt. Man könnte so eine Art des Denkens auch einleuchtend oder selbstverständlich nennen. Diese Fähigkeit hilft Tim in vielen Fächern, besonders in der → Mathematik. – Wenn man etwas unlogisch nennt, will man sagen, dass es ungenau und nicht folgerichtig ist.

Lohn

Tims Vater erzählt: „Ich bekomme eine Lohnerhöhung." Der Betrieb, in dem er arbeitet, bezahlt ihm für jede Stunde → Arbeit etwas mehr als bisher. Der Lohn wird zwischen → Gewerkschaften und Arbeitgebern, also zum Beispiel den Fabrikbesitzern, ausgehandelt. Diese Vereinbarung nennt man Tarif. Akkordarbeiter werden für jedes Stück bezahlt, das sie bearbeitet haben. Der Verdienst von Angestellten heißt Gehalt.

Los

An der Losbude kaufen Anke und Daniel Lose. Anke hat eine Niete, sie hat also nichts gewonnen. Auf Daniels Los steht eine Nummer. Er hat etwas gewonnen. An Lenas Geburtstag machen die Kinder ein Spiel. „Wir losen aus, wer beginnt", schlägt Daniel vor. „Wer beim Losen das längste Streichholz zieht, darf anfangen." – Wenn jemand ein schweres Los hat, hat er viel Unglück erlebt.

Lotse

Oma Bode erzählt von einer Schiffsreise: „Bevor wir in den → Hafen fuhren, kam ein Lotse an Bord. Er übernahm das Kommando vom → Kapitän und brachte das → Schiff sicher zum Liegeplatz." Schiffslotsen sind Seeleute, die die Gewässer und die Gefahren darin sehr gut kennen. Auf dem → Flughafen kümmern sich Fluglotsen darum, dass die → Flugzeuge sicher starten und landen. Schülerlotsen sorgen dafür, dass jüngere Schüler sicher über die Straße kommen.

Löwe

Im → Zoo bestaunt Jakob die Löwen. In Freiheit leben diese bis zwei Meter langen und einen Meter hohen Wildkatzen in den → Savannen und Steppen → Afrikas und Vorderindiens. Den männlichen Löwen erkennt Jakob an der Mähne. Das Fell der Löwen ist gelblich braun. Wegen dieser Tarnfarbe erkennt man die Tiere in ihrer Umgebung nur schwer. Löwen jagen ihre Beutetiere, zum Beispiel → Zebras und → Antilopen, in Rudeln und meistens nachts. Auf die Jagd gehen fast ausschließlich die Löwinnen. Jakob sieht die scharfen Zähne und gewaltigen Pranken der → Raubtiere. Mit einem Hieb reißen sie ihr Opfer.

Löwenzahn

Auf der ➲ Wiese entdecken Anke und Daniel Löwenzahn. Diese ➲ Pflanze mit den schmalen Blättern und den gelben Blüten gilt als ➲ Unkraut. Daniel pflückt eine Blüte und merkt, dass der Stängel einen milchigen Saft ausscheidet. Man nennt die Pflanze auch Kuhblume oder Pusteblume. Wenn man in ihren kugeligen Fruchtstand pustet, schweben die Samen wie an kleinen Fallschirmen davon.

Luchs

Im Zoo beobachtet Daniel einen Luchs. Die Wildkatze wird einen Meter lang und hat einen kleinen Kopf mit Haarpinseln an den spitzen Ohren. Luchse leben in den Wäldern Nordamerikas, im Norden Russlands und in Skandinavien. Sie können gut sehen. Ihre Beute sind ➲ Hasen, Rehkitze und ➲ Mäuse. Bei uns waren Luchse ausgerottet. Im Bayerischen Wald hat man einige ausgesetzt, dort leben sie wieder frei.

Luft

Jakob sagt: „Luft ist seltsam. Es gibt sie überall. Aber ich sehe sie nicht.“ Dazu meint sein Vater: „Klar, dass du sie nicht siehst, sie hat keine ➲ Farbe und keinen ➲ Geruch. Aber bei ➲ Wind spürst du sie. Und sie hat Gewicht. Die Luft in einem Zimmer wiegt ungefähr einen Zentner.“ Die Lufthülle um die ➲ Erde, die Atmosphäre, ist etwa hundert Kilometer hoch. Sie schützt die Erde vor der Kälte des Weltalls und zu starker Sonnenbestrahlung. Und sie verhindert, dass der Erde zu viel Wärme verloren geht. Ohne Luft können ➲ Menschen, ➲ Tiere und ➲ Pflanzen nicht leben. Sie besteht aus ➲ Gasen, vor allem aus Stickstoff und Sauerstoff. Sauerstoff brauchen wir zum ➲ Atmen. In Gegenden mit viel ➲ Industrie und ➲ Verkehr wird die Luft verschmutzt. Dadurch entsteht oft ➲ Smog. – Mit dem ➲ Barometer misst man den Luftdruck. – Einen luftleeren Raum nennt man Vakuum.

Luftkissenboot

Im Fernsehen sieht Ibo ein Luftkissenboot. „Toll, wie das übers Wasser schwebt“, sagt er. „Und schnell ist es!“ Luftkissenfahrzeuge können übers Land und übers Wasser fahren, deshalb nennt man sie auch Amphibienfahrzeuge. Sie fahren etwa 30 bis 60 Zentimeter über der Oberfläche. Dabei bewegen sie sich auf einem Kissen aus Druckluft. Dieses Kissen entsteht, wenn die Motoren einen starken Luftstrom unter dem Boot erzeugen. Man setzt diese Luftkissenboote vor allem als Fähren ein.

Luftschiff

„Ein Zeppelin!“, ruft Tim Daniel zu. Sie sehen dem Reklameluftschiff nach. Luftschiffe gibt es seit 1900. Noch bevor es Motorflugzeuge gab, wurden sie unter anderem vom Grafen Zeppelin konstruiert. Sie sehen aus wie stromlinienförmige ➲ Ballons. Ihr Gerippe besteht aus Aluminium. Zum Fliegen mussten sie leichter als ➲ Luft sein, also füllte man sie mit Gas. Propeller und Leitwerke machten sie steuerbar und windunabhängig. Angetrieben wurden sie von ➲ Motoren. Luftschiffe fliegen nicht; man sagt, sie fahren.

Luftverschmutzung

Anke, ihre Mutter und Felix machen einen Ausflug. Als sie in die ➲ Stadt zurückkommen, riechen und sehen sie, wie verschmutzt die Luft ist. Sie wird durch Schadstoffe wie Kohlenmonoxid, Schwefeldioxid und Stickoxide belastet. Die Schadstoffe entstehen in ➲ Fabriken, beim Autofahren und beim Verbrennen von ➲ Kohle und ➲ Öl. Die Luftverschmutzung verursacht den ‚sauren Regen‘, der die Wälder sterben lässt, und den Treibhauseffekt, der das ➲ Klima verändert. Manche Kinder bekommen davon starken Husten. Auch ➲ Smog entsteht durch schmutzige Luft. Wenn man weniger ➲ Auto fährt, ➲ Energie spart und die Fabriken weniger Schadstoffe ablassen, wird die Luftverschmutzung geringer.

lügen

Daniel liest ein Buch. Die Hauptfigur ist der Lügenbaron Münchhausen. Daniel weiß, dass die Geschichten, die der Baron erzählt, erfunden sind. Deswegen machen sie ihm Spaß. Es ärgert ihn aber, wenn er angelogen wird wie gestern. Da nahm ihm einer seinen Kugelschreiber weg. Daniel sah das. Der Junge log und sagte: „Ich habe ihn nicht.“ – Manchmal hat Daniel Angst vor Strafe. Dann kommt es vor, dass er eine Notlüge oder Ausrede erfindet, damit er nicht bestraft wird. Er hat auch schon geschwindelt oder geflunkert, also in einer nicht so wichtigen Sache die Unwahrheit gesagt.

Lunge

Ein Kind im Kindergarten hat Lungenentzündung. Jakob fragt: „Wo im ➲ Körper ist eigentlich die Lunge?“ Seine Mutter antwortet: „Die liegt geschützt hinter deinen Rippen.“ Beim Einatmen strömt Luft durch Mund und ➲ Nase erst in die Luftröhre und dann in die Lunge. Die Lungenbläschen entnehmen der ➲ Luft den Sauerstoff und geben ihn ans ➲ Blut weiter. Beim Ausatmen presst die Lunge verbrauchte Luft nach außen.

Lupe

Tims Vater sammelt Briefmarken. Die winzige Schrift und die Wasserzeichen der Marken sieht er sich mit einer Lupe an. Durch die gewölbte ➲ Linse darin wirkt alles viel größer. Je höher die Wölbung ist, desto größer erscheint der Gegenstand darunter. Menschen, die sehr schlecht sehen, benutzen solche Vergrößerungsgläser zum Lesen.

M

Das M sieht einer Welle ein bisschen ähnlich, und es entwickelte sich aus einem Zeichen für Wasser. Es gab danach noch mehrere Formen, bis sich die jetzige durchsetzte. Heute fangen schöne Wörter wie Muffel, Magenknurren, Muffensausen damit an. Und welche noch?

Magen

Jakob isst eine Banane, dann zeigt er auf seinen Bauch und sagt: „Da kommt das Essen jetzt hin.“ Wenn die Banane zerkaut ist, rutscht sie durch die Speiseröhre in den Magen, der wie ein kleiner Sack im Bauch liegt. Durch gleichmäßige Bewegung sorgt der Magen dafür, dass die Nahrung mit Magensaft zu Brei vermischt und vorverdaut wird. Diesen Brei schiebt er zum Magenausgang. Im ➲ Darm wird der Brei weiterverdaut. Fettes Essen ist schwer verdaulich. Es liegt Stunden im Magen, Gemüse nur kurze Zeit.

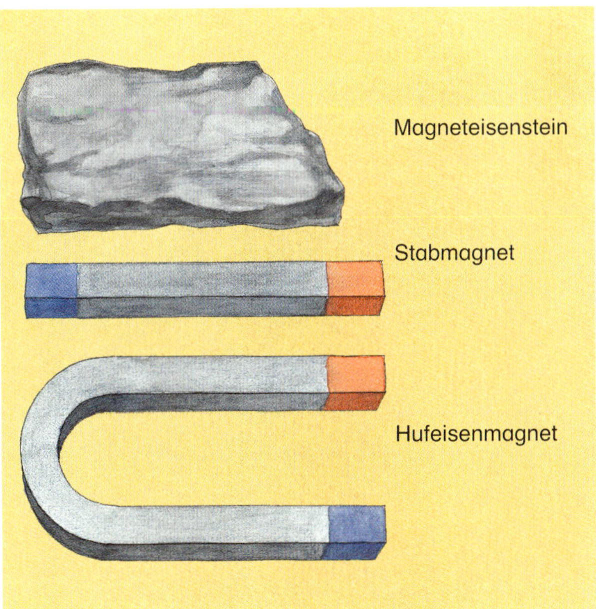

Magnet

Lena hat einen Stabmagneten und einen Hufeisenmagneten. Hält sie ein Stück ➲ Eisen in deren Nähe, wird es sofort magnetisch angezogen. Als sie einen Nagel länger am Magneten hängen lässt, wird er auch magnetisch. Die Enden des Magneten nennt man Südpol und Nordpol. Einmal hat Lena zwei Magneten aneinandergehalten. Die zogen sich aber nicht an, sondern stießen sich ab. Das liegt daran, dass Lena versucht hat, die beiden gleichen Pole der Magneten zusammenzubringen. Das funktioniert nicht, denn nur die ungleichen Pole ziehen sich an. – Auf dem Schrottplatz hebt ein ➲ Kran mit einem großen Elektromagneten Alteisen, zum Beispiel alte ➲ Autos, hoch. – Die Nadel im ➲ Kompass zeigt immer nach Norden. Sie wird vom magnetischen Nordpol angezogen.

Maiglöckchen

Als Anke und Daniel im Wald spazieren gehen, sagt Anke: „Das sind Maiglöckchen.“ Die Blätter sind noch spitz und zusammengerollt. Aber bald wird man die Stängel sehen, an denen im Mai die duftenden weißen Blüten wachsen. Die sehen aus wie kleine Glocken. Maiglöckchen darf man pflücken, aber die Wurzel nicht beschädigen. Nach dem Pflücken sollte man die ➔ Hände waschen, denn die ➔ Blumen sind giftig.

Maikäfer

Auf dem Blatt einer Eiche sitzt ein brauner ➔ Käfer. „Ein Maikäfer“, sagt Ankes Opa. „Die gibt es heute nicht mehr so oft. Als ich jünger war, gab es in manchen Jahren so viele, dass sie als Landplage galten.“ Weil Maikäfer für die Pflanzen schädlich sind, bekämpfte man sie mit chemischen Mitteln. Man findet die großen Käfer im Mai auf Laubbäumen. Beim Umgraben der Erde sieht man manchmal einen Engerling, also die Larve des Maikäfers. Engerlinge schlüpfen aus Eiern. Die legt das Maikäferweibchen Ende Mai in die Erde. Dort graben sie sich dann von einer Wurzel zur nächsten und fressen und wachsen. Schließlich verpuppen sie sich. Aus der Puppe schlüpft später der Maikäfer. Im Frühjahr gräbt er sich an die Erdoberfläche. Er frisst keine Wurzeln, sondern Blätter.

Mais

Auf einem Feld wachsen Maispflanzen. Ibo sieht die Kolben an den bis zu drei Meter hohen Stängeln dieses ➔ Getreides. Bis kurz vor der Reife werden sie von Deckblättern umhüllt, erst dann sieht man die Körner. Mais (Kukuruz) wurde zuerst von den ➔ Indianern angebaut. Aus Maiskörnern gewinnt man Maismehl. Auch als Viehfutter verwendet man sie. Aus einer bestimmten Maisart kann man Popcorn (Puffmais) machen. Dazu erhitzt man etwas Öl in einem Topf. Dann gibt man Körner in den Topf und legt den Deckel auf. Nach kurzer Zeit platzt der Mais und hüpft hoch. Popcorn kann man salzen oder zuckern. Frisch schmeckt es am besten.

Maler

Bei Bodes hängt ein Bild, das eine Freundin von Frau Bode gemalt hat. Sie ist Malerin und studierte ihren Beruf an der Kunsthochschule. Mit Pinseln und ➔ Farben bemalt diese Künstlerin Leinwände, die auf Staffeleien stehen. Berühmte Maler waren zum Beispiel Leonardo da Vinci, Paul Klee, Pablo Picasso und Keith Haring. Bei Frau Bodes Freundin arbeitet zurzeit ein Maler. Sein ➔ Beruf ist es, Wände zu streichen und zu tapezieren. Außerdem lackiert der ➔ Handwerker Türen und Fenster. Als Werkzeug benutzt er Pinsel, Rollen und Farben. Drei Jahre lernt man den Beruf. Später kann man Meister werden.

Malkasten

Anke will ein Bild malen. Sie nimmt ihren Malkasten (Tuschkasten), dazu dünne und dicke Pinsel. In diesem Malkasten sind zwölf ➔ Farben und Deckweiß. Anke taucht den Pinsel in eine Wasserschale. Mit dem nassen Pinsel holt sie Farbe aus dem Malkasten. Nimmt sie viel Wasser, scheint das Papier durch, wenn die Farbe aufgetragen wurde. Nimmt sie wenig Wasser, sieht man das Papier unter der Farbe nicht.

Mammut

„Wie groß waren die Mammuts?“, fragt Jakob. Papa antwortet: „Etwa so groß wie ➔ Elefanten, mit denen sie auch verwandt sind.“ Die Grasfresser mit dem wolligen Fell lebten in der ➔ Eiszeit. Ihre Stoßzähne waren bis zu fünf Meter lang. Die Menschen jagten Mammuts damals mit ihren einfachen Waffen. Oder sie fingen sie in Fallgruben. Wenn sie eines erlegen konnten, hatten sie für lange Zeit Fleisch. Seit dem Ende der ➔ Steinzeit vor 10 000 Jahren sind die Mammuts ausgestorben. Aber ihre Knochen findet man noch heute.

Manager

„Bei uns im Kaufhaus wurde eine neue Managerin eingestellt“, erzählt Ankes Mutter abends. Der ➔ Beruf dieser Frau ist es, die große Firma zu leiten. Sie plant, kontrolliert und entscheidet die wichtigsten Dinge. Außerdem muss sie dafür sorgen, dass das Unternehmen möglichst viel Gewinn macht. Auch Sportler oder Künstler haben ihre eigenen Manager. Die kümmern sich um deren Geschäfte.

Mandarine

Im Laden der Aksoys werden Mandarinen verkauft. Ibo nimmt sich eine dieser Zitrusfrüchte. Sie sieht aus wie eine kleine ➲ Orange. Ibo schmeckt das süße, saftige Fruchtfleisch. Die Frucht wächst an ➲ Sträuchern und kleinen ➲ Bäumen in warmen Ländern. Die weißen Blüten duften. Es gibt mehrere Arten Mandarinen, dazu gehören die Clementinen und Satsumas.

Mandel

Anke und Daniel essen ➲ Marzipan. „Da sind Mandeln drin", sagt Daniel. Mandelbäume und -sträucher wachsen in warmen Ländern. Man isst die Samen ohne Schale. Es gibt süße und bittere Arten. Bei uns wächst das rosa blühende Mandelbäumchen, das keine Früchte trägt. – Es gibt Mandeln, die Krankheitserreger abhalten. Welche sind das?

Organe im Gaumen und Rachen des Menschen

Mann

Jakob und sein Papa sind im Badezimmer. Papa rasiert sich gerade. Jakob fragt: „Wie lange dauert es, bis ich ein Mann bin?" Sein Vater antwortet: „Wenn ein Junge erwachsen ist, nennt man ihn Mann. Das dauert bei dir aber noch einige Jahre." Jakob sagt: „Kann ich dann auch Vater werden wie du?" Papa antwortet: „Das kannst du. Ein Mann befruchtet mit einer Samenzelle eine Eizelle der ➲ Frau. So zeugen die beiden ein Kind. Von der Frau wird es geboren. Dann ist der Mann zum Vater geworden." Männer und Frauen unterscheiden sich äußerlich durch die ➲ Geschlechtsorgane. Früher versorgten die Frauen die Kinder und machten die Hausarbeit. Die Männer gingen arbeiten und verdienten das Geld. Heute haben meist Mann und Frau einen ➲ Beruf, und die Arbeit zu Hause wird geteilt.

Marathonlauf

Im Fernsehen sieht Tim einen Marathonlauf mit Läufern aus der ganzen Welt. Bis zum Ziel sind es 42,195 Kilometer. Dieser Lauf wurde nach dem Ort Marathon in Griechenland benannt. Dort hatten im Jahr 490 vor Christi Geburt die ➲ Griechen eine Schlacht gewonnen. Sie schickten einen Soldaten los, der ohne Unterbrechung nach Athen rannte, den Sieg verkündete und vor Überanstrengung tot umfiel.

Märchen

Anke liest und hört gerne Märchen. An diesen Erzählungen gefällt ihr, dass Dinge passieren, die es in Wirklichkeit nicht gibt. ➔ Feen, ➔ Hexen, ➔ Riesen und ➔ Zwerge kommen vor. Tiere sprechen. Es wird gezaubert und andere wunderbare Dinge ereignen sich. Meistens siegen die Guten, und die Bösen werden bestraft. Viele Märchen haben einen tiefen Sinn. Bevor Märchen in Büchern gesammelt wurden, erzählte man sie sich aus dem Gedächtnis. Die bekannteste Märchensammlung in Deutschland stammt von den Brüdern Grimm. Dichter wie Hans Christian Andersen schrieben eigene Märchen.

Marder

Ibo sieht das kleine ➔ Säugetier mit dem lang gestreckten Körper, den kurzen Beinen und dem langen Schwanz über einen Weg huschen. Marder haben dichtes Fell und ein Raubtiergebiss. Ihre Beute wie ➔ Eichhörnchen und ➔ Mäuse jagen sie im Dunkeln. Bei uns leben zum Beispiel der Baum- oder Edelmarder und der Haus- oder Steinmarder, der auch Geflügel erbeutet. Marder knabbern gerne an Schläuchen in Autos.

Margerite

Im Sommer pflücken Anke und Daniel auf einer Wiese ➔ Blumen. Anke sagt: „Das sind Margeriten.“ Ihre großen, weißen Blüten bestehen aus einem Kranz zungenförmiger Blütenblätter. In ihrer Mitte ist eine Scheibe aus winzigen gelben Blütenblättern. Die Blume wird bis zu 60 Zentimeter hoch. Sie wächst wild auch in lichten Wäldern und an Hängen. Die gezüchteten Sorten sind sehr beliebte Balkon- und Gartenblumen.

Marienkäfer

Über Jakobs Hand krabbelt ein Marienkäfer. „Der sieht aus wie eine kleine rote Halbkugel auf kurzen Beinen“, sagt Lena. Die gepunkteten ➔ Käfer ernähren sich von Blattläusen. Bis zu fünfzig solcher ➔ Schädlinge frisst ein Marienkäfer jeden Tag. Man nennt das ➔ Insekt auch Glückskäfer.

Marionette

Ibo und Tim spielen mit Marionetten. Sie bewegen die an Fäden oder feinen Drähten aufgehängten ➔ Puppen. Die haben bewegliche Glieder. Es sieht aus, als könnten die Marionetten laufen, ihre Arme bewegen und nicken. Die Puppenspieler sprechen für sie. „Die Marionetten wirken wie kleine Menschen“, sagt Ibo. Mit solchen Puppen spielte man schon vor zweitausend Jahren Theater. Das bekannteste Marionettentheater ist die ‚Augsburger Puppenkiste‘.

Markt

„Wir kaufen auf dem Markt ein“, sagt Jakobs Mutter. Dort werden ➔ Obst, ➔ Gemüse, ➔ Brot, ➔ Fleisch, ➔ Eier, ➔ Blumen und vieles andere angeboten. Jakob und seine Mutter gehen von Stand zu Stand. Sie sehen Waren an und vergleichen Preise. Früher war der Marktplatz Mittelpunkt einer ➔ Stadt. Nicht jede Stadt durfte einen Markt abhalten. Sie musste vom König erst das Marktrecht erhalten. Heute sind Märkte oft in Markthallen. Besonders gern geht Jakob auf den Weihnachtsmarkt. Da werden zum Beispiel Geschenkartikel und Süßigkeiten verkauft.

Marmelade

Tim und seine Oma kochen heute Marmelade (🇨🇭 Konfitüre). Oma sagt: „Die schmeckt besser als gekaufte.“ Für die Marmelade brauchen sie ➔ Früchte und ➔ Zucker. Zuerst waschen, entsteinen und zerkleinern sie das Obst. Dann kochen sie es mit dem Zucker, bis alles flüssig ist. Die heiße Marmelade füllen sie in Gläser. Beim Abkühlen wird sie fest. Oma verschließt die Gläser gut. So bleibt die Marmelade haltbar.

Marmor

Auf dem Friedhof stehen Anke und ihre Mutter an Omas Grab. Der Grabstein ist aus weißem Marmor. Dieser harte Kalkstein wurde geschliffen. Deswegen erkennt man darauf deutlich dünne Linien. „Die sehen wie Adern aus“, sagt Anke. Der Stein wirkt kühl und vornehm. Reiner Marmor ist weiß. Sind bestimmte Mineralien im Marmor enthalten, kann er rötlich, schwarz, gelb, braun und grün sein. Auch für Fußbodenplatten und Wände wird er benutzt. Marmor wird in Steinbrüchen abgebaut.

Marzipan

Im Schaufenster einer Konditorei sind viele verschiedene Marzipanfiguren ausgestellt. Daniel sieht rosa Schweinchen, kleine braune Brote, Kartoffeln und bunte Früchte aus Marzipan. Auch Weihnachtsschmuck wird aus dieser Süßigkeit gemacht. Zur Herstellung der weißen Masse braucht man geschälte und geriebene süße ➔ Mandeln, ➔ Zucker oder Honig und Aromastoffe. Besonders bekannt ist Lübecker Marzipan. In Asien wurde schon vor vielen Tausend Jahren Marzipan hergestellt.

Maschine

Bei Dietels zu Hause erleichtern Maschinen die ➔ Arbeit. Dazu gehören der Geschirrspüler und die Bohrmaschine. Maschinen verrichten Arbeiten, die früher von Menschen erledigt wurden. In ➔ Fabriken werden mit Maschinen Dinge schnell und billig hergestellt. Durch die Erfindung der Dampfmaschine vor über zweihundert Jahren wurde es zum Beispiel möglich, Lokomotiven anzutreiben. Heute haben viele Maschinen einen ➔ Motor und sind computergesteuert.

Masern

Ibos Freund hat Masern. „Oje!“, sagt sein Vater. „Die Masern sind eine ansteckende Krankheit. Vielleicht bekommst du sie jetzt auch.“ An Masern erkranken meistens Kinder. Sie können allerdings durch eine ➔ Impfung davor geschützt werden. Bei Erwachsenen ist die Krankheit selten. Wer Masern hatte, bekommt sie nicht wieder. Man ist also immun dagegen. Masern beginnen wie eine Erkältung mit Husten und ➔ Fieber. Am zweiten oder dritten Tag sieht man rote Flecken auf der Haut, erst im Gesicht, dann am Körper. Daran soll man nicht kratzen. Mit Masern muss man einige Tage im Bett bleiben.

Maske

Ankes Mutter und ihr Freund Felix wollen zum Faschingsball. Dafür haben sie sich Masken gekauft. „Ich würde euch nicht erkennen, wenn ich nicht wüsste, wer ihr seid“, staunt Anke. Um nicht erkannt zu werden, maskieren sich auch Verbrecher. Naturvölker tragen Masken, um Geister und Dämonen zu beschwören. Die Maskenbildnerin beim ➔ Film verändert die Gesichter der Schauspieler mit Schminke.

Mathematik

Bevor Daniel zur ➔ Schule kam, rechnete er schon ein wenig. Er zählte zum Beispiel, wie viele Äpfel da lagen. In der Schule lernte er im Mathematikunterricht die Zahlen. Er lernte auch, mit ihnen umzugehen. Jetzt kann er addieren (zusammenzählen), subtrahieren (abziehen), multiplizieren (malnehmen) und dividieren (teilen). – Wer sich für Mathematik interessiert, kann die Wissenschaft von den Zahlen, Formen und Figuren an einer ➔ Universität studieren. Mathematiker berechnen zum Beispiel den Weg eines ➔ Satelliten im Weltall. Auch andere Forscher kommen ohne Mathematik nicht aus.

Matrose

Die Bodes fahren mit der Fähre über die Ostsee nach Schweden. An Bord sehen sie Männer, die alle möglichen Arbeiten ausführen. „Das sind Matrosen“, sagt Lena zu Jakob. Bevor die Seeleute der Handelsmarine Matrosen werden, gehen sie ein Jahr zur Seemannsschule und arbeiten anschließend zwei Jahre auf einem ➔ Schiff. In dieser Zeit sind sie Schiffsjunge oder Leichtmatrose. Später können sie Bootsmann werden. Bei der Bundeswehr arbeiten Matrosen auf den Schiffen der Bundesmarine.

6+8=14

Maulwurf

Auf einem Rasen sehen Tim und seine Mutter Maulwurfshügel. „Der ganze Rasen ist kaputt!", schimpft der Gartenbesitzer. Tims Mutter sagt: „Aber Maulwürfe sind auch nützliche Insektenvertilger!" Sie ernähren sich von ➲ Würmern und Larven. Ein Maulwurf frisst bis zu 300 Würmer am Tag. Mit seinen Grabpfoten gräbt er unter der Erde Gänge. Die Hügel entstehen durch den Erdauswurf. Über der Erde sieht man ihn fast nie. Maulwürfe bauen Wohn- und Vorratsnester. Sie sehen schlecht, können aber gut riechen und hören. Ihr Fell ist schwarz und samtig.

Maurer

Anke und Daniel sehen Maurern zu, die auf einer ➲ Baustelle arbeiten. Sie streichen mit ihren Kellen Mörtel auf die Mauersteine. Dann setzen sie die Steine neben- und übereinander. Wenn der Mörtel hart wird, haften die Steine fest aneinander. Mit dem Lot (Senkblei) prüfen die Maurer, ob die Mauer gerade steht. Die Ausbildung dauert für diese ➲ Handwerker drei Jahre und endet mit der Gesellenprüfung.

Maus

Im Keller raschelt es. Da huscht eine Hausmaus davon. Ibo sieht nur noch den langen Schwanz des grauen Nagetiers. Mäuse gelten als schädlich, denn sie übertragen Krankheiten. Sie vermehren sich sehr schnell, eine Mäusemutter kann bis zu 13 Junge auf einmal bekommen. Es gibt fast vierzig Arten. Bei uns sieht man im Freien manchmal braune Feldmäuse. Weiße Mäuse wurden aus Hausmäusen gezüchtet.

Medien

„Ich gehe jetzt in die Bücherei und hole mir ein paar ➲ Bücher", sagt Daniel zu seiner Mutter. Außer Büchern liest er ➲ Zeitungen, ➲ Zeitschriften und ➲ Comics. Natürlich sieht Daniel auch gerne fern, hört ➲ Radio und ➲ CDs. Und er geht ins ➲ Kino. Über das ➲ Internet ist er mit Computern auf der ganzen Welt verbunden. Daniel nutzt also die Medien, die es heute gibt. Das sind die Mittel, durch die man Nachrichten und ➲ Informationen bekommt. Außerdem werden durch Medien ➲ Ideen ausgetauscht und man kann sich durch sie unterhalten lassen. Stell dir vor, es gäbe keine Medien. Bestimmt wüssten die meisten Menschen weniger und wahrscheinlich wäre das Leben langweiliger.

Medikament

Tim hat Husten. Die Ärztin verschreibt ihm ein Medikament. Mit dem ➲ Rezept kaufen Tim und sein Vater das Medikament in der ➲ Apotheke. Viele Medikamente bekommt man auch ohne Rezept. Medikamente sind Arzneien oder Heilmittel, die Krankheiten verhindern, lindern oder heilen. Die Wirkstoffe dafür gewinnt man aus Pflanzen, Tieren oder sie werden chemisch hergestellt.

Damit man alles gut erkennt, sind die Tiere nicht im richtigen Größenverhältnis abgebildet.

Meer

Es sind Ferien. Tim will in der Nordsee baden. Weil der ➲ Wind weht, sind die Wellen ziemlich hoch. Tims Mutter sagt: „Die ➲ Ebbe ist vorbei und die Flut beginnt. Das ➲ Wasser steigt jetzt schon.“ Tim probiert etwas Wasser und spuckt, denn es schmeckt salzig. Man kann es nicht trinken. Im Durchschnitt enthält Meerwasser etwa 35 Gramm ➲ Salz pro Liter. Wenn Tim den ➲ Globus dreht, sieht er viel Blau. Fast drei Viertel der Erdoberfläche sind von Wasser bedeckt. Die drei großen Weltmeere heißen Ozeane. Es gibt den Stillen Ozean (Pazifik), den Atlantischen Ozean (Atlantik) und den Indischen Ozean. Über elftausend Meter müsste man bis zur tiefsten Meeresstelle tauchen. Hohe ➲ Berge ragen vom Meeresboden auf. Lange bevor es Leben an Land gab, gab es in den Meeren schon ➲ Tiere und ➲ Pflanzen. Dort begann also das Leben auf der ➲ Erde. Heute leben im Meer über dreizehntausend Fischarten und viele andere Tiere und Pflanzen. Doch die Lebensbedingungen werden schlechter. Abwässer, Abfälle und Ölkatastrophen verschmutzen das Wasser.

Meerschweinchen

„Woher haben die Meerschweinchen ihren Namen?“, fragt Jakob. Seine Mutter antwortet: „Sie quieken wie Schweinchen. Und sie wurden über das Meer aus Südamerika zu uns gebracht.“ Dort leben die ➲ Tiere in Freiheit. Weil sie zahm werden und lustig aussehen, hält man sie bei uns als Haustiere. Man sollte immer mindestens zwei halten, sonst fühlen sie sich nicht wohl.

Mehl

Lena und ihre Oma wollen einen ➲ Kuchen backen. Da fällt Oma ein: „Ich habe kein Mehl.“ Lena läuft los und kauft im Supermarkt welches, denn ohne Mehl können die beiden keinen Teig machen. Mehl ist ➲ Getreide, das in einer Mehlfabrik fein gemahlen wurde. Bäcker benutzen besonders häufig Weizen- und Roggenmehl. Damit backen sie zum Beispiel ➲ Brot, Brötchen, ➲ Kuchen, Kekse und Tortenböden. Man unterscheidet Mehltypen nach der Getreideart, der Feinheit und dem Anteil von Mineralstoffen. Besonders viele ➲ gesunde Mineralstoffe enthält Vollkornmehl, zum Beispiel in Vollkornbrot. – Wenn jemand ➲ Holz sägt, entsteht feiner Holzstaub: das Sägemehl.

Meise

Es hat gefroren. Ein kleiner ➔ Vogel hängt kopfüber an einem Futterring und frisst davon. „Das ist eine Meise“, sagt Ibo zu Tim. In Mitteleuropa gibt es mehrere Arten, zum Beispiel Blaumeisen, Kohlmeisen und Haubenmeisen. Sie nisten in Höhlen oder bauen ➔ Nester. Mit ihren langen Krallen halten sich die lebhaften Vögel fast überall fest. In der warmen Jahreszeit vertilgen die Meisen Insekten.

Melone

Bei Aksoys werden Melonen verkauft. Die grünen, saftigen Wassermelonen haben ein rotes Fruchtfleisch und schwarze Kerne. Außerdem werden die gelben, süßen Honigmelonen verkauft, die Ibo gerne isst. Die kugeligen Kürbisgewächse baut man in warmen Ländern an. Sie brauchen viel Sonne. – Welche Melone kann man nicht essen?

Die Melone, ein steifer Hut

Mensch

„Wie viele Menschen leben auf der Erde?“ fragt Jakob. Sein Vater antwortet: „Ungefähr sieben Milliarden.“ Jetzt will Jakob wissen: „Gab es schon immer Menschen?“ Sein Papa sagt: „Die ersten menschenähnlichen Lebewesen entwickelten sich wahrscheinlich vor etwa drei Millionen Jahren.“ Die Menschen sind mit den ➔ Affen verwandt. Irgendwann richteten sich Affen auf und gingen auf den Hinterbeinen. Das war der entscheidende Schritt zur Entwicklung des Menschen. Durch ihre aufrechte Haltung hatten diese ersten menschenähnlichen Wesen die Hände frei. So konnten sie einfache ➔ Werkzeuge und ➔ Waffen benutzen, zum Beispiel Steine oder Äste. Sie wurden immer geschickter und ihr ➔ Gehirn entwickelte sich weiter. Unsere direkten Vorfahren waren Altsteinzeitmenschen, die bis vor 10 000 Jahren lebten. Heute sind die Menschen die am weitesten entwickelten Lebewesen. Nur sie können ihre Gedanken und Gefühle durch ➔ Sprache ausdrücken. Aber wie ➔ Pflanzen und ➔ Tiere sind sie ein Teil der Natur und auf diese angewiesen.

Menschenrechte

Im Radio hört Daniel, dass in einem ➔ Staat die Menschenrechte verletzt werden. Das sind die Rechte, die jedem zustehen. In den ➔ Verfassungen der meisten Staaten sind sie niedergeschrieben und garantiert. Zu den Menschenrechten gehören das Recht auf Leben, auf Sicherheit, auf persönliche Freiheit, auf Gleichheit vor dem Gesetz, auf Religionsfreiheit, auf Besitz und auf freie Meinungsäußerung. Diese Menschenrechte gelten unabhängig von Rasse, Sprache, Religion, Herkunft und Geschlecht.

Metall

Anke stellt einen Topf auf den Herd. Er ist sehr leicht. Kein Wunder, denn der Topf besteht aus Aluminium, einem Leichtmetall. Ein gleich großer Eisentopf wiegt viel mehr. ➔ Eisen ist ein Schwermetall wie Blei. Am Finger trägt Ankes Mutter einen Goldring. ➔ Gold und ➔ Silber gehören zu den wertvollen Edelmetallen. Es gibt noch viele andere Metalle, zum Beispiel Kupfer, Platin und Zink. All diese Metalle sind fest. Nur eines ist flüssig: das Quecksilber. Metalle findet man in der Natur selten rein. Sie werden aus metallhaltigem Gestein (Erz) herausgeschmolzen. Damit man Metalle formen kann, müssen sie erhitzt werden. Wenn man zwei Metalle zusammenschmilzt, bekommt man eine Legierung. Das golden glänzende Messing entsteht zum Beispiel aus Kupfer und Zink.

Meter

Auf dem Sportplatz üben Lena und Ibo Weitsprung. Mit dem Metermaß messen sie die Sprünge. Fast 2,90 Meter schafft Lena. „Das ist weit", findet Ibo. Noch toller klingt die Weite, wenn sie überlegen, dass ein Meter aus hundert Zentimetern oder tausend Millimetern besteht. Lena ist also 290 Zentimeter oder 2900 Millimeter gesprungen. Abgekürzt schreibt man Meter ‚m'. Tausend Meter sind ein ➔ Kilometer.

Meuterei

Tim liest ein Buch über eine Schiffsreise vor langer Zeit. Die ➔ Matrosen des ➔ Schiffs werden von ihrem ➔ Kapitän sehr ungerecht behandelt. Außerdem macht der Kapitän Fehler, die für alle gefährlich sind. „Wir meutern", sagen einige Matrosen deswegen. Sie werden nicht mehr tun, was der Kapitän befiehlt. Und sie sperren ihn ein. Auch noch heute meutern manchmal Gefangene, Schiffsbesatzungen oder ➔ Soldaten.

Miete

„Oh, nein! Die Miete ist erhöht worden!", stöhnt Herr Bode. Die Miete (🇨🇭 [Miet-]Zins) ist der ➔ Preis, den man bezahlt, damit man etwas benutzen darf. Herr Bode meint mit Miete den monatlichen Preis für die Wohnung. Diesen Preis hat der Vermieter festgelegt, also der Besitzer des Hauses. Bodes sind die Mieter. Man kann nicht nur Wohnungen mieten, sondern auch ➔ Autos, Garagen und Maschinen. Einmal sind Bodes mit einem Charterflugzeug geflogen. Solche Flugzeuge werden von einem Reiseunternehmen gemietet, um Urlauber in andere Länder zu bringen.

Mikroskop

Anke hat ein Mikroskop. Sie legt ein Haar auf eine kleine Glasscheibe unter das Okular des optischen Gerätes. Im Mikroskop sind mehrere gewölbte ➔Linsen eingebaut. Die lassen Anke das Haar nun vielfach vergrößert sehen. Ohne starke Mikroskope hätten ➔Wissenschaftler zum Beispiel noch nie die winzigen ➔Bakterien gesehen. Dann wäre es nicht möglich, diese Krankheitserreger zu erforschen und zu bekämpfen. Es gibt Elektronenmikroskope, die Dinge mehrere Hunderttausend Mal vergrößert zeigen.

Mikrowelle

Heute wärmt Ibo sein Essen nur auf. Er schiebt es in den Mikrowellenherd, in dem kurzwellige elektromagnetische Strahlen erzeugt werden. Mit ihnen kann man Speisen erhitzen, garen oder auftauen. Die Strahlen dringen in die Speisen ein. Wassermoleküle nehmen die Strahlen auf und wandeln sie in Wärme um. Das geht schnell und spart ➔Strom. Auch in der Nachrichtentechnik werden Mikrowellen verwandt.

Milch

Daniel trinkt eine Tasse Milch. Diese weiße Flüssigkeit braucht man für viele Nahrungsmittel, wie ➔Butter, Sahne, ➔Käse, Quark und Joghurt. Daniel hat schon oft gesehen, wie ➔Kühe gemolken werden. Früher machte man das mit der Hand. Heute wird mit Melkmaschinen gemolken. Nicht nur in den Milchdrüsen der Kühe, dem Euter, sondern in denen aller weiblichen ➔Säugetiere bildet sich Milch. Von dieser Milch werden die Jungen nach der ➔Geburt ernährt. Sie enthält alle Nährstoffe. Als ➔Baby saugte Daniel Milch aus der Brust seiner Mutter.

Milchstraße

Anke und ihre Mutter gehen abends spazieren. Am Sternenhimmel sehen sie ein langes, milchig leuchtendes Band. Es besteht aus Milliarden weit entfernter ➔Sterne. Dieser Teil des Sternenhimmels ist die Milchstraße. Gemeinsam mit ihr bilden unser Sonnensystem und alle sichtbaren Sterne ein Sternensystem. Man nennt es Milchstraßensystem oder Galaxie. Unsere Galaxie ist nur eine von Milliarden im ➔Weltall. Eine Nachbargalaxie der Milchstraße ist der Andromedanebel.

Mineral

Tims Großeltern sammeln schöne und seltene Minerale. Man sagt dazu auch Mineralien. Sie sind der Teil der Erdkruste, der nicht aus abgestorbenen Lebewesen entstanden ist. Dazu gehören zum Beispiel die ➲ Metalle, ➲ Kristalle und Gesteine. Auch in Himmelskörpern sind Mineralien enthalten. Man kennt etwa 2000 reine oder gemischte Mineralien. Die Wissenschaft von den Mineralien heißt Mineralogie.

Mineralwasser

Wenn Jakob Durst hat, trinkt er Mineralwasser. Natürliches Mineralwasser stammt von einer ➲ Quelle. Das Wasser hat aus den Gesteinsschichten Spuren ganz unterschiedlicher Mineralien aufgenommen. Es enthält zum Beispiel Kalzium, Magnesium, Eisen und Kalium. Man trinkt es auch als Heilwasser. Es gibt auch künstlich hergestelltes Mineralwasser. Bei diesem Wasser werden die Mineralien zugesetzt.

Minister

In der Zeitung sieht Lena eine Gruppe von Politikern. „Das sind alles Minister", erklärt Lena. Jakob sagt: „Ich seh auch Ministerinnen!" Diese Frauen und Männer gehören zur ➲ Regierung. In ➲ Deutschland werden sie vom ➲ Bundeskanzler vorgeschlagen. Der ➲ Bundespräsident ernennt sie. Danach sind sie ➲ Chef oder Chefin eines Ministeriums. Das ist die oberste Behörde für eine bestimmte Aufgabe. Das Finanzministerium zum Beispiel ist für das Geld zuständig. Es gibt zum Beispiel noch das Justizministerium, das Verteidigungsministerium und das Familienministerium. Auch in den einzelnen ➲ Bundesländern kümmern sich verschiedene Minister um bestimmte Aufgaben.

Mittelalter

Ibo und seine Mutter gehen an einer Kirche vorbei, die im Mittelalter gebaut wurde. Das Mittelalter begann etwa um 500 nach Christi Geburt, als das Altertum zu Ende ging. Mit der Entdeckung ➲ Amerikas war das Mittelalter ungefähr tausend Jahre später zu Ende. Danach fing die Neuzeit an. Im Mittelalter herrschten Kaiser, ➲ Könige und Fürsten über die Länder. ➲ Demokratie gab es noch nicht. ➲ Ritter kämpften für die Adligen. Auch die ➲ Kirche war damals sehr mächtig. Viele Städte wurden gegründet, ➲ Burgen und Kirchen erbaut. Die Kaufleute in den Städten wurden reich. Die Bauern waren Leibeigene der Grundbesitzer, also eigentlich ➲ Sklaven. Vor allem am Ende des Mittelalters wurden wichtige Dinge ➲ erfunden, zum Beispiel der Buchdruck.

mobben

Rengin erzählt ihrer Mutter: „Max wird von Jungs aus der Klasse gemobbt. Auf dem Schulweg beschimpfen sie ihn. In der Pause lassen sie ihn nicht mitspielen. Sie verstecken seine Hefte. Die sind gemein und schikanieren ihn.“ Ihre Mutter sagt: „Ich rede mit eurem Lehrer. Er soll dafür sorgen, dass das aufhört.“

Mode

Tims Mutter sagt: „Frau Bode hat immer etwas Modisches an.“ Weil Mode schnell wechselt, kauft Frau Bode öfter neue Kleidung. Frau Hofer zeigt auf ein Kleid und sagt: „Früher war das modern. Vielleicht wird es das bald wieder.“ Modeschöpfer denken sich Kleidung aus. Sie entscheiden über Stoffe und Farben. Auf Modeschauen zeigen sie ihre neuesten Modelle. Nicht nur bei Kleidung ändert sich der ➔ Geschmack. Es gibt moderne Möbel, Musik, Bilder, Frisuren, Filme, Bücher und vieles mehr.

Modell

Ein Freund von Ankes Vater baut Modelle für einen ➔ Architekten. Diese verkleinerten Häuser entstehen aus ➔ Holz, Pappe und ➔ Gips. Mit so einem Modell kann man sich vorstellen, wie das Haus später aussehen wird. Modelle sind auch andere verkleinerte Nachbildungen, wie Modellflugzeuge oder -eisenbahnen. Ankes Vater erzählt von dem neuesten Modell einer Autofirma. Damit meint er den neuen Autotyp dieser Firma.

Monat

Ibo hat im März Geburtstag. Die Monate Januar, März, Mai, Juli, August, Oktober und Dezember haben 31 Tage. Die Monate April, Juni, September und November sind 30 Tage lang. Der Februar hat meist nur 28 Tage. Alle vier ➔ Jahre gibt es ein Schaltjahr. Dann hat er 29 Tage. Ein Jahr hat zwölf Monate. Ibos Mutter sagt: „In einem Monat beginnen die Ferien.“ Das heißt, dass bis dahin noch etwa 30 Tage vergehen.

Mond

„Der Mond scheint heute sehr hell“, sagt Daniel. Seine Mutter sagt: „Der Mond scheint nicht selbst. Er wird von der ➔ Sonne angestrahlt und gibt ihr ➔ Licht nur weiter.“ Monde sind Himmelskörper, die sich um Planeten bewegen. Unser Mond ist fast 400 000 Kilometer von der ➔ Erde entfernt. ➔ Astronauten sind mit Raketen von der Erde zum Mond geflogen. Steinig und staubig ist es dort. Durch die geringe ➔ Schwerkraft des Mondes ist dort alles viel leichter als auf der Erde. Der Mond kreist auf einer Umlaufbahn um die Erde und gleichzeitig gemeinsam mit der Erde um die Sonne. Für eine Umkreisung der Erde braucht er 28 Tage. Alle 28 Tage ist Vollmond, in den Tagen danach nimmt der Mond ab. Nach 14 Tagen ist Neumond. Dann nimmt der Mond zu, bis wir wieder den Vollmond am Himmel sehen. Manchmal gibt es eine Mondfinsternis. Der Mond ist dann dunkel, weil die Erde zwischen der Sonne und ihm steht und die Sonne ihn nicht bescheint.

Moor

Anke und Daniel kommen beim Spazierengehen an einer sumpfigen Wiese vorbei. Anke sagt: „Da hinten beginnt das Moor (🇨🇭 Moos).“ Die beiden gehen nicht bis dorthin. Im Moorboden kann man nämlich versinken, wenn man die sicheren Wege durch das Moor nicht kennt. Anke sieht ➲ Pflanzen, die auf dem feuchten Moorboden gut wachsen, zum Beispiel ➲ Gras, ➲ Moos, Schilf, Heidekraut, ➲ Birken und ➲ Weiden. Im Moor versickert fast kein ➲ Wasser. Es fließt auch nicht ab, deswegen ist der Boden nass. Er besteht aus abgestorbenen Pflanzenresten, dem Torf. Moorbäder haben heilende Wirkung.

Moos

Im Wald setzen sich Tim und seine Eltern an einer schattigen Stelle ins Moos. „Das ist weich wie ein Polster“, sagt Tim. Als er das Moos dann genauer ansieht, entdeckt er, dass es aus lauter kleinen grünen Pflanzen besteht. Moos speichert den ➲ Regen. Es saugt sich damit voll. Bei Trockenheit gibt es dieses ➲ Wasser an den Waldboden ab. Auch auf Baumstämmen, an Bachrändern, auf Steinen und ➲ Wiesen wachsen die verschiedenen Arten der blütenlosen Pflanze, die keine Früchte trägt.

Motor

Im ➲ Auto sagt Jakobs Mutter: „Wir müssen noch tanken.“ Verbrennungsmotoren brauchen als Treibstoffe ➲ Benzin oder Diesel. Der Treibstoff wird im Motor verbrannt. Dadurch entsteht eine kleine ➲ Explosion. Die Kraft der im Zylinder explodierenden ➲ Gase bewegt die Kolben des Motors nach unten. Diese Bewegung wird auf die Räder übertragen und das Auto fährt. In so einem Motor wird also chemische ➲ Energie in Bewegung verwandelt. Im Elektroauto wird elektrische Energie in Bewegung verwandelt. Der ➲ Strom dazu kommt aus ➲ Batterien oder dem Stromnetz. Die Motorleistung gibt man in Kilowatt (kW) oder Pferdestärke (PS) an. Auch die meisten ➲ Flugzeuge, ➲ Schiffe, ➲ Motorräder und ➲ Maschinen haben Motoren.

Motorrad

An Lena zischt ein Motorrad vorbei. Die schwere Maschine mit ihrem Verbrennungsmotor kann über zweihundert ➲ Kilometer in der Stunde fahren. Es gibt aber auch leichtere und langsamere Motorräder. Mit Beiwagen wird aus dem zweirädrigen Fahrzeug ein dreirädriges. Der Motorradfahrer muss Helm und Schutzkleidung tragen und er braucht einen Führerschein. Motorroller haben kleinere Räder als Motorräder.

Motte

In Ibos Jacke sind Löcher. „Da waren die Motten drin", sagt seine Mutter. Ibo kennt Motten als kleine Nachtschmetterlinge, die zum Licht fliegen. Die Weibchen der Kleidermotte legen Eier in Wollstoffe und Pelze. Aus den Eiern schlüpfen Raupen. Die fressen die ➲ Wolle oder den Pelz. Mit Mottenpapier kann man sie vertreiben.

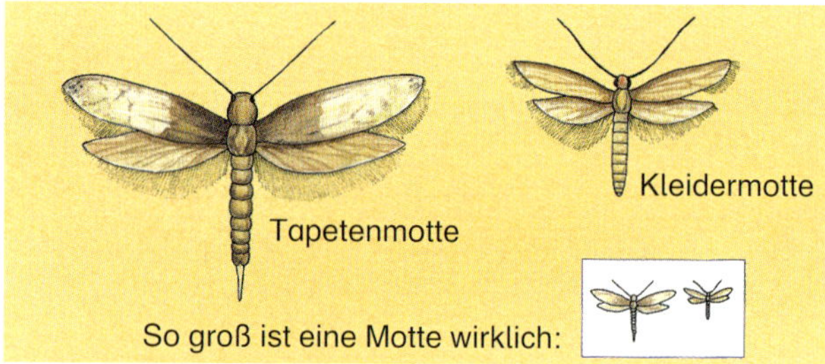

Möwe

Anke und ihr Vater fahren mit einem Schiff. Möwen begleiten es. Als Anke Brot hochwirft, schnappt es sich einer der ➲ Vögel im Flug. Er hat lange spitze Flügel und Schwimmhäute zwischen den Zehen. Von der Wasseroberfläche holen sich diese Seevögel ➲ Fische und Abfälle. Schwimmen können sie gut, aber sie tauchen nicht. Es gibt über 40 Möwenarten.

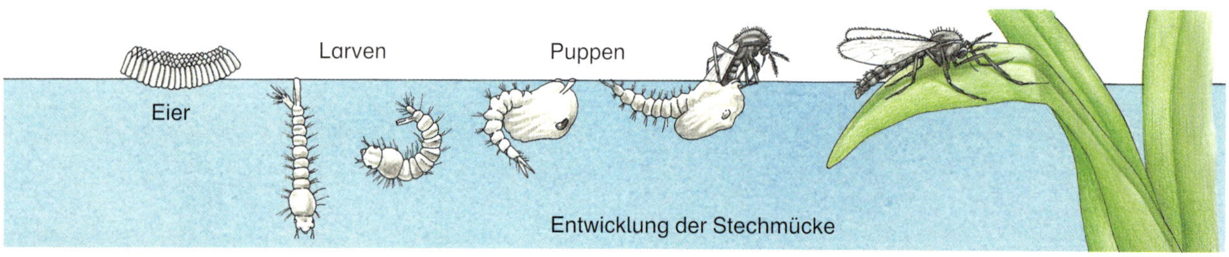

Entwicklung der Stechmücke

Mücke

Plötzlich spürt Daniel ein Kribbeln auf der Hand. Eine Mücke (Gelse)! Er schlägt nach ihr, aber sie ist schon weggeflogen. Vorher hat sie Daniel mit ihrem Rüssel gestochen und ➲ Blut aus der ➲ Haut gesaugt. Das war ein Stechmückenweibchen. Die Männchen stechen nicht. Es gibt viele Tausend Arten dieser kleinen ➲ Insekten mit den durchsichtigen Flügeln. Vor allem in warmen Ländern übertragen Mücken Krankheiten. Dort nennt man die Stechmücken Moskitos. Um nachts schlafen zu können, ohne gestochen zu werden, schützen sich die Menschen mit Moskitonetzen.

müde
Den ganzen Tag hat Tim draußen mit seinen Freunden gespielt. Als er nach Hause kommt, merkt er, dass das anstrengend war. Er ist müde. „Ich geh ins Bett“, sagt er gähnend. Die Müdigkeit zeigt, dass der ➲ Körper Schlaf braucht, um sich zu erholen. Tim ist froh, dass er keine Hausaufgaben mehr machen muss. Wenn er sich müde fühlt, kann er sich nicht mehr richtig konzentrieren und ihm fallen fast die Augen zu.

Müll
„Wirf bitte den Abfall in den Mülleimer“, sagt Jakobs Mutter. In dem Eimer sammelt die Familie den Abfall aus dem Haushalt. Er ist jetzt voll und Jakob kippt den Inhalt in die Mülltonne draußen. Die Müllabfuhr holt den Müll (Kehricht) mit dem Müllauto. Sie bringt ihn zur Mülldeponie oder zur Müllverbrennungsanlage. Zum Müll gehört auch der Abfall, der in ➲ Fabriken entsteht oder auf der Straße liegt. Bestimmten Müll kann man wiederverwenden. Er wird recycelt. Dazu muss er getrennt werden. ➲ Glas und ➲ Papier kommen in eigene ➲ Container oder Mülltonnen. Gemüse- und Obstreste sammelt man auf dem ➲ Kompost oder in der Biotonne. Wichtig ist, dass wenig Müll entsteht. Zurzeit produziert in ➲ Deutschland jeder pro Jahr über fünf Zentner. Der Müll wird weniger, wenn man zum Beispiel zum Einkaufen eine Tasche mitnimmt. Dann braucht man keine Plastiktüte.

Mumie
In einem Film sieht Lena eine Mumie. Diesen einbalsamierten, mit Bändern und Tüchern umwickelten Leichnam fand man in der Grabkammer einer ➲ Pyramide. Er lag in einem Sarkophag, einer Art Sarg. Der Leichnam ist etwa 4000 Jahre alt. Zum Einbalsamieren wurden Harze benutzt. Im heißen, trockenen ➲ Ägypten verwesen die Körper dann nicht. In manchen ➲ Mooren mumifizieren Tote auf natürliche Art.

Mumps
Daniel klingelt bei Anke. Ankes Mutter öffnet ihm die Tür und sagt: „Es ist besser, wenn ihr euch in den nächsten Tagen nicht trefft. Anke hat nämlich Mumps. Sie ruft an, wenn sie wieder gesund ist.“ Der Mumps (Ziegenpeter) ist eine ansteckende Krankheit, die vor allem Kinder bekommen. Dabei entzünden sich die Drüsen in den Ohren. Ankes Wangen sind deswegen ziemlich geschwollen und tun etwas weh. Außerdem hat sie ➲ Fieber. Sie wird etwa zehn Tage zu Hause bleiben müssen. Danach bekommt sie nie wieder Mumps. Sie ist dann nämlich immun dagegen.

Mundharmonika

Ibo hat eine Mundharmonika. Er bläst in die kleinen Öffnungen des ➲ Musikinstruments. Der Luftstrom bringt die dünnen Metallzungen in den Luftkanälen zum Schwingen. So entsteht der Klang. Jetzt probiert Ibo unterschiedliche Töne. Er lernt schnell, eine Melodie zu spielen.

Murmeltier

„Du hast geschlafen wie ein Murmeltier", sagt Tims Mutter. Im Winter sind Murmeltiere viel größere Langschläfer als Tim. Mehr als fünf Monate schlafen sie mit der Familie in ihrem Bau. Die Nagetiere leben zum Beispiel in den Alpen. Sie fressen Wurzeln, Kräuter und Samen. Man sieht die katzengroßen Tieren selten. Kommt ein Mensch, Fuchs oder Adler, pfeifen sie. So warnen sie die anderen und verschwinden im Bau.

Muschel

Am ➲ Strand tritt Jakobs Papa auf eine Muschel. „Au!", ruft er. „Und so was nennt sich Weichtier!" Die weiche Muschel wird durch zwei harte Schalen geschützt. Muscheln leben im Wasser. Die meisten sitzen fest auf dem Grund oder an einem Felsen. Sie ernähren sich von winzigen Tieren und Pflanzen. Die filtern sie aus dem Wasser. Riesenmuscheln wiegen bis zu 500 Kilogramm. In der Südsee wird nach Perlmuscheln getaucht. – Welche Muschel hat keine Schale?

Die Ohrmuschel

Museum

Anke geht mit ihrer Mutter und ihrem Opa ins Heimatmuseum. Dort sehen sie Urkunden, Bilder und Gegenstände aus der ➲ Geschichte der ➲ Stadt. Die zeigen, wie die Menschen früher lebten. Auch im Verkehrsmuseum war Anke schon. Da werden zum Beispiel alte ➲ Autos und ➲ Flugzeuge ausgestellt. Und man erfährt, wie sie im Laufe der Zeit verbessert wurden. In anderen Museen zeigt man Gemälde und Skulpturen. Es gibt auch Museen für ➲ Puppen und ➲ Spiele. In manchen Museen kann man sogar selbst ➲ Experimente ausführen.

Musik
Jakob hört Musik. Er tanzt dazu und summt die Melodie. So nennt man die geordnete Folge von ➲ Tönen. Außerdem klatscht er den Rhythmus, also die gleichmäßig wiederkehrende Betonung. ➲ Komponisten erfinden Musikstücke. Die Töne schreiben sie in Notenschrift auf. Musiker spielen sie auf ihren Instrumenten. Viele Musikstücke werden auch gesungen. Jakobs Oma hört gern Opernmusik. Sein Vater mag Jazz. Lenas Lieblingsmusik ist der Hip-Hop. Diese Popmusik kommt aus Gegenden der USA, in denen vor allem dunkelhäutige Menschen leben.

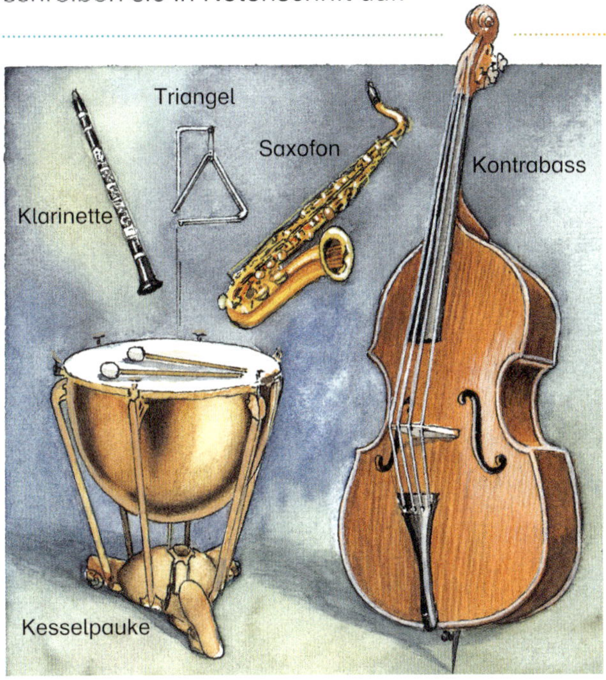

Musikinstrument
Die Kinder im Schulorchester spielen verschiedene Musikinstrumente. Durch die Instrumente wird Luft in Schwingungen versetzt, die sich als Schallwellen fortpflanzen. So hören wir die ➲ Töne. Man teilt die Instrumente danach ein, wie man sie zum Klingen bringt. Zu den Streichinstrumenten gehören die ➲ Geige, das Cello, der Kontrabass und die Bratsche. Zupfinstrumente sind die ➲ Gitarre, die ➲ Harfe und die Zither. Zu den Blasinstrumenten rechnet man Blockflöte, ➲ Trompete, Posaune, Klarinette und Saxofon. Zu den Schlaginstrumenten gehören die ➲ Trommel, das Schlagzeug, der Triangel und die Pauke. Tasteninstrumente sind ➲ Klavier und ➲ Orgel. Ibos Schwester Rengin hat ein Keyboard, also ein elektronisches Tasteninstrument. Sie spielt in einer ➲ Band mit.

Muskel
Lena will ihre Tasche heben. Ihr ➲ Gehirn gibt den Muskeln den Befehl. Die ziehen sich zusammen und Lena hebt die Tasche. Nach der Bewegung erschlaffen die Muskeln. Ohne Muskeln könnte man sich nicht bewegen und nichts tragen. Unwillkürlich funktionierende Muskeln arbeiten ohne Befehl vom Gehirn. Dazu gehören die Muskeln des ➲ Darms. Auch das ➲ Herz ist ein Muskel. Er arbeitet, solange man lebt.

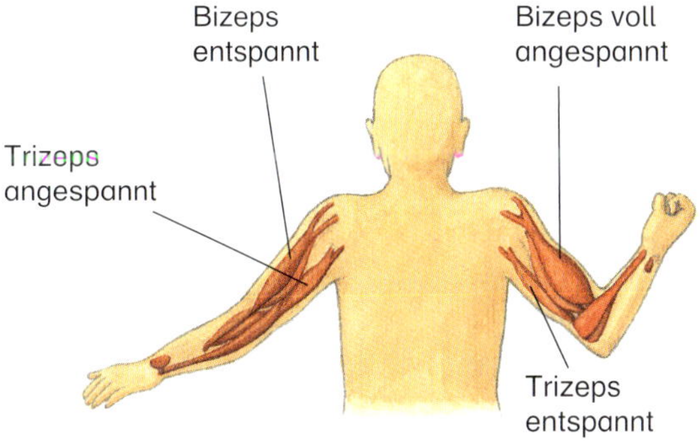

mutig
Auf dem Schulweg sehen Anke und Daniel, dass drei Jungen einen anderen verhauen. Anke sagt: „Dem helfen wir!“ Anke und Daniel überwinden ihre ➲ Angst. Sie rennen hin und helfen dem Jungen. Später sagt Ankes Mutter: „Das war mutig von euch. Und es war ➲ feige von den dreien, dass sie einen Einzelnen verhauen haben.“ Manchmal findet sich Lena richtig mutlos. Dann wagt sie nicht, etwas Schwieriges zu unternehmen. Daniel bestaunt den Mut von Drachenfliegern. Sein Papa sagt dazu: „Was manche da tun, ist nicht mehr mutig. Das ist leichtsinnig.“

N

Zuerst war der Buchstabe das Zeichen für Schlange. Lange wurde das N auch als Schlangenlinie geschrieben. Schnelles Schreiben machte eine S-Form daraus. Die jetzige Form bekam es vor 2300 Jahren bei den Römern. Prima Wörter fangen damit an: Nervensäge, Nachtgespenst, Nasenbär. Entdeckst du andere?

Nabel

Jakob zeigt auf seinen Bauchnabel und fragt: „Warum habe ich diese Kuhle?" Mama antwortet: „Vor deiner ➲ Geburt waren wir mit der Nabelschnur verbunden. Durch sie kamen Nährstoffe und Sauerstoff von meinem ➲ Körper in deinen. Die hast du zum Wachsen gebraucht. Nach der Geburt ist die Nabelschnur überflüssig. Sie wird durchgeschnitten. An der Stelle – dem Nabel – hat man dich von mir abgenabelt."

Nachbar

In der Klasse 3a sitzt Ibo neben Lena. Er ist ihr Tischnachbar. Die beiden kennen sich schon aus dem Kindergarten und mögen sich. Zwei aus der Klasse haben sich umgesetzt. Die kamen mit ihrem Nachbarn nicht aus. Auch zu Hause sind Lena und Ibo Nachbarn. Lena und ihre Familie wohnen im Haus auf der einen Seite der Straße. Im Haus gegenüber wohnt Ibos Familie. „Mit den meisten unserer Nachbarn haben wir Glück gehabt", sagt Lenas Mutter. Man hilft einander. Manchmal feiert man. Und die Kinder aus der Nachbarschaft spielen zusammen. Leider gehört zu den Nachbarn auch eine Familie, mit der niemand richtig auskommt. Diese Leute beschweren sich über alles.

Nacht

Tim will ins Bett gehen. Er sieht noch mal aus dem Fenster und merkt, dass es nachts nicht völlig dunkel ist. Hier in der Stadt leuchten die Straßenlampen und die Neonwerbung einiger Läden. Außerdem geben heute der ➲ Mond und die ➲ Sterne etwas ➲ Licht. Nachts schlafen die meisten Menschen. Aber einige sind wach. In manchen ➲ Fabriken wird die Nacht hindurch gearbeitet. Ärzte, Krankenschwestern und Apotheker haben Nachtdienst. Straßenbahn-, Zug-, Bus- und Taxifahrer sind unterwegs. Auch die Tiere schlafen nicht alle. ➲ Eulen, ➲ Katzen, ➲ Fledermäuse und Igel jagen nachts. Im Winter sind die Nächte lang. Da geht die Sonne früher unter und später auf als im Sommer. – Manchmal darf Tim bis nach Mitternacht aufbleiben, an Silvester zum Beispiel.

Nachtigall

Aus einem Gebüsch hört Anke Vogelgesang. „Der klingt toll“, staunt sie. „Das ist eine Nachtigall“, sagt Daniel. Nur die Männchen singen so schön. Auch abends und in der Nacht sind diese Singvögel zu hören. Nachtigallen sind klein und unscheinbar. Die ➔ Vögel leben in Gebüschen. Ihre ➔ Nester bauen sie meistens auf dem Boden. Sie ernähren sich von ➔ Insekten.

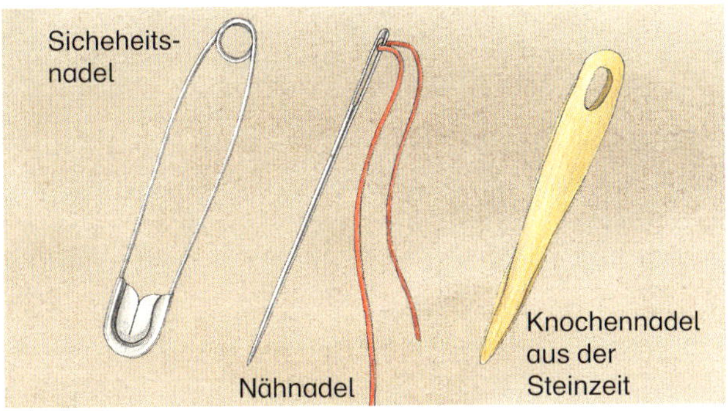

Nadel

Daniel nimmt eine Nadel aus dem Nähkasten. Er zieht einen Faden durch das schmale Nadelöhr. Außer den Nähnadeln liegen da noch Sicherheits- und Stecknadeln und dickere Strick- und Häkelnadeln. Die meisten sind aus ➔ Metall. Spitz sind Nadeln auch, spürt Daniel, als er sich sticht. – Welche Nadeln wachsen auf Bäumen?

Die Tannennadeln

Nagel

Lena hält die Spitze eines Nagels an die Wand. Dann schlägt sie ein paarmal mit dem ➔ Hammer auf den flachen Nagelkopf. Jetzt sitzt der Nagel in der Wand. Alle Nägel im Werkzeugkasten sind aus Metall. Mit ihnen befestigt man etwas oder hängt etwas daran auf. – Wenn Lena das Richtige sagt, trifft sie den Nagel auf den Kopf. – Welche Nägel sind aus Horn?

Die Finger- und Fußnägel

Nähmaschine

Zum Nähen benutzt Ibos Mutter meistens die Nähmaschine. So schnell und gleichmäßig wie damit kann sie mit der Hand nicht nähen. Für dicke Stoffe benutzt sie eine dicke ➔ Nadel, für dünnere Stoffe eine viel feinere. Mit ihrer ➔ Maschine kann sie einfache Nähte oder Zierstiche nähen. Für Pelze und Leder gibt es Spezialnähmaschinen. Heute werden Nähmaschinen von Motoren angetrieben, früher durch Tretkurbeln.

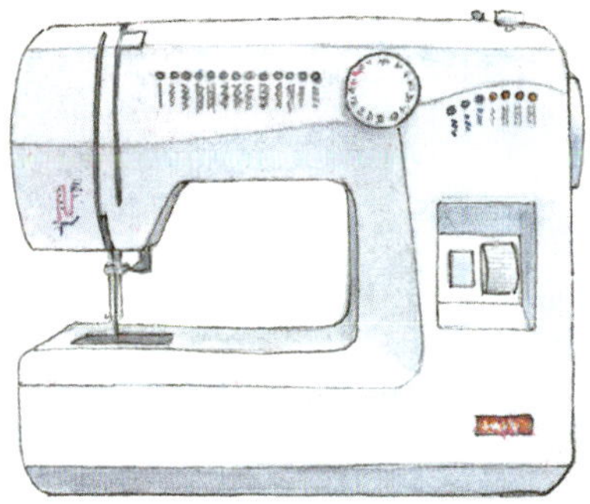

Nahrung

Heute gibt es bei Bodes zum Mittagessen ➔ Kartoffeln, ➔ Gemüse, ➔ Fleisch und ➔ Salat. Dazu trinken sie Mineralwasser oder ➔ Saft. Von solchen festen und flüssigen Nahrungsmitteln ernähren wir uns täglich. Ohne genügend Nahrung können Menschen und Tiere nicht leben. Die Nährstoffe der Nahrungsmittel liefern ➔ Energie. Auch für das Wachstum und den Aufbau der Körperzellen sind sie sehr wichtig. Gesunde Nahrung enthält Eiweiß, ➔ Fett, Kohlenhydrate, genug ➔ Vitamine, Mineralsalze und Ballaststoffe. Besonders gesund sind ➔ Obst, Gemüse und Salat.

Name

„Wie würde ich heißen, wenn ich ein Mädchen wäre?“, fragt Tim. „Judith“, antwortet seine Mutter. Tim ist mit seinem Vornamen zufrieden. Den Familiennamen ‚Hofer‘ tragen die Vorfahren seines Vaters schon seit Generationen. Tims Mutter hieß bis zur Hochzeit ‚Klausen‘. Dann nahm sie den Nachnamen ihres Mannes an. Früher war das automatisch so. Heute wählen die Eheleute den Geburtsnamen der Frau oder den des Mannes als Familiennamen. Einer von beiden kann auch zusätzlich zum Familiennamen seinen Geburtsnamen weitertragen. Oder beide können ihren alten Namen behalten.

Nase

„Das riecht gut“, sagt Anke. Ihre Mutter backt. Ankes Nase verrät ihr das durch die Riechzellen in der Nasenhöhle. Nerven übertragen den Geruchsreiz ins ➲ Gehirn. Dort wird unterschieden, ob etwas gut oder schlecht riecht. Zum Glück hat Anke keinen ➲ Schnupfen. Sonst könnte sie fast nichts riechen. Härchen in der Nase halten die Schmutzteile der ➲ Luft zurück. Außerdem wird die Luft in der Nase angewärmt und angefeuchtet. Hunde nehmen mit der Nase Spuren auf. Sie können viel besser riechen als wir.

Nashorn

Im Zoo sehen Jakob und sein Papa ein großes, plumpes Tier. Mit seinem Horn auf der Nase muss es einfach Nashorn heißen. Man nennt es auch Rhinozeros. Nashörner können ein oder zwei Hörner haben. Die ➲ Säugetiere leben in den ➲ Savannen Afrikas. Über drei Tonnen schwer können die Dickhäuter werden. Wenn man sie ärgert, stoßen sie mit ihrem Horn. Aber sonst sind diese Pflanzenfresser friedlich.

Natur

„Schön ist es hier in der Natur“, freut sich Tims Mutter bei einem Spaziergang. Auch Tim gefällt es hier sehr gut. Die ➲ Luft um ihn herum, das ➲ Wasser im Bach, die ➲ Tiere, die ➲ Pflanzen, das alles gehört zur Natur. Eines ist in der Natur vom anderen abhängig. Gäbe es zum Beispiel kein Wasser, könnten Menschen, Tiere und Pflanzen nicht leben. Sie würden verdursten. Aber auch hier draußen, weit vor der ➲ Stadt, wurde von den Menschen viel verändert. Wege wurden zum Beispiel neu angelegt, ➲ Bäume und ➲ Sträucher gepflanzt und Bäche begradigt. Naturbelassen ist diese Gegend also nicht. Eigentlich versteht man unter Natur, was nicht von Menschen geschaffen wurde, also alles, was nicht zur ➲ Kultur gehört. Das sind die Lebewesen, das Wasser, die Erde, die Luft, die Himmelskörper, aber auch die ➲ Atome, aus denen alles zusammengesetzt ist. Manche Gebiete erklärt man zu Naturschutzgebieten. Dort will man die Lebensräume und Landschaften erhalten. So schützt man verschiedene Pflanzen und Tiere vor dem Aussterben. – Zu den Naturwissenschaften gehören die ➲ Biologie, die ➲ Chemie, die ➲ Physik und die Astronomie.

Nebel

Ibo und Lena gehen nach Hause. „Ist das neblig!“, sagt Ibo. Die beiden sehen nur, dass sie fast nichts sehen. Nebel entsteht, wenn feuchte ➜ Luft über der Erde abkühlt. Dabei verdichten sich die in der Luft enthaltenen winzigen Wasserteilchen zu feinen Wassertröpfchen. Und die sind der Nebel. In der Stadt kann er durch Ruß, Staub und Abgase verschmutzt sein. Für den Verkehr ist Nebel gefährlich. Autofahrer schalten ihre Nebelscheinwerfer ein, damit sie besser sehen. Seeleute auf ➜ Schiffen geben mit Nebelhörnern ➜ Signale. Lena sagt zu Ibo: „Sprich Nebel mal rückwärts aus. Was wird daraus?“

Nelke

Oma und Jakob pflücken im Garten einen bunten Strauß Nelken. „Gut und stark riechen die“, sagt Oma. Gärtner züchten Nelken in ➜ Treibhäusern. Auf ➜ Wiesen und an Wegrändern gibt es wild wachsende Nelken wie die Heidenelken und die Steinnelken. Manchmal benutzt Jakobs Oma Nelken als ➜ Gewürz. Gewürznelken sind die getrockneten Blüten eines Baums in den Tropen.

Nerven

„Du bist eine Nervensäge“, sagt Mama. Daran merkt Anke, dass ihre Mutter heute ➜ müde und leicht reizbar ist. Ihre Nerven reagieren stark und sehr schnell auf Geräusche und alles andere, was sie stört. Die Nerven sind wie Leitungsbahnen im ➜ Körper. Sie verbinden alle Teile des Körpers mit dem Rückenmark und dem ➜ Gehirn. Berührt Anke zum Beispiel eine heiße Pfanne, wird der ➜ Schmerz von den Nervenenden am Finger aufgenommen. Die Nerven leiten den Reiz über den Hauptnervenstrang des Rückenmarks ans Gehirn. Das Gehirn befiehlt dem Finger über die Nerven: „Lass die Pfanne sofort los!“ Darauf reagieren die ➜ Muskeln. Blitzschnell geht das und ohne nachzudenken. Auch das ➜ Herz und die ➜ Verdauung werden von Nerven gesteuert. Wenn jemand keine Nerven hätte, würde er zum Beispiel nichts spüren, nichts sehen und sich nicht bewegen können.

Nest

„Da, ein Vogelnest“, sagt Lena zu Daniel. Sie sieht das leere Nest in den Zweigen eines ➜ Strauchs. Nester gibt es auch auf ➜ Bäumen, am Erdboden, in Erdhöhlen und sogar an Dächern von Häusern. Als Baumaterial benutzen ➜ Vögel und andere Tiere Gras, Zweige, Blätter, Lehm, Sand und ihren Speichel. Innen polstern manche Vögel das Nest noch mit Federn oder Tierhaaren aus. Wenn es fertig ist, legt das Weibchen ➜ Eier hinein, die dann ausgebrütet werden. Geschützt hocken die Jungen später im Nest und lassen sich füttern. Auch ➜ Eichhörnchen und ➜ Wespen haben Nester. Das große Adlernest nennt man Horst.

Netz
Im Fernsehen sieht Ibo Fischer, die ihre Netze auswerfen. Diese Netze wurden aus starkem Garn hergestellt. Bei der Hochseefischerei benutzen die Fischer auf ihren Fangschiffen oft riesige Netze. Sind die Maschen eng, fängt man auch kleine Fische. Sind sie weiter geknüpft, können die entkommen und groß werden. – Auf dem Stadtplan wirken die Straßen wie ein Netz. Man spricht deswegen vom ‚Straßennetz'.

neugierig
„Mensch, bist du neugierig", sagt Lena zu Jakob. Der fragt andauernd, was er zum Geburtstag bekommt. Er möchte es zu gerne wissen. Neugier ist eine wichtige Eigenschaft. Die Entdecker waren zum Beispiel neugierig, wie die Erde aussieht. Ihre Neugier ließ sie nicht zur Ruhe kommen. Sie segelten los und entdeckten neue Länder. Auch Forscher sind neugierig. Sie möchten unbedingt etwas Neues erfahren.

Niere
Tim muss zur Toilette. Was da aus der Harnröhre ins Klo fließt, ist Urin. Er entsteht in den zwei Nieren und kommt über den Harnleiter in die Blase. Etwa dreihundertmal fließt das Blut täglich durch die faustgroßen Nieren. Die liegen über dem Po auf beiden Seiten der Wirbelsäule. Sie filtern schädliche Rückstände und Wasser, das der Körper nicht braucht, aus dem Blut. Sonst wäre das Blut bald vergiftet.

Nikolaus
(Samichlaus) Am Abend des 5. Dezember stellt Anke ihre Stiefel vor die Tür. Am 6. Dezember feiert man nämlich das Nikolausfest. Nach einem alten Brauch werden die Kinder dann vom Nikolaus beschenkt. Begleitet wird der Nikolaus oft vom Knecht Ruprecht (Krampus, Schmützli). Der Nikolaustag erinnert an den heiligen Bischof Nikolaus. Er soll vielen Menschen geholfen haben.

Nilpferd
Jakob und seine Oma stehen im Zoo am Nilpferdgehege. „Die sehen gar nicht wie Pferde aus", sagt Jakob. Tatsächlich sind Nilpferde mit den Schweinen verwandt. Man nennt sie auch Flusspferde. Tagsüber liegen die schwerfällig wirkenden Säugetiere meistens im Wasser. Tatsächlich sind sie aber gute Läufer. Nachts grasen die Pflanzenfresser an Land. In Freiheit leben die Flusspferde als Herdentiere in Afrika.

Nixe

Ibo liest ein Märchenbuch. Darin kommt eine wunderschöne Nixe mit langen Haaren vor. Dieser Wassergeist taucht auch in ➲ Sagen immer wieder aus den Wellen auf. Ibo überlegt, ob es wohl praktisch ist, mit so einem Fischschwanz zu leben. Die Nixen haben nämlich einen weiblichen Oberkörper und einen schuppigen Fischschwanz. Man nennt sie auch Meerjungfrauen.

Nomade

Herr Bode erzählt von einem Bekannten: „Der führt ein Nomadenleben. Mal lebt er hier, mal dort.“ Nomaden haben keinen festen Wohnsitz. In ➲ Afrika leben viele Hirten so. Ist ein Weideplatz abgegrast, brechen sie ihre Zelte und Hütten ab und suchen für ihre Tiere eine neue Weide. Zu den Nomaden gehören die Samen in Nordskandinavien und die Beduinen in Afrika. Heute sind viele Nomaden sesshaft geworden.

Nordpol

Auf dem ➲ Globus sucht Daniel den Nordpol. Diese nördlichste Stelle der Erde liegt im Eismeer der Arktis. Dickes Eis bedeckt Teile des ➲ Meeres. Das Gebiet gehört zu den kältesten der Erde. Hier leben Eisbären und Robben. In den Forschungsstationen arbeiten Menschen. Die Sonne geht nur einmal im ➲ Jahr auf. Nach einem halben Jahr geht sie wieder unter. Die Polarnacht dauert auch wieder ein halbes Jahr.

normal

Tim und seine Eltern begegnen einem Mann, der völlig tätowiert ist. „Der ist nicht normal!“, schimpft Tims Vater. Seine Mutter sagt: „Das stört doch niemanden und ihm gefällt es.“ Tim findet das Aussehen des Mannes auch nicht durchschnittlich. Es entspricht nicht der Norm. Aber wenn alle durchschnittlich und normal aussähen, fände Tim das langweilig. Ihm fällt auf, dass für den einen normal ist, was ein anderer unnormal findet. Für seinen Vater ist es normal, am Sonntag um acht Uhr aufzustehen. Frau Bode sagt: „Für mich ist es normal, am Sonntag bis elf zu schlafen.“

Note

Im Musikunterricht lernt Daniel die Notenschrift. Er schreibt sie in sein Notenheft. Mit Notenzeichen zeichnet man die Höhe und die Dauer der Töne auf. Andere Zeichen geben zum Beispiel die Tonart wieder. Wer Noten lesen kann, weiß, welche Töne er singen oder mit einem Instrument spielen soll. – Welche Noten bewerten Leistungen?

Die Schulnoten

Notruf

Über dem ➜ Telefon klebt ein roter Zettel. „Auf dem stehen die Notrufnummern“, hat Mama Anke erklärt. Im Notfall kann Anke mit diesen kurzen Telefonnummern die ➜ Polizei, die ➜ Feuerwehr und den Notarzt mit dem Rettungswagen anrufen. Dann kommt schnell Hilfe. Der Notruf der Polizei hat die Nummer 110, der Feuerwehrnotruf ist 112. An Autobahnen stehen Notrufsäulen. ➜ Schiffe in Gefahr funken als Notruf SOS.

Nudeln

Am liebsten mag Jakob Spaghetti. Auch andere Nudelformen wie Makkaroni, Faden- und Bandnudeln oder Spätzle isst er gerne. Die Teigwaren bestehen aus ➜ Getreide. Es gibt zum Beispiel Hartweizengrieß- und Vollkornnudeln. Als Zutaten sind Eier, Wasser oder Milch im Teig enthalten. Wenn die Nudeln ins kochende Wasser kommen, denkt Jakob immer, dass es zu wenige sind. Aber beim Kochen quellen sie auf.

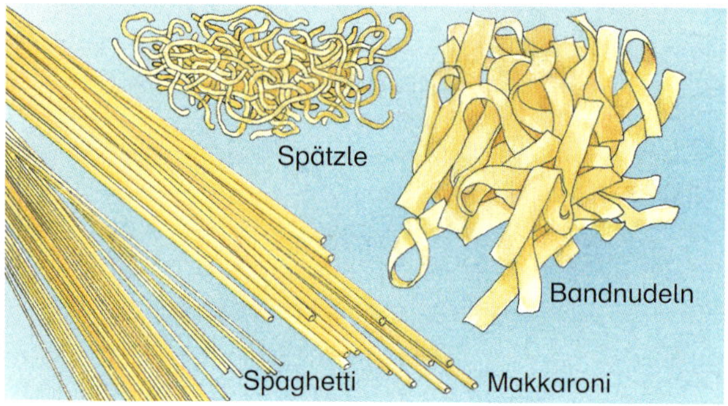

Nummernschild

(Nummerntafel) Familie Aksoy hat ein neues ➜ Auto. „Das hat ein anderes Nummernschild als das alte“, sagt Ibo. Auf dem Schild sieht er Nummern und Buchstaben. Solche Schilder sind die amtlichen Kennzeichen von Kraftfahrzeugen. Dadurch können Polizeibeamte herausfinden, wem das Auto gehört.

Nuss

Im Sommer sieht Lena, dass die vielen Nüsse am Walnussbaum ihrer Oma noch grün und unreif sind. Im Herbst pflücken sie die reifen Nüsse dann. Lena öffnet die harten braunen Schalen mit dem Nussknacker. Danach holt sie die leckeren Kerne heraus und isst sie. Sie sind die ➜ Samen der ➜ Pflanze und enthalten sehr viel Fett und Eiweiß. An Omas Haselnussstrauch wachsen die kleineren Haselnüsse. Die gemahlenen Nüsse nimmt Lenas Oma zum Backen. Auch die Esskastanien und die Bucheckern gehören zu den Nüssen. Paranüsse, ➜ Mandeln, ➜ Erdnüsse und ➜ Kokosnüsse wachsen in besonders warmen Ländern. Bei allen Nüssen sitzen die Samen in einer festen Schale. Viele Tiere fressen gerne Nüsse. Ein sehr geschickter Nussknacker ist das ➜ Eichhörnchen. – Manchmal hat Lena bei den Schularbeiten eine harte Nuss zu knacken.

O
In frühen Schriften gab es keine Selbstlaute wie das O. Es entstand aus einem zusätzlichen Zeichen, das aussah wie ein Auge. Später wurde es zum Kreis. Als griechisches Omega war er unten offen. Daraus entstand unser O, mit dem Wörter beginnen wie Osterhase, Orient, Optimist. Entdeckst du noch andere?

obdachlos
In der Zeitung sehen Anke und Daniel Bilder von einem ➔ Erdbeben. Darunter steht, dass durch diese gewaltige Naturkatastrophe viele Tausend Menschen obdachlos wurden. Sie alle haben ihre Wohnungen oder Häuser verloren, also ihr Obdach. – Manchmal sieht man in den Städten obdachlose Männer und Frauen. Sie haben kein Zuhause, viele ziehen herum. Sie schlafen zum Beispiel in Parks oder unter Brücken. Manche schlafen auch in Obdachlosenheimen. Dort bekommen sie außerdem zu essen und zu trinken.

Obst
Im Laden von Aksoys werden viele Obstsorten angeboten. Kernobst wie die ➔ Äpfel und ➔ Birnen liegt da in Kisten. ➔ Erdbeeren, ➔ Himbeeren und ➔ Brombeeren werden in Schalen verkauft. Ibo mag ➔ Kirschen am liebsten. Mit den Steinen dieser ➔ Frucht kann er prima weit spucken. Zum Steinobst gehören außerdem die ➔ Pflaumen und ➔ Pfirsiche. Aus warmen Ländern werden ➔ Bananen, ➔ Ananas, ➔ Orangen, ➔ Zitronen und Mangos hierhergebracht, die Südfrüchte also. Obst ist sehr ➔ gesund. Man kann es roh essen, zu ➔ Marmelade verarbeiten oder zu ➔ Saft pressen. Aus vielen verschiedenen Obstsorten macht man Obstsalat.

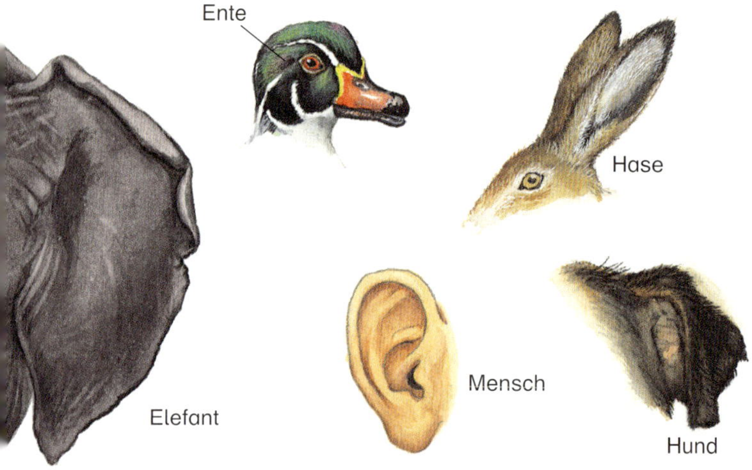

Ohr

Lena erzählt, was sie erlebt hat. Tim hört zu. Was Lena sagt, wird von Tims Ohrmuscheln als ➔ Schall aus der Luft aufgefangen. Die Ohrmuscheln sind der äußere Teil der Ohren. Die Schallwellen kommen durch den Gehörgang zum Trommelfell. Sie bringen das feine Häutchen zum Schwingen. Das Trommelfell leitet die Schwingungen weiter. Sie reizen die Gehörnerven und die geben die Hörreize ans Gehirn weiter. Dort werden die ankommenden Geräusche dann unterschieden. Ohrenbetäubender ➔ Lärm schadet dem Gehör. – Viele Tiere hören wesentlich besser als die Menschen.

Öl

Heute Abend macht Daniel mal den ➔ Salat. Dafür braucht er Öl. Öle sind fette ➔ Flüssigkeiten. Speiseöl presst man aus ➔ Früchten, Oliven oder aus Samen, wie den ➔ Sonnenblumenkernen. Es wird für Salate, zum Kochen und zum Braten benutzt. Die Schmieröle für ➔ Motoren macht man aus ➔ Erdöl. Erdöl wird auch gebraucht, um ➔ Benzin und Heizöl herzustellen. Öl brennt gut. Und es schwimmt auf Wasser, denn es ist leichter als Wasser. Manchmal verunglücken Öltanker. Dann fließen riesige Ölmengen ins Meer. So eine ➔ Katastrophe nennt man Ölpest. Das Öl verklebt die Federn der Wasservögel. Auch viele ➔ Fische überleben eine Ölpest nicht.

Olympische Spiele

Im Fernsehen werden die Olympischen Spiele übertragen. Anke sieht zu. Alle vier Jahre treffen sich die besten Sportlerinnen und Sportler zu diesem großen Ereignis. Bei der Eröffnung der Spiele wird im Olympiastadion das olympische Feuer entzündet. Staffelläufer haben es aus dem griechischen Ort Olympia dorthin gebracht. Während der Sommerspiele stehen Sportarten wie ➔ Leichtathletik, ➔ Schwimmen, Rudern und ➔ Turnen im Mittelpunkt. Im Winter sieht man zum Beispiel ➔ Skifahren, Skispringen, Bobfahren und Eiskunstlaufen. Der Gewinner eines Wettkampfes bekommt eine Goldmedaille, der Zweite eine Silber- und der Dritte eine Bronzemedaille. Die Olympischen Sommerspiele, wie wir sie kennen, gibt es seit 1896, die Winterspiele seit 1924. Doch schon vor fast 3000 Jahren trafen sich Sportler in Griechenland zu Olympischen Wettkämpfen.

Oper

Anke, ihre Mutter und deren Freund Felix gehen in die Oper. So heißt auch das Haus, in dem Opern aufgeführt werden. Die Sängerinnen und Sänger auf der Bühne singen und spielen das Stück. Ein ➔ Orchester mit vielen Musikern begleitet sie. Die Opernmusik wird von ➔ Komponisten ausgedacht und aufgeschrieben. Zu den berühmtesten gehören Mozart, Verdi und Wagner. Ankes Opa hört gerne Operetten. Die Handlung und die ➔ Musik sind oft lustiger als die einer Oper und es wird auch gesprochen. Moderne Operetten nennt man häufig Musicals.

Operation

Ibo liegt seit ein paar Tagen im ➲ Krankenhaus. Er hatte eine Blinddarmentzündung und ist operiert worden. Rengin besucht ihn. Ibo zeigt ihr die Narbe von dem Schnitt an seinem Bauch. „Da hat mich der ➲ Arzt operiert“, sagt er. „Er hat mir nicht den ganzen Blinddarm herausgenommen, sondern nur den Wurmfortsatz.“ Danach hat der Chirurg die Schnittstelle zugenäht. Damit man während einer Operation keine ➲ Schmerzen hat, bekommt man vorher eine Narkose. Ibo erzählt: „Durch die Narkose bin ich schnell tief eingeschlafen und habe nichts gespürt.“ Vorhin war der Arzt bei ihm. Er hat gesagt, dass Ibo in einigen Tagen wieder nach Hause kann.

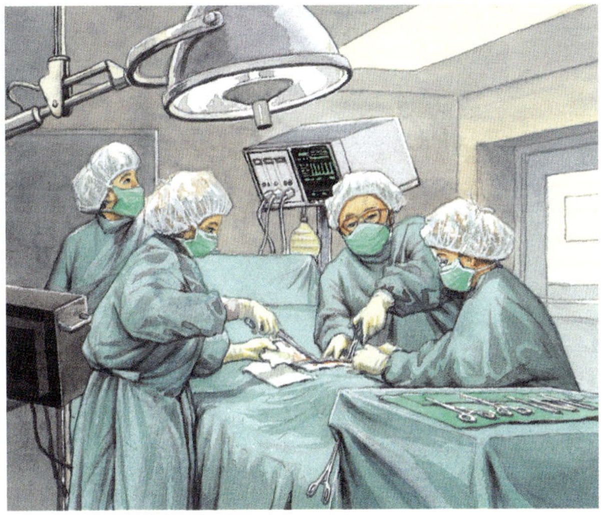

Orang-Utan

Im ➲ Zoo beobachtet Jakob die Orang-Utans. Jetzt weiß er, warum man sie Menschenaffen nennt. Sie sehen uns wirklich ähnlich. Jakob fallen die langen Arme der kräftigen Tiere auf. Mit denen schwingen sie sich von Ast zu Ast. Das rotbraune Fell ist zottelig und lang. Die männlichen Tiere werden bis zu 1,80 Meter groß. Die Weibchen sind etwas kleiner. Die Pflanzenfresser bauen ihre Schlafnester in Bäumen. In Freiheit leben diese ➲ Affen in den ➲ Urwäldern Sumatras und Borneos.

Orange

Tim schält eine Orange. Das süße, saftige Fruchtfleisch schmeckt ihm gut. Auch den Saft presst er sich gern aus. Bei uns wachsen diese Südfrüchte nicht, denn sie brauchen viel Sonne. In Ländern wie Spanien, Israel und Italien kann man sie von Bäumen pflücken. Man nennt sie auch Apfelsinen.

Orchester

„Das ➲ Konzert hat mir gefallen“, sagt Ankes Mutter. Die Musikstücke wurden von den Musikern eines Orchesters gespielt. Ein Dirigent leitet dieses Symphonieorchester. „Über hundert Musiker gehören dazu. Einige spielen Streichinstrumente wie Violine, Cello und Kontrabass“, sagt Felix, der Freund von Ankes Mutter. Auch Blasinstrumente werden gespielt, zum Beispiel Posaune, ➲ Flöte, Klarinette und Horn. Und natürlich gehören Schlaginstrumente wie ➲ Trommel und Pauke zu diesem Orchester. Es gibt aber auch reine Streich- oder Blasorchester. Im Gegensatz zum großen Orchester werden im Kammerorchester viele Instrumente nur von jeweils einem Musiker gespielt.

Orchidee
In einem Schaufenster sehen Ibo und Lena Blumen mit tollen Blüten. „Das sind Orchideen", sagt Ibo. Es gibt etwa 20 000 Arten. Die meisten wachsen in tropischen Wäldern. Sie werden aber auch in ➔ Treibhäusern gezüchtet. Einige Arten wachsen sogar bei uns wild, wie das Knabenkraut und der Frauenschuh. Übrigens: Die ➔ Vanille ist die Frucht einer tropischen Orchidee.

Organ
Tims Mutter kommt von ihrer Ärztin und sagt: „Meine Organe sind gesund." Bei Organen denkt man wahrscheinlich zuerst an ➔ Herz, ➔ Lunge, ➔ Leber und ➔ Nieren. Organe braucht man, um leben zu können. Jedes ist für eine Aufgabe spezialisiert. Dazu gehören auch ➔ Muskeln und ➔ Därme. In der Biologie nennt man alle Körperteile der Lebewesen Organe, wenn die Lebewesen aus mehr als einer Zelle bestehen. Also haben auch Tiere und Pflanzen Organe. Pflanzliche Organe sind zum Beispiel ➔ Blätter und ➔ Wurzeln. – Tims Mutter ist Organspenderin. Sie will ihre Organe spenden, wenn sie gestorben ist. Die Empfänger haben schwer erkrankte Organe, wie eine Leber oder Niere.

Orgel
In einer ➔ Kirche sehen Daniel und seine Oma eine Orgel. Oma Bode sagt: „Orgeln sind die größten ➔ Musikinstrumente." Daniel fallen die verschieden hohen und dicken Pfeifen auf. „Das sind die Orgelpfeifen", erklärt Oma. Orgeln stehen in fast allen Kirchen. Sie werden von einem Organisten gespielt. Er bedient die Tasten und Pedale. Dadurch werden ➔ Ventile geöffnet. Und durch die wird Luft in die Pfeifen geblasen. Dieser Luftstrom erzeugt die feierlichen Orgeltöne.

Orient
Die Lehrerin erzählt von den drei Weisen aus dem Morgenland. „Sie kamen also aus dem Orient", sagt sie. Morgenland und Orient sind das Gleiche. Das Wort Orient stammt vom lateinischen ‚oriens sol'. Das heißt ‚aufgehende Sonne'. Zum Orient rechnet man die vorder- und mittelasiatischen Länder, die von uns aus gesehen im Osten liegen – also dort, wo die Sonne aufgeht. Das sind zum Beispiel Israel, der Iran, die Türkei und Indien. Auch die Länder im nordöstlichen Afrika gehören dazu, zum Beispiel ➔ Ägypten. Wir Europäer leben im Abendland, dem Okzident.

orientieren
Ibo versucht, sich im Wald zu orientieren, denn er möchte nach Hause. Auf dem Hinweg ist er auf die ➔ Sonne zugelaufen. Auf dem Rückweg muss er sie jetzt also im Rücken haben. Er hört Kirchenglocken. In der Nähe der Kirche wohnt er. Sein Geruchssinn hilft ihm beim Orientieren nicht viel. Bei Menschen ist er schwächer ausgeprägt als bei den meisten Tieren. In der See- und Luftfahrt hat man zur Orientierung Instrumente wie ➔ Radar und ➔ Kompass. Im Auto führt ein Navigationsgerät zum Ziel.

Ostern

„Bald ist Ostern!“, freut sich Lena. Ostern ist das älteste christliche ➲ Fest. Mit ihm wird die Auferstehung Christi gefeiert. Die Woche vor Ostern nennt man Karwoche. Ostern feiert man nach Frühlingsbeginn, und zwar am ersten Sonntag nach dem Vollmond. Es wird also jedes Jahr an einem anderen ➲ Datum gefeiert. Zu Ostern verstecken die Eltern Ostereier, Schokoladenhasen und andere kleine Geschenke.

Österreich

Anke will mit ihrem Opa in den Ferien nach Österreich fahren. Auf alle Fälle möchten die beiden eine Dampferfahrt auf der Donau mitmachen, die durch Österreich fließt. Dieser Nachbarstaat ➲ Deutschlands und der ➲ Schweiz hat neun Bundesländer. Er ist überwiegend bergig. Mit 3797 Metern ist der Großglockner der höchste ➲ Berg Österreichs. Acht Millionen Menschen leben in dem Alpenland. Sie sprechen Deutsch. „Wir sollten uns ein paar Tage Zeit für Wien nehmen“, sagt Ankes Opa. Wien ist die ➲ Hauptstadt Österreichs und auch die größte Stadt des Landes. Anke freut sich auf das Baden in einem der vielen österreichischen Seen und auf Bergwanderungen. Jeden Winter kommen Skifahrer aus vielen Ländern nach Österreich. Außer dem Fremdenverkehr sind auch die Landwirtschaft und die Forstwirtschaft wichtig für Österreich. Metall- und Textilwaren werden in andere Länder verkauft. An Bodenschätzen gibt es zum Beispiel Eisenerz und Erdöl. Wasserkraftwerke in den Bergen und an der Donau versorgen das Land mit Energie.

Ozon

Im Radio hört Tim eine Ozonwarnung. Ozon ist ein ➲ Gas, das sich in der Luft befindet. Es entsteht im Sommer durch Abgase, zum Beispiel von Autos. Im Gegensatz zum Sauerstoff, den wir einatmen, ist es für Menschen schädlich. Aber in der Lufthülle der Erde gibt es eine lebensnotwendige Ozonschicht. Sie schützt uns vor den gefährlichen ultravioletten Strahlen des Sonnenlichts. Über der Antarktis entstand ein Ozonloch, weil die Ozonschicht durch Treibgase und andere chemische Stoffe zerstört wurde. Kommen mehr UV-Strahlen auf die Erde, löst das Hautkrebs und andere Krankheiten aus. Außerdem steigen die Temperaturen auf der Erde.

P

Das P entstand aus einem Zeichen für den Begriff Mund, das aussah wie ein Lippenpaar. Es gab noch andere Formen, bis der Buchstabe ein Strich war, der oben einen Haken hatte. Der Haken wurde zum Halbkreis und unser P war fertig, mit dem schöne Wörter anfangen: Pampe, Pause, Pferdeapfel. Und welche entdeckst du?

Palme

Auf einer Postkarte sieht Jakob Palmen. Er sagt: „Das sind seltsame ➲ Bäume, so ganz ohne Äste.“ Sein Vater erklärt ihm: „Dafür haben Palmen Wedel. Das sind die großen Blätter, die oben aus dem Stamm wachsen.“ Die meisten der etwa 2800 Arten haben solche Wedel. Die ➲ Früchte der Palmen wachsen in der Krone. Bei der Kokospalme sind das ➲ Kokosnüsse, bei der Dattelpalme Datteln. Von einer Kokospalme erntet man bis zu 80 Kokosnüsse im Jahr.

Panda

„Sind die niedlich!“, schwärmt Anke. Sie sieht im Fernsehen einen Bericht über Pandas. Der schwarz-weiße Panda heißt Riesenpanda oder Bambusbär. In Freiheit lebt das seltene und scheue Tier in Bambuswäldern im bergigen Zentralchina. Es wird bis zu 1,50 Meter lang und ernährt sich von ➲ Bambus. Die zweite Pandaart ist der Kleine Panda oder Katzenbär. Sein Fell ist rotbraun. Er wird 65 Zentimeter groß und lebt in den Wäldern des Himalaja-Gebirges.

Panik

Daniel und Anke sehen einen Bericht über einen Brand in einer Diskothek. Die Besucher bekamen durch die plötzliche Gefahr große ➔ Angst. Sie gerieten in Panik. Dann war auch noch ein Ausgang blockiert. Dadurch steigerte sich die Panik. Die Menschen schrien und rannten zu den Ausgängen. Es wurde rücksichtslos gedrängelt. In so einer Paniksituation denkt man nicht nach. Man handelt völlig unüberlegt. Einige Diskobesucher wurden schwer verletzt. Zum Glück konnte der Brand bald gelöscht werden.

Panzer

Zuerst hört Ibo das Rattern. Dann sieht er die mit Geschützen bewaffneten Kettenfahrzeuge. „Lauter Panzer!", ruft Lena. Im ➔ Krieg sind die ➔ Soldaten in so einem Metallpanzer sicherer, als sie es ohne diesen Schutz wären. Mit Panzern können sie durch schwieriges Gelände fahren. Im Mittelalter trugen die ➔ Ritter am Körper Panzer als Schutz vor den ➔ Waffen ihrer Gegner. Viele ➔ Insekten schützt ein Hornpanzer. ➔ Schildkröten werden durch Knochenpanzer geschützt.

Papagei

Ein Mädchen wiederholt ständig, was Lena sagt. „Bist du ein Papagei?", fragt Lena. Einige Papageienarten ahmen nämlich in Gefangenschaft Töne und Wörter nach. In Freiheit leben die großen, bunt gefiederten ➔ Vögel in den Tropen. Ihr Schnabel sieht aus wie ein Haken. Den brauchen sie zum Fressen und Hacken. Sie ziehen sich damit auch an Ästen hoch und halten sich fest. Es gibt über 300 Arten, zum Beispiel den Graupapagei, den ➔ Kakadu und den Ara.

Papier

Jakob sucht sein Malpapier. Dabei fällt ihm auf, was alles aus Papier ist: ➔ Zeitungen, ➔ Bücher und Klopapier zum Beispiel. Papier stellt man mit großen Maschinen in ➔ Fabriken her. Dazu braucht man vor allem ➔ Holz, aber auch Altpapier und Lumpen. Die entrindeten Holzstämme werden zerkleinert. Dann zermahlt und reinigt man alle Rohstoffe. Mit viel Wasser, Leim und anderen Stoffen entsteht daraus ein Brei. Der Brei läuft auf ein Sieb und das Wasser tropft ab. Die Fasern verfilzen, die Papierbahn entsteht. Getrocknet, gewalzt und geglättet rollt man sie zusammen. Den Namen bekam das Papier von der Papyruspflanze. Aus der stellten schon die alten ➔ Ägypter etwas Ähnliches wie Papier her.

Pappel

Wenn Tim seine Großeltern besucht, kommt er durch eine Allee von Pappeln. Diese schmalen Laubbäume wachsen schnell. Man pflanzt sie oft als Alleen. Im Wald hat Tim Zitterpappeln gesehen. Sie heißen auch Espen. Ihre Blätter bewegen sich, auch wenn kaum Wind zu spüren ist. Wenn einer vor Angst zittert, sagt man: „Er zittert wie Espenlaub." Aus Pappelholz wird ➔ Papier gemacht.

Paprika
Ankes Vater streut Paprika in die Suppe. Es gibt scharfen und milden Paprika. Das rote ➲ Gewürz wird aus den ➲ Früchten der Paprikapflanze gemacht. Die kleinen, länglichen Peperoni sind besonders scharf. Anke isst gerne Paprikagemüse und -salat. Dazu braucht man die großen grünen, gelben oder roten Paprikaschoten. Bevor ihr Vater die Schoten verwendet, entfernt er die scharfen Samenkörner.

Papst
Im Fernsehen sieht Jakob den Papst. Er gilt für Katholiken als Stellvertreter von Jesus Christus auf der Erde und ist Oberhaupt der katholischen Kirche. Jakob fragt: „Wie wird man Papst?" Seine Mutter sagt: „Als der vorige Papst gestorben war, wurde der neue gewählt. Kirchenführer aus aller Welt, die Kardinäle, versammeln sich zur Wahl im Vatikan." Der Vatikan ist der Kirchenstaat. Er liegt in Rom. Dort wohnt der Papst.

Paradies
Im Religionsunterricht hört Tim vom Paradies. Das Paradies aus der Bibel ist der Garten Eden. Dort lebten die ersten Menschen, also Adam und Eva. Die Christen glauben daran, dass sie nach ihrem Tod von ➲ Gott ins Paradies aufgenommen werden. Das stellen sie sich als Himmel der Seligkeit im Jenseits vor. Im Urlaub sagt Tims Mutter: „Hier ist es paradiesisch." Das bedeutet, dass dies ein besonders schöner Ort ist.

Park
In der Nähe der Meyerstraße beginnt ein großer Park. Anke, Daniel und Ibo spielen da heute. Sie rennen über den Rasen. Hinter Büschen und ➲ Bäumen spielen sie Verstecken. Sie sind gerne in dieser künstlich angelegten Grünanlage. Auf den Bänken sitzen Menschen. In den Rabatten wachsen ➲ Blumen. Auch einen ➲ Teich hat man hier angelegt. Parks sind wichtig für die Städte. Die Menschen können sich darin erholen. Und die Pflanzen sorgen für Sauerstoff.

parken
(parkieren) „Hier ist ein Parkplatz!", ruft Lena. Aber leider steht da ein Parkverbotsschild. Also darf Lenas Papa das ➲ Auto dort nicht abstellen. Sonst bekommt er einen Strafzettel. Schließlich finden sie eine Parklücke. Allerdings müssen sie hier einen Parkschein ziehen, damit sie den Wagen für eine bestimmte Zeit parken dürfen. Auch im Parkhaus hätten sie noch einen Parkplatz gefunden.

Partei

Im Radio hört Daniel von Leuten, die eine Partei gründen. Sie tun das, weil einer allein schwer durchsetzen kann, was er will. Wenn aber viele in einer Partei das Gleiche wollen, erreichen sie das leichter. Parteien haben Ideen, mit welcher ➲ Politik regiert werden soll. Da die anderen Parteien andere Ideen haben, sind die Parteien oft Gegner. Jede Partei möchte ihre Vorstellung durchsetzen. Deswegen will sie gewählt werden. Es regiert die Partei, die bei der ➲ Wahl von den Wählern die meisten Stimmen bekommt. Schließen sich Parteien zu einem Regierungsbündnis zusammen, ist das eine Koalition.

Pass

Die Bodes fahren über einen Gebirgspass. Durch diese Vertiefung zwischen den hohen ➲ Bergen ist eine steile ➲ Straße gebaut worden. Oft liegt hinter so einem Pass die ➲ Grenze zu einem anderen Staat. An Grenzen muss man manchmal seinen Pass vorzeigen. Dieser Reisepass ist ein ➲ Ausweis. – Fußballspieler spielen Pässe: Sie schießen den Ball gezielt zu einem Mitspieler.

Reisepass

Pate

„Morgen kommen Anja und Michael!“, freut sich Anke. Die beiden sind Ankes Patentante (🇨🇭 Gotte) und Patenonkel (🇨🇭 Götti). Sie waren bei Ankes ➲ Taufe dabei. In der ➲ Kirche hält einer der Paten das Kind über das Taufbecken. Ankes Mutter sagt: „Die Patenschaft haben sie übernommen, weil wir uns besonders mögen.“ Die Paten versprechen, das Kind zu erziehen und zu helfen, wenn es in Not ist, also wenn zum Beispiel die Eltern sterben. Tims Eltern haben die Patenschaft für ein Kind in einem ➲ Entwicklungsland. Sie kümmern sich durch eine monatliche Spende, Pakete und Briefe um das Kind.

Pause

Es klingelt. Tim ist froh, dass die Schulstunde zu Ende ist. Das Stillsitzen fällt ihm oft schwer. Außerdem muss er aufs Klo. Danach geht er mit dem Pausenbrot und dem Kakao raus. Früher hatte er manchmal ➲ Angst auf dem Pausenhof, weil sich da oft Kinder hauen und stoßen, obwohl eine ➲ Lehrerin oder ein Lehrer Aufsicht hat. Heute ist Tim nicht mehr so ängstlich. Oft trifft er sich mit Anke, Ibo und Lena. Nach fünfzehn Minuten ist die Pause zu Ende. Die kleine Pause zwischen den Schulstunden dauert nur fünf Minuten. Übrigens: Auch Erwachsene unterbrechen die ➲ Arbeit für eine Pause.

Pavian

„Hat der einen roten Po!“, ruft Jakob im ➲ Zoo. Er zeigt auf einen Mantelpavian. Paviane sind große ➲ Affen, von denen es fünf Arten gibt. Sie leben als Herdentiere in den Bergen und ➲ Savannen ➲ Afrikas und Saudi-Arabiens. Sie fressen Pflanzen oder kleine Tiere. Tagsüber halten sie sich oft auf dem Boden auf, nachts in Bäumen. Sie sind so mutig, dass sie sogar mit ➲ Leoparden kämpfen.

Pech

Lena ist bei ihrem Onkel. Das Dach seines alten Schuppens ist undicht. Es soll mit Teerpappe abgedichtet werden. Zur Herstellung der Pappe verwendet man Pech. Das ist eine zähflüssige dunkelbraune bis schwarze Masse. Sie entsteht bei der Verarbeitung von ➔ Erdöl und Teer. Bleibt das schwarze Pech an Lenas Schuhen kleben, hat sie Pech gehabt. So nennt man es, wenn einem ein Missgeschick passiert. Manchen Menschen passiert das ziemlich oft. Sie sind Pechvögel.

Pelikan

In einem Film sieht Tim einen großen, plumpen ➔ Vogel. An Land bewegt er sich watschelnd auf seinen Ruderfüßen. Tims Mutter sagt: „Wenn einer solche Füße hat, kann er gut schwimmen." Pelikane fliegen auch gut. Den dehnbaren Hautsack unter dem großen Schnabel braucht der Schwimmvogel zum Fischen. Im flachen Wasser scheuchen meist mehrere Pelikane die ➔ Fische vor sich her. Dann schöpfen sie die Beute aus dem Wasser und klappen den Schnabel zu.

Perle

Frau Aksoy trägt eine Perlenkette. Die Perlen sind hell, rund und erbsengroß. Perlen wachsen in ➔ Muscheln, wenn ein Fremdkörper zwischen die Schale und das Muschelfleisch gekommen ist. Das Steinchen wird dann ganz langsam von einer Perlmuttschicht überzogen. So wird es zur glänzenden Perle. Die Perlenfischer der Südsee tauchen tief, um Perlmuscheln hochzuholen. Auch wenn Menschen Fremdkörper in Muscheln legen, bilden sich Perlen. So züchtet man sie.

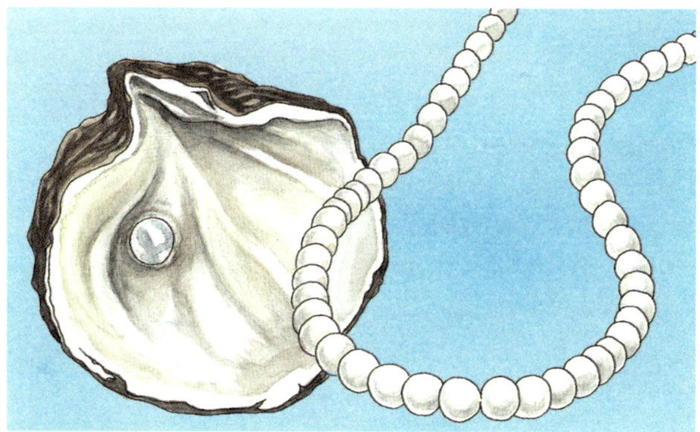

Petersilie

(Petersil, Peterli) Oma und Jakob holen Petersilie aus dem Garten. Mit den fein geschnittenen Blättern dieses ➔ Krauts würzt Oma Suppen, Fleisch, Soßen und Gemüse. Die Blätter können glatt oder kraus sein. Man verwendet auch die Petersilienwurzeln.

petzen

Die Klasse 3a schreibt eine Arbeit. Plötzlich meldet sich Lars und sagt: „Anke schreibt bei mir ab." Er verrät also der Lehrerin und den anderen Kindern, was Anke seiner Meinung nach Böses tut. Er hofft, dass Frau Lorenz sauer auf Anke ist, und er will sich bei ihr beliebt machen. Aber das schafft er so nicht, denn die Lehrerin kann Petzen nicht ausstehen. Später sagt ein anderer Junge zu Lars: „Ich erzähl deinem Vater, dass du petzt." Anke meint: „He, dann petzt du ja selbst!"

Pfand

Ibo kauft Saft. „Auf dieser Flasche sind fünfzehn Cent Pfand“, sagt der Verkäufer. Wenn Ibo ihm die leere Flasche zurückbringt, bekommt er das Pfandgeld wieder. Mit dem Pfand (🇦🇹 Einsatz, 🇨🇭 Depot) möchte man erreichen, dass nicht so viel ➔ Müll entsteht, sondern die Flaschen wiederverwertet werden können. – Wer sich ➔ Geld im Pfandhaus leiht, gibt als Pfand einen Gegenstand. Zahlt man das Geld nicht rechtzeitig zurück, verfällt das Pfand. Man bekommt es also nicht wieder.

Pfarrer

Daniel trifft Frau Groth und Herrn Vesper. Frau Groth ist die Pfarrerin der evangelischen Gemeinde, Herr Vesper der Pfarrer der katholischen Gemeinde. Während des Gottesdienstes in ihrer ➔ Kirche trägt die evangelische Seelsorgerin einen schwarzen Talar, ihr katholischer Kollege ein farbig verziertes Messgewand. Die beiden sind für ihre Gemeinde zuständig. Sie kümmern sich zum Beispiel um ➔ Hochzeiten, ➔ Taufen und Beerdigungen. Und sie helfen Menschen, die in Not geraten oder krank sind. Beide haben Theologie studiert.

Pfau

Im Stadtpark sieht Jakob einen Pfau. Der prächtige Pfauenhahn hat lange, farbig schillernde Schwanzfedern. Die Weibchen sind unscheinbarer. Besonders toll findet Jakob es, wenn der männliche Pfau seine bunten Schwanzfedern hochstellt. Jakobs Mama erklärt: „Man sagt dazu, der Pfau schlägt ein Rad.“ Als Jakob einen Pfau schreien hört, sagt er: „Das klingt ja grässlich.“ Ursprünglich stammen Pfauen aus Indien. – Von einem besonders eitlen Menschen sagt Mama: „Der ist eitel wie ein Pfau.“

Pfeffer

Tims Papa sagt: „Gib mir mal bitte den Pfeffer.“ Tim fragt: „Den schwarzen oder den weißen?“ Herr Hofer will das Essen mit schwarzem Pfeffer würzen. Wenn er es zu sehr pfeffert, brennt das ➔ Gewürz scharf im Mund. Es wird aus den kleinen ➔ Früchten des Pfefferstrauches hergestellt, der in einigen Ländern ➔ Asiens wächst. Schwarzer Pfeffer entsteht aus den unreifen Früchten. Aus reifen Früchten wird der mildere weiße Pfeffer hergestellt.

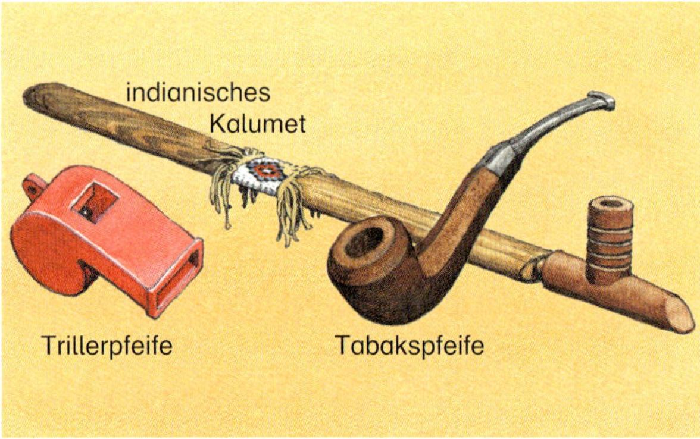

Pfeife

Jakob hat eine Trillerpfeife. Er bläst Luft hinein. Der Ton entsteht dadurch, dass die Luftsäule im röhrenförmigen Gehäuse der Pfeife in Schwingung versetzt wird. Das klingt scharf und gellend. Auch Schiedsrichter benutzen eine Pfeife. Auf der pfeifen sie zum Beispiel, wenn ein Spieler gegen die Regeln verstößt. – Eine ➔ Orgel hat große Orgelpfeifen. – Jakobs Papa steckt sich eine Pfeife an. Ob er damit pfeifen kann?

Pferd

Seit Jahren wünscht sich Anke ein Pferd. Sie möchte im Sattel sitzen, die Zügel in den Händen halten und losreiten. Es müsste kein großes Pferd sein. Ein Pony würde reichen. Am besten gefallen ihr Schimmel, also weiße Pferde. Rappen sind schwarz und Füchse rotbraun. Hell- oder dunkelbraune Pferde heißen Braune. Auf einer Weide hat Anke Fohlen gesehen. Diese jungen Pferde wurden vor Kurzem von den Stuten – den weiblichen Pferden – geboren. Ein Hengst – so nennt man das männliche Pferd – steht auf einer Nachbarweide. Pferde sind Huftiere. Sie fressen Gras, Heu und Hafer. Heute werden sie meistens als Reit- oder Rennpferde eingesetzt. Früher spannte man sie vor den Wagen. Man weiß, dass die ➔ Ägypter schon vor 5000 Jahren Pferde als Zugtiere hielten. Pferde schleppten Lasten, und Reiter legten mit ihnen große Entfernungen zurück. Anke kann sich kaum vorstellen, dass die Vorfahren der Pferde kaum größer waren als Hunde. In den letzten 50 Millionen Jahren entwickelten sie sich zu immer größeren Tieren. Die verschiedenen Pferderassen wurden aus wild lebenden gezüchtet. – Übrigens: ➔ Zebras und ➔ Esel sind mit den Pferden verwandt. – Im Sportunterricht grätscht Anke über ein Pferd. Weißt du, was das für eines ist?

Das Seitpferd, ein Turngerät

Pfingsten

„Das Pfingstfest wird immer fünfzig Tage nach ➔ Ostern gefeiert", sagt Jakobs Mama. Es erinnert daran, dass Jesus Christus am Kreuz gestorben ist und durch seine Gedanken und Taten weiterlebt. Es war damals für seine Jünger, als wären sie noch mit ihm zusammen. Begeistert sprachen sie an Pfingsten von ihrem Glauben. Pfingsten erinnert auch daran, dass durch die Begeisterung der Jünger immer mehr Menschen zu Christen wurden. So entstand dann die christliche ➔ Kirche.

Pfirsich

Im Sommer werden im Laden von Ibos Eltern Pfirsiche verkauft. Auch Ibo isst die ➔ Früchte sehr gerne. Er beißt in die samtige Haut. Saftig und süß schmeckt die kugelrunde gelbrote Frucht. „Der harte Stein sieht faltig aus“, bemerkt Ibo. Pfirsiche gehören wie die Pflaumen zum Steinobst. An geschützten, sonnigen Stellen, zum Beispiel in Weinbergen, wachsen auch bei uns Pfirsichbäume und tragen kleine Früchte. Nektarinen sind Pfirsiche mit glatter Haut.

einzellige Alge   Moos   Farn   Laubbaum   Nadelbaum   Blume

Pflanze

Sie wachsen in ➔ Wäldern und ➔ Gärten, auf Feldern, in Zimmern und Gewässern. Es gab diese Lebewesen auf der Erde schon, lange bevor es die ➔ Tiere und die ➔ Menschen gab. Und wie Tiere und Menschen bestehen auch Pflanzen aus ➔ Zellen. Manche sehen ganz besonders schön aus. Kürzlich warnte Tims Mutter: „Fass die Pflanze nicht an, denn sie ist giftig.“ Das größte Lebewesen auf der Erde ist eine Pflanze: der über 100 Meter hohe Eukalyptusbaum. Manche Pflanzen sind so klein, dass man sie mit bloßem Auge nicht erkennen kann. Ohne die Pflanzen gäbe es nicht genug lebensnotwendigen Sauerstoff auf der Erde, den zum Beispiel wir Menschen zum Atmen brauchen. Auch als Nahrung für Tiere und Menschen sind Pflanzen wichtig. Aber auch Pflanzen brauchen Nahrung. Deswegen entziehen sie mit ihren ➔ Wurzeln dem Boden Wasser und Nährstoffe. Mit ihren Blättern ziehen sie Kohlendioxid aus der ➔ Luft. Aus diesem Gas und dem Wasser bildet die Pflanze mithilfe von Sonnenenergie einen Nährstoff: die Stärke. Dazu braucht sie ihren grünen Farbstoff, das Chlorophyll. So verarbeitet die Pflanze Wasser, Luft, Chlorophyll und Sonnenlicht zu einem neuen Stoff. Dabei entsteht das Gas Sauerstoff. Gut genährte Pflanzen blühen, tragen ➔ Früchte, bilden ➔ Samen und pflanzen sich fort. Pflanzenschutzmittel braucht man, um Pflanzen vor Krankheiten und schädlichen Insekten zu schützen. Manche chemischen Pflanzenschutzmittel richten aber selbst Schaden an, wenn zu viel gespritzt wird. Deshalb bekämpfen einige Landwirte ➔ Schädlinge nur mit natürlichen Mitteln. – Wenn Pflanzen geschützt sind, darf man sie nicht beschädigen oder pflücken.

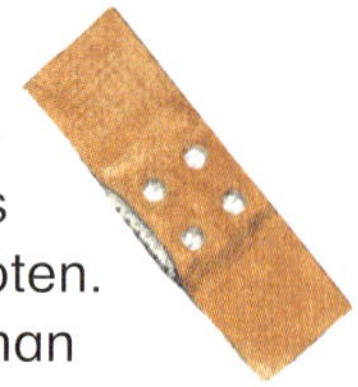

Pflaster

Lenas Zeigefinger blutet. Sie hat sich geschnitten. Schnell holt Daniel ein Wundpflaster. Er zieht die Folie von der Unterseite und klebt das Pflaster auf die Wunde. Das luftdurchlässige Pflaster mit dem Mullstück darunter bedeckt den Schnitt. Schmutz kann nicht mehr eindringen. Für empfindliche ➔ Haut gibt es besonderes Pflaster. Auch wasserundurchlässiges Pflaster und Spraypflaster werden angeboten. Zum Befestigen von Verbänden braucht man Pflaster ohne Mullstück. – Auf welchem Pflaster geht man?

Auf Straßendecken, dem Kopfsteinpflaster

Pflaume

Jakob pflückt Pflaumen vom Baum in Omas Garten. Die ➔ Früchte fühlen sich glatt an. Jakob probiert eine. Das gelbgrüne Fruchtfleisch schmeckt saftig und süß. Wie die ➔ Kirschen gehören die Pflaumen zum Steinobst. Besonders gut schmecken die großen gelblichen oder rötlichen Eierpflaumen. Auch die kleinen, gelben Mirabellen gehören zu den Pflaumen, genau wie die länglichen blauen Zwetschen.

Philosophie

Ankes Mutter sagt: „Ich habe mit meiner Freundin über Gott und die Welt philosophiert.“ Sie haben also über Dinge nachgedacht und geredet, die ihnen wichtig sind. Das griechische Wort Philosophie heißt ‚Liebe zur Weisheit‘. Um weise zu werden, muss man etwas wissen. Dazu muss man Fragen stellen. Die Fragen der Wissenschaft Philosophie heißen zum Beispiel: Woher kommt alles? Was ist Wahrheit? Auf solche Fragen versuchen Philosophen Antworten zu finden. Vor etwa 2500 Jahren schufen griechische Denker wie Sokrates, Platon und Aristoteles die Grundlagen unserer Philosophie.

Physik

„Wir schreiben eine Physikarbeit“, sagt Ibos Schwester. In diesem Fach erfährt Rengin viel über Dinge, die in der ➔ Natur geschehen. Sie lernt zum Beispiel etwas über das ➔ Licht, den ➔ Schall und die Elektrizität. Auch das unendliche ➔ Weltall und das winzige ➔ Atom werden in diesem naturwissenschaftlichen Fach behandelt. Physikalische Experimente findet Rengin spannend. – Ibo hat Sachunterricht (Sachkunde). Vieles darin gehört zur Physik. Ibo lernt zum Beispiel, dass Wasser bei Kälte gefriert.

Pickel

((AT) Wimmerl, (CH) Bibeli) „Du hast da auf der Wange einen Pickel“, sagt Daniel zu seinem Vater. Der bemerkt den kleinen eitrigen Hügel jetzt auch. So ein Pickel ist nicht schlimm. In der ➔ Pubertät haben manche Jugendliche viele Pickel. Gegen die hilft der Hautarzt mit Medikamenten. Er nennt Pickel ‚Akne‘. – Welchen Pickel tragen Bergsteiger?

Die spitze Hacke zum Klettern

Pilz

(auch: Schwammerl) Es ist Herbst. In den letzten Tagen war es regnerisch und warm. Anke und ihr Vater gehen im ➔ Wald spazieren. „Guck mal, lauter Pilze“, ruft Anke. Ihr Vater sagt: „Bei so einem Wetter wachsen sie sehr schnell.“ Einige Leute sammeln Pilze, um sich ein Essen daraus zu machen. Auf dem Waldboden entdeckt Anke einen schönen roten Pilz mit weißen Punkten. Das ist ein Fliegenpilz. Diesen Giftpilz darf man nicht essen. Noch gefährlicher ist der Knollenblätterpilz. Jedes Jahr sterben Menschen, weil sie ihn mit dem ➔ Champignon verwechselt haben. Nur wer Pilze unterscheiden kann, sollte sie sammeln. Pilzberatungsstellen helfen einem, wenn man unsicher ist, welchen Pilz man gefunden hat. „Da wachsen Pfifferlinge“, sagt Ankes Papa. Er zeigt auf einen kleinen gelben Pilz, der würzig schmeckt. Sie sehen die braunen Kappen der Maronen und Steinpilze. Im Gras einer ➔ Wiese finden sie Champignons. Pilze sollte man nicht aus der Erde reißen, denn dabei zerstört man das Pilzgeflecht. Man dreht sie aus der Erde. Das Pilzgeflecht ist ein weißes Gewebe in der Erde. Die sichtbaren Pilze sind nur die an die Oberfläche getriebenen Fruchtkörper. Pilze haben kein Blattgrün. Sie ernähren sich, indem sie andere Lebewesen zersetzen. Es gibt vermutlich weit über 100 000 Pilzarten. Davon sind 90 000 so klein, dass man sie mit bloßem Auge nicht erkennt. Dazu gehören zum Beispiel die Schimmelpilze und die Hefepilze. Manche Arten wie die Champignons und die Austernpilze kann man züchten.

Pinguin

Im Zoo sehen Jakob und seine Oma Pinguine. „Die sehen aus, als hätten sie einen Frack an“, sagt Oma. Fliegen können die watschelnden ➔ Vögel nicht. Dafür schwimmen und tauchen sie gut. Beim Schwimmen benutzen sie ihre Stummelflügel als Flossen und Ruder. Pinguine leben in Kolonien und ernähren sich von ➔ Fischen und kleinen ➔ Krebsen. Gegen Kälte schützt sie ihre Fettschicht. Die verschiedenen Pinguinarten sind in den kalten ➔ Meeren der südlichen Erdhälfte zu Hause. Der Kaiserpinguin ist mit über einem Meter der größte.

Planet

Im Atlas sieht sich Lena die Planeten an. Das Wort stammt aus dem Griechischen und heißt ‚Wanderer'. Planeten sind die Himmelskörper, die sich um die ➔ Sonne bewegen. Dabei hat jeder Planet seine eigene Umlaufbahn, den Orbit. Die Planeten leuchten nicht selbst. Sie bekommen ihr Licht von der Sonne. Weil sie sich bewegen, heißen sie auch Wandelsterne. Fixsterne dagegen scheinen fest an einem Ort zu stehen. Außer der ➔ Erde gibt es noch sieben andere Planeten in unserem Sonnensystem: Merkur, Venus, Mars, Jupiter, Saturn, Uranus und Neptun. Jeder wird von einem oder mehreren Monden umkreist. Der Jupiter ist der größte Planet. Pluto ist ein Zwergplanet.

Plastik

„Geben Sie mir bitte eine Plastiktüte", sagt Tim beim Einkaufen. Weil es regnet, hat er einen Plastikmantel an. Seine Schuhsohlen sind aus Plastik. Später benutzt er ein Plastiktelefon. Viele Gegenstände werden aus diesem Kunststoff hergestellt. Man benutzt das leicht formbare Material, weil natürliche Materialien wie Holz oder Leder zu teuer oder ungeeignet sind. Zur Herstellung von Plastik braucht man ➔ Erdöl oder ➔ Kohle. Da Plastik schwer zu vernichten ist, sollte man mit Plastiktüten sparsam umgehen. – Auch das, was der ➔ Bildhauer formt, nennt man Plastik.

Pleite

„In unserer Straße ist wieder ein Laden pleitegegangen", sagt Ibos Mutter. Das Geschäft muss schließen. Es fehlt das ➔ Geld, um Waren, Miete und Gehälter zu bezahlen. Man sagt dazu auch: „Der Laden ist in Konkurs gegangen." – Rengin sagt: „Die Party war eine Pleite." Das heißt, sie war von der Party enttäuscht.

Politik

Im Fernsehen sieht Anke eine Politikerin. Die sagt: „Ich will mit meiner Politik dafür sorgen, dass die Menschen gerne in diesem Land leben. Ich werde gegen die Arbeitslosigkeit kämpfen und mich für mehr Gerechtigkeit einsetzen." Ankes Mutter meint: „Das wäre eine gute Politik." Die Politikerin ist Mitglied einer ➔ Partei. Die Frau möchte von möglichst vielen Menschen gewählt werden, damit sie und ihre Partei die ➔ Regierung bilden können. Politiker führen den ➔ Staat. Zu ihrer Arbeit gehört es, ➔ Gesetze zu beraten und zu beschließen. Sie bestimmen, woher der Staat Geld einnimmt und wofür er es ausgibt. Politiker vertreten ihr Land auch im ➔ Ausland.

Polizei

Auf dem Schulweg sieht Daniel einen Polizisten. Er regelt den ➲ Verkehr, weil die Ampel ausgefallen ist. Später rast ein Polizeiwagen mit Blaulicht und Sirene an Daniel vorbei. Wahrscheinlich ist er zu einem ➲ Unfall gerufen worden. Oder die Polizeibeamten sollen Einbrecher festnehmen. Die Polizei kümmert sich um die Sicherheit und Ordnung im Staat. Sie sorgt also zum Beispiel dafür, dass ➲ Gesetze und Verkehrsregeln eingehalten werden. Und sie berät einen, wie man ➲ Verbrechen verhindern kann. Kriminalpolizisten tragen keine Uniformen. Verkehrs- und Schutzpolizisten sind uniformiert.

Pommes frites

„Hm, lecker, heute gibts Pommes frites!", freut sich Jakob. Sein Vater hat die rohen ➲ Kartoffeln dafür schon geschält. „Jetzt schneide ich sie noch", sagt er. Jakob holt die Fritteuse. In ihrem heißen Fett backen sie die Kartoffelstäbchen. Als sie goldgelb sind, schüttet Papa sie aus dem Sieb in eine Schüssel. Danach streut er Salz darüber. Knusprig liegen die Pommes frites jetzt auf Jakobs Teller. Er mag sie gerne mit Mayonnaise oder Ketchup. Auch als Beilage zu ➲ Fleisch werden sie gegessen. Häufig kauft man Pommes frites tiefgefroren. Die werden dann in der Fritteuse oder im Backofen gebacken.

Post

Lena schreibt einer Freundin und steckt den ➲ Brief in den Umschlag. Mit dem Brief geht Lena zur Post. Im Schalterraum gibt man Pakete und Päckchen auf, und man kann dort Briefmarken kaufen. Wie bei einer ➲ Bank wird Geld eingezahlt und abgehoben. Lena kauft eine Marke und klebt sie auf den Brief. Dann steckt sie ihn in den Briefkasten. Mit Briefen aus verschiedenen Briefkästen kommt er ins Briefsortier- und -verteilzentrum. Dort werden die Briefe automatisch nach den Postleitzahlen in der Anschrift sortiert und gestempelt. In der Nacht landet Lenas Brief im Postwagen eines Zugs. Briefe oder Pakete ins ➲ Ausland werden mit Flugzeugen oder Schiffen verschickt. Schließlich kommt der Brief in die Postfiliale der Stadt, die auf dem Umschlag steht. Dort wird nach Stadtteilen, Straßen und Hausnummern sortiert. Dann trägt der Zusteller die Post aus. – Manchmal gibt es Postschalter auch in anderen Geschäften, zum Beispiel in Supermärkten oder Kiosken.

Preis
„Was kostet denn dieses Comic-Heft?“, fragt Ibo am Kiosk. Für jede Ware bezahlt man einen Preis. Das ist der Betrag, den die Ware kostet. Der Preis wird vor allem durch die Menge des Angebots dieser Ware und die Nachfrage nach dieser Ware festgelegt. Gibt es zum Beispiel wenig Apfelsinen, und viele Leute wollen Apfelsinen kaufen, sind sie teuer. Gibt es viele Apfelsinen, und wenige wollen sie kaufen, sind sie preiswert. – Die 3a hat bei einem Malwettbewerb den ersten Preis gewonnen. Jedes Kind bekommt als Preis einen Malkasten.

privat
In einer Gaststätte steht Tim vor einer Tür. ‚Privat‘ liest er auf dem Türschild. Hinter dieser Tür ist also kein Raum für Gäste, sondern ein persönlicher Raum der Wirtsleute. Tims Vater sagt von jemandem: „Es ist unmöglich, wie der sich anzieht.“ Tims Mutter meint: „Das geht uns wirklich nichts an. Das ist seine Privatsache.“ Herr Hofer beschwert sich über einen Kollegen: „Privat mag er nett sein. Aber im Betrieb ist er stur.“

Problem
Ibo ärgert sich, wenn er eine Aufgabe nicht schafft. So eine schwierige Aufgabe ist dann für ihn ein Problem. Manchmal hat er auch Ärger mit seinen Eltern und weiß nicht, was er dagegen tun soll. Oft hilft es ihm, mit Freunden über das Problem zu sprechen. – Herr Aksoy sagt: „Massentierhaltung finde ich problematisch.“ Damit meint er, dass er diese Tierhaltung bedenklich oder fragwürdig findet.

Programm
An der Kasse des ➔ Theaters bekommen Anke und Daniel ein Programm. Auf dem Zettel steht, welches Stück aufgeführt wird. Zu Hause sieht Anke in der Programmzeitschrift nach, was gerade im Fernsehen läuft. In den ➔ Nachrichten hört sie von einem neuen Regierungsprogramm. Darin steht, welche Ziele die Regierung hat. Herr Bode hat für seinen ➔ Computer ein Rechtschreibprogramm. Es prüft die Rechtschreibung.

Prüfung
„Wir haben einen Rechentest geschrieben“, sagt Tim. Durch diese kleine Prüfung will der Lehrer erfahren, ob die Kinder können, was sie können sollen. Tims Mutter fragt: „Hast du alles richtig?“ Tim weiß das noch nicht. Der Lehrer muss das Ergebnis des Tests erst prüfen. Er muss also nachsehen, was die Kinder richtig oder falsch gemacht haben. Tims Vater sagt: „Die Nachbarin hat die Führerscheinprüfung bestanden.“ Bei dieser Prüfung hat sie gezeigt, dass sie die Verkehrsregeln beherrscht und Auto fahren kann. – Die Abschlussprüfung an der ➔ Universität nennt man auch Examen.

Psychologie
Ein Junge in Lenas Klasse schlägt ständig andere Kinder. Die Lehrer und die Eltern ermahnen und bestrafen ihn. Aber das ändert nichts. Schließlich gehen die Eltern mit dem Jungen in die ‚Schulpsychologische Beratungsstelle‘. Dort findet die Psychologin heraus, warum der Junge so gewalttätig ist. Und sie schlägt vor, wie man ihm helfen kann. – Psychologie studiert man an der ➔ Universität. Diese Wissenschaft beschäftigt sich mit dem Menschen und seinem Verhalten.

Pubertät

„Sie ist in der Pubertät!“, seufzt Frau Aksoy, als sie wieder Streit mit ihrer Tochter hat. Auch Ibo ist aufgefallen, dass sich Rengin verändert hat. „Die ist so zickig!“, sagt er über seine pubertierende Schwester. In der Pubertät entwickeln sich die Jungen und Mädchen zu geschlechtsreifen Erwachsenen. Gesteuert wird das von Hormonen. Bei den Mädchen wachsen der Busen und die inneren weiblichen Organe. Die Menstruation beginnt, also die Monatsblutung. Achsel- und Schamhaare sprießen. Die wachsen in der Pubertät auch bei den Jungen. Außerdem kommen die in den Stimmbruch, ihre Stimme wird also tiefer. Der Bartwuchs beginnt. Und die Hoden produzieren Spermien. Es kommt zum ersten Samenerguss. Bei Jungen fängt die Pubertät ungefähr mit 12 bis 13 Jahren an, bei Mädchen oft ein Jahr früher. Sie dauert etwa, bis man 15 oder 16 Jahre ist.

Pumpe

Daniel pumpt Jakobs Fahrradreifen auf. Mit der Luftpumpe presst er Luft durch das ➔ Ventil in den Schlauch. Motorpumpen braucht man zum Ansaugen von Flüssigkeiten und Gasen. Als Wasser im Keller stand, pumpte ihn so eine Motorpumpe leer. Oma Bode hat einen ➔ Brunnen im Garten. Sein Wasser wird durch eine Pumpe hochbefördert. Wenn man ihren Schwengel bedient, saugt ein Kolben das Wasser hoch.

Puppe

Lena spielt mit einer Puppe aus Kunststoff. Das ist fast so, als hätte sie einen kleinen Menschen zum Spielen. „Früher waren Puppen aus Porzellan“, erzählt Lenas Mutter. Kürzlich kam ein Puppenspieler mit Kasperlepuppen in die Schule. Auch ➔ Marionetten führte er dort vor. – Eine Schmetterlingsraupe verwandelt sich nach einiger Zeit in eine Puppe. In der entwickelt sich der ➔ Schmetterling.

Puzzle

Geduldig sortiert Anke die 1500 Teile ihres schwierigsten und schönsten Puzzlespiels nach Farben und Formen. Stück für Stück wird sie die vielen unregelmäßigen Kartonteile des Geduldsspiels zu einem Bild zusammenlegen. Dabei richtet sie sich nach einer Vorlage. Andere Puzzles bestehen zum Beispiel aus 250, 500, 750 oder 1000 Teilen. Als Anke klein war, spielte sie mit einem Holzpuzzle aus zwölf Teilen.

Pyramide

Tim sieht einen Bericht über ägyptische Pyramiden. Diese Königsgräber sehen aus, als hätte man vier riesige Dreiecke mit den Spitzen nach oben schräg aneinandergestellt. Man baute sie vor über 4000 Jahren fast ohne technische Geräte. Tausende von Menschen arbeiteten jahrelang daran. Die Cheopspyramide ist mit 137 Metern Höhe die größte. Im Inneren lag in der Grabkammer die ➔ Mumie eines ägyptischen Königs.

Q

Vor 3500 Jahren sah ein Vorgänger des Q aus wie ein Strichhals mit Kopf und Ohren. Später wurde der Buchstabe zum Kreis, durch den ein Strich ging. Daraus entwickelte sich unser Q. Unter den wenigen Q-Wörtern gibt es einige interessante: Quecksilber, Quasselstrippe, Quatschkopf. Kennst du andere?

Quadrat

„Das ist ein Quadrat", sagt Daniel. „Nein, ein Viereck", widerspricht Lena. Sie haben beide recht. Ein Quadrat ist ein besonderes Viereck. Man erkennt es an seinen vier gleich langen Seiten und den vier rechten Winkeln. Ein ➲ Würfel hat sechs Quadrate, jede Fläche ist eines. „Wir brauchen für dein Zimmer fünfzehn Quadratmeter Teppichboden", sagt Daniels Mutter. Flächen misst man in Quadratmetern. Ein Quadratmeter ist einen ➲ Meter lang und einen Meter breit.

Qualität

Anke hat sich einen Anorak ausgesucht. Ihre Mutter fragt die Verkäuferin: „Er sieht prima aus, aber ist auch die Qualität gut?" Die Verkäuferin antwortet: „Das Material ist hervorragend. Der Stoff ist gut verarbeitet, waschbar und Wasser abweisend. Also wirklich beste Qualität." Leider kostet der Anorak viel. „Wir nehmen ihn", entscheidet Frau Dietel. „Bei der Qualität hält er ja wohl auch lange." – Felix, der Freund von Ankes Mutter, sagt von einem Kollegen: „Der hat Qualitäten." Das heißt, er hat gute Eigenschaften.

Qualle

Im ➲ Meer schweben wabbelige, fast durchsichtige Tiere. „Quallen sehen wie Fallschirme aus", sagt Jakob. Feuerquallen brennen auf der Haut, wenn man sie berührt. Ihre Nesselkapseln an den Fangarmen spritzen mit ätzendem Saft. Quallen bestehen vor allem aus ➲ Wasser. Sie haben kein ➲ Blut und keine ➲ Knochen. Die Tiere pumpen Wasser aus ihrem Körper. So kommen sie voran.

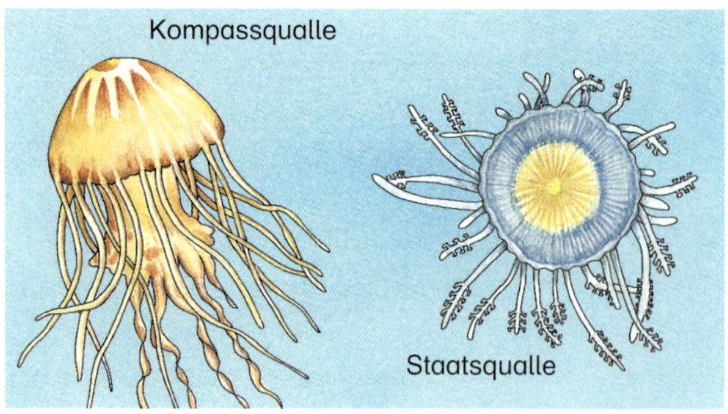

Quartett

„Ich habe ein schönes Streichquartett gehört“, erzählt Tims Vater. Er meint damit eine Gruppe von vier Streichern. Zu einem Quartett können vier Musiker mit Instrument gehören oder vier Sänger. Auch die Musikstücke für vier Musiker heißen Quartett. Tim fragt: „Spielen wir heute Abend mal wieder Quartett?“ Er meint das Spiel, bei dem immer vier Karten zusammengehören. Bekommt ein Spieler alle vier, sagt man: „Er hat ein Quartett.“

Quatsch

„Der hat heute einen Quatsch (Unsinn) erzählt!“, sagt Ibo von einem aus der Klasse. Er meint damit, dass das Gerede des Jungen ziemlich dumm und überflüssig war. „Zum Glück ist er nicht immer so ein Quatschkopf“, sagt Ibo. – „Papa, wollen wir Quatsch machen?“, fragt Jakob. Er mag es, wenn sie etwas Lustiges, Unsinniges anstellen. Jakob denkt: „Erwachsene machen selten Quatsch. Meistens sind sie ernst.“

Quecksilber

Früher gab es ➲ Thermometer mit Quecksilber. Der silbrig glänzende Quecksilberstreifen zeigte die Temperatur an. Quecksilber ist das einzige flüssige ➲ Metall. Steigt die ➲ Temperatur, dehnt sich der Quecksilberstreifen und steigt auch. Erst ab 39 Grad Celsius unter null wird Quecksilber hart. Dieses schwere und seltene Metall selbst ist nicht giftig. Aber seine Dämpfe sind es. Wenn man sie einatmet, kann das lebensgefährlich sein. Deshalb verwendet man es heute nicht mehr für Thermometer.

Quelle

Im Wald sieht Tim ➲ Wasser, das aus dem Boden quillt. „Das ist die Quelle vom Bach am Sportplatz“, erklärt Tims Mutter. Tim sagt: „Hier wird der Bach geboren.“ Die Quelle entstand, weil das Grundwasser auf eine wasserundurchlässige Erdschicht stößt. Die verhindert, dass das Wasser versickert. Hier findet es einen Weg an die Oberfläche. Manche Orte sind durch Heilquellen bekannt. Ihr mineralhaltiges Wasser hilft gegen Krankheiten. Warme und heiße Quellen heißen Thermalquellen. In Ländern wie Island gibt es Springquellen oder Geysire. Sie spritzen ihr heißes Wasser bis zu 40 Meter hoch.

Quiz

„Ich möchte die Quizsendung im ➲ Fernsehen angucken“, sagt Daniel. Er schaltet sie ein. In diesem Frage-und-Antwort-Spiel sollen verschiedene Teilnehmer Quizfragen zu unterschiedlichen Themen beantworten. Die Antworten müssen in einer bestimmten Zeit gegeben werden. Es gewinnt der Teilnehmer, der am meisten wusste. Bei so einem Fernsehquiz kann man oft ziemlich wertvolle ➲ Preise oder Geld gewinnen. Daniel will sich auch für seine Geburtstagsfeier ein Quiz ausdenken.

R

Das R entstand aus einem Zeichen für den menschlichen Kopf. Bei den Griechen ähnelte es unserem P. Als an die P-Rundung ein Ministrich nach rechts unten kam und der länger wurde, war unser R fertig. Damit fangen ungewöhnliche Wörter an: Radau, Risiko, Rotznase, Rowdy. Wie viele R-Wörter findest du?

Rabe

Auf einem Ast hockt ein großer, schwarzer ➲ Vogel. „Die Federn glänzen wie Metall", fällt Lena auf. „Das ist ein Kolkrabe", sagt ihre Mutter. Dieser größte Rabenvogel wird über 60 Zentimeter lang. Bei uns gibt es nicht mehr viele Kolkraben. Öfter sieht man die Saatkrähen. Sie sitzen in Scharen auf Äckern. Wie die Dohlen, Eichelhäher und Elstern sind auch sie Rabenvögel. Lena kann kaum glauben, dass diese krächzenden Vögel zu den Singvögeln gehören. Als Allesfresser fressen sie fast alles, was sie finden.

Rad

Wenn er sich draußen umguckt, sieht Jakob überall Räder. Sie lassen zum Beispiel ➲ Autos, ➲ Fahrräder, Inliner und die ➲ Eisenbahn rollen. Außer ihrer kreisrunden Form haben alle gemeinsam, dass sie sich um eine Achse drehen. Das Rad gehört zu den wichtigsten Erfindungen überhaupt. Wenn es keine Räder gäbe, müsste man schwere Lasten mühsam über den Boden ziehen. So machte man das früher auch. In der ➲ Steinzeit kamen die Menschen dann auf die Idee, runde Baumstämme unter besonders schwere Lasten zu legen. Später schnitt man Scheiben von Baumstämmen ab. Solche Räder aus Holzscheiben gab es schon vor etwa 6000 Jahren. Später wurden Holzräder mit Speichen gebaut, zum Beispiel für Postkutschen. Damit sie länger hielten, verstärkte man sie mit Eisenreifen. Danach wurden die Vollgummireifen erfunden. Schließlich pumpte man Luft in Gummischläuche, die von einem Mantel geschützt wurden.

Radar

Auf einem ➲ Schiff sieht Tim eine große, drehbare, schüsselförmige ➲ Antenne. „Das ist eine Radaranlage“, sagt sein Vater. Damit macht man entfernte Dinge sichtbar. Auch wenn die Dunkelheit oder der ➲ Nebel ein Hindernis verbirgt, zeigt die Anlage es. So weiß der Steuermann, wo das Hindernis ist, und kann einen Zusammenstoß verhindern. Damit das funktioniert, sendet die Antenne gebündelte Funkwellen unvorstellbar schnell aus. Prallen die Funkwellen gegen ein Hindernis, zum Beispiel ein Schiff oder ein ➲ Flugzeug, werden sie zurückgeworfen. Die Antenne empfängt sie aus der Luft. Das Radargerät misst die Zeit, die zwischen dem Aussenden und dem Wiederempfangen der Radiowellen vergeht. Daraus berechnet es die Entfernung des Hindernisses und zeigt die Richtung an, in der es sich befindet.

radikal

„Der ist radikal“, sagt Lenas Vater von einem Politiker. Der Mann hat ein Ziel: Er will unbedingt seine Meinung durchsetzen. Dabei nimmt er auf niemanden Rücksicht. Um sich durchzusetzen, gehen radikale Leute bis zum Äußersten. Papa sagt zu Lena: „Ich hab mit Radikalen Schwierigkeiten. Sie sind in dem, was sie sagen und tun, unmäßig und übersteigert.“ – Oma Bode und Lena haben das ➲ Unkraut im Garten radikal beseitigt. Sie haben also dafür gesorgt, dass es mit Stumpf und Stiel verschwunden ist.

Radio

Anke hört Radio. Die ➲ Musik wird fast gleichzeitig im weit entfernten Sender abgespielt. Oder ein Mensch spricht dort ins Mikrofon, mit dem Töne von Lautsprechern übertragen werden. Die Schallwellen der Musik oder der Sprache verwandelt man in elektrische Schwingungen. Die werden von Funkwellen über Antennen durch die Luft gesendet. Eine Antenne am Radio oder am Haus, zum Beispiel eine Satellitenschüssel, empfängt die Wellen und leitet sie zum Radio. Der Lautsprecher im Gerät verwandelt die Funkwellen dann zurück in Schallwellen, also wieder in Musik oder Sprache. – Radioprogramme werden auch digital gesendet. Die empfängt man über Kabel, Satellit oder Internet. – Ankes Radio ist nicht an den ➲ Strom angeschlossen. Es funktioniert mit ➲ Batterien.

Rakete

Im Fernsehen sieht Ibo Raketen. Eine bringt Astronauten ins Weltall. Auch ➔ Satelliten transportieren sie. Anders als ➔ Flugzeuge brauchen Raketen keine Luft zum Fliegen. Sie rasen durch das luftleere Weltall. Raketen brauchen viel Treibstoff. In ihrem Inneren werden Gase erzeugt und nach hinten ausgestoßen. Dieser Schub treibt sie an. Trägerraketen haben mehrere Stufen. Ist der Treibstoff der ersten Stufe verbraucht, wird sie abgeworfen und die zweite gezündet. Am Schluss bleibt die letzte mit der Nutzlast übrig. – Silvester zünden Aksoys Feuerwerkskörper, auch die nennt man Raketen.

rassistisch

In Tims Straße leben einige Syrer. Ein Junge sagt: „Die gehören nicht hierher. Die klauen alle.“ Zu dem dummen Gerede sagt Tims Mutter: „Das ist rassistisch.“ Rassisten glauben, sie wären zum Beispiel durch ihre Hautfarbe und Herkunft besser als andere. Sie diskriminieren sie, behandeln sie also ungerecht und schlecht.

Rathaus

„Das ist unser Rathaus“, sagt Jakobs Papa, „Von hier aus wird die ➔ Stadt verwaltet.“ Sie gehen an einem großen Gebäude vorbei. Im Rathaus bekommt man seinen ➔ Pass. Auf dem Standesamt im Rathaus heiraten die Brautpaare. Auch andere ➔ Behörden sind darin untergebracht. Der ➔ Bürgermeister empfängt hier Gäste der Stadt. In den Sitzungssälen beraten die Stadt- oder Gemeinderäte.

Rätsel

Anke und ihre Mutter fahren mit dem Auto zu Opa. Zum Zeitvertreib stellt Anke eine Rätselfrage: „Was ist im Auto und sieht rund und grau aus?“ Ihre Mutter weiß die Antwort sofort: „Das Lenkrad.“ Ankes Vater löst gern Kreuzworträtsel. Oft füllt er alle Kästchen dieser Rätsel aus, die man in ➔ Zeitungen, Zeitschriften und Rätselheften findet. Anke sagt: „Mir ist rätselhaft, wie du das schaffst!“ Sie kann sich das also nicht erklären. „Wenn du das öfter machst, fällt es dir bestimmt leichter“, sagt ihr Vater. Anke löst lieber Silben-, Zahlen- und Bilderrätsel. Bei Rätseln soll auf eine Frage die richtige Antwort gefunden werden. Auch das ➔ Quiz im Fernsehen ist eigentlich ein Rätselspiel.

Ratte

„Eine Ratte!“, ruft Tims Mutter im Hof. Tim sieht das graue Tier gerade noch weghuschen. Es ist größer als eine ➔ Maus. Diese Nagetiere halten sich meistens dort auf, wo Vorräte und Abfälle lagern. Die fressen sie nämlich gerne. Weil sie Krankheiten übertragen, sind die Tiere sehr unbeliebt und werden häufig bekämpft. Ratten vermehren sich schnell. – Tim ist eine Leseratte. Das heißt, er liest viel.

Raubtier

Anke und Daniel beobachten eine junge ➲ Katze. „Man sieht, dass sie ein Raubtier ist“, sagt Anke. Raubtiere erkennt man vor allem am Gebiss. Die scharfen Eckzähne stehen weit vor. Damit reißen Raubtiere ihre Beute. Im Gegensatz zu Pflanzenfressern ernähren sie sich von ➲ Fleisch oder ➲ Fisch. Viele Raubtiere haben scharfe, spitze Krallen. Sie können gut hören und riechen. Außerdem müssen sie kräftig, geschickt und schnell sein, um ihre Beute jagen zu können. Raubtiere sind zum Beispiel ➲ Tiger, ➲ Leoparden, ➲ Luchse, ➲ Marder, ➲ Löwen und ➲ Wölfe. Raubvögel greifen ihre Beute mit den Krallen. Deswegen nennt man sie besser Greifvögel. Sie rauben nicht aus Spaß am Töten, sondern holen sich die notwendige ➲ Nahrung. Zu den Greifvögeln gehören ➲ Adler, Bussarde, ➲ Geier und ➲ Falken. Raubfische sind zum Beispiel ➲ Haie, ➲ Hechte und ➲ Forellen.

rauchen

„In meiner Klasse rauchen welche“, sagt Rengin. Sie ziehen also den Rauch brennender Zigaretten ein und atmen ihn aus. Jeder weiß, dass das Rauchen sehr ungesund ist. Tabakrauch enthält nämlich giftige Stoffe wie Teer und Nikotin. „Rauchst du auch?“, fragt Ibo Rengin. „Nein!“, sagt sie. Wenn man mit Rauchern zusammen ist, atmet man den Qualm ein. Auch dieses Passivrauchen ist schädlich.

Raumfahrt

Im Fernsehen sieht Daniel eine Mehrstufenrakete. Durch die Entwicklung solcher ➲ Raketen wurde es möglich, in den Weltraum zu fliegen. Sie erreichen die nötige ➲ Geschwindigkeit, um die Erdanziehung zu überwinden. Mit diesen Raketen werden ➲ Satelliten in ihre Umlaufbahn um die ➲ Erde gebracht, und Raumsonden verlassen durch sie das Schwerefeld der Erde. 1957 brachte eine russische Rakete den ersten Satelliten – den ‚Sputnik‘ – in seine Umlaufbahn. Damit begann die Raumfahrt. Mit Versuchstieren wurde der bemannte Raumflug vorbereitet. Der erste Mensch im ➲ Weltall war am 12. April 1961 der Kosmonaut Juri Gagarin. Die Amerikaner Edwin Aldrin und Neil Armstrong betraten als Erste den ➲ Mond. Später bauten die Amerikaner den ‚Spaceshuttle‘. Anders als die Mehrstufenrakete konnte er immer wieder verwendet werden. – Heute umkreisen viele Satelliten die Erde und beobachten zum Beispiel das Wetter oder übertragen Fernsehbilder oder Gespräche über ➲ Handy. ➲ Astronauten in Raumstationen werden von ‚Weltraumfrachtern‘ mit Lebensmitteln, Wasser und Sauerstoff versorgt. Raumsonden erforschen ➲ Planeten und das Sonnensystem. 1997 erkundete das ‚Marsmobil‘ erstmals die Oberfläche des Mars.

Rechnung

Die Post ist gekommen. Tims Vater öffnet einen Umschlag und sagt: „Das ist die Rechnung von der ➔ Werkstatt für die Autoreparatur." Auf dem Blatt Papier steht, welche Reparatur ausgeführt wurde und wie viel sie kostet. Herr Hofer rechnet nach und sagt: „Die Rechnung ist in Ordnung." Auch wenn man in einer ➔ Gaststätte isst, gibt einem der Kellner so einen Beleg, auf dem der ➔ Preis steht. Bezahlt man eine Rechnung nicht, kommt eine Mahnung. Das ist eine Aufforderung zu bezahlen. – Tim hat jemandem einen Strich durch die Rechnung gemacht. So nennt man es, wenn man jemandem einen Plan verdirbt.

Recycling

„➔ Papier kommt nicht in die Küchenabfälle", sagt Mama. Jakob vergisst manchmal, dass einige Abfälle wie Papier, ➔ Metall, ➔ Glas und Kunststoff getrennt gesammelt werden. Sie kommen in die entsprechende Mülltonne oder den ➔ Container. Aus sortiertem ➔ Müll wird Neues hergestellt. So entsteht aus Altpapier Umweltschutzpapier. Dadurch spart man ➔ Rohstoffe, verkleinert Müllberge und schont die Umwelt. Das englische Wort Recycling bedeutet ‚Wiederverwertung'. Oma Bode recycelt schon lange. Sie wirft nämlich ihre Garten- und Küchenabfälle auf den ➔ Kompost.

Regen

Anke und Daniel sehen dunkle ➔ Wolken am Himmel. „Gleich regnets", sagt Daniel. Schon prasseln Tropfen auf die Erde. Regen entsteht, wenn sich der Wasserdampf, der in der ➔ Luft ist, abkühlt. Dabei bilden sich schwebende Wassertröpfchen. Unzählige davon vereinen sich zu Wolken. Wenn es kühler wird, fließen die Tröpfchen zu großen Tropfen zusammen. Werden die zu schwer, fallen sie als Regen zur Erde. Bei Kälte gefrieren die Tropfen. Dann fallen sie als ➔ Hagel, Graupel oder ➔ Schnee. Ein Wolkenbruch ist ein sehr starker, kurzer Regen. Feiner Sprühregen und Nieselregen dauern länger.

Regenbogen

„Da ist ein Regenbogen!", ruft Jakob. Diesen großen, farbigen Bogen am ➔ Himmel sieht man während eines Regenschauers oder danach – aber nur, wenn dazu noch die ➔ Sonne scheint. Ein Regenbogen entsteht, wenn das Sonnenlicht die Regentropfen in der ➔ Luft anstrahlt. Durch die einzelnen Regentropfen wird das Sonnenlicht in die sieben ➔ Farben zerlegt, aus denen das weiße ➔ Licht besteht: Violett, Indigo, Blau, Grün, Gelb, Orange und Rot. Manchmal sieht man auch noch einen blassen Nebenregenbogen. Bei dem ist die Farbreihenfolge umgekehrt.

Regenwurm

„Ein sehr nützliches Tier“, sagt Oma Bode. Sie zeigt auf einen rosafarbenen ➔ Wurm mit vielen Ringen. Vier Borstenpaare pro Ring helfen ihm beim Kriechen. Regenwürmer graben sich durch die Erde und lockern sie. Sie ernähren sich von abgestorbenen Pflanzenteilen. Die unverdauten Teile scheiden sie aus. So düngen sie den Boden. Regenwürmer atmen durch die Haut. Bei uns werden Regenwürmer bis zu 30 Zentimeter lang. Der australische Riesenregenwurm misst drei Meter.

Regierung

Im Fernsehen wird die Bundeskanzlerin interviewt. Sie ist die Regierungschefin der Bundesrepublik ➔ Deutschland. Der ➔ Bundeskanzler oder die Kanzlerin wird von der Mehrheit aller ➔ Abgeordneten des ➔ Bundestags gewählt. Diese Abgeordneten wählt die Bevölkerung. Ankes Mutter sagt: „Es ist toll, dass eine Frau Bundeskanzlerin geworden ist.“ Die Frauen und Männer, die der Kanzlerin beim Regieren helfen, sind die ➔ Minister. Mit ihnen bildet sie die Regierung (das Kabinett). Diese Regierung leitet den ➔ Staat. Heute kann man bei uns wählen, von wem man regiert werden will. Man nennt das ➔ Demokratie. Die Bürger eines demokratischen Staates bestimmen, wer ihr Land führt. Früher herrschten ➔ Könige. Die regierten, auch wenn die Bevölkerung nicht einverstanden war. In manchen Ländern regieren noch heute Alleinherrscher, die nicht vom Volk gewählt wurden.

Register

„Was ist ein Register?“, fragt Tim. Seine Mutter antwortet: „Schlag mal im Kinderlexikon nach.“ Weil Tim den Begriff beim Durchblättern nicht gleich findet, schlägt er die letzten Seiten des ➔ Buches auf. Da stehen alle Begriffe, die im Buch erklärt werden. Als Überschrift darüber steht ‚Register‘. Jetzt weiß Tim, was das ist: ein alphabetisch geordnetes Verzeichnis. Es gibt zum Beispiel Sachwort- und Personenregister.

Alexander der Große ➔ Griechen 109
die **Alge** 12
Algerien ➔ Afrika 10
der **Alkohol** 12 ➔ Bier 38 ➔ Droge 58
Allah ➔ Islam 128
allein 13
die **Allergie** 13 ➔ Schnupfen 244
der Alligator ➔ Krokodil 155
die Alm ➔ Weide 307
die Alpen ➔ Europa 70 ➔ Schweiz 250
das **Alphabet** 13 ➔ Lexikon 166
der Alt ➔ Stimme 269
alt 13
der Altar ➔ Kirche 144
das Altenheim ➔ alt 13
das Altertum ➔ Griechen 109
das Altpapier ➔ Papier 203
➔ Südpol 273
die **Antenne** 17 ➔ Funk 94
die **Antilope** 18
die **Anzeige** 18 ➔ Zeitung 322
die Anziehungskraft ➔ Schwerkraft 250
der **Apfel** 18
das Apfelmus ➔ Apfel 18
die Apfelsine ➔ Orange 199
die **Apotheke** 18 ➔ Medikament 178 ➔ Rezept 227
die App ➔ Internet 128
die **Aprikose** 18
das **Aquarium** 19 ➔ Alge 12 ➔ Fisch 84 ➔ Goldfisch 108
der **Äquator** 19 ➔ Afrika 10 ➔ Erde 67 ➔ Klima 145
der Ara ➔ Papagei 203
Arabien ➔ Asien 23
der Astrologe ➔ Horoskop 121
der **Astronaut** 23
der Astronom ➔ Sternwarte 268
das **Asyl** 23 ➔ Flucht 88
Athen ➔ Marathonlauf 174
der Atlantik ➔ Meer 179
der **Atlas** 24 ➔ Erdkunde 67
atmen 24
die Atmosphäre ➔ Erde 67 ➔ Luft 169
der Ätna ➔ Vulkan 301
das **Atom** 24 ➔ Element 65
der Atomausstieg ➔ Energie 65
die Atombombe ➔ Bombe 41 ➔ Waffe 303
das **Atomkraftwerk** 24 ➔ Energie 65

Reh

Anke und ihr Papa sehen eine Gruppe Rehe am Waldrand. Sogar ein Jungtier ist dabei. Das Sommerfell dieser Pflanzenfresser ist braun, das Winterfell graubraun. Rehe gibt es fast überall bei uns in den ➔ Wäldern. Die Ricke, also die Rehmutter, bekommt jedes Jahr ein bis zwei Junge, die Rehkitze. Sie haben weiße Punkte im Fell. Der Rehbock ist das männliche Tier. Er hat ein Geweih.

reich

„In dem tollen Haus wohnen bestimmt reiche Leute“, sagt Tim. Die Eigentümer dieses Hauses haben wirklich sehr viel ➔ Geld. Zu ihren Reichtümern gehören Häuser, Grundstücke und ➔ Fabriken. „Sind wir reich?“, fragt Tim. Seine Mutter sagt: „Wir sind weder reich noch ➔ arm, so wie die meisten Menschen hier. Aber auch bei uns gibt es Armut. In vielen anderen Ländern gibt es einige reiche und sehr viele arme Menschen.

Reiher

Lena sieht große Vögel und fragt: „Sind das ➔ Störche?“ Ihre Mutter antwortet: „Die sehen so ähnlich aus, aber es sind Reiher.“ Man erkennt Reiher an dem Federschopf auf dem Kopf. Diese Schreitvögel leben an Gewässern, denn sie ernähren sich von ➔ Fischen und Lurchen. Sie leben gerne mit mehreren zusammen und nisten in Bäumen. Es gibt verschiedene Arten, bei uns zum Beispiel den Fischreiher.

Reinigung

Frau Aksoy packt Pullover und Hosen zusammen, die sie nicht mit der Waschmaschine oder der Hand waschen kann. Sie sieht das an den Kennzeichen in der Kleidung. „Das muss alles in die Reinigung“, sagt sie. Ibo gibt dort alles ab. Gereinigt wird mit chemischen Mitteln. Zwei Tage später holt Ibo alles sauber und gebügelt wieder ab. Auch Vorhänge, Teppiche und Lederkleidung werden in der Reinigung gereinigt.

Reis

Anke und Felix kochen Reis. „Der kommt von weit her“, sagt Felix. Dieses ➔ Getreide wird vor allem in ➔ Asien angebaut. Wasserscheu dürfen Reisbauern nicht sein. Sie pflanzen den Reis nämlich auf Feldern an, die unter Wasser gesetzt wurden. Außer Wasser braucht der Reis Wärme, damit er wächst. Bis über einen Meter wird die ➔ Pflanze groß. In ihren Rispen sitzen die Körner. Nach der Ernte werden sie geschält und poliert. Es gibt verschiedene Sorten. Für mehr als ein Drittel der Menschen ist Reis das Hauptnahrungsmittel. – Übrigens: Aus Reis werden auch ➔ Wein und Schnaps hergestellt.

Reisebüro

„Wir gehen ins Reisebüro“, sagt Tims Mutter. Dort erkundigen sich Hofers nach Reisezielen in Griechenland. Die Angestellte berät sie, welche Orte und ➔ Strände besonders schön sind. Sie nennt geeignete ➔ Hotels und sagt, was die Übernachtungen kosten. Außerdem erklärt sie, wie man dorthin kommt. Schließlich gibt sie Hofers Prospekte mit, damit die sich zu Hause in Ruhe entscheiden können. Danach werden sie ihre Reise im Reisebüro buchen, also bestellen und reservieren lassen. Auch Fahrkarten für Züge oder längere Busreisen und Flugtickets kann man hier kaufen.

Reißverschluss

„Der geht nicht zu!“, schimpft Jakob. Er zieht am Schieber vom Reißverschluss (Zipp). Seine Mama hilft ihm. Als sie behutsam am Schieber zieht, greifen die zwei Reihen gegeneinanderversetzter Zähne richtig ineinander. Reißverschlüsse sind aus Kunststoff oder ➔ Metall. Man öffnet und verschließt damit auch Taschen, Koffer, Rucksäcke und Zelte. Der Reißverschluss wurde 1913 erfunden.

reiten

Manchmal darf Anke reiten. Wenn das ➔ Pferd im Schritt geht, fühlt sich Anke sicher. Im Trab und in der schnellen Gangart Galopp ist es schwerer, sich im Sattel zu halten. Anke würde gerne voltigieren. Dabei geht das Pferd im Kreis und die Reiterin macht Turnübungen auf dem Pferderücken. – Geritten wird seit Tausenden von Jahren. Man reitet auf ➔ Eseln, ➔ Kamelen, Ochsen, ➔ Elefanten und vor allem auf Pferden. Früher ritt man auf der ➔ Jagd und im ➔ Krieg. Heute reitet man, weil es Spaß macht und als ➔ Sport. Anke bewundert im Fernsehen Spring- und Dressurreiter auf Turnieren.

Einige spannende und verrückte Rekorde

Die längste Gebirgskette der Welt sind die Anden. Über 7600 Kilometer ziehen sie sich durch sieben Länder in Amerika.

Die Goliath-Vogelspinne ist die größte Spinnenart der Welt. Die Weibchen können eine Beinspannweite von 28 Zentimetern haben.

In den USA gibt es den größten drehbaren Globus. Er hat einen Durchmesser von über zwölf Metern und steht in einem Raum, der drei Stockwerke hoch ist.

Das größte Kreuzworträtsel besteht aus 132 020 Kästchen und etwa 26 000 Fragen.

Rekord

Im Fernsehen gucken Jakob und Daniel ein Sportfest an. Eben wurde ein 5000-Meter-Lauf übertragen. Der Reporter ruft: „Das ist neuer Weltrekord!“ Bisher ist also niemand diese Strecke so schnell gelaufen. In fast jeder Sportart gibt es Rekorde. Außer Weltrekorden kennt man Europa-, Landes-, Kreis- und Stadionrekorde. Neben Sportrekorden werden auch ungewöhnlichere Rekorde aufgestellt, zum Beispiel: ‚Möglichst lange auf einer Stange sitzen‘. Oder: ‚Wer backt das größte Brot?‘ Solche Rekorde werden in einem Buch veröffentlicht. Jakob sagt: „Wir könnten den Rekord im Schokoladeessen aufstellen.“

Religion

Die Hofers gehen sonntags oft in die ➔ Kirche. Frau Hofer sagt: „Wir sind religiös.“ Sie glauben also an ➔ Gott. Wie die meisten Menschen bei uns sind sie Christen. Die anderen Weltreligionen sind das ➔ Judentum, der ➔ Islam, der ➔ Buddhismus und der ➔ Hinduismus. Es gibt über 2 Milliarden Christen, etwa 15 Millionen Juden, eineinhalb Milliarden Moslems (Islam), 900 Millionen Hindus und knapp 400 Millionen Buddhisten. Schon immer glaubten die Menschen an etwas Mächtigeres, als sie es selbst sind, also an einen Gott oder an mehrere Götter. Bei den alten ➔ Griechen und ➔ Römern gab es eine Göttin für die Jagd, einen Gott für das Meer und viele andere Götter.

Rennfahrer

Im Fernsehen sehen Lena und ihr Vater ein Formel-1-Rennen. Bei solchen Rennen steuern die Rennfahrer schnelle ➔ Autos. Mit ihren starken ➔ Motoren fahren die bis zu 350 Kilometer pro Stunde. Die Rennfahrer tragen feuerfeste Kleidung und Sturzhelme. Trotzdem kommt es manchmal zu tödlichen ➔ Unfällen. Einer der erfolgreichsten Formel-1-Fahrer aller Zeiten ist Michael Schumacher.

Rente

Tims Opa arbeitet nicht mehr. „Jetzt bin ich Rentner“, sagt er. Weil er nicht mehr arbeitet, bekommt er keinen ➔ Lohn mehr. Stattdessen bezieht Opa Hofer Rente (Pension). „Aber die ist nicht so hoch wie mein Lohn“, sagt er. Die Rentenzeit von Angestellten und Arbeitern beginnt ab einem bestimmten Alter. Bezahlt wird die Rente von der staatlichen Rentenversicherung. Dafür zahlt man während des Berufslebens regelmäßig einen Teil des Verdienstes dort ein. Auch die Firma bezahlt etwas. Wenn jemand krank wird und nicht mehr arbeiten kann, bekommt er ebenfalls eine Rente. Oma Bode bekommt Witwenrente, weil ihr Mann gestorben ist. Bei Beamten heißt die Rente Pension.

Republik

„Wir leben in der Bundesrepublik Deutschland. Was bedeutet ‚Republik‘?“, fragt Daniel. Sein Vater erklärt: „Es bedeutet, dass ➔ Deutschland ein demokratischer ➔ Staat ist. In einer Republik gibt es keinen ➔ König, der das Land regiert und der die Macht von Vorfahren geerbt hat.“ Das Staatsoberhaupt der Republik wird vom Volk oder von den ➔ Abgeordneten gewählt. Deutschland, ➔ Österreich und die ➔ Schweiz sind Republiken. England und Schweden zum Beispiel sind auch ➔ Demokratien, denn die ➔ Regierungen werden vom Volk gewählt. Trotzdem sind diese Staaten keine Republiken, weil es dort eine Königin oder einen König gibt. Allerdings haben die wenig Einfluss auf die Regierungen. – Viele Völker mussten sich das Recht, eine Republik zu sein, vom König erkämpfen.

Rettich

Im Laden von Familie Aksoy werden Rettiche (Radi) angeboten. „Die sehen fast aus wie weiße ➔ Rüben“, sagt Ibo. Seine Mutter nimmt eine der Gemüsepflanzen. Erst entfernt sie die Blätter. Dann schneidet sie die sauber geputzte ➔ Wurzel in dünne Scheiben. „Die schmecken scharf“, sagt Ibo. Frau Aksoy bestreut sie mit Salz, dann werden sie etwas milder. Es gibt auch schwarze und rote Rettiche. Auch Radieschen gehören zu den Rettichen.

Revolution

Im Radio wird über einen ➔ Staat berichtet, in dem eine Revolution ausgebrochen ist. Ankes Mutter sagt: „In dem Land gibt es einige ➔ reiche und mächtige Menschen. Alle anderen sind sehr ➔ arm und machtlos.“ Aus Unzufriedenheit darüber kämpfen die Revolutionäre gegen die ➔ Soldaten der ➔ Regierung. Sie wollen eine gerechte Staatsordnung und bessere Lebensbedingungen für alle. Die Französische Revolution beseitigte vor über zweihundert Jahren die Herrschaft des Königs, des ➔ Adels und der Kirche. – Auch eine Erfindung kann revolutionär sein. Sie ist dann etwas umwälzend Neues.

Rezept

„Ich gebe Ihnen ein Rezept für Jakob mit“, sagt die ➔ Ärztin zu Jakobs Papa. Auf den Rezeptzettel schreibt sie ein ➔ Medikament, das Herr Bode in der ➔ Apotheke abholen soll. Viele Arzneimittel sind rezeptpflichtig. Man bekommt sie in der Apotheke also nur, wenn man ein Rezept vorlegt. – Daniel will backen. Dafür sucht er ein gutes Kuchenrezept. Weißt du, was damit gemeint ist?

Rhabarber

In Omas Garten schneidet Lena Rhabarber ab. Eines der großen Blätter setzt sie wie einen Hut auf den Kopf. Von der Rhabarberpflanze isst man nur den dicken Blattstiel. Roh schmeckt er sauer. Als Kompott gekocht und mit Zucker oder Honig mag ihn Lena. Auch gesüßter Rhabarbersaft und Rhabarberkuchen schmecken ihr gut.

Riese

„Der ist ja riesig“, staunt Ibo über einen Mann. Auf normal große Menschen sieht dieser Mann herab. Oft sind besonders große Menschen unzufrieden mit ihrer Größe. Für sie ist vieles zu klein oder zu niedrig. Einen richtigen Riesen aus einem Märchen- oder Sagenbuch stellt sich Ibo noch viel größer vor als den Mann. In einem Roman reist Gulliver zum Zwergenvolk der Liliputaner. Er kommt ihnen wie ein Riese vor.

Ring

Felix will Ankes Mutter zum Geburtstag einen Ring schenken. Bei einem Juwelier sehen er und Anke sich die kreisrunden Schmuckstücke aus ➔ Silber, ➔ Gold und Platin an. Besonders wertvolle Ringe sind mit ➔ Edelsteinen besetzt. Eheringe sind meist schlicht. Ibos Schwester hat einen Freundschaftsring von ihrem Freund bekommen. Er war nicht so teuer wie die Ringe beim Juwelier. Aber sie findet ihren Ring toll. – Im viereckigen Boxring kämpfen zwei Boxer gegeneinander.

Ritter

In einer Burg sehen Daniel und Jakob Ritterrüstungen, Helme, Schwerter und Schilde. Im ➔ Mittelalter gehörte das alles zur Ausrüstung der Ritter. Sie ritten auf ihren ➔ Pferden und kämpften gegen ➔ Feinde. Das war ihr ➔ Beruf, denn sie leisteten Kriegsdienste für Fürsten und ➔ Könige. Dafür erhielten sie ein Stück Land. Die Ritter hatten damals viel zu tun. Die meisten Fürsten und Könige waren nämlich ziemlich kriegerisch. Ritter lebten in ➔ Burgen. Bei Turnieren kämpften sie auf Pferden mit Lanzen und Schwertern gegeneinander. Solche Turniere waren damals das, was heute Sportwettkämpfe sind. Dabei wurden bestimmte Regeln eingehalten. Von einem, der Regeln einhält und höflich ist, sagt man heute: ‚Er benimmt sich ritterlich.' Ritterlich benahmen sich die Ritter nicht mehr, als man die Feuerwaffen erfand. Da waren sie mit ihren Schwertern und Rüstungen überflüssig. Sie wurden arm. Als Raubritter überfielen sie deswegen Kaufmannszüge.

Roboter

In einem alten Film sieht Tim einen Roboter. Diese Maschine in Menschengestalt bewegt sich ziemlich eckig und wirkt etwas gruselig. Tims Onkel erzählt: „Bei uns in der ➔ Fabrik arbeiten Industrieroboter. Man setzt diese ➔ Automaten vor allem dann ein, wenn immer die gleichen Bewegungen ausgeführt werden müssen. Sie werden auch für ➔ Arbeiten benutzt, die von Menschen besser nicht erledigt werden sollten, zum Beispiel weil sie gefährlich oder sehr anstrengend sind." Bevor sie arbeiten können, müssen Industrieroboter programmiert werden. Viele Roboter haben Sensoren. Diese Vorrichtungen tasten wie Hände den Gegenstand ab, den sie bearbeiten sollen, und werten das Ergebnis aus. Die Arbeit des Roboters richtet sich dann nach dieser Auswertung.

Rohstoff

Ibo und sein Vater bauen ein Regal. Dazu brauchen sie den Rohstoff ➔ Holz. In Bergwerken bricht man den Rohstoff Erz. Aus dem Erz wird dann ➔ Metall herausgeschmolzen. Felle und Häute sind Rohstoffe, aus denen man zum Beispiel Kleidung macht. Ohne die Rohstoffe ➔ Erdöl, Erdgas und ➔ Kohle würde es kein ➔ Benzin und zu wenig Heizmaterial geben. Mit den Stoffen, die in der ➔ Natur vorkommen, müssen die Menschen sparsam umgehen. Viele Rohstoffe wachsen nämlich nicht nach und sind irgendwann verbraucht. Um Rohstoffe zu sparen, sammelt man zum Beispiel Altglas und Altpapier.

Rollschuhe

Jakob hat Rollschuhe geschenkt bekommen. Mit diesen Schuhen auf vier ➔ Rädern kann er schon prima laufen. Daniel und Lena haben Inlineskates. Bei denen sind alle vier Rollen hintereinander angebracht. Das Bremsen mit ihren Inlinern mussten Daniel und Lena erst üben. Wenn sie losflitzen, tragen sie immer einen Schutz für die Ellenbogen, Handgelenke und Knie und außerdem einen Sturzhelm.

Römer

Tim liest die ➔ Sage von der Gründung Roms. Darin steht, dass die Stadt 753 vor Christus von den Zwillingsbrüdern Romulus und Remus gegründet wurde. Sie sollen von einer Wölfin aufgezogen worden sein. In Wirklichkeit gibt es die Stadt aber schon länger. Aus ihr entstand das damals mächtigste Reich: das Römische Reich. Mächtig wurden die Römer durch ihre Armee. Sie eroberte alle Nachbargebiete, zum Beispiel die Länder am Mittelmeer, England und Teile des heutigen Deutschlands. Der berühmteste Feldherr Roms war Julius Cäsar. Durch die Eroberungen war die römische ➔ Kultur weitverbreitet. Die Römer gründeten Städte. Sie bauten Straßen, Wasserleitungen und Badehäuser. In den ➔ Arenen fanden Wagenrennen und Tierkämpfe statt. Kriegsgefangene kämpften als Gladiatoren gegeneinander. 395 n. Chr. zerfiel Rom in ein weströmisches und ein oströmisches Reich. Später drangen ➔ Germanen ins weströmische Reich ein und setzten den Kaiser ab. Das oströmische Reich endete 1453, als die Türken die Hauptstadt Ostroms, Konstantinopel, eroberten. Die Stadt Rom ist heute die Hauptstadt Italiens.

röntgen

Anke muss zum Röntgen (röntgenisieren). Sie hatte sich den Arm gebrochen. Der ➔ Arzt will sehen, ob der ➔ Knochen wieder zusammengewachsen ist. Dazu braucht er die unsichtbaren Röntgenstrahlen. Sie wurden 1895 von Wilhelm Röntgen entdeckt. Die elektromagnetischen Strahlen haben so viel ➔ Energie, dass sie ➔ Haut und ➔ Muskeln durchleuchten. So kann man ins Innere des ➔ Körpers sehen und davon Bilder machen. Auf der Röntgenaufnahme sieht der Arzt dann, ob Ankes Knochen verheilt ist.

Rose

Oma und Daniel sind im Garten. Sie wollen Rosen abschneiden und in die Vase stellen. Rosen sind Omas Lieblingsblumen. „Die Blüten sind schön", sagt Daniel. Viele Rosensorten duften. Und sie stechen, spürt Daniel, als er ihre Stacheln anfasst. Es gibt Sorten in den unterschiedlichsten Farben und Formen. Sie wurden aus wild wachsenden Sorten wie der Heckenrose gezüchtet. Die haben unauffälligere Blüten. Ihre Blüten reifen zu Hagebutten.

Rosine

„Jetzt fehlen nur noch die Rosinen (Weinbeeren)", sagt Jakob, als er mit Lena einen Kuchenteig rührt. Sie holt eine Tüte der getrockneten, braunen Weintrauben. Daneben stehen die hellgelben Sultaninen. Auch sie sind getrocknete Weinbeeren wie die kleinen, schwarzen Korinthen. Jakob nascht gerne Rosinen, denn sie schmecken süß. Rosinen kommen aus Griechenland, der Türkei und Kalifornien.

Rost

„Das Messer rostet", sagt Tim. Die rötlich braune Schicht entsteht an Eisen- oder Stahlteilen, die in feuchter Luft lagern. Rost frisst sich in die harte Oberfläche und zersetzt sie. So entstehen sogar Löcher im ➔ Metall. Tims Vater besprüht rostanfällige Metallteile mit Rostschutzmitteln oder er streicht sie mit Rostschutzfarbe. – Tims Mutter sagt: „Unser Rost rostet." Damit meint sie den Grillrost.

Rotkehlchen

Anke sieht einen Vogel im Gebüsch. An der roten Kehle und der roten Brust erkennt sie, dass es ein Rotkehlchen ist. Die ➔ Nester dieser Singvögel findet man unter ➔ Sträuchern. Rotkehlchen fressen ➔ Insekten und ➔ Früchte. Bis zu fünfzehn Zentimeter groß werden sie. Im Herbst fliegen die Zugvögel nach Süden und kommen im Frühjahr wieder zu uns.

Rübe

Im Herbst sieht Lena einen Lastwagen voller Zuckerrüben. Die kommen in eine Fabrik. Dort macht man ➔ Zucker und Sirup aus ihrem Saft. Zuckerrüben wachsen auf Feldern wie die dicken Runkelrüben (Räbe). Mit diesen Futterrüben füttern die Bauern im Winter ihr Vieh. Lenas Vater trinkt gerne Saft aus Roten Rüben (Rande) und ➔ Karotten. Alle Rüben sind Pflanzen mit verdickten ➔ Wurzeln.

Rucksack

Die 3a will einen Ausflug machen. Lena, Anke und Ibo überlegen, was sie mitnehmen sollten. Lena sagt: „Ich packe auf alle Fälle einen Anorak ein.“ Anke und Ibo werden auch etwas zu essen, zu trinken und Taschenlampen in ihren Rucksäcken mitnehmen. Diese praktischen sackartigen Taschen stellt man in unterschiedlichen Größen, Formen und Materialien her. Man trägt sie mit Riemen auf dem Rücken.

Rücksicht

Anke und ihre Mutter holen Opa ab. Sie wollen mit ihm spazieren gehen. Aber er ist vor Kurzem gestürzt und kann nicht so gut gehen wie sonst. Natürlich nehmen die beiden Rücksicht darauf. Sie gehen so langsam, dass Opa mitkommt. – Der Freund von Ankes Mutter erzählt: „Unsere neue Chefin hat rücksichtslos Mitarbeiter entlassen.“ Die Chefin hat zum Beispiel Leute entlassen, die Jahrzehnte in der Firma beschäftigt waren. Die Interessen und Gefühle anderer sind rücksichtslosen Menschen gleichgültig.

Ruine

Familie Bode kauft ihr Gemüse oft auf einem Bauernhof. Als sie jetzt dort ankommen, sehen sie ein abgebranntes Gebäude. Frau Bode sagt: „Vorher war das ein sehr schönes Fachwerkhaus.“ Nun stehen sie vor einer Ruine. Während und nach dem ➔ Krieg gab es viele solcher zerstörten Häuser. – Manchmal machen Bodes einen Ausflug zu einer Burgruine. Die Mauern, Türme und Gebäude verfielen im Lauf der Jahrhunderte. Trotzdem erkennt man, wie sie früher aussahen. Und man kann sich vorstellen, wie die Menschen damals hier gelebt haben. – Herr Bode sagt: „Die Gesundheit meines Kollegen ist ruiniert.“ Damit meint er, dass seine Gesundheit zerstört ist.

S

Das S entwickelte sich aus einem Zeichen für den Begriff Zahn. Frühe Formen sahen aus wie ein Backenzahn. Im alten Latein wurde das S geschrieben wie heute, aber nach links. Seit 2300 Jahren steht es da wie jetzt. Sehr viele Wörter beginnen damit, zum Beispiel Schlamassel, Schnitzeljagd, Schutzengel. Welche noch?

Saft

Ibo trinkt gerne Fruchtsaft, also Saft, der aus ➔ Früchten gepresst wurde. Mit der Fruchtpresse presst er selbst oft ➔ Orangen aus. Aber auch aus vielen anderen Obst- und Gemüsesorten stellt man Säfte her. Kürzlich dachte Ibo, er hätte Fruchtsaft gekauft. Aber der schmeckte wässrig. Wahrscheinlich war das Fruchtnektar oder ein Fruchtsaftgetränk. Darin ist nicht so viel Frucht enthalten wie im richtigen Fruchtsaft. – Ibo isst eine Birne und sagt: „Die schmeckt sehr saftig.“ Damit meint er, dass sie viel Saft enthält.

Sage

Im Lesebuch der Klasse 3b stehen Sagen. Die Hauptfiguren dieser ➔ Geschichten sind oft Märchengestalten wie ➔ Zwerge, Geister oder Helden. Ihnen passieren wundersame Dinge. Sie kämpfen zum Beispiel gegen ➔ Drachen. Trotzdem haben Sagen einen wahren Kern. Ein Teil dieser Geschichten ist vor langer Zeit wirklich passiert. Der Teil wurde weitererzählt und verändert. Der nächste Erzähler erfand etwas dazu. So ging das Jahrhunderte, bis das Weitergesagte – die Sage – aufgeschrieben wurde.

Säge

Anke holt den Fuchsschwanz aus dem Werkzeugkasten. Mit den scharfen Metallzähnen des Sägeblatts sägt sie ein Brett durch. Ihr Opa sägt mit der Bügelsäge Äste ab. Ibo hat eine Laubsäge. Mit diesem ➔ Werkzeug sägt er verschiedene Figuren aus. In ➔ Schreinereien gibt es starke Motorsägen. Kreis- und Bandsägen zersägen auch dicke ➔ Hölzer. Für ➔ Steine, ➔ Metall und Diamanten gibt es Spezialsägen.

Salamander

„Ein Feuersalamander!“, ruft Anke. Über zwanzig Zentimeter werden die schwarz-gelben Salamander groß. Oft verstecken sie sich unter Wurzeln oder Steinen. Wenn es im Sommer regnet, kommen sie hervor. Es gibt noch andere Salamanderarten bei uns, zum Beispiel den Kammmolch. Die Jungen (Larven) leben im Wasser und atmen durch Kiemen. Die ➔ Lungen zum Atmen an Land entwickeln sich erst später.

Salat

In Aksoys Laden wird Salat verkauft. Geliefert wird er von Gemüsebauern. Sie bauen Kopfsalat, Lollo rosso und Feldsalat (Ackersalat, Rapunzel) an. Man isst die Blätter der ➔ Pflanzen. Frau Aksoy sagt: „Salat ist gesund, er enthält ➔ Vitamine und ➔ Mineralien.“ Wenn sie Salat macht, wäscht sie die Blätter und schneidet sie klein. Für die Salatsoße braucht sie Essig, ➔ Öl und ➔ Gewürze. Manchmal kommt auch Mayonnaise, Sahne oder ➔ Joghurt in die Soße. Salat heißt auch die bunte Mischung, die man aus klein geschnittenen Zutaten zubereitet. Am liebsten mag Ibo Kartoffelsalat und Obstsalat.

Salz

„Gib mir mal bitte das Salz“, sagt Tims Vater. Er salzt damit die Kartoffeln. Menschen brauchen Salz, genauso wie Tiere und Pflanzen. Zu viel davon ist allerdings ungesund. Das Kochsalz, mit dem Tims Vater nachsalzt, wurde aus Steinsalz gewonnen. Dieses Salz lagert an manchen Stellen in dicken Schichten unter der Erde. Es wird meist in Salzbergwerken abgebaut. Oder man löst es mit Wasser aus dem Salzstock. Die Sole – so nennt man die Salzlösung – verdampft man dann in der Saline. Übrig bleibt Kochsalz. Früher, als es noch keine Kühlschränke gab, salzte man das Fleisch ein und machte es damit haltbar. – Beim Baden im ➔ Meer hat Tim gemerkt, dass das Meerwasser salzig schmeckt. Dieses Salzwasser leitet man in südlichen Ländern in flache Becken. Die Sonne scheint darauf und das Wasser verdunstet. Übrig bleibt das Salz. – Bei Glatteis streut man Streusalz auf die Straße. Es verändert den Gefrierpunkt des Wassers. Dadurch schmilzt das ➔ Eis. Allerdings ist dieses Streusalz für Pflanzen, Tiere und auch für den Straßenbelag schädlich. Deswegen wird es möglichst selten eingesetzt. Vor langer Zeit war Salz kostbar. Damals kannte man nur wenige Stellen, wo man es gewinnen konnte. Heute gibt es genug Salz.

Samen

Auf einem Waldweg findet Anke Eicheln. Ihre Mutter sagt: „Das sind die Samen der ➲ Eichen." Die Blüten einer ➲ Pflanze entwickeln sich nach der Bestäubung zur ➲ Frucht, die den Samen enthält. Wenn er reif ist und auf die Erde fällt, wächst daraus eine neue Pflanze. Bei ➲ Menschen und ➲ Tieren befruchten die männlichen Samenzellen die weiblichen Eizellen. Daraus kann beim Menschen ein ➲ Baby wachsen.

sammeln

Oma und Jakob suchen Blaubeeren. Als sie genug gesammelt haben, tragen sie die Beeren nach Hause. Dort backen sie Blaubeerkuchen. – Vor einigen Tausend Jahren lebten die Menschen vom Jagen und Sammeln. Sie ernährten sich außer von Fleisch zum Beispiel von ➲ Pilzen, Körnern, ➲ Früchten, ➲ Wurzeln und Beeren, die sie sammelten. Opa Bode war Mineraliensammler. Oma erzählt: „Seine Sammlung wurde immer größer und wertvoller." Jakob sammelt Spielzeugautos.

Satellit

Am Nachthimmel sieht Ibo einen Lichtpunkt, der sich bewegt. Rengin sagt: „Das ist ein Satellit." Natürliche Satelliten sind Himmelskörper, die einen ➲ Planeten umkreisen wie der ➲ Mond die Erde. Den ersten künstlichen Himmelskörper – den ‚Sputnik' – brachte 1957 eine ➲ Rakete in seine Umlaufbahn um die ➲ Erde. Damit begann die ➲ Raumfahrt. Heute fliegen viele Satelliten im ➲ Weltall. Sie beobachten zum Beispiel das Wetter. Nachrichtensatelliten übertragen Fernsehbilder. Die ersten Satelliten flogen ohne Lebewesen. Später umkreisten dann Versuchstiere die Erde, schließlich auch Menschen.

Säugetier

Im Urlaub auf dem ➲ Bauernhof sieht Anke zu, wie die Ferkel an den Zitzen ihrer Mutter saugen. ➲ Schweine gehören wie ➲ Katzen und ➲ Hunde zu den Säugetieren. Das sind die Tiere, die nach der ➲ Geburt gesäugt werden. Ihre erste Nahrung besteht also aus Muttermilch. Anke sagt: „Eigentlich ist auch der Mensch ein Säugetier." Säugetiere haben ein Skelett. Zum Atmen brauchen sie ➲ Lungen und sie bringen lebende Junge zur Welt. Viele Haustiere gehören zu den Säugetieren. Es gibt auch ein fliegendes Säugetier: die ➲ Fledermaus. ➲ Raubtiere wie der ➲ Löwe gehören zu den Säugetieren und Nagetiere wie das ➲ Eichhörnchen. Aber nicht nur an Land und in der Luft leben sie, sondern auch im Wasser. ➲ Wale, ➲ Delfine und ➲ Seehunde sind Säugetiere. – Über 4000 Säugetierarten gibt es. Zu den kleinsten gehört bei uns die Zwergmaus. Sie ist nur fünf Zentimeter lang. Das größte ist der Blauwal mit mehr als 30 Metern Länge.

Säure

Lena presst ➲ Zitronen aus. Unverdünnt und ohne Zucker schmeckt der hellgelbe Saft sehr sauer. Das liegt an der Zitronensäure darin. „Sauer macht lustig", sagt Lenas Oma immer. Auch Essig und ➲ Joghurt enthalten Säuren: die Essig- und die Milchsäure. Diese Säuren sind sauer, aber trotzdem genießbar. Gefährlich sind starke Säuren wie die Salz- und die Schwefelsäure. Sie verätzen die Haut.

Savanne

Tims Onkel war in Kenia. Dieses Land liegt in ➲ Afrika. Dort ist er bei einer Safari mit dem Jeep durch riesige Savannen gefahren. Er erzählt: „In diesen Ebenen wächst vor allem hohes ➲ Gras. Es gibt aber auch einzelne Büsche. Und einzeln oder in Gruppen wachsende Bäume, zum Beispiel Schirmakazien. In den Savannen leben Tiere, die man bei uns nur im Zoo sieht. Ich habe Nashörner fotografiert, Büffel, ➲ einen Gepard, ➲ Elefanten, ➲ Giraffen, Antilopen, ➲ Zebras und ➲ Geier. ➲ Nomaden treiben Viehherden durch die Savanne und lassen die Tiere das Gras fressen."

Schädling

Im ➲ Garten sammeln Oma Bode und Jakob ➲ Schnecken vom ➲ Salat. Oma sagt: „Die haben Salat zum Fressen gerne." Sie sind nicht die einzigen Schädlinge in Omas Garten. Auch Blattläuse, Raupen und Rüsselkäfer richten Schäden an ➲ Tieren und ➲ Pflanzen an. Oft wehren sich die Menschen mit chemischen Mitteln gegen sie. Damit muss man vorsichtig sein, denn diese Mittel sind manchmal selbst schädlich.

Schaf

Tim und seine Eltern sehen eine Schafherde. Ein Schäfer kümmert sich mit seinem ➲ Hund um die Tiere und zieht mit ihnen von ➲ Weide zu Weide. Tim sagt: „Guckt mal, da sind auch Schäfchen!" Er zeigt auf zwei kleine Lämmer. Das männliche Tier mit den Hörnern ist der Bock oder Widder. Hammel heißt der kastrierte Schafbock. Er kann sich nicht mehr fortpflanzen. Schafe werden geschoren. Aus ihren Haaren macht man ➲ Wolle. Tims Mutter kauft oft Schafskäse.

Schall

Ibo ruft Lena etwas zu. Sie hört das, weil Ibo mit seiner Stimme Schall erzeugt. Luftteilchen werden bewegt. Es entstehen Schwingungen, die sich wellenförmig ausbreiten. Sie kommen auch in Lenas ➲ Ohr an. Bei 0 Grad Celsius breitet sich der Schall in der ➲ Luft mit 331 Metern pro Sekunde aus. Je höher ein Ton ist, desto mehr Schwingungen pro Sekunde hat er. Kinder können über 20 000 Schwingungen hören, Erwachsene weniger. Wenn sich ein ➲ Flugzeug der Schallgeschwindigkeit nähert, erhöht sich der Luftwiderstand. Durchbricht das Flugzeug die Schallmauer, entsteht ein lauter Knall.

Schatten

Die Sonne scheint. Obwohl Daniel allein zur Schule geht, hat er Begleitung. Neben ihm läuft nämlich sein Schatten. Diese dunkle Stelle auf einer beleuchteten Fläche erscheint, wenn etwas zwischen der Lichtquelle und der Fläche steht. In diesem Fall ist die ➲ Sonne die Lichtquelle. Das ‚Etwas' ist Daniel. Und die Fläche ist der Gehsteig. – Lena hat ein Schattenspiel gesehen. Dabei wurden flache Figuren hinter einer durchscheinenden Papierfläche bewegt. Die Fläche wurde von hinten beleuchtet. – Manchmal machen Daniel und Jakob an einer beleuchteten Wand Schattenspiele mit den Fingern.

Schaufel

Anke und ihr Papa sehen in einem großen Garten zwei Männern beim Arbeiten zu. Die Männer benutzen eine Schaufel und einen Spaten. Die Schaufel (Schippe) hat ein in der Mitte etwas vertieftes Blatt, das am Stiel befestigt ist. Papa sagt: „Mit der Schaufel kann man Erde aufnehmen und weiterbefördern. Zum Umgraben ist der Spaten besser." Sein Blatt ist flach, die untere Kante scharf.

Schaufenster

Jakob und seine Mama kommen an Schaufenstern vorbei. Vor einem Spielzeuggeschäft bleibt Jakob stehen. Hinter den Scheiben sind Spielsachen ausgestellt. Jakob entdeckt ein Buch, das er gerne hätte. Einige Geschäfte haben vor den Läden Vitrinen. In diesen Schaukästen sieht man die Waren von allen Seiten.

Schauspieler

Die 3b führt beim Schulfest auf der Schulbühne ein Schauspiel auf. Tim spielt ein freches Schlossgespenst. Was er sagt, musste er auswendig lernen. Ein Lehrer ist der Regisseur. Er bestimmt, wer welche Rolle spielt und wie gespielt wird. Schauspieler und Schauspielerinnen treten auf Theaterbühnen, beim ➲ Fernsehen, beim ➲ Film und im ➲ Radio auf. Viele haben ihren ➲ Beruf an einer Schauspielschule erlernt. Durch Sprache, Bewegung und Gesichtsausdruck gestalten sie ihre Rollen.

Scheck

Tante Sophie hat Lena zum Geburtstag einen Scheck (Check) geschickt. Auf diesem vorgedruckten Stück Papier hat sie 30 Euro eingetragen. Mama sagt: „Den Scheck bringen wir morgen zur ➲ Bank. Dort wird das Geld dann deinem ➲ Konto gutgeschrieben, also auf dein Konto eingezahlt. Die Bank bucht die 30 Euro von Tante Sophies Konto ab." Außer solchen Verrechnungsschecks gibt es Barschecks. Mit denen lässt man sich das Geld von der Bank bar auszahlen.

Scheidung

Ankes Mutter erzählt: „Geheiratet haben Papa und ich, weil wir uns wirklich lieb gehabt haben. Aber später haben wir uns verändert und sind nicht mehr gut miteinander ausgekommen." Anke weiß noch, wie schlimm ihre Eltern sich damals gestritten haben. Schließlich ist Papa ausgezogen und Ankes Eltern wurden geschieden. Manchmal ist Anke immer noch ➲ traurig darüber. Manchmal auch nicht, weil es zu Hause friedlich geworden ist. Eine Ehe wird geschieden, wenn auch das ➲ Gericht meint, dass die Ehepartner die Ehe nicht fortsetzen können. Vorher muss das Paar schon ein Jahr getrennt gelebt haben. Will sich nur einer von beiden scheiden lassen, kann die Ehe erst nach drei Jahren geschieden werden. Das Gericht bestimmt, wer sich nach der Scheidung um die Kinder kümmert und wer wen mit Geld unterstützen muss. Und es legt fest, wie alles geteilt wird, also zum Beispiel die Dinge, die man sich zusammen gekauft hat.

Scheinwerfer

Ibo und sein Vater fahren nachts mit dem ➲ Auto. Ohne Scheinwerfer könnten sie nichts sehen und nicht gesehen werden. Eine Glühlampe erzeugt das ➲ Licht. Die Lichtstrahlen werden durch einen besonders geformten ➲ Spiegel in eine Richtung gelenkt. Mit dem Abblendlicht leuchtet man nach unten. Das Fernlicht leuchtet weit nach vorne. Auch Ibos ➲ Fahrrad hat Scheinwerfer. Man braucht sie außerdem auf dem Sportplatz, im Fernsehstudio und im Theater.

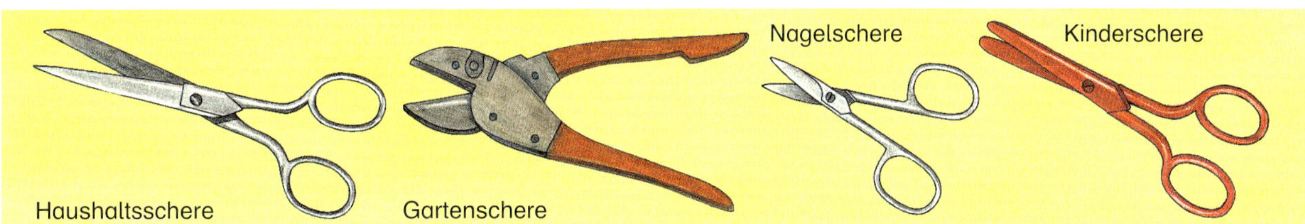

Schere

Die ➲ Friseurin schneidet Jakob die Haare mit einer Schere. Auch der Schneider benutzt dieses scharfe ➲ Werkzeug. Oma Bode schneidet die Hecke mit der Heckenschere. „Wo ist die Nagelschere?", fragt Papa. Bei Jakobs Kinderschere sind die gefährlichen Ecken abgerundet. Die beiden Scherenschenkel sind bei jeder Schere durch einen Bolzen verbunden. Drückt man die Haltegriffe, bewegt man die scharfen Schneidekanten gegeneinander. So schneiden sie etwas ab. – Welches Tier kneift mit seinen Scheren?

Der Krebs

Schiff

Im ➲ Hafen beobachtet Tim die Schiffe. Diese großen Wasserfahrzeuge transportieren Waren und Menschen. Die Waren werden heute oft mit Containerschiffen befördert. Ein riesiger Tanker hat ➲ Erdöl geladen. Weiter draußen wird ein Segelboot vom Wind vorwärtsgetrieben. Bevor die Dampfmaschine erfunden wurde, gab es nur Segelschiffe. Heute werden Schiffe von Dieselmotoren, Gas- oder Dampfturbinen angetrieben. Eben kommt eine Fähre. Sie bringt Passagiere von einem anderen Hafen hierher. Viele Menschen stehen hinter der Reling, dem Geländer des Schiffsdecks. Der ➲ Kapitän überwacht von der Brücke, dem Kommandoraum, die Arbeit der ➲ Matrosen und des Steuermanns. Der steuert das Schiff zur Anlegestelle. An den Schornsteinfarben kann man erkennen, zu welcher Reederei das Schiff gehört. – Vor der ➲ Küste ist ein Feuerschiff verankert. Mit seinem Leuchtfeuer zeigt es anderen Schiffen den Weg. Auf ➲ Flüssen und ➲ Kanälen fahren Binnenschiffe.

Schildkröte

Im Zoo sehen Anke und Daniel einer Schildkröte zu. Sie kriecht über den Boden des ➲ Terrariums. Bei Gefahr zieht sie den Kopf und die Beine ein. Vor Angreifern geschützt liegt sie dann in ihrem dicken ➲ Panzer aus Horn und ➲ Knochen. Es gibt etwa 200 Schildkrötenarten. Einige leben an Land, zum Beispiel in Griechenland. Sie ernähren sich vor allem von ➲ Pflanzen. Die Meeres- und Sumpfschildkröten sind im Wasser zu Hause. Sie fressen Wassertiere und Pflanzen. Alle Schildkröten legen ihre ➲ Eier an Land, meistens in geschützte Bodenmulden. Die Wärme der Sonne ‚brütet' sie aus. Die größten Schildkröten wiegen bis zu 800 Kilogramm. Je nach Art können sie über 100 Jahre alt werden. Viele Arten sind vom Aussterben bedroht.

Schilf

Lena geht am Seeufer entlang. Vom ➔ See sieht sie wenig. Das Ufer ist dicht mit Schilf bewachsen. Auch auf feuchten ➔ Wiesen wächst dieses Gras. Seine Halme können vier Meter hoch werden. Als Lena die Schilfrohrblätter anfasst, spürt sie, wie scharf sie sind. Zwischen dem Schilf wachsen Rohrkolben und Binsen. Viele ➔ Vögel brüten im Schilf. Seine Halme verarbeitet man zu Matten oder deckt Hausdächer damit.

Schimmel

„Das ➔ Brot schimmelt“, sagt Ibo. Er sieht den grauweißen Belag aus Schimmelpilzen. Verschimmeltes soll man nicht essen. Schimmel bildet sich auf ➔ Lebensmitteln, die feucht lagern, oder an feuchten Wänden. Einige Käsesorten haben einen essbaren Edelschimmel.

Aus Schimmel stellt man auch ➔ Medikamente her. – Auf welchem Schimmel reitet man?

Dem weißen Pferd.

Schimpanse

Im Zoo gehen Anke und ihr Vater zu den Schimpansen. Papa sagt: „Die Schimpansen gehören zu den Menschenaffen wie die ➔ Gorillas und ➔ Orang-Utans.“ Sie sehen wirklich ein bisschen wie Menschen aus. In Freiheit leben sie in großen Familien in den Wäldern und ➔ Savannen ➔ Afrikas. Sie werden bis 1,70 Meter groß. Ihre Schlafnester bauen sie auf Bäumen. Auf dem Boden können sie sich aufrecht bewegen. Sie fressen ➔ Früchte und kleine Tiere. Oft benutzen sie einfache ➔ Werkzeuge wie Stöcke oder Steine, um an ihre Nahrung heranzukommen.

Schinken

Beim ➔ Fleischer hängen Schinken, die lecker riechen und aussehen. Daniel mag rohen Schinken besonders gern. Schinken macht der Fleischer meistens aus der Schweinekeule, aber auch aus der Schulter. Zuerst salzt er das ➔ Fleisch. Dann hängt er es in den Rauch. Er räuchert es also. Dadurch wird es haltbar. So entsteht der rohe Schinken. Aus gekochtem Schweinefleisch wird gekochter Schinken.

schlafen

„Ich gehe ins Bett“, sagt Lena. Ihre Eltern staunen, dass sie freiwillig schlafen will. Aber Lena ist ➔ müde. Ihr ➔ Körper braucht Schlaf, denn Lena hat sich heute angestrengt. Davon erholt sie sich im Schlaf und bekommt neue Energie. Im Schlaf atmet man langsamer und die ➔ Muskeln entspannen sich. Als Baby schlief Lena fast den ganzen Tag. Heute braucht sie etwa zehn Stunden Schlaf. Die Eltern brauchen weniger. Ein Freund von Lena ist Schlafwandler. Er steht manchmal im Schlaf auf und geht herum. Daran kann er sich später aber nicht mehr erinnern. Manche Tiere schlafen den ganzen Winter. Durch den ➔ Winterschlaf überleben sie die Zeit, in der sie wenig Futter finden.

Schlange

Im Fernsehen sieht Tim eine riesige Boa. Wie alle Schlangen schlängelt sie sich durch seitliche Windungen voran. Auch der Python gehört zu den Riesenschlangen. Bis zu neun Meter wird er lang. Vor allem in wärmeren Ländern leben Schlangen. Etwa 2500 Arten dieser Reptilien gibt es. Davon sind ein paar Hundert giftig. Besonders giftig sind die Brillenschlange (Kobra), die Klapperschlange, die Mamba und die Puffotter. Auch bei uns leben einige Schlangen wie die harmlose Ringelnatter. Giftig ist nur die ➔ Kreuzotter. Schlangen können nicht hören. Um Dinge zu ertasten und zu riechen, benutzen sie ihre gespaltene Zunge. Schlangen öffnen ihr Maul weit. So verschlingen sie ihre Beute. Giftschlangen töten oder lähmen die Beute vorher mit ihrem ➔ Gift. Würgeschlangen umschlingen und erwürgen sie. Weil der Schlangenmagen sehr dehnbar ist, schlucken sie auch größere Tiere. Fast alle Schlangen legen ➔ Eier. Einige, wie die Kreuzotter, bringen lebende Junge zur Welt. Schlangen streifen ihre Schuppenhaut regelmäßig ab. Sie häuten sich also.

Schlaraffenland

Auf dem Schulweg sagt Anke zu Daniel: „Ich möchte mal ins Schlaraffenland." Sofort sagt Daniel: „Ich komme mit." Sie wissen, dass im Schlaraffenland hauptsächlich gefaulenzt wird. ➔ Faul sein ist dort wichtig. Vor und nach dem Faulenzen isst und trinkt man leckere Dinge. Man lebt paradiesisch … wie im Schlaraffenland eben. Leider gibt es das Land nur in ➔ Geschichten.

Schleuse

An einer Schleuse erklärt Jakobs Mutter: „Mit Schleusen hebt man die ➔ Schiffe in ➔ Flüssen, ➔ Häfen, Stauseen und ➔ Kanälen von einem niedrigen auf einen höheren Wasserstand oder umgekehrt. So können sie eine Steigung überwinden." Eben soll ein Schiff auf einen höheren Wasserstand geschleust werden. Es fährt durch das geöffnete Tor in die Schleusenkammer. Dann schließt der Schleusenwärter das Tor hinter dem Schiff. Das Tor davor öffnet er. Die Kammer füllt sich mit Wasser, bis das Schiff die nötige Höhe erreicht hat. Dann wird das Tor ganz geöffnet und das Boot kann weiterfahren.

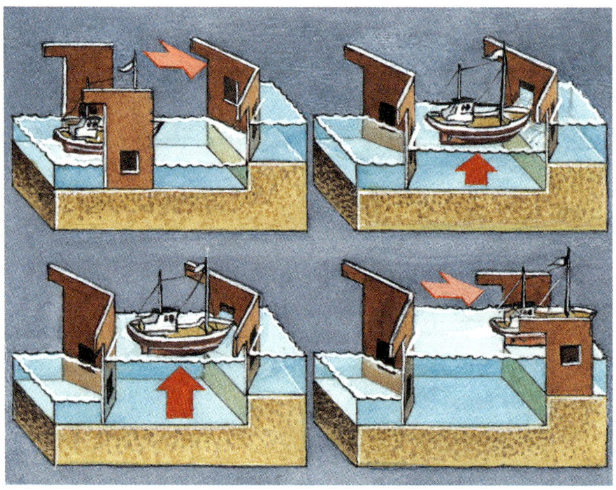

Schlitten

„Es hat heute Nacht geschneit!", ruft Ibo. Er trägt seinen Schlitten aus dem Keller. Dann holt er Lena und Daniel ab. Im Park sehen sie Kinder mit verschiedenen Schlitten. Da gibt es welche aus ➲Holz und aus Kunststoff. Die meisten gleiten auf Kufen den Hang hinunter. Die Kufen sind mit ➲Eisen beschlagen. Bei den Olympischen Winterspielen rasen Sportler mit Rennschlitten (Rennrodeln) und Bobs künstlich angelegte kurvige Bahnen hinunter. – In Ländern, wo es viel schneit, werden Schlitten manchmal noch von ➲Hunden, ➲Pferden oder Rentieren gezogen. Vor allem aber fährt man dort mit Motorschlitten.

Schlittschuhe

Lena und Daniel treffen sich in der Eislaufhalle. Auf der künstlichen Eisfläche kann man das ganze Jahr Schlittschuh laufen. Schon flitzen die geschliffenen Metallkufen ihrer Schlittschuhe über das ➲Eis. Wenn der ➲See zugefroren ist, laufen sie dort Schlittschuh. Eiskunstläufer, Eishockeyspieler und Eisschnellläufer tragen Spezialschlittschuhe.

Schloss

Tim und seine Eltern besichtigen ein Schloss. Sie bestaunen die vielen prächtigen Zimmer und die riesige Halle. Überall hängen Bilder. Tims Mutter sagt: „Aber Staub wischen möchte ich hier nicht." In dem großen Gebäude sind eine Ausstellung und ein ➲Museum untergebracht. Tims Vater erklärt: „Früher wohnten die Fürsten und die ➲Könige in Schlössern." Oft sind sie von einem ➲Park umgeben. – Zu Hause hat Tim ein Schloss. Weißt du, was das für eines ist?

Das Türschloss

Schlucht

Im Gebirge stehen die Bodes vor einer Schlucht. Von weit unten hören sie ➲Wasser rauschen. Am Boden der Schlucht fließt nämlich ein Gebirgsbach. In unendlich langer Zeit hat das Wasser die Schlucht in den ➲Berg gegraben. Gefrorenes Wasser hat ➲Steine gesprengt. Das Geröll wurde weggespült und der Einschnitt im Berg immer tiefer. So eine enge Schlucht nennt man auch ‚Klamm'. – Eine gewaltige Schlucht ist der Grand Canyon in ➲Amerika. Der Fluss Colorado hat diese bis zu 1800 Meter tiefe Schlucht gegraben. – Übrigens: Auch tief im ➲Meer gibt es Schluchten.

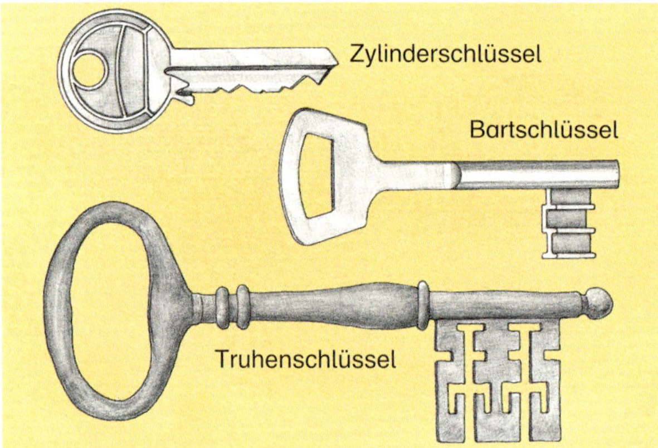

Schlüssel
Ibo steckt den Wohnungsschlüssel ins Schloss und dreht ihn. Das funktioniert, weil der Bart des Schlüssels ins Schlüsselloch passt. Durch die Drehung wird die Tür entriegelt. Die Ladentür hat ein Sicherheitsschloss. Der Schlüssel dafür hat komplizierte Zacken, die genau zu den Stiften im Zylinder des Schlosses passen. – Geheime Nachrichten werden verschlüsselt, also in einer ➜ Geheimschrift geschrieben. – Welcher Schlüssel passt in kein Schloss?

Der Schraubenschlüssel

Schmerz
„Au!", ruft Jakob. Er hat sich den Finger verbrannt. Die Nervenenden in der ➜ Haut nehmen Jakobs Schmerz auf. Nervenbahnen leiten ihn zum ➜ Gehirn oder Rückenmark. Blitzartig wird dem Finger über die ➜ Nerven befohlen: Weg vom Herd! So schützt der Schmerz Jakob davor, sich noch stärker zu verbrennen. Schmerzen sagen uns auch, dass mit dem ➜ Körper etwas nicht stimmt. Dauern sie länger, geht man zum ➜ Arzt. Bei ➜ Operationen wird der Schmerz durch die Narkose ausgeschaltet. – Als Opa gestorben ist, war das schmerzlich. Der Schmerz war nicht körperlich. Trotzdem spürte man ihn.

Schmetterling
Im Garten beobachten Anke und Daniel Zitronenfalter, Kohlweißlinge und andere Schmetterlinge. Alle haben zwei Fühler. Mit ihren Saugrüsseln saugen sie aus den Blüten von Blumen und Bäumen Saft, den Nektar. Von dem ernähren sie sich. Dabei übertragen sie Blütenstaub. So bestäuben die ➜ Insekten die Blüten. Bei den meisten Schmetterlingen sind die beiden Flügelpaare durch farbige Schuppen bunt gemustert. Zitronenfalter gehören zu den Tagfaltern. Am Abend und nachts sind Nachtfalter unterwegs. Über 150 000 Schmetterlingsarten gibt es. Die kleinsten sind nur drei Millimeter. Die größten sind bis zu dreißig Zentimeter groß. Sie leben in Südamerika. – Wenn die Schmetterlingsraupe aus dem ➜ Ei gekrochen ist, frisst sie sich von Blatt zu Blatt. In dieser Zeit häutet sie sich mehrere Male. Nach der letzten Häutung verpuppt sie sich. Dann liegt sie in einem Kokon. Den hat sie mit den dünnen Fäden aus ihren Spinndrüsen gesponnen. Allmählich verwandelt sie sich in einen Schmetterling. Der entschlüpft dem Kokon und fliegt davon.

Schnabeltier

In einem Tierbuch sieht Jakob ein Schnabeltier. Er sagt: „Sieht das seltsam aus.“ Der Schnabel des Tiers wirkt wie ein angeklebter Entenschnabel. Zwischen den Zehen hat es Schwimmhäute. Bis zu 60 Zentimeter groß werden Schnabeltiere. Sie leben in ➲ Australien. Mit dem Schnabel fischen sie ➲ Krebse, ➲ Muscheln und andere Kleintiere. – Übrigens: Das Schnabeltier ist eines der wenigen ➲ Säugetiere, die Eier legen.

Schnecke

Oma schimpft über die Schnecken im ➲ Garten, weil sie ➲ Pflanzen fressen. Ganz gemächlich bewegen sie sich mit ihrer Kriechsohle auf dem Schleim, den sie ausscheiden. Viele der über 110 000 Arten tragen ihr Haus bei sich. Wenn es gefährlich wird, verschwinden sie darin. Nacktschnecken leben ohne dieses harte, kalkige Gehäuse. Die kleinsten Schnecken sind einen Millimeter groß, die größten 60 Zentimeter. Ihre vier Fühler können sie einziehen. Oben am längsten Fühlerpaar sitzen die Augen. Viele Schneckenarten leben im Wasser. Manche Menschen essen gerne Weinbergschnecken.

Schnee

Es ist Winter. Draußen fällt der erste Schnee. Tims Mutter sagt: „Die ➲ Temperatur muss auf null Grad oder noch tiefer gefallen sein.“ Dann gefrieren die Wassertropfen in den Wolken zu ➲ Kristallen. Sie sind alle sechseckig, aber jeder sieht anders aus. Die Kristalle wachsen zu Flocken zusammen und fallen als Schnee. Nasser, pappiger Schnee bleibt nur kurz liegen. Bei größerer Kälte fällt trockener, feiner Schnee. Dieser Pulverschnee ist gut zum Skifahren und Rodeln. Er bleibt lange liegen. Wenn es stark schneit, fahren Autos mit Winterreifen oder mit Schneeketten. Schneepflüge räumen die Straßen. Auf den Gehwegen wird der Schnee mit Schneeschiebern weggeschoben.

Schneeglöckchen

Im Garten liegt ➜ Schnee. Trotzdem schieben sich an geschützten Stellen Schneeglöckchen aus dem Boden. Oma sagt zu Daniel: „Wenn ich diese ➜ Blumen sehe, weiß ich, dass das Frühjahr bald beginnt.“ Die Blüten haben die Form kleiner Glocken. Auf ihren inneren Hüllblättern sieht man grüne Flecken. Schneeglöckchen wachsen aus Zwiebeln. Die kommen im Herbst in die Erde und treiben jedes Jahr wieder aus.

Schnittlauch

Im Gemüseladen von Aksoys wird auch Schnittlauch verkauft. Diese Lauchpflanze wächst im ➜ Garten und im Blumentopf am Fenster. Man benutzt sie zum Würzen. Ibo isst Schnittlauch gerne auf einem Butterbrot. Er sagt: „Schnittlauch sieht aus wie ein dünnes, grünes Rohr.“ Wenn man ihn abschneidet, wachsen neue Stängel nach. Die Blüten sind rosa. In Europa gibt es auch wild wachsenden Schnittlauch.

schnitzen

Mit dem Taschenmesser schnitzt Anke Verzierungen in die Rinde eines Stocks. Einmal hat sie einem Holzbildhauer zugesehen. Der spannte ein Stück ➜ Holz in seine Schnitzbank. Zum Schnitzen benutzte dieser Kunsthandwerker Meißel, Klöppel, Flach- und Hohleisen. Seine Schnitzereien verkauft er als ➜ Souvenirs. Im ➜ Mittelalter wurden für Kirchen Christus- und Marienfiguren geschnitzt. Damals entstanden sogar große Kirchenaltäre mit vielen Figuren und Szenen, die ganz aus Holz geschnitzt sind.

Schnupfen

Seit gestern niest und schnieft Tim. Er jammert: „Ich habe Schnupfen.“ Seine Mutter sagt: „Man hört es.“ Tim ist erkältet. Deshalb hat er Schnupfen. Die Nasenschleimhaut ist angeschwollen und die ➜ Nase ist verstopft. Außerdem läuft sie ständig. Die Nasenschleimhaut sondert bei Schnupfen nämlich eine schleimige Flüssigkeit ab. Tim verbraucht viele Papiertaschentücher. Mit dem Schnupfen hat er sich angesteckt. Die Krankheit wird durch ➜ Viren übertragen. Seine Freunde kommen ihm jetzt lieber nicht zu nahe. Sonst stecken sie sich ebenfalls an. Übrigens: Auch durch ➜ Allergien entsteht Schnupfen.

Schokolade

„Ich möchte einen Riegel Schokolade“, sagt Jakob. Um diese Süßigkeit herzustellen, braucht man ➜ Kakao. Der wird aus den gerösteten und gemahlenen Samen der Früchte des Kakaobaumes gemacht, den Kakaobohnen. Zum Kakao kommen noch Zucker, Kakaobutter und Milchpulver. Für bestimmte Rezepte verwendet man auch ➜ Nüsse, ➜ Rosinen, ➜ Joghurt und anderes. Je dunkler die Schokolade ist, desto mehr Kakao enthält sie. Bei Wärme schmilzt sie. In Fabriken wird die Schokoladenmasse von Maschinen gemischt und in Formen gegossen, zum Beispiel zu Schoko-Osterhasen. Trinkschokolade macht man aus Schokoladenpulver und ➜ Milch.

Schornsteinfeger

Anke und Daniel beobachten eine schwarz gekleidete Frau auf dem ➲ Dach. Mit ihrem Handwerkszeug reinigt sie verrußte Schornsteine, durch die der Rauch aus den Öfen abzieht. Außerdem prüft sie zum Beispiel, ob die Heizungs- und Lüftungsanlagen in Ordnung sind. Dazu gehört auch, dass sie kontrolliert, ob diese Anlagen die ➲ Luft zu sehr verschmutzen. Schornsteinfeger (🇦🇹 Rauchfangkehrer, 🇨🇭 Kaminfeger) lernen ihren ➲ Beruf während einer dreijährigen Ausbildungszeit. – Manche Menschen glauben, dass die Begegnung mit einem Schornsteinfeger Glück bringt.

Schranke

Daniel und Lena sind mit den Fahrrädern unterwegs. Verkehrszeichen zeigen ihnen, dass sie zu einem beschrankten Bahnübergang kommen. Die Schranken (🇨🇭 Barrieren) werden gerade heruntergelassen. Sie stoppen den ➲ Verkehr aus beiden Richtungen. Als der Zug vorbeigefahren ist, gehen die Schranken wieder hoch. Auch an einer ➲ Grenze hat Lena eine Schranke gesehen. Die nennt man Schlagbaum.

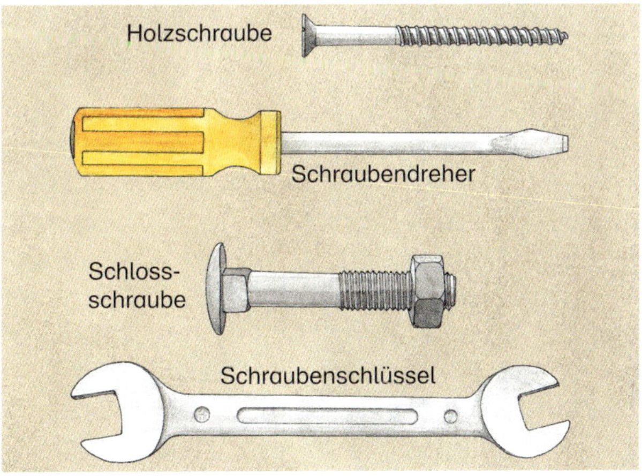

Schraube

Im Werkzeugkasten liegen viele verschiedene Schrauben. Ibos Mutter sucht eine, mit der Ibo ein Schild befestigen kann. Schrauben sind Metallbolzen mit Gewinde und Kopf. Zum Festschrauben braucht man einen Schraubendreher. Ibo steckt das ➲ Werkzeug in den Schlitz des Schraubenkopfs und dreht die Schraube fest. Um Teile aneinanderzuschrauben, benötigt man auch eine Schraubenmutter. Man dreht die Mutter auf die Schraube und presst so die Teile zusammen. Mit einem Schraubenschlüssel werden Schraubenmuttern festgezogen.

Schreck

Am Zebrastreifen überquert Tim die Straße. Da fährt ein Auto auf ihn zu, ohne zu bremsen. Plötzlich erkennt Tim die Gefahr, in der er ist. Schnell springt er auf den Gehsteig zurück. Er hat einen fürchterlichen Schreck bekommen. Das unangenehme Gefühl lässt sein ➲ Herz schnell schlagen. Er ist ganz blass und zittrig. Seiner Mutter erzählt er später nichts davon. Sie ist nämlich schreckhaft.

Schreinerei

Ein Freund von Lenas Vater ist Schreiner (Tischler). Lena besucht ihn in seiner ➲ Werkstatt. Er arbeitet gerade an der Kreissäge. Außerdem gibt es hier Bandsägen, Hobelbänke, Bohrmaschinen, Hämmer und anderes ➲ Werkzeug. Besonders wichtig für den Schreiner ist der Zollstock. Schließlich muss alles, was er herstellt, das richtige Maß haben. Mit seinen Werkzeugen baut oder repariert der Schreiner zum Beispiel Möbel, Türen, Fenster und Treppen. Dazu benutzt er ➲ Holz, aber auch Kunststoff. Den ➲ Beruf lernt man in einer dreijährigen Ausbildung. Später kann man Meister werden.

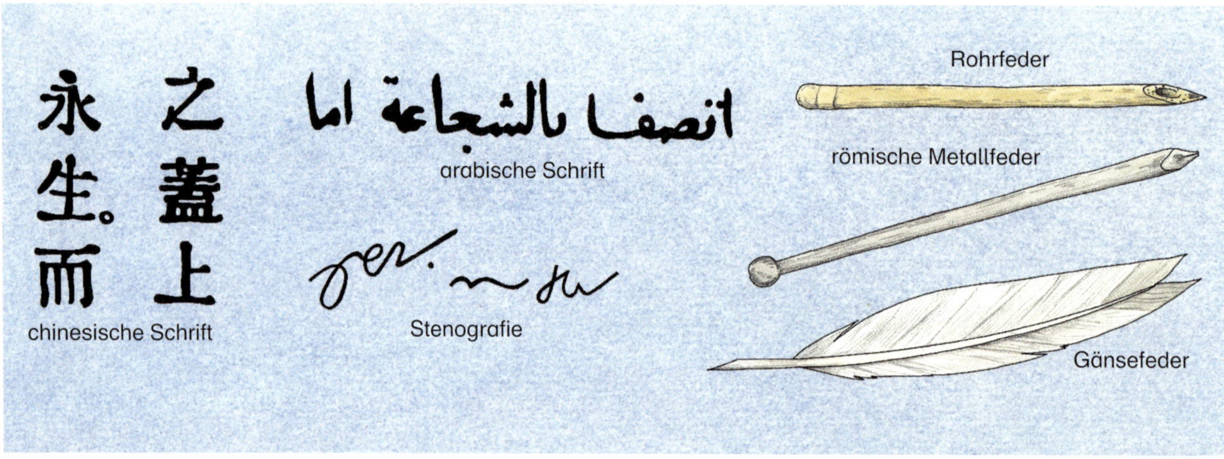

Schrift

Jakob möchte unbedingt das Schreiben lernen. Die Buchstaben von seinem Namen kennt er schon. Seine Geschwister können bereits schreiben. Sie haben in der ➲ Schule gelernt, die Sprache mit der Schrift aufzuschreiben. Außerdem können sie Geschriebenes in ➲ Büchern oder auf Plakaten lesen. Unsere Schrift besteht aus den sechsundzwanzig Buchstaben des ➲ Alphabets, den Umlauten (ä, ö, ü) und den Satzzeichen. Eigentlich wirkt sie einfach. Aber manchmal ist es doch schwierig, die Buchstaben in die richtige Reihenfolge zu bringen. Unsere lateinische Schrift hat sich aus der Schrift der alten ➲ Griechen entwickelt. Nicht alle Schriften sind wie unsere. Die Chinesen benutzen zum Beispiel mehrere Tausend Schriftzeichen. Zu den ersten Schriften gehörte vor ungefähr fünftausend Jahren die Bilderschrift der ➲ Ägypter, die aus ➲ Hieroglyphen besteht. Aber nicht nur die Schriften änderten sich im Lauf der Zeit. Man verwendete früher auch andere Schreibgeräte und beschrieb anderes Material. Zum Schreiben benutzte man unter anderem Gänsekiele, Meißel und Griffel. Geschrieben wurde auf Rinde, Stein, Leder, Holz, Knochen, Tontafeln und Papyrusrollen. Heute benutzt man ➲ Bleistifte, ➲ Füller, ➲ Filzstifte, ➲ Kugelschreiber und Computerdrucker. Man schreibt auf ➲ Papier. Auch heute noch können viele Menschen bei uns, vor allem aber in den ➲ Entwicklungsländern, nicht lesen und schreiben. Sie sind Analphabeten.

Schrottplatz

Anke und ihr Vater gehen an einem Schrottplatz vorbei. Hier liegen Metallabfälle. Sie werden gesammelt und sortiert. Viele Autowracks hat man übereinandergetürmt. Gerade hebt der Schrottbagger mit seinem großen Magneten einige Autoteile hoch. Teile, die noch nicht verrostet sind, verkauft man. Andere Metallteile werden in einer ➔ Fabrik eingeschmolzen und zur Herstellung von neuem ➔ Metall verwendet.

Schubkarre

Oma Bode holt die Schubkarre. Sie möchte Erde damit transportieren. Sofort klettert Jakob hinein. Lena versucht, die Schubkarre mit ihm zu schieben. Sie muss die Karre dazu an den zwei Griffen ein Stück heben. Das ist gar nicht so einfach. Die einrädrige Karre kippt leicht um. Auf ➔ Baustellen werden mit Schubkarren Zement, Kies und andere Baumaterialien transportiert.

Schulden

Freunde von Bodes kaufen ein Haus. Weil ihr Geld dafür nicht reicht, leihen sie sich welches von der Bank. Dadurch haben sie Schulden bei der Bank. Die müssen sie zurückzahlen. Und man muss mehr zurückzahlen, als man leiht. Dieses „Mehr“ heißt Zinsen. Auch ➔ Städte, Länder und ➔ Staaten leihen sich Geld und haben Schulden. Die können so hoch sein, dass keiner weiß, wie man sie jemals bezahlen soll.

Schule

Ibo geht in die 3. Klasse einer Grundschule (Volksschule, Primarschule). Auf dem Flur kommt er an den Klassenräumen vorbei. Im Lehrerzimmer treffen sich die ➔ Lehrer in den Pausen und zu Besprechungen (Konferenzen). Ibo begegnet der Rektorin. Sie leitet die Schule. In der ➔ Pause toben die Kinder auf dem Schulhof. Den Sportunterricht haben die Klassen in der Turnhalle oder auf dem Sportplatz. Nach der Grundschulzeit entscheidet sich, ob Ibo auf eine Haupt- oder Realschule, ein Gymnasium oder eine Gesamtschule geht. In den verschiedenen Bundesländern gibt es auch noch andere Schulformen. Neben Ibos Schule ist eine Förderschule. Dort werden Kinder mit Lernschwierigkeiten oder Körperbehinderungen unterrichtet. In vielen Schulen gibt es Klassen, in denen ➔ behinderte und nicht behinderte Kinder zusammen unterrichtet werden. Man nennt sie Inklusionsklassen. – In manchen ➔ Entwicklungsländern können Kinder nur wenige Jahre oder gar nicht zur Schule gehen, weil sie arbeiten und Geld verdienen müssen. – Ibos Mutter besucht die Abendschule. Dort ➔ lernt sie zusammen mit Erwachsenen Französisch. Andere holen in der Abendschule einen Schulabschluss nach. – Wer einen ➔ Beruf erlernt, geht zur Berufsschule.

schwach

Ein Junge aus der vierten Klasse will einen aus der zweiten verhauen. Tim schreit ihn an: „Das traust du dich doch nur, weil er schwächer ist als du!“ Es stimmt, der Junge aus der Zweiten ist körperlich nicht so stark wie der andere. Deswegen ist es toll, dass sich Tim einmischt. Der aus der vierten Klasse ist ein schwacher Schüler. Das hat nichts mit seiner Kraft zu tun. Es bedeutet, dass er in der ➔ Schule nicht gut ist. – Nach einem Fußballspiel sagt Tims Papa: „War das ein schwaches Spiel!“ Tims Mutter erzählt: „Das Theaterstück war nur schwach besucht.“ Es kamen also wenig Zuschauer.

Schwalbe

Im Kuhstall auf dem ➔ Bauernhof beobachtet Anke Schwalben. Die ➔ Vögel fliegen geschickt und schnell. Im Flug schnappen sie nach ➔ Insekten. Ihr halbrundes ➔ Nest bauen sie aus Lehm und Speichel. Bei uns leben vor allem Mehl-, Rauch- und Uferschwalben. Wenn es kälter wird, ziehen diese Singvögel nach ➔ Afrika. – Weißt du eigentlich, was es bedeutet, wenn Fußballspieler eine Schwalbe machen?

Sie lassen sich hinfallen und tun so, als ob sie gefoult worden wären.

Schwamm

Anke schenkt ihrer Mutter zum Geburtstag einen echten Badeschwamm. Im ➔ Wasser saugt sich das löchrige Ding schnell voll. Dieser Schwamm ist das Skelett eines Tieres. Am Meeresboden sitzen Schwämme fest auf Steinen und ➔ Muscheln. Gesäubert und getrocknet verkauft man sie dann. Heute werden Schwämme allerdings meistens aus Schaumgummi hergestellt. – „Schwamm drüber“, sagt Ankes Mutter, wenn sie eine unangenehme Sache vergessen will.

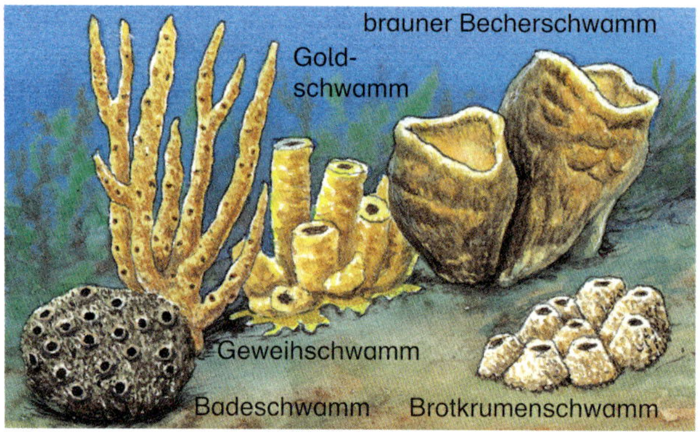

Schwan

Auf dem ➔ See sieht Tim Schwäne. Diese großen weißen ➔ Vögel haben lange, gebogene Hälse und breite Flügel. Sie gehören zu den Entenvögeln. Schwäne können gut fliegen und schwimmen. An Land bewegen sie sich schwerfällig. Sie ernähren sich von Wasserpflanzen und Gras. Ihre großen Schwimmnester bauen sie im ➔ Schilf. Brütende Schwäne sind sehr angriffslustig, um ihre Eier oder Jungtiere zu schützen. Tims Mutter sagt: „Schwanenpaare bleiben ihr Leben lang zusammen.“

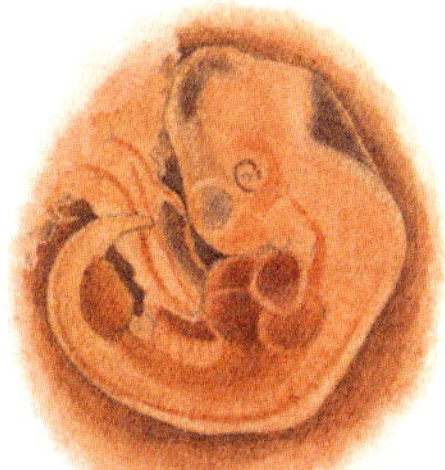

5. Woche

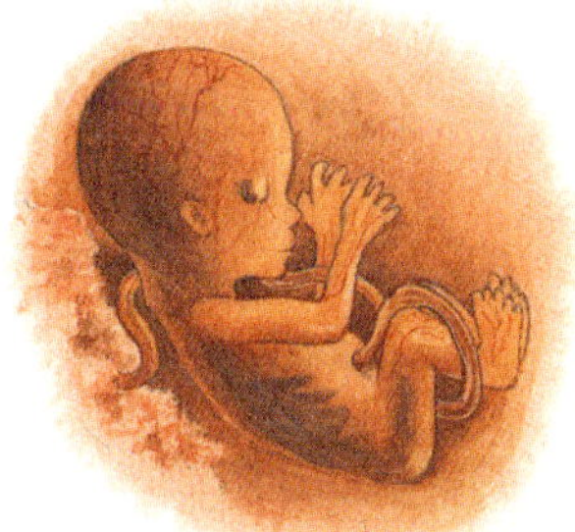

4. Monat

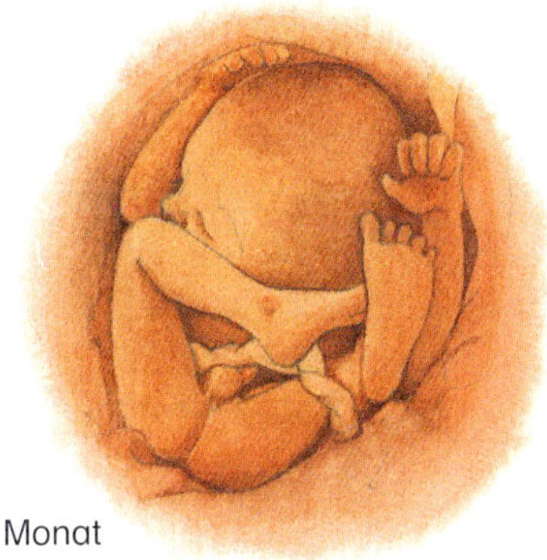

7. Monat

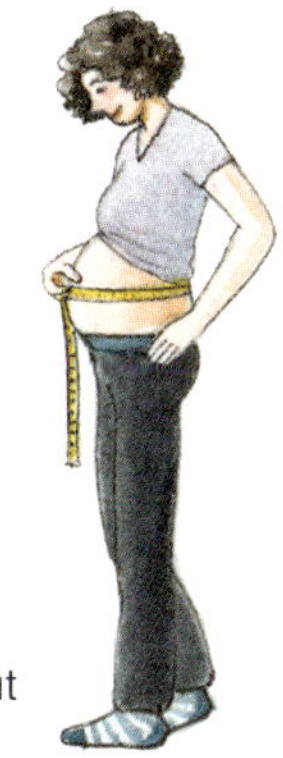

9. Monat

Schwangerschaft

„Ich bin schwanger", sagt Frau Bodes Freundin. Sie und ihr Mann freuen sich auf ihr erstes Kind. An ihrem dicken Bauch hat Daniel schon bemerkt, dass sie schwanger ist. Im Bauch wächst das ➔ Kind nun. So ein wachsendes Kind nennt man Fötus. Die Schwangerschaft beginnt mit der Befruchtung der winzigen Eizelle im Bauch der Frau. Befruchtet wird die Eizelle durch den ➔ Samen des Mannes. Jakob fragt: „Wie war das, bevor ich geboren wurde?" Seine Mutter antwortet: „Während der Schwangerschaft bist du in der Gebärmutter immer größer geworden. Durch die Nabelschnur warst du mit meinem Blutkreislauf verbunden. Was du zum Leben und Wachsen gebraucht hast, ist durch die Nabelschnur zu dir gekommen. Nach acht Wochen warst du so groß wie mein Daumen. Im fünften Monat spürte ich deine Bewegungen. Und nach dem neunten Monat bist du geboren worden." – Mehr darüber findest du unter ➔ Fortpflanzung und ➔ Geburt.

Schwein

Auf dem ➔ Bauernhof geht Anke in den Schweinestall. Schweine sind Haustiere und werden gezüchtet, weil viele Leute Schweinefleisch gerne essen. Die Bäuerin sagt: „Das ist die Sau, also das Mutterschwein. Die Jungen nennt man Ferkel. Und das männliche Schwein heißt Eber." Schweine sind ➔ Säugetiere. Sie gehören zu den Allesfressern. Unsere Hausschweine stammen von den ➔ Wildschweinen ab. Eine lustige Schweinerasse ist das Hängebauchschwein. Übrigens sind Schweine kluge Tiere.

Schweiß

„Ist das heiß heute!", stöhnt Daniel. Er schwitzt. Der Schweiß kommt aus den Schweißdrüsen. An manchen Körperstellen gibt es besonders viele davon, zum Beispiel unter den Achseln. Ein Schweißtropfen läuft über Daniels Lippe. Der schmeckt etwas salzig. Schweiß besteht zwar zu ungefähr 99 Prozent aus ➔ Wasser. Aber es ist auch ein wenig ➔ Salz darin enthalten. Beim Schwitzen verdunstet Flüssigkeit auf der warmen ➔ Haut. Dadurch kühlen die Haut und das ➔ Blut darunter ab. So reguliert der ➔ Körper seine Wärme. Auch Giftstoffe werden beim Schwitzen ausgeschieden.

schweißen

Tim und sein Vater sehen in einer ➔ Werkstatt beim Schweißen zu. Der Schweißer will zwei Metallteile miteinander verbinden. Dafür braucht er ein Schweißgerät. Die Metallteile fügt er mit einer Schraubzwinge aneinander. Dann verbindet er sie mit einer Schweißnaht aus flüssigem, glühendem ➔ Metall. Es kommt aus dem Metallstab des Schweißgeräts. Ist die Schweißnaht abgekühlt, halten die Metallstücke zusammen.

Schweiz

Die Bodes fahren zum Skilaufen in die Schweiz. Der südliche Nachbarstaat von ➔ Deutschland heißt eigentlich Schweizerische Eidgenossenschaft. Im Süden davon liegt Italien, im Osten ➔ Österreich und im Westen Frankreich. Fast zwei Drittel der Schweiz liegen in den Schweizer Alpen. Der höchste ➔ Berg ist die Dufourspitze mit 4637 Metern. Es gibt viele ➔ Seen. Über sieben Millionen Einwohner leben in den 26 Kantonen, also den verschiedenen Landesteilen. Vier ➔ Sprachen werden gesprochen: Deutsch, Französisch, Italienisch und Rätoromanisch. Am weitesten verbreitet ist Deutsch, am seltensten ist Rätoromanisch. Die größten ➔ Städte sind Zürich, Basel und Genf. Die Hauptstadt heißt Bern. ➔ Banken, ➔ Industrie, Landwirtschaft und Fremdenverkehr haben die Schweiz wohlhabend gemacht. Berühmt sind Schweizer ➔ Schokolade und Schweizer ➔ Uhren. Aber auch andere Instrumente und ➔ Maschinen baut man. Das ‚CH' an Schweizer Autos ist die Abkürzung für Confoederatio Helvetica. Übersetzt heißt das Schweizerisches (Helvetisches) Bündnis.

Schwerkraft

Beim Tischdecken fällt Anke aus Versehen ein Teller runter und zerbricht. Ihre Mutter sagt: „Du hast keine Schuld. Schuld hat die Schwerkraft. Sie sorgt dafür, dass alles zum Erdmittelpunkt hingezogen wird." Man nennt die Schwerkraft auch Anziehungskraft oder Gravitation. Je größer die Masse eines Körpers ist, desto größer ist auch seine Schwerkraft. Die Masse des ➔ Mondes ist geringer als die der ➔ Erde. Deswegen beträgt die Schwerkraft auf dem Mond nur ein Sechstel der Schwerkraft hier. Anke würde auf dem Mond also nur fünf Kilo wiegen. Im ➔ Weltall gibt es keine Schwerkraft. Dort herrscht Schwerelosigkeit. Deshalb schweben die ➔ Astronauten im Raumschiff.

schwimmen

Die Bodes sind im Schwimmbad. Seit Kurzem können alle drei Kinder schwimmen. Als Letzter hat es Jakob gelernt. Im Gegensatz zu vielen Tieren müssen Menschen das Schwimmen nämlich lernen. Oma Bode kann nicht schwimmen. Sie ist Nichtschwimmerin. Jakob hat jetzt auch vor tiefem ➲ Wasser keine Angst mehr. Er ➲ taucht sogar. Bisher hat er Brustschwimmen gelernt. Gerne möchte er Rückenschwimmen können. Seine Mutter krault gut. Eben sieht Jakob einen Mann im Delfinstil durch das Becken schwimmen. Herr Bode sagt: „Vergesst das Duschen nicht, bevor ihr ins Wasser springt." Jakob freut sich, dass er endlich mitschwimmen kann. – Bei Wettkämpfen schwimmen mehrere Männer oder Frauen um die Wette. Ausgetragen werden solche Wettkämpfe in allen Schwimmstilen. Am schnellsten sind die Krauler. Lagenschwimmer wechseln nach einem Teil der Strecke den Schwimmstil. Auch Staffelwettbewerbe gibt es. Außerdem gehören zum Beispiel Kunstspringen und Wasserball zum Schwimmsport. Schneller als Menschen schwimmen viele Tiere. Der ➲ Pinguin würde den schnellsten Krauler leicht überholen. Doppelt so schnell wie der Pinguin ist der Thunfisch. Er schwimmt 75 Kilometer in der Stunde, der Schwertfisch sogar 90.

schwindlig

Ibo steht auf einem Turm. Er sieht hinunter. Da wird ihm schwindlig. Das unangenehme Schwindelgefühl entsteht manchmal, wenn man in die Tiefe sieht. Ibos Gleichgewichtssinn ist gestört. Er hat ➲ Angst hinunterzufallen. Vor Kurzem war Ibos Mutter krank. Ihr war schwindlig. Es kam ihr vor, als hätte sie sich zu schnell gedreht. Ihr ➲ Herz klopfte wild. Sie schwitzte und musste erbrechen. Auch durch zu viel ➲ Alkohol oder Nikotin wird einem schwindlig. Viel angenehmer ist es, sich schwindlig zu ➲ tanzen.

schwören

Ein Freund erzählt Tim etwas Aufregendes. Tim kann nicht glauben, was er da hört. Er sagt: „Schwöre mir, dass das stimmt." Sofort sagt der Erzähler: „Ich schwöre es!" Mit so einem Schwur gelobt man, dass man die Wahrheit erzählt hat. Christen sagen auch: „Ich schwöre es. So wahr mir Gott helfe." – Vor ➲ Gericht erklärt der Richter einem Zeugen: „Sie müssen Ihre Aussage später beeiden." Der Eid ist wie der Schwur ein feierliches Versprechen, dass man nicht lügt. Wenn der Zeuge trotzdem lügt, hat er einen Meineid geschworen. Dafür kann er zu einer Gefängnisstrafe verurteilt werden.

See

Anke und Daniel radeln um den See. Sie gucken über die große Wasserfläche. Seen bekommen ihr ➜ Wasser durch den ➜ Regen und ➜ Quellen. Außerdem fließen ➜ Flüsse in Seen. Viele Seen entstanden durch ➜ Gletscher, die in der ➜ Eiszeit ➜ Täler aushöhlten. Später zogen sich die Gletscher zurück und ließen auf dem Festland Geröll liegen. So entstanden Dämme, hinter denen sich Wasser sammelte. Fast alle Seen bestehen aus Süßwasser. Im Lauf der Zeit verlanden Seen, denn die Flüsse lassen Geröll und Sand zurück. – Stauseen sind künstliche Seen. – Übrigens: Mit ‚die See' meint man das ➜ Meer.

Seehund

„Die bellen ja. Sind das wirklich Hunde?", fragt Jakob im Zoo. Papa antwortet: „Nein, Seehunde gehören zu den Robben, wie die See-Elefanten und Seelöwen." Statt der Beine haben Seehunde Ruderflossen. An Land bewegen sie sich ungeschickt. Dafür schwimmen und tauchen sie gut. Zum Atmen müssen sie auftauchen. Diese ➜ Säugetiere atmen nämlich durch ➜ Lungen. Junge Seehunde nennt man Heuler. Seehunde leben zum Beispiel an den Küsten des nördlichen Atlantiks und in der Nordsee. Sie fressen ➜ Fische. Aus ihrem glatten Fell macht man Pelze, deshalb werden viele Robben getötet.

seekrank

Tims Onkel erzählt von einer Seereise: „Die Wellen auf dem ➜ Meer wurden immer höher. Das ➜ Schiff schaukelte ziemlich stark. Mir wurde sehr schlecht. Ich hatte Kopfschmerzen und mir war ➜ schwindlig. Schließlich musste ich mich übergeben. So ging es übrigens vielen anderen Passagieren auch." Die Seekrankheit entsteht durch das Schaukeln des Schiffs. Der Gleichgewichtssinn mancher Menschen wird dadurch sehr gestört. Sobald sie das Festland betreten, geht es ihnen wieder gut.

Seepferdchen

Im Meerwasseraquarium des Zoos schwimmen Seepferdchen. Anke sagt zu ihrem Vater: „Am Kopf sehen sie wirklich aus wie Pferde." Diese ➔ Fische werden ungefähr zwölf Zentimeter groß. Mit ihrem Ringelschwanz halten sie sich an den Wasserpflanzen fest. Das Männchen trägt die ➔ Eier in seiner Bruttasche, bis die Jungen ausschlüpfen. Seepferdchen leben zum Beispiel im Mittelmeer.

Seeräuber

Ibo sieht einen Piratenfilm. Ein Segelschiff fährt mit wertvoller Fracht über das Meer. Da ruft der ➔ Matrose im Ausguck: „Piraten!" Das Handelsschiff entkommt dem schnellen Seeräuberschiff nicht. Die Piraten entern das ➔ Schiff. Nach einem Kampf nehmen sie die Besatzung gefangen. Dann rauben sie, was wertvoll ist, und verstecken es auf einer einsamen Insel. Noch heute werden manchmal Schiffe gekapert.

Seestern

Jakob hat einen getrockneten Seestern. Rau und stachelig ist er. Diese meist fünfarmigen Stachelhäuter leben im ➔ Meer. Ihr Durchmesser kann einen Meter betragen. Sie fressen Muschelfleisch. Ihre Mundöffnung ist an der Unterseite. Mit den Saugfüßen an den Armen ziehen sie an der Schale, bis sich die ➔ Muschel öffnet.

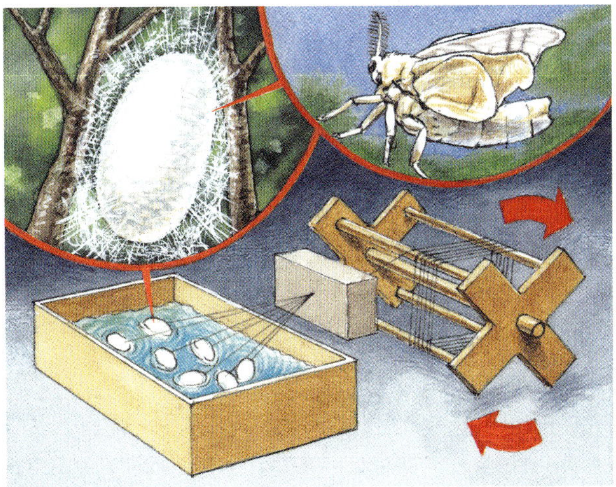

Seide

Lenas Mutter hat eine Seidenbluse. Ihr gefällt der glänzende Stoff. Naturseide stammt von einem ➔ Schmetterling, dem Seidenspinner. Seine Raupen werden in China, Japan und Thailand gezüchtet. Die Raupe schlüpft aus dem Schmetterlingsei. Später spinnt sie sich in einen Kokon ein. Diesen Kokon spinnt sie aus einem einzigen sehr langen, dünnen und festen Faden. So verpuppt sie sich. Die Puppen werden getötet. Aus den Fäden, die sie gesponnen haben, stellt man Seidengarn her. Daraus entstehen Seidenstoffe. Außer Naturseide gibt es billigere, chemisch hergestellte Kunstseide.

Seife

Ibo lässt ➲ Wasser über seine schmutzigen Hände laufen. Dann seift er sie ein. Die Seife löst den Schmutz. Seife wird in ➲ Fabriken aus tierischen ➲ Fetten und pflanzlichen ➲ Ölen gekocht. Sie kann zum Beispiel Talg, Olivenöl oder Palmöl enthalten. Die Fette und Öle erhitzt man zusammen mit Kalilauge oder Natronlauge. Mit Kalilauge erhält man flüssige Schmierseife zum Putzen, mit Natronlauge feste Kernseife. Toilettenseifen sind Duft- und Farbstoffe beigemischt.

Seilbahn

Im Urlaub fahren Tim und seine Eltern mit der Seilbahn einen ➲ Berg hinauf. Die Gondel hängt an einem dicken Drahtseil, dem Tragseil. Durch ein anderes Drahtseil, das Zugseil, wird die Antriebskraft übertragen. Die dazugehörenden Maschinen stehen in der Berg- oder der Talstation. Als Tims Vater aus dem Fenster sieht, sagt er: „Da unten ist es so steil, dass ich gerne mit der Seilbahn darüber wegfahre." – Der Sessellift bringt Wanderer und Skiläufer in offenen Sitzen den Berg hinauf.

Senf

Anke und Daniel essen eine Bratwurst mit Senf. Als Anke hineinbeißt, sagt sie: „Oh, der Senf ist richtig schön scharf." Auch zu ➲ Fleisch isst man die würzige Paste. Süßer Senf schmeckt zum Beispiel zu Weißwürsten. Der gelbliche Senfbrei wird aus gemahlenen Senfkörnern gemacht. Die Körner sind die ➲ Samen des Senfkrauts. Außer Senfsamen braucht man Essig, ➲ Kräuter und andere ➲ Gewürze, um die verschiedenen Senfsorten herzustellen. In manchen Gegenden sagt man statt Senf ‚Mostrich'.

Sexualität

An einer Mauer steht in großen Buchstaben ‚Sex'. Jakob kann das Wort schon lesen. Sex ist die Abkürzung für Sexualität, also für Geschlechtlichkeit. Damit ist alles gemeint, was mit körperlicher ➲ Liebe, den ➲ Geschlechtsorganen und der ➲ Fortpflanzung zu tun hat. Im Kindergarten und von seinen Eltern hat Jakob darüber schon einiges erfahren. Ohne Sexualität könnten sich Menschen nicht fortpflanzen und würden aussterben. Außerdem ist es auch schön, Sex mit einem Partner zu haben, den man liebt. Ab der ➲ Pubertät, der Geschlechtsreife, wird die Sexualität immer wichtiger. Die meisten Menschen sind heterosexuell. Das heißt, dass sie sich zu Menschen des anderen Geschlechts hingezogen fühlen. Homosexuelle fühlen sich zu Menschen des eigenen Geschlechts hingezogen. Lieben sich zwei Männer, sagt man dazu auch schwul, bei Frauen lesbisch. Sexistisch ist jemand, der einen anderen wegen seines Geschlechts mies behandelt. – Auch Tiere haben eine Sexualität, es gibt auch bei ihnen zwei verschiedene Geschlechter.

sieben Weltwunder

Im Radio hört Lena von den ‚sieben Weltwundern'. Das sind fünf besonders beeindruckende Bauwerke und zwei Figuren, die im Altertum entstanden. Als Wunder galten sie wegen ihrer Größe, ihrer Pracht und der Schwierigkeit, sie zu bauen. Dazu gehören die ägyptischen ➲ Pyramiden von Giseh. Sie sind bis heute erhalten. Die anderen Weltwunder kennt man nur aus Überlieferungen. Es waren: die hängenden Gärten von Babylon, ein sechsstöckiger bepflanzter Bau; der Tempel der Artemis zu Ephesos, ein riesiger Marmorbau; der Zeus des Phidias, eine große Figur aus Gold und Elfenbein; das Mausoleum zu Halikarnassos, ein 50 Meter hohes Grabmal; der Leuchtturm auf Pharos, er war 160 Meter hoch; und der Koloss von Rhodos, ein Standbild über der Hafeneinfahrt.

Sieg

Nach dem Basketballturnier in der Schule jubelt Daniel: „Wir haben gewonnen!" Seine Mannschaft freut sich über den Sieg. Die gegnerische Mannschaft hat verloren. Auch den ‚Fairplay-Pokal' gewinnt Daniels Mannschaft, denn sie hat am wenigsten gefoult. – Später verliert Daniel beim Kartenspiel. Über diese Niederlage ärgert er sich. – Auch bei Wahlen und in ➲ Kriegen gibt es Sieger und Verlierer.

Signal

Anke überholt einen Jungen mit ihrem Fahrrad. Sie klingelt, damit er aufpasst. Später wird sie von einem Autofahrer mit Hupsignal gewarnt. Die Signale von Kranken- und Polizeiwagen – das Blaulicht und das Martinshorn – sieht und hört man von Weitem. Sichtbare Signale sind ➲ Ampeln, Eisenbahnsignale und ➲ Scheinwerfer. Außer zur Warnung vor Gefahr braucht man Signale zur Verkehrsregelung.

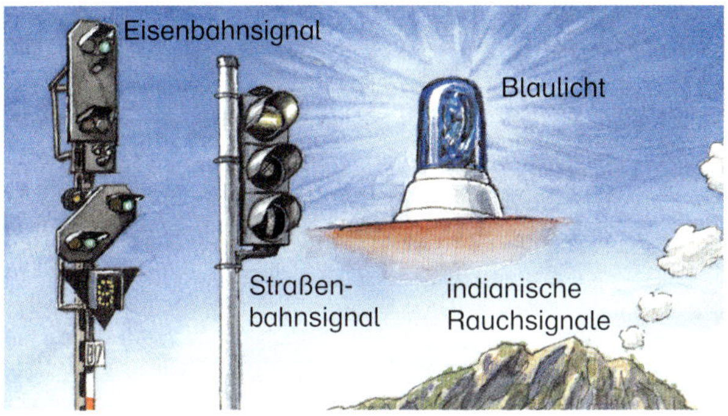

Silber

Tims Mutter trägt eine Silberkette. Ihr gefällt das weiß glänzende Edelmetall. Tim fragt: „Ist Silber eigentlich teurer als ➲ Gold?" Seine Mutter antwortet: „Nein, billiger." Außer Schmuck werden aus Silber zum Beispiel Bestecke und Münzen angefertigt. Silber findet man rein und als Erz. Tim taucht einen Silberlöffel in heißen Tee und verbrennt sich fast die Finger. Silber leitet nämlich Wärme und auch Elektrizität sehr gut.

Sinti und Roma

Lena fragt: „Was sind eigentlich Zigeuner?" Oma Bode sagt: „Das Wort Zigeuner wird oft als Schimpfwort benutzt. Die Menschen selber nennen sich Sinti und Roma. Sinti leben seit 600 Jahren in Deutschland und sind eine deutsche Minderheit. Die Roma stammen aus Südosteuropa." Die meisten Sinti und Roma wohnen an einem Ort. Früher waren viele in Wohnwagen unterwegs. Neben Deutsch sprechen sie auch ihre eigene Sprache, das Romani. Viele von ihnen leben in Großfamilien. Bei Sinti und Roma spielt die Musik eine wichtige Rolle. – Es wird angenommen, dass die Vorfahren der Sinti und Roma vor über 1000 Jahren wegen eines Krieges aus Indien geflohen sind. Im Mittelalter kamen sie nach Europa. Es war bequem, diesen Menschen alle möglichen Missetaten in die Schuhe zu schieben und sie davonzujagen. Als Hitler in Deutschland an der Macht war, ließ er fast eine halbe Million Sinti und Roma ermorden. Heute leben in ➲ Europa etwa 8 Millionen Sinti und Roma, davon ungefähr 80 000 in ➲ Deutschland.

Skateboard

Ibo fährt gerne Skateboard. Das Rollbrett hat vier leicht bewegliche Rollen. Ibo stellt sich mit einem Fuß auf das Brett und stößt sich mit dem anderen ab. Zum Lenken verlagert er sein Gewicht. Zum Schutz trägt er Knie- und Ellenbogenschützer. Manche Jugendliche führen mit dem Skateboard artistische Kunststücke vor. Snakeboards sind in der Mitte beweglich, Waveboards auch, sie haben aber nur zwei Rollen.

Skifahren

Zu Weihnachten hat Jakob Skier und Skistiefel bekommen. Jetzt steht er unsicher auf den zwei Brettern im ➔ Schnee. Mit den Skistöcken stützt er sich ab und hält das ➔ Gleichgewicht. Manchmal plumpst er in den Schnee. Snowboarder gleiten auf ihren Schneebrettern an ihm vorbei. Im Fernsehen sieht er Skirennen. Abfahrtsläufer rasen einen ➔ Berg hinunter. Geschickt umkurven Slalomfahrer die Slalomtore. Langläufer laufen in Loipen um die Wette. Von der Sprungschanze springen Skispringer weit ins Tal.

Sklave

In einem Film sieht Anke Sklaven. Diese Menschen hatten keine Rechte. Man konnte sie kaufen und verkaufen. Bis ins 19. Jahrhundert war die Sklaverei in ➔ Amerika erlaubt. Sklavenhändler fingen in ➔ Afrika Menschen. In Amerika wurden sie auf Sklavenmärkten verkauft und arbeiteten auf Plantagen. Dunkelhäutige Amerikaner sind ihre Nachkommen. Früher waren Bauern etwas Ähnliches, nämlich Leibeigene der Grundbesitzer. Auch heute leben und arbeiten Menschen in manchen Ländern ähnlich wie Sklaven. Und es gibt die Kindersklaverei, eine schlimme Form der Kinderarbeit.

Skorpion

Familie Bode macht Urlaub in Spanien. Aufgeregt erzählt Daniel: „Ich wäre bei einer Wanderung beinahe auf einen Skorpion getreten. Der hätte mich bestimmt gestochen.“ Die Stiche der meisten Skorpione sind für uns schmerzhaft, aber ungefährlich. Das Tier sticht bei Gefahr den Angreifer mit seinem Giftstachel am Schwanzende. Bis zu 21 Zentimeter lang werden Skorpione und sie sehen ➔ Krebsen ähnlich. Sie leben in warmen Ländern. Dort suchen sie sich versteckte, trockene Orte. Skorpione ernähren sich von ➔ Insekten und ➔ Spinnen.

Smog
Eine dichte Dunstglocke liegt über der Stadt. Tims Mutter sagt: „Die Ozonwerte sind heute sehr hoch.“ Dieser Sommersmog entsteht durch Autoabgase und Sommerhitze. Bei Sommersmog können Fahrverbote für Autos angeordnet werden. Wintersmog entsteht manchmal, wenn die Heizungen in Fabriken und Wohnungen besonders viele Abgase abgeben. Smog ist gesundheitsschädlich.

Soja
Anke würzt ihr Essen mit Sojasoße und fragt: „Woraus wird die gemacht?“ Ihre Mutter sagt: „Aus gegorenen Sojabohnen.“ Die Sojapflanze stammt aus China. Man baut sie seit etwa 5000 Jahren an. Aus den Samen – den Sojabohnen – macht man beispielsweise Öl, Milch und Mehl. Sie sind ein Nahrungs- und Futtermittel. Viele ➔ Vegetarier und Veganer essen Tofu. Der wird aus Sojabohnenteig hergestellt.

Soldat
Daniel geht an einer Kaserne vorbei. Darin sind Soldaten der Bundeswehr untergebracht. So heißen die Streitkräfte der Bundesrepublik Deutschland. Soldaten gibt es in allen Ländern. Sie sollen ihr Land schützen. Bei uns gibt es einen freiwilligen Wehrdienst für Männer und Frauen, das heißt, sie sind nur eine Zeit lang Soldat. Es gibt aber auch Berufssoldaten. Alle Soldaten tragen eine Uniform.

Sommersprossen
Lenas Freundin mag die kleinen, bräunlichen Flecken in ihrem Gesicht nicht. Lena sagt: „Die sehen doch lustig aus. Als hätte dir jemand Punkte aufgemalt.“ Vor allem bei hellhäutigen, rotblonden Menschen sammelt sich der Hautfarbstoff (das Pigment) an einigen Stellen sehr stark. Wenn ihre ➔ Haut von der Sonne beschienen wird, erscheinen an diesen Stellen die Sommersprossen (🇨🇭 Laubflecken).

Sonne
Die Sonne scheint in Ibos Zimmer. Am Morgen ist sie im Osten aufgegangen. Dann wandert sie über den ➔ Himmel und geht am Abend im Westen unter. So sieht das jedenfalls aus. Aber eigentlich bewegt sich die Sonne nicht, sondern die ➔ Erde dreht sich jeden Tag einmal um sich selbst. Dadurch wird immer nur ein Teil von der Sonne beschienen. Auf der anderen Hälfte ist ➔ Nacht. In einem Jahr bewegt sich die Erde außerdem einmal um die Sonne. Auch andere ➔ Planeten und Himmelskörper umkreisen die Sonne. Sie ist der Mittelpunkt unseres Sonnensystems. Entstanden ist sie vor etwa fünf Milliarden Jahren aus einer Gas- und Staubwolke. Im Inneren der Sonne ist es unvorstellbar heiß. Ihre kühlere Oberfläche hat mehrere Tausend Grad Celsius. Diese riesige, glühende Gaskugel dreht sich in etwa 26 Tagen einmal um ihre Achse. Ihr Durchmesser ist 109-mal so groß wie der Erddurchmesser. Die Entfernung zwischen Erde und Sonne beträgt etwa 150 Millionen Kilometer. Trotzdem kommen von ihr die Wärme und das ➔ Licht, die die Lebewesen hier brauchen. Lange Sonnenbestrahlung sollte man aber vermeiden, denn ein Sonnenbrand tut weh und ist ungesund. Bei einer Sonnenfinsternis steht der ➔ Mond zwischen Erde und Sonne und verdeckt für kurze Zeit die Sonne. – Früher glaubte man, dass die Sonne um die Erde kreist. Vor 400 Jahren entdeckte Kopernikus, dass sich die Erde um die Sonne dreht.

Sonnenblume
In Oma Bodes Garten wachsen Sonnenblumen. Jakob staunt: „Sind die riesig." Oma sagt: „Das sind die größten ➔ Blumen bei uns." Auch auf Feldern werden die Blumen mit den gelben Blüten angebaut. Aus ihren Kernen presst man ➔ Öl. Sie werden auch als Vogelfutter verwendet. Der Blütenkorb kann bis zu fünfzig Zentimeter groß werden. Die Pflanze dreht ihre Blüte stets der Sonne zu. Übrigens: ‚Sonnenblumen' heißt ein berühmtes Bild des ➔ Malers Vincent van Gogh, der 1853–1890 lebte.

Sonnenuhr
An einer Hauswand entdeckt Anke einen kurzen Stab. Er ist über einer Ziffernskala mit Stundeneinteilung befestigt. Ankes Vater sagt: „Das ist eine Sonnenuhr." Anke wundert sich, dass sie die Uhrzeit nicht ablesen kann. Papa erklärt ihr: „Dazu muss die Sonne scheinen. Dann bewegt sich der ➔ Schatten des Stabs auf der Ziffernskala vorwärts, weil die ➔ Sonne weiterwandert. Am Schatten liest man die Uhrzeit ab."

Souvenir
Am letzten Ferientag gehen Tim und seine Eltern am ➔ Strand spazieren. Sie kommen zu einem Souvenirladen. Herr Hofer sagt: „Hier könnten wir ein Andenken kaufen." Sie finden ein Buch mit Fotografien aus dieser Gegend. Ein anderes Souvenir hat Tim schon: ein Bernsteinstück, das er am Strand gefunden hat. Die Andenken werden seine Eltern und ihn an die ➔ Ferien am ➔ Meer erinnern.

soziale Netzwerke
In den sozialen Netzwerken wie Facebook und Twitter trifft Tim Freunde im Internet. Er erzählt von sich, zeigt Bilder, Videos und spielt mit anderen. Tim passt auf, was er zeigt. Denn das sehen auch Leute, mit denen er nichts zu tun haben will. In den sozialen Netzwerken liest er manchmal bösartige Bemerkungen. „Sozial" bedeutet das Miteinander von Menschen. Soziale Menschen helfen anderen, auch ohne Bezahlung. Böse Bemerkungen sind das Gegenteil, nämlich unsozial oder asozial.

Spannung
Anke konnte es nach dem Essen kaum erwarten, ihr neues ➔ Buch weiterzulesen. Jetzt sitzt sie mit rotem Kopf da und murmelt: „Oh, ist das spannend!" Anke will wissen, wie die ➔ Geschichte ausgeht. Felix, der Freund ihrer Mutter, sieht gerade ein sehr spannendes Fußballspiel im ➔ Fernsehen. Frau Dietel guckt sich einige Zeit an, wie beschäftigt Anke und Felix sind. Dann sagt sie: „Ich bin wirklich sehr gespannt, ob ich hier alles alleine aufräumen muss." Sollten die beiden nicht mithelfen, wird es Spannungen geben. Die entstehen, wenn die Stimmung gereizt ist. – Der elektrische ➔ Strom im Haushalt hat meistens eine Spannung von 220 Volt (V).

sparen

Daniel wünscht sich eine Digitalkamera. Aber die ist nicht billig. Deswegen spart Daniel. Er steckt alles ➔ Geld, das er übrig hat, in seine Spardose. Wenn sie voll ist, bringt er das Geld zur ➔ Bank. Auf dem Sparkonto bekommt er Zinsen für seine Ersparnisse, sein Geld wird also mehr. – Die Lehrerin sagt: „In vielen Ländern müssen die Menschen sparsam mit Wasser umgehen, weil es zu wenig gibt." Die Menschen dort dürfen also nur wenig Wasser verbrauchen. – Frau Bode sagt zu Daniel: „Spar dir solche Bemerkungen!" Das heißt, dass sie überflüssig und frech findet, was Daniel gerade gesagt hat.

Spargel

Tim und seine Mutter sehen beim Spargelstechen zu. So nennt man die Spargelernte. Der Bauer erntet nur die Spargelsprossen. Er wartet damit, bis ihre Spitzen mit den Knospen die angehäufte Erde des Spargelbeets fast durchstoßen. Schnurgerade sehen die Furchen der Spargelfelder aus. Tims Mutter kauft Spargel. Später schälen und kochen sie ihn. Das zarte ➔ Gemüse gibt es nur im Frühjahr einige Wochen frisch. Am bekanntesten bei uns ist der weiße Gemüsespargel. Aber auch grüner Spargel schmeckt gut.

Spatz

Auf dem Hof beobachten Anke und Daniel Spatzen beim Fressen. Meistens kommen die braunen ➔ Vögel in kleinen Schwärmen angeflogen. Sie tschilpen laut. Spatzen ernähren sich vor allem von ➔ Samen und ➔ Insekten. Ihr ➔ Nest bauen sie in Mauerspalten und unter Dachrinnen. Die Singvögel, die wir Spatzen nennen, sind eigentlich Haus- oder Feldsperlinge. Sperlinge leben fast überall auf der Welt.

Specht

„Hörst du den Specht?", fragt Tim im ➔ Wald. Das laute Klopfen kann Ibo gar nicht überhören. Dann sehen die beiden den Specht auch. Er hält sich mit seinen Greiffüßen am ➔ Baum fest. Mit den Schwanzfedern stützt er sich ab und mit dem kräftigen Schnabel hackt der Specht ein Loch in die Rinde. Darunter sitzen nämlich ➔ Insekten. Mit seiner langen, klebrigen Zunge holt er sie heraus. Auch die Bruthöhle meißelt er in den Stamm. Bei uns leben vor allem Buntspechte und Grünspechte.

Spiegel

Lena und Daniel stehen vor dem Spiegel. Auf seiner Glasfläche sehen sie ihr Spiegelbild. Das funktioniert, weil die Rückseite des Spiegels aus einer Aluminium- oder Silberschicht besteht. Diese Metallschicht wirft das Licht zurück. Sie reflektiert es. So entsteht das Spiegelbild. Allerdings zeigen Spiegel alles seitenverkehrt. In einem anderen Spiegel hat sich Lena völlig verzerrt gesehen. Im Gegensatz zum flachen Spiegel zu Hause war der nach außen gewölbt. Man nennt das konvex. Nach innen gewölbte Hohlspiegel heißen konkav. Die ersten Spiegel bestanden aus poliertem ➲ Metall.

Spiel

„Ich möchte was spielen", sagt Anke. Ihre Mutter und sie spielen gerne. Spielen macht Spaß und ist ein guter Zeitvertreib. Viele Spiele sind spannend und wecken den Ehrgeiz zu gewinnen. Manche spielt man alleine, für andere braucht man Mitspieler. Alle Spiele haben Regeln. Bei einigen kommt es auf Geschicklichkeit an oder auf ein gutes Gedächtnis. Bei anderen ist Wissen oder auch Glück wichtig. Für viele Spiele braucht man Gegenstände, zum Beispiel einen Ball, Murmeln, ein Seil, Karten, ein Spielbrett, Figuren oder Kreide. Besonders beliebt sind Computerspiele. Bei ➲ Ausgrabungen fand man Spielsachen, die einige Tausend Jahre alt sind. Am liebsten spielt Anke ➲ Quartett. Schach würde sie auch gerne lernen. Übrigens: Beim Spielen muss man verlieren können. Manche Menschen schummeln, um nicht zu verlieren. Mit denen macht das Spielen keinen Spaß.

Spielplatz

„Gehst du mit mir zum Spielplatz?", fragt Jakob. Lena hat Lust dazu. Als sie ankommen, spielen ein paar Kinder im Sandkasten. Jakob macht gleich mit und baut eine Sandburg. Lena klettert im Kletterturm. Dann sieht sie Anke. Die beiden setzen sich auf eine Wippe. Auch eine Schaukel und Ringe gibt es. Hier können die Kinder prima spielen und toben. Noch besser gefällt ihnen der Abenteuerspielplatz. Dort gibt es zum Beispiel Bretter, Balken, Steine und ➲ Werkzeug. Damit haben sie neulich eine Hütte gebaut. Am Abend kamen die Eltern und sie feierten gemeinsam ein Hüttenfest.

Spinat

Frau Hofer kauft heute Spinat in Aksoys Laden. Sie sagt: „Frischen Spinat esse ich gerne.“ Tim seufzt: „Igitt, schon wieder Spinat.“ Er mag das ➔ Gemüse nicht gern. Seine Mutter erklärt ihm: „Spinat ist ➔ gesund. Er enthält viele ➔ Vitamine. Als ➔ Baby hast du ihn oft und gerne gegessen.“ Im Frühjahr wird Winterspinat geerntet. Den sät man im Spätherbst. Sommerspinat wird im Frühjahr gesät und im Sommer geerntet.

Spinne

Im Garten beobachten Anke und Daniel eine Spinne. Sie baut ihr ➔ Netz. Dazu benutzt sie ihren ‚Spinnapparat‘ am Hinterleib, den viele Spinnen haben. Er besteht aus Spinndrüsen und Spinnwarzen. Spinnen sondern damit eine Flüssigkeit ab, die zu einem festen Faden wird. Aus diesem klebrigen Faden spinnen sie ihr Netz. ➔ Insekten verfangen sich darin. Dann lähmt die Spinne sie durch einen Giftbiss. An ihren Fäden lassen sich Spinnen aber auch von Ästen herunter. Es gibt etwa 35 000 Arten. Nur sehr wenige Spinnenbisse sind für Menschen gefährlich, in Europa fast keine. Anders als Insekten mit ihren sechs Beinen haben Spinnen acht Beine. Ihr Körper besteht aus Kopfbruststück und Hinterleib. Am Kopf haben Spinnen zwei bis acht Augen. Spinnen vermehren sich durch ➔ Eier. Die kleinsten Spinnenarten sind einen Millimeter groß. Vogelspinnen werden bis zu zehn Zentimeter groß. – Übrigens: Auch ➔ Skorpione und Weberknechte sind Spinnentiere.

Spion

Ein Junge aus der Falkenstraße beobachtet schon seit längerer Zeit die Kinder aus der Meyerstraße. Ibo sagt zu Lena: „Der spioniert uns aus.“ Spione erkunden Dinge, die geheim bleiben sollen. Oft spionieren sie in einem fremden ➔ Land. Niemand dort darf wissen, wer sie wirklich sind. Sie wollen zum Beispiel herausfinden, welche Waffen es dort gibt. Oder sie erkunden andere geheime Dinge, die für die Sicherheit des ➔ Staates wichtig sind. Sie arbeiten meist für den Geheimdienst ihres Landes. Fast jeder Staat beschäftigt Spione. Wenn sie beim Spionieren erwischt werden, bestraft man sie. – Wirtschaftsspione erkunden in Firmen zum Beispiel, wie Waren hergestellt werden. Durch den Einsatz solcher Spione spart die fremde Firma das Geld für die Entwicklung der eigenen Ware. – Welchen Spion findest du an der Wohnungstür?

Das Guckloch

Sport

Anke und ihre Mutter begegnen einer Joggerin. Ankes Mutter sagt: „Wenn man regelmäßig Sport treibt, bleibt man fit.“ Anke hat Sportunterricht. Da turnen die Kinder, machen ➔ Gymnastik, spielen Ball und laufen um die Wette. Manche Leistungssportler trainieren so viel, dass der Sport zu ihrem ➔ Beruf wird. Sie sind dann Profis. In Vereinen werden viele Sportarten angeboten: ➔ Fußball, ➔ Handball, ➔ Basketball, ➔ Leichtathletik, ➔ Turnen, Gymnastik, Rudern, ➔ Schwimmen, Segeln, Tischtennis, ➔ Tennis, Squash, ➔ Fechten, Schießen, Ringen, ➔ Boxen, ➔ Judo, Gewichtheben, Radfahren, ➔ Reiten und viele andere. Auch für den Wintersport gibt es Sportvereine. Man kann dort Ski laufen, Ski springen, ➔ Eishockey spielen, eisschnelllaufen, eiskunstlaufen, rennrodeln und Bob fahren. Nicht immer ist Sport ➔ gesund. Boxern wird zum Beispiel oft an den Kopf geschlagen. Und manche Sportler nehmen gesundheitsschädliche Dopingmittel, um die Leistung zu steigern.

Sprache

Ibo freut sich über ein Geschenk und bedankt sich. Dann erzählt er von einer Idee. Später erklärt er Tim die Rechenaufgaben. Für all das braucht er die Sprache, entweder die deutsche oder die türkische. Beide bestehen aus Lauten. Aneinandergereiht werden ➔ Wörter mit einer bestimmten Bedeutung daraus. Und aus Wörtern werden Sätze zusammengefügt. Man nimmt an, dass sich die Wörter vor langer Zeit aus Urlauten entwickelt haben. Es gibt heute mehrere Tausend Sprachen und noch mehr Mundarten (➔ Dialekte). Die deutsche Sprache hat über 300 000 Wörter. Im Alltag reichen einige Tausend. – Zum Sprechen brauchen wir die Stimmbänder im Kehlkopf. Die Atemluft versetzt sie in Schwingungen. So entstehen ➔ Töne. Mit der Zunge, den ➔ Zähnen und den Lippen formen wir Laute. Ein Freund von Ibo hat einen Sprachfehler. Eine Logopädin (Sprachheilkundige) behandelt ihn. Gehörlose Menschen verständigen sich mit der Gebärdensprache.

Sprichwort

Auf dem Schulhof sieht Lena einen Jungen, der Ibo ein Bein stellt. Aber er macht das so ungeschickt, dass nicht Ibo hinfällt, sondern er selbst. Plötzlich liegt er auf dem Boden und guckt erstaunt. Lena muss lachen und ruft: „Wer anderen eine Grube gräbt, fällt selbst hinein!“

Ein anderer Junge, der auch alles beobachtet hat, schreit: „Wer den Schaden hat, braucht für den Spott nicht zu sorgen!“ Die beiden Sprichwörter passen gut zu dem, was die Kinder eben gesehen haben. Sprichwörter sind kurze Sätze, die man sich leicht merken kann. Sie drücken eine Erfahrung aus, die immer wieder gemacht wurde. Lebensweisheiten in Form von Sprichwörtern gibt es in allen ➔ Sprachen.

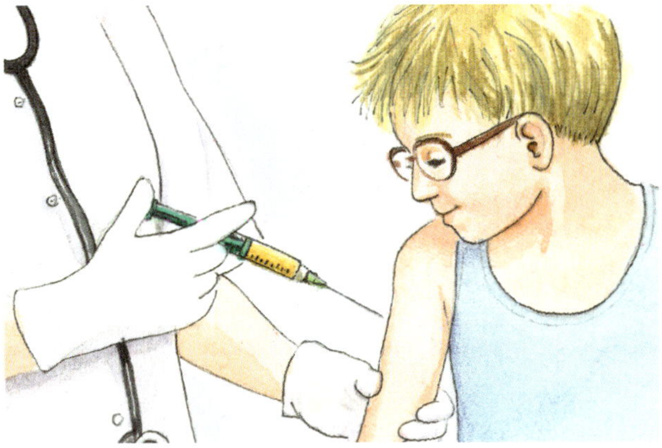

Spritze
Daniel hat sich an einem Draht verletzt. Seine Mutter sagt: „Wir gehen zum ➲ Arzt. Der gibt dir eine Tetanusspritze, damit du keinen Wundstarrkrampf bekommst." Der Arzt zieht die Spritze auf. Dabei füllt er Impfstoff in den Hohlraum und steckt eine Nadel (Kanüle) darauf. Vorsichtig sticht er in die ➲ Haut. Das piekt etwas. Das Einspritzen von Flüssigkeiten in den ➲ Körper nennt man auch Injektion. Die ➲ Feuerwehr benutzt zum Löschen große Spritzen, aus denen ein starker Wasserstrahl schießt.

Spur
Im Schnee entdecken Anke und Tim eine Spur. An den Abdrücken erkennen sie, dass hier jemand gegangen ist. Auch im lockeren Boden drücken sich Spuren ein. Tierspuren nennt man auch Fährten. In der Zeitung stand: „Der Einbrecher hinterließ Spuren." Die ➲ Polizei fand Fingerabdrücke. Wichtige Spuren sind auch Dinge, die der Dieb am Tatort liegen gelassen hat. Sie geben der Polizei Hinweise auf den Täter.

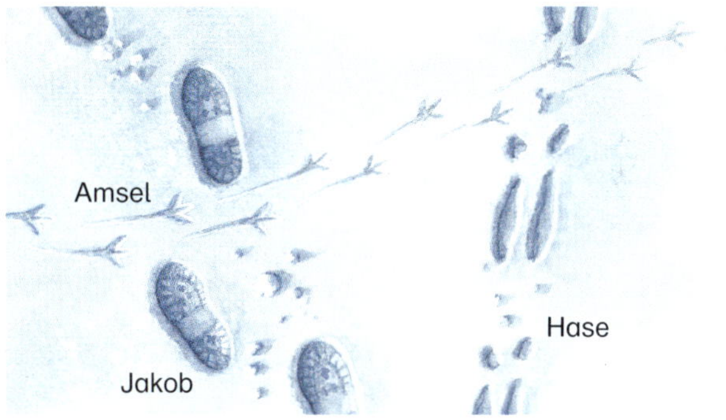

Staat
Anke ist deutsche Staatsbürgerin. Der Staat, in dessen ➲ Grenzen sie und über 80 Millionen andere Menschen leben, heißt Bundesrepublik ➲ Deutschland. Der Staat lässt zum Beispiel Schulen, Krankenhäuser und Straßen bauen. Das kostet Geld. Dieses Geld bezahlen die Bürger als ➲ Steuern. Damit das Zusammenleben im Staat funktioniert, werden Regeln aufgestellt. Mit diesen Regeln schützt der Staat das Leben, die Freiheit und das Eigentum seiner Bürger. Solche Regeln heißen ➲ Gesetze. Für ihre Einhaltung sorgt die ➲ Polizei. Damit diejenigen bestraft werden können, die Gesetze nicht einhalten, gibt es die ➲ Gerichte. An der Spitze des Staates steht eine ➲ Regierung. In unserem Staat bestimmen die Bürger durch ➲ Wahlen, wer sie regiert. Solche Staaten, in denen die Menschen mitbestimmen, nennt man ➲ Demokratien. Andere Staaten geben ihren Bürgern keine oder wenig Rechte. Dort herrschen einzelne Machthaber. Man nennt sie Diktatoren.

Stachelbeere
Im Garten ihrer Oma pflückt Lena Stachelbeeren. Rund und prall hängen sie am ➲ Strauch. Süßsauer schmecken die roten ➲ Früchte. Es gibt auch grüne und gelbliche Stachelbeeren. Das Stachelige am Stachelbeerstrauch sind die Stacheln an den Zweigen. Mit den Stachelbeeren backt Oma ➲ Kuchen. Außerdem kocht sie ➲ Marmelade daraus.

Stadt

Tim und seine Eltern leben in einem der vielen Wohnhäuser einer Stadt. Auf den ➲ Straßen ist viel ➲ Verkehr. Am schnellsten erreicht man sein Ziel oft mit ➲ Bussen, ➲ Straßenbahnen, S- oder ➲ U-Bahnen. Es gibt viele Büros, ➲ Fabriken, Praxen, ➲ Werkstätten, ➲ Gaststätten, ➲ Hotels und Geschäfte. Man kann ins ➲ Kino, ins ➲ Theater, in die ➲ Oper oder ins ➲ Konzert gehen. In ➲ Museen und Galerien sieht man Ausstellungen. ➲ Kindergärten, ➲ Schulen, eine ➲ Universität, ➲ Krankenhäuser, Bibliotheken, Turnhallen, Schwimmbäder, Spiel- und Sportplätze wurden gebaut. Für das Wasser und die Müllabfuhr sorgen die Stadtwerke. Im Rathaus arbeitet der ➲ Bürgermeister. Großstädte sind Städte mit über 100 000 Einwohnern. Zum Beispiel sind in ➲ Österreich Wien, Linz und Graz Großstädte, in der ➲ Schweiz Zürich, Basel und Genf. Berlin, Hamburg und München sind die größten Städte ➲ Deutschlands. Zu den größten Städten der Erde gehören Shanghai, Mexiko-Stadt, Peking, São Paulo, Lagos und Moskau mit 10 bis 20 Millionen Einwohnern.

Stahl

„Das Rohr ist aus ➲ Eisen", sagt Jakob. Seine Mama widerspricht ihm: „Nein, es besteht aus Stahl. Reines Eisen ist ein zu weiches ➲ Metall für Rohre." Stahl wird aus Roheisen hergestellt. Man entzieht ihm unerwünschte Bestandteile. Dann mischt man andere Metalle dazu. Damit werden die Eigenschaften des Stahls verändert. Er kann härter werden, biegsamer und rostfrei. Er lässt sich ➲ schweißen, walzen und schmieden. Aus Stahl macht man zum Beispiel ➲ Brücken, ➲ Werkzeug und Töpfe.

Stall

Heute fährt Anke mit Daniel zum Reiterhof. In den Boxen des Pferdestalls sind viele ➲ Pferde untergebracht. Anke zeigt Daniel eines und sagt: „Auf dem würde ich am liebsten reiten." Ställe gibt es auf jedem ➲ Bauernhof. Sie sind sehr unterschiedlich. Es kommt ganz darauf an, welche Nutztiere darin gehalten werden. Es gibt zum Beispiel Kuhställe, Schweineställe, Schafställe und Hühnerställe. In ihrem Stall sollen die ➲ Tiere so untergebracht sein, dass sie gesund bleiben und sich wohlfühlen. Und er muss so eingerichtet sein, dass man gut ausmisten und die Tiere leicht füttern kann.

Star

„Da sitzt ein Star", sagt Ibo. Er zeigt Lena auf der Wiese einen ➲ Vogel mit glänzendem Gefieder, das helle Flecken hat. Wenn es bei uns kalt wird, ziehen diese Singvögel in den Süden. Sie brüten oft in Mauerlöchern und Starenkästen. – Es gibt auch eine Erkrankung der Augen, die ‚Star' heißt. – Lenas Mutter sagt von einem Sänger: „Er ist ein großer Star."

Staubsauger

„Du musst mal staubsaugen", sagt Tims Mutter. Tim steckt den Stecker in die Steckdose. Er drückt den Knopf und der ➲ Motor läuft. An der Düse spürt Tim den Sog des Luftstroms. Der entsteht, weil durch ein Gebläse Unterdruck im Filterbeutel hergestellt wird. So saugt das Gerät über ein Rohr oder einen Schlauch Staub und Schmutz ein. Sie landen im Filterbeutel. Ist der voll, wird er durch einen neuen ersetzt.

Staudamm

Anke und ihr Vater stehen an einem Stausee. Papa erzählt: „Früher war hier ein ➲ Fluss. Dann wurde der Staudamm gebaut. Der staute den Fluss im ➲ Tal. So entstand der Stausee." Sein ➲ Wasser braucht man zur Trinkwasserversorgung. Und hier wird Wasser für regenarme Zeiten gesammelt. Oft sind in Talsperren Wasserkraftwerke eingebaut. Das Wasser stürzt durch Leitungen ins Tal. Die Wasserkraft treibt ➲ Turbinen an, die Strom erzeugende Generatoren bewegen. Beim Bau eines Staudamms überflutet man große Gebiete. Oft werden Anwohner umgesiedelt und die Umwelt geschädigt.

Steckdose

Ibos ➲ Radio funktioniert nicht. Der Stecker steckt nicht in der Steckdose. Durch die werden elektrische Geräte ans Stromnetz angeschlossen. Ibo steckt den Stecker hinein. Der ➲ Strom fließt durch das Kabel ins Gerät. Und Ibo kann Musik hören. Früher sicherten seine Eltern die Steckdosen mit Verschlüssen, denn manchmal stecken Kinder etwas in die Dose. Davon können sie einen Schlag bekommen.

stehlen

Bei den Nachbarn von Oma Bode wurde eingebrochen. Oma erzählt: „Als die Nachbarn weg waren, ist der Einbrecher heimlich durch ein geöffnetes Fenster eingestiegen. Er hat ➲ Geld, Schmuck, den DVD-Spieler und das Silberbesteck gestohlen. Natürlich hat die Nachbarin sofort die ➲ Polizei geholt. Die hat den Einbrecher später bei einem anderen Diebstahl festgenommen. Jetzt wird ihn ein ➲ Gericht bestrafen." Vor Diebstahl kann man ein Haus zum Beispiel durch Sicherheitsschlösser und Alarmanlagen schützen. – Wenn Kleinigkeiten gestohlen werden, nennt man das auch ‚klauen' oder ‚mopsen'. – Wenn sich jemand davonstiehlt, bedeutet das, dass er heimlich weggeht.

Stein

Tim und seine Eltern sind im Steinbruch. Tims Mutter sagt: „Hier wurde früher Kalkstein herausgebrochen." Sie sehen die verschiedenen Gesteinsschichten. Dann finden sie den versteinerten Abdruck einer Schnecke. Sie lebte vor Millionen von Jahren. – Steine bestehen aus verschiedenen ➔ Mineralien. Entstanden sind sie zum Beispiel durch erstarrte Lava aus dem Erdinneren. Sie können sich auch aus pflanzlichen und tierischen Überresten bilden. Oder Wind und Wasser bringen Mineralien mit und lagern sie ab. Hitze und Druck im Erdinneren verändern das vorhandene Gestein. Steine sind unterschiedlich hart. Doch sie alle verwittern durch Wind, Regen, Hitze und Kälte.

Steinzeit

Im Museum betrachten Anke und ihre Mutter Faustkeile aus ➔ Stein. Sie wurden von Steinzeitmenschen hergestellt. Die ersten Menschen wussten noch nicht, wie man ➔ Metalle schmilzt und bearbeitet. Sie fertigten ➔ Werkzeuge und ➔ Waffen aus Steinen an. Man unterteilt die Steinzeit in Alt-, Mittel- und Jungsteinzeit. In der Altsteinzeit gab es nur behauene Faustkeile. Viele Tausend Jahre später lernte man, Messer, Bohrer und Schaber herzustellen. Danach gelang es, Löcher in Steine zu bohren und sie zu schleifen. Dadurch konnten Beile und Hämmer mit Holzstielen angefertigt werden. Am Beginn der Jungsteinzeit vor etwa 10 000 Jahren wurde es wärmer. Die Jäger und Sammler wurden allmählich sesshaft. Sie lebten in Hütten, hielten Tiere und bauten ➔ Getreide an. Vor etwa 8000 Jahren lernte der Mensch, Metall zu schmelzen und zu bearbeiten. Die Steinzeit war zu Ende.

Stempel

Ibos Vater hat für den Laden einen Stempel mit ➔ Namen und ➔ Adresse anfertigen lassen. Dazu hat er ein Stempelkissen und Stempelfarbe gekauft. Ibo drückt den Stempel aufs Stempelkissen und presst ihn als Absender auf einen Briefumschlag. Dann liest er den Abdruck des Namens und der Adresse. Ibo hat sich einen Stempel mit einem Stern aus einer rohen ➔ Kartoffel geschnitten. – Die Post stempelt Briefmarken ab. – Auch der mittlere Teil einer Blüte heißt Stempel.

Steppe

Lena sieht einen Film über Tiere in der Steppe. Steppen sind flaches, mit ➲ Gras bedecktes Land. Außerdem wachsen hier ➲ Kräuter, Stauden und manchmal auch ➲ Sträucher. Bäume sind sehr selten. In diesen Graslandschaften wird oft Getreide angebaut. Steppen findet man in Gebieten, in denen es im Sommer wenig regnet und im Winter richtig kalt ist. Die nordamerikanische Steppe wird Prärie genannt. Dort leben Bisons und Klapperschlangen. Die südamerikanische Steppe ist die Pampa. In Ungarn heißt die Steppe Puszta. Wenn Steppen mehr und mehr austrocknen, werden sie zu ➲ Wüsten. Viele Steppen hat man in Weideland für Viehherden umgewandelt.

sterben

Ankes Mutter erzählt: „Der Mann meiner Kollegin war lange krank. Gestern ist er gestorben. Sie ist jetzt Witwe." Ankes Urgroßvater starb mit 82 Jahren. Richtig ➲ krank hatte er sich nicht gefühlt, nur immer schwächer. Schließlich schlug sein ➲ Herz nicht mehr und die Atmung hörte auf. Bei der Beerdigung auf dem Friedhof konnte Anke sich nicht vorstellen, dass sie ihren Uropa nie mehr sehen würde. – Außer durch Alter und Krankheiten sterben ➲ Menschen auch durch ➲ Kriege, ➲ Unfälle, Naturkatastrophen und Hungersnöte. Die Toten werden beerdigt oder verbrannt. Alle Menschen, ➲ Tiere und ➲ Pflanzen sterben irgendwann. ➲ Schildkröten können über hundert Jahre alt werden. Es gibt ➲ Bäume, die sogar über tausend Jahre leben. Manche ➲ Insekten leben nur Stunden oder Tage. Im Durchschnitt werden die Menschen heute älter als früher. Das liegt zum Beispiel daran, dass die Ärzte Krankheiten besser behandeln können. Im ➲ Christentum und in anderen ➲ Religionen glaubt man, dass nur der ➲ Körper stirbt, Geist und Seele aber weiterleben.

Stern

Am Nachthimmel sieht Tim viele Sterne. Etwa dreitausend erkennt man mit dem bloßen Auge. Alle gehören zu unserer ➲ Milchstraße. Mit einem Teleskop sieht man Millionen Sterne. Sie alle sind glühende Gaskugeln, genau wie unsere ➲ Sonne. Sterne entstehen aus einer Gas- und Staubwolke. Und nach unendlich langer Zeit vergehen sie. Man nennt sie auch Fixsterne, weil sie scheinbar immer am gleichen Platz stehen. Tatsächlich bewegen sie sich, aber nur sehr langsam. Sterne leuchten selbst, ➲ Planeten dagegen bekommen das Licht und die Wärme von der Sonne. Die Sonne ist ein Fixstern, sie bewegt sich also scheinbar nicht. Im Vergleich zur ➲ Erde ist der Sonnendurchmesser 109-mal so groß. Andere Riesensterne sind noch viel größer und weiter entfernt. Ihr ➲ Licht braucht Hunderttausende von Jahren bis zu uns, obwohl Licht etwa 300 000 Kilometer pro Sekunde zurücklegt. Diese Sterne sind unvorstellbar weit entfernt.

Sternbild

Spätabends sehen Jakob und seine Mutter aus dem Fenster. Sie zeigt zu einer Gruppe von ➲ Sternen und sagt: „Das ist der Kleine Wagen. Siehst du seine Deichsel?“ Wenn man sich vorstellt, dass diese Sterngruppe mit Strichen verbunden wäre, erkennt man tatsächlich einen Wagen. Schon in Babylon und bei den alten ➲ Ägyptern versuchte man, Sternbilder zu deuten. Achtundachtzig Sternbilder unterscheidet man heute. Zwölf davon gehören zu den Tierkreiszeichen, die für ➲ Horoskope wichtig sind.

Sternwarte

Ein Freund von Ibos Eltern arbeitet als Astronom in der Sternwarte. Dazu sagt man auch Observatorium. In diesen Instituten wird der ➲ Himmel erforscht. Das Dach der Sternwarte ist eine drehbare Kuppel mit einem Sehschlitz, den man öffnen kann. Durch ihn beobachten Astronomen mit Fernrohren, Spiegelteleskopen und anderen Geräten den Himmel. Seit der Erfindung des Fernrohrs entdeckten sie viele ➲ Sterne.

Steuer

„Verdienst du viel?“, fragt Jakob. Seine Mutter antwortet: „Ich verdiene gut. Aber ein Teil davon wird gleich als Steuer abgezogen.“ Diese Lohn- oder Einkommenssteuer nimmt das Finanzamt ein. Der ➲ Staat, die Bundesländer und die Gemeinden verwenden das ➲ Geld zum Beispiel für Schulen, Krankenhäuser, Straßen, die Polizei und das Militär. Im Preis der Waren, die man kauft, ist die Umsatzsteuer enthalten. Für ➲ Alkohol, Zigaretten und ➲ Benzin gibt es eine besondere Steuer. – Es gibt nicht nur die Steuer, sondern auch das Steuer. Damit lenkt man Fahrzeuge.

Stiefmütterchen

In Oma Bodes Garten wachsen kleine ➲ Blumen mit bunten, duftenden Blüten. Oma sagt: „Das sind Stiefmütterchen.“ Wild wächst diese Blume mit dem seltsamen Namen auf ➲ Äckern und ➲ Wiesen. Aus den wild wachsenden Pflanzen hat man Gartenstiefmütterchen mit größeren Blüten in vielen verschiedenen Farben gezüchtet.

Stimme

Lena sagt zu ihrem Papa: „Deine Stimme klingt viel dunkler und tiefer als die von Mama." Um ➲ Töne zu erzeugen, muss die Atemluft die Stimmbänder zum Schwingen bringen. Mit etwa vierzehn Jahren kommen Jungen in den Stimmbruch. Dann verändert sich ihre Stimme und wird tiefer. Beim Singen nennt man eine tiefe Männerstimme Bass, eine hohe Tenor. Die Stimmlage dazwischen heißt Bariton. Eine hohe Frauenstimme ist ein Sopran, eine tiefe ein Alt. –

Bei der Wahl gibt Herr Bode seine Stimme einer ➲ Partei. Weißt du, was das bedeutet?

Er wählt diese Partei.

Stoppuhr

Daniel will 50 Meter rennen. Als er startet, drückt Anke den Knopf der Stoppuhr. Als Daniel ankommt, drückt Anke wieder einen Knopf. Der Zeiger bleibt stehen und Anke liest ab, wie viel Zeit Daniel gebraucht hat. Die Stoppuhr zeigt die ➲ Zeit bis auf eine Zehntelsekunde genau an. Andere, noch genauere Stoppuhren setzt man mit einem elektronischen ➲ Signal in Gang, zum Beispiel einem Startschuss.

Storch

Auf dem Dach eines Bauernhauses sieht Tim ein Storchennest (Horst). Eben fliegt ein Weißstorch heran. Störche stelzen über feuchte ➲ Wiesen und durch ➲ Sümpfe. Dort fangen sie ➲ Frösche, ➲ Eidechsen und ➲ Insekten. Wenn es kalt wird, fliegen sie in wärmere Länder. Weil Störche mit dem Schnabel klappern, nennt man sie auch Klapperstörche. Störche sind bei uns selten geworden, weil man Feuchtwiesen und Sümpfe trockengelegt hat.

stottern

In Daniels Klasse gibt es einen Jungen, der stottert. Er wiederholt bestimmte Laute und Silben krampfartig, bevor er ein Wort zu Ende sprechen kann. Dadurch klingt sein Sprechen angestrengt und nicht flüssig. Besonders stark stottert er, wenn er sich aufregt. Die Lehrerin und die Kinder lassen ihn in Ruhe ausreden, auch wenn das bei ihm länger dauert. Sein Stottern ist in letzter Zeit weniger geworden, denn er wird von einer Logopädin behandelt. Die Sprachlehrerin kennt sich mit Sprachstörungen aus.

Strafe

Ibo liest, dass ein Einbrecher zu zwei Jahren Haft verurteilt wurde. Die Strafe verbüßt er im ➲ Gefängnis. Das ➲ Gericht kann kürzere Haftstrafen auch zur Bewährung aussetzen. Der Verurteilte muss dann nur ins Gefängnis, wenn er während der Bewährungszeit wieder eine Straftat begeht. Auch zu einer Geldstrafe kann man verurteilt werden. Eine Strafe soll erreichen, dass der Täter so etwas nicht wieder tut. Und sie soll andere abschrecken, Ähnliches zu tun. – Ibos Freund hat eine Fünf geschrieben. Zur Strafe darf er eine Woche nicht fernsehen. Ibo findet das ungerecht.

Strand

Jakob und seine Oma gehen am Strand spazieren. Bei schönem Wetter badet Jakob gern an diesem flachen, sandigen Küstenstreifen. Hier wird es nämlich nur allmählich tiefer. Mit seiner Oma sammelt er ➔ Muscheln am Strand. Im ➔ Wasser sieht er kleine ➔ Fische, Krabben und ein paar ➔ Quallen. Gestern hat er mit anderen Kindern eine Sandburg gebaut. Die wurde ein paar Stunden später von der Flut weggespült. Weiter draußen im Wasser liegt ein ➔ Wrack. Das ➔ Schiff ist hier gestrandet. Es lief an dieser Stelle auf Grund. Auch Strandgut findet Jakob. Gerade ist eine Flasche angespült worden.

Straße

Anke und ihr Vater fahren mit dem ➔ Auto durch die Stadt. Anke ist froh, dass sie hier nicht über die Straße gehen muss. Sie sieht nämlich nur dichten ➔ Verkehr und nirgends einen Zebrastreifen. Später fahren sie auf einer schmalen Landstraße. Schließlich kommen sie auf eine breite Bundesstraße. Anke sagt: „Da drüben ist die ➔ Autobahn." Kreuzungen gibt es auf der Autobahn nicht. Und jede Fahrtrichtung hat eine eigene Fahrbahn. Als Belag für Straßen verwendet man zum Beispiel Teer, Asphalt, Pflastersteine oder ➔ Beton. Eine schmale Straße zwischen Häusern nennt man auch Gasse. – Schon vor etwa zweitausend Jahren bauten die ➔ Römer Straßen. Die Straßen, wie sie heute üblich sind, gibt es seit ungefähr zweihundert Jahren. Auf den alten Handelsstraßen transportierte man mit Pferdewagen zum Beispiel Salz, Seide und die Post. – Viele Menschen sind dagegen, dass noch mehr Straßen gebaut werden. Sie befürchten, dass die Natur weiter zerstört wird.

Straßenbahn

Tim und Lena stehen an der Haltestelle und warten. Endlich sagt Tim: „Da hinten kommt die Straßenbahn." So eine Straßenbahn (🇨🇭 Tram) sieht aus wie ein kurzer Zug. Ohne Fahrscheine dürfen die beiden nicht mitfahren, sie wären sonst Schwarzfahrer. Die verschiedenen Straßenbahnlinien verkehren in der ➔ Stadt und bis in die Vororte. Zum Fahren brauchen sie Schienen und ➔ Strom. Den bekommen sie aus Leitungen, die hoch über den Gleisen verlegt wurden. Tims Opa erzählt: „Vor der Erfindung der elektrischen Straßenbahn wurden die Bahnen von ➔ Pferden gezogen."

Strauch

Im Garten von Oma Bode wachsen verschiedene Sträucher. Sie unterscheiden sich von ➔ Bäumen dadurch, dass sie sich schon am Boden oder kurz darüber verzweigen. Dann verästeln sie sich weiter. Sie haben also keinen Stamm. Daniel pflückt gerne Beeren von den Johannisbeer- und Stachelbeersträuchern. Auch Ziersträucher gibt es, zum Beispiel den Rhododendron. Oft pflanzt man Sträucher als Hecken.

Strauß

Im Zoo sieht Ibo Strauße. Zweieinhalb Meter wird dieser größte aller ➔ Vögel. Er kann nicht fliegen, seine Flügel sind verkümmert. Aber wenn ein Strauß in der ➔ Savanne losrast, holt ihn kein ➔ Pferd ein. Ein Tritt von seinen Beinen ist lebensgefährlich. Straußeneier wiegen drei Pfund. Die Emus sind straußenähnliche Vögel. – Welcher Strauß hat Blüten?

Der Blumenstrauß

streicheln

Als Anke nach Hause kommt, weint sie: „Die Lehrerin hat mit mir geschimpft. Und ein Junge hat mich gehauen. Das war ein doofer Tag." Ihre Mutter nimmt sie in den Arm und streichelt sie. Anke spürt das gerne. Das Streicheln ist zärtlich, schön und sanft und es tröstet. Jetzt ist der Tag schon wieder besser. Auch Ankes Mutter und Felix streicheln sich. Dann weiß Anke, dass sie sich gerade besonders gern haben.

Streichholz

Lena will eine Kerze anzünden. Sie nimmt ein Streichholz (Zündholz) aus der kleinen Schachtel. Auf einer Seite hat das Holzstäbchen einen Kopf aus leicht entzündbarem Material. Lena entzündet ihn an der Reibfläche der Schachtel. Sie ist vorsichtig dabei, denn sie will sich nicht verbrennen. Überallzündhölzer kann man an jeder rauen Fläche anzünden.

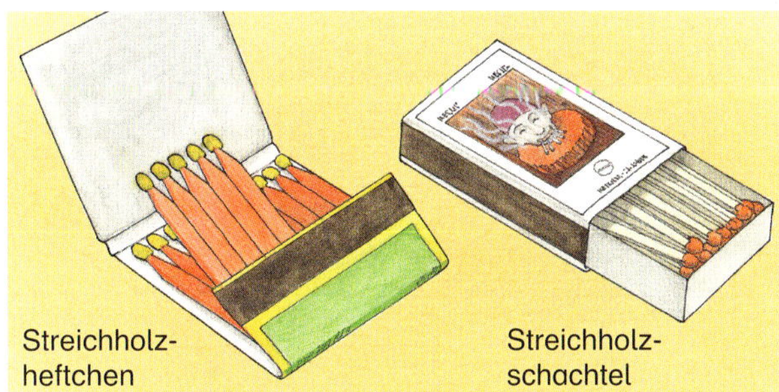

Streik

Tims Onkel arbeitet in einer ➔ Fabrik. Die ➔ Gewerkschaft, zu der er gehört, verhandelt mit den Arbeitgebern. Das sind zum Beispiel die Besitzer der Fabriken. Die Gewerkschaft verlangt mehr ➔ Lohn. Bisher konnte man sich nicht einigen. Deswegen stimmen die Gewerkschaftsmitglieder ab, wer für einen Streik ist. Die meisten sind dafür. Sie werden nicht mehr arbeiten, sondern streiken. In der Fabrik kann nichts mehr hergestellt werden. So will die Gewerkschaft die Arbeitgeber zwingen, bei den Verhandlungen nachzugeben. Während des Streiks bezahlt sie Streikgeld an die Arbeiter.

streiten

Lena und Daniel können sich nicht über das Fernsehprogramm einigen. Lena möchte eine Tiersendung sehen, Daniel ein Fußballspiel. Beide wollen sich unbedingt durchsetzen. Also gibt es Streit. Das passiert bei Lena und Daniel immer wieder mal. Auch ihre Eltern streiten manchmal miteinander, wie das in jeder ➔ Familie vorkommt. Aber dieser Streit dauert nie lange. Mama sagt: „Wir haben das Streiten oft genug geübt und versuchen, ➔ fair zu bleiben.“ Manche Leute sind fast streitsüchtig. Sie streiten wegen jeder Kleinigkeit. Andere Menschen streiten nie. Wer nie streitet, muss oft nachgeben.

Stress

„War das ein Stress!“, stöhnt Ibos Vater. Er hat im Laden pausenlos hektisch gearbeitet. Es war laut und es gab Ärger. Dadurch entsteht Stress. Stress heißt ‚Überforderung‘ oder ‚Überanstrengung‘. Bei Stress schlägt das ➔ Herz schnell und man ist nervös. Auch Gefahr und ➔ Angst erzeugen Stress. Dieser Zustand hat nicht nur Nachteile. Bei Stress reagiert man schnell und leistet viel. Dauerstress macht aber krank.

stricken

Oma strickt einen Schal für Tim. Diese Handarbeit macht sie gerne. Zum Stricken benutzt sie zwei Stricknadeln und ➔ Wolle. Aus der Wolle lässt Oma mit den Nadeln eine Reihe Maschen nach der anderen entstehen. Sie strickt schnell und kennt viele verschiedene Muster. Gekaufte Pullover sind mit Maschinen gestrickt worden.

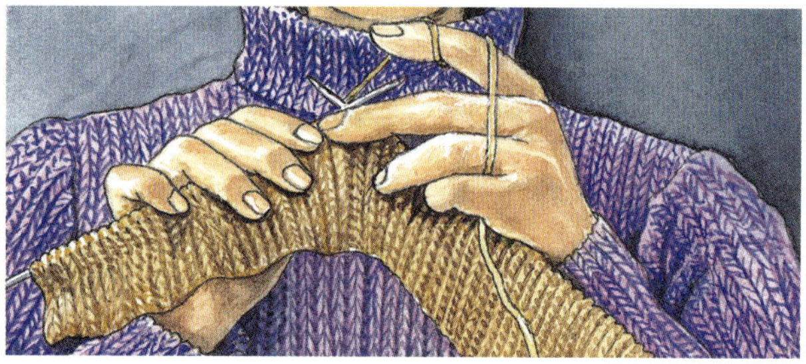

Traktor mit Ballenpresse

Stroh

Auf dem Feld sieht Anke einen Mähdrescher. Die riesige Maschine drischt die Körner aus dem ➔ Getreide. Dann presst die Ballenpresse die übrig gebliebenen Stängel und Blätter zu großen Strohballen zusammen. Mit Stroh werden die Viehställe eingestreut. Manchmal trägt Ankes Papa im Sommer einen Strohhut. So ein Hut aus geflochtenem Stroh ist besonders leicht.

Strom

Lena drückt auf den Lichtschalter. Dadurch wird ein Stromkreis geschlossen. Strom fließt, weil sich im Kabel winzige Teilchen bewegen, die Elektronen. Elektrische Geräte brauchen Strom. Außer in ➔ Licht wird diese ➔ Energie zum Beispiel in Wärme und ➔ Schall verwandelt. Strom kommt aus Kraftwerken zu uns. Seine Spannung misst man in Volt (V). Ein Stromschlag ist gefährlich. Deswegen darf man nie in ➔ Steckdosen fassen. – Auch ein breiter Fluss heißt Strom.

stumm

Ein Freund von Tims Vater kann nicht sprechen. Er ist stumm. Zur Verständigung formt er bestimmte Zeichen mit den Händen, die Gebärdensprache. Manche Menschen sind seit der Geburt stumm. Das liegt daran, dass die Stimmbänder keine Laute bilden können. Oder der Teil des ➔ Gehirns ist gestört, der mit dem Sprechen zu tun hat. Auch gehörlose Menschen können manchmal kaum sprechen.

Sturm

„Es stürmt", sagt Rengin. Wenn der ➔ Wind so stark weht, kann man kaum gehen. Im Radio heißt es: „Der Sturm erreicht Windstärke 10." Windstärke 0 ist Windstille. Bei 9–11 spricht man von Sturm, ab 12 von Orkan. Bei Stärke 10 fegt der Sturm mit fast hundert Kilometern pro Stunde heran. Manchmal treibt er das ➔ Meer mit solcher Gewalt an die ➔ Küste, dass es eine Sturmflut gibt. So eine Naturkatastrophe kann die ➔ Deiche zerstören. Ein Hurrikan ist ein Wirbelsturm. – Welcher Sturm rennt?

Der Teil einer Fußballmannschaft

Südpol

Auf dem Globus zeigt Lena Jakob den Südpol. Er liegt dem ➔ Nordpol gegenüber. Das Gebiet um den Südpol ist der ➔ Kontinent Antarktis. Er wird von einer bis zu 5000 Meter dicken Eisschicht bedeckt. Hier wurden die tiefsten ➔ Temperaturen gemessen, fast 90 Grad Celsius unter null. Im Meer leben ➔ Wale und Robben, auf dem Land ➔ Pinguine. Der Norweger Amundsen erreichte 1911 den Südpol als Erster.

Sumpf

Anke warnt Daniel: „Hier wird es sehr sumpfig." Die Erde ist also nass und matschig. Sümpfe entstehen, wo es viel regnet und das Grundwasser hoch steht. Dort wachsen zum Beispiel Wollgras, Binsen und Sumpfdotterblumen. Außerdem leben hier ➔ Kröten, ➔ Frösche und viele ➔ Insekten. Oft werden Sümpfe trockengelegt. So zerstört man die Heimat vieler Pflanzen und Tiere.

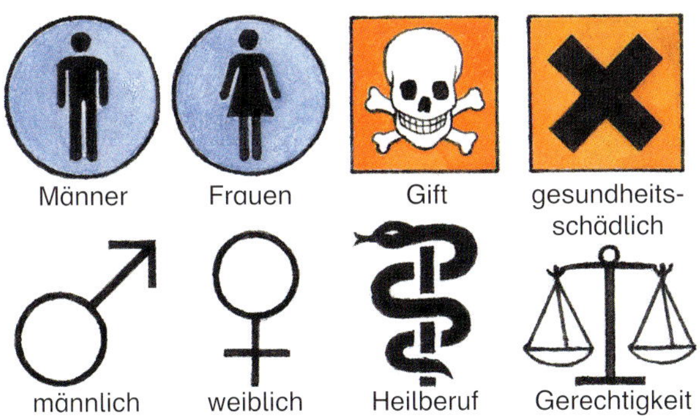

Symbol

An der Klotür sieht Jakob ein kleines Männchen. Obwohl er noch nicht lesen kann, weiß er, dass hier die Toilette für Männer ist. Das Männchen-Symbol zeigt ihm das. So ein Symbol ist ein Erkennungszeichen für etwas. Symbole zeigen einem zum Beispiel, wo man tanken oder essen kann. Auch Verkehrszeichen sind Symbole. Buchstaben sind Symbole für Laute, die Flagge ist das Symbol des Landes.

T

Verlängert man das T nach oben, wird es zum Kreuz. So wurde der Vorläufer des heutigen T auch geschrieben. Er war das Zeichen für das Wort ‚Kreuz'. Erst bei den Griechen gab es vor etwa 2800 Jahren ein T, das unserem ähnelte. Mit T fangen interessante Wörter an: Tatort, T-Shirt, Torschützenkönig. Und welche noch?

Tachometer

Die Bodes fahren mit dem ➲ Auto zu Freunden. Ein Verkehrsschild zeigt an, dass man nur achtzig ➲ Kilometer in der Stunde fahren darf. Aber der Tachometer zeigt hundert Kilometer an. Deswegen nimmt Papa den Fuß vom Gas. Ohne Tacho wüsste man nicht, wie schnell man fährt. Jedes Kraftfahrzeug muss so einen Geschwindigkeitsmesser haben. Meistens ist er mit dem Kilometerzähler verbunden.

Tag

Lena sieht aus dem Fenster. Draußen ist es dämmerig. Bald wird der Tag zu Ende sein und die ➲ Nacht beginnen. Lena weiß, dass es an Sommertagen länger hell ist als an Wintertagen. Im Sommer geht die Sonne nämlich früher auf und später unter als im Winter. Am 21. Dezember sagt ihre Mutter: „Heute ist der kürzeste Tag des Jahres." Am 21. Juni ist der längste Tag. Am 20. März und 23. September dauern Tag und Nacht gleich lang. Man benutzt das Wort Tag nicht nur für die helle Zeit zwischen Sonnenaufgang und Sonnenuntergang. Es heißt auch: „Der Tag hat vierundzwanzig Stunden." Ein Kalendertag dauert von 0 bis 24 Uhr. So lange braucht die ➲ Erde, bis sie sich einmal um ihre Achse gedreht hat. Dadurch wird nur ein Teil der Erde von der Sonne beschienen. Der andere liegt im Dunkeln. So entstehen Tag und Nacht. Man teilt den Tag in Tageszeiten ein. Sie heißen: Morgen, Vormittag, Mittag, Nachmittag, Abend und Nacht.

Tal

Anke und ihr Vater sehen von einem ➲ Berg zum ➲ Fluss im Tal hinunter. Ganz allmählich steigen dort unten die Berge an. Viele Täler wurden in Millionen Jahren von fließendem Wasser gegraben. Dabei wurde die Erde nach und nach weggeschwemmt und der Boden immer mehr eingeschnitten. An den Seiten brach der Erdboden ein, das Tal wurde allmählich breiter. Andere Täler sind in der ➲ Eiszeit durch Gletschereis entstanden, das tiefe und breite Furchen ins Gebirge geschliffen hat.

Tankstelle

„Wir müssen tanken“, sagt Ibos Vater. Sie fahren zur Tankstelle. Mit einem Schlauch füllt man an den Zapfsäulen ➔ Benzin oder Dieseltreibstoff in den Auto- oder Motorradtank. Der Kraftstoff kommt aus einem Vorratsbehälter unter der Tankstelle, der von Tanklastern gefüllt wird. Manche Tankstellen bieten auch Autogas an. Außerdem kann man den Reifendruck prüfen, Motoröl und vieles andere kaufen.

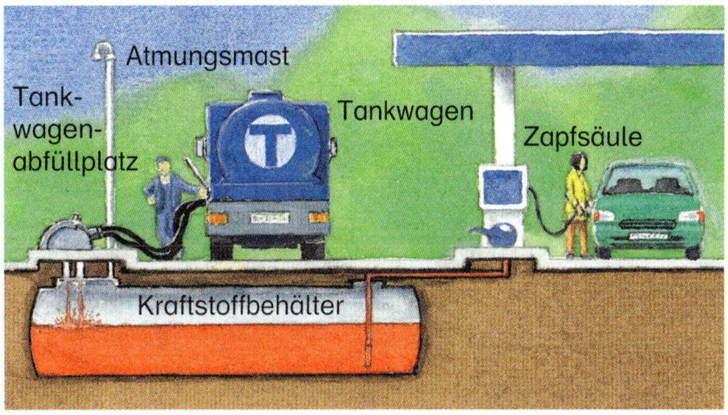

Tanne

Bodes gehen im ➔ Wald spazieren. Sie sammeln Tannenzapfen. So heißen die ➔ Früchte der Tanne. Tannen sind immergrün. Das heißt, dass sie im Winter ihre Nadeln nicht abwerfen. Die Bäume können etwa achtzig Meter hoch und fünfhundert Jahre alt werden. Aus ihrem ➔ Holz macht man Möbel. Oft werden Tannen und ➔ Fichten verwechselt. Man kann sie aber leicht unterscheiden, denn die Tannenzapfen stehen aufrecht am Zweig. Bei Fichten hängen sie.

tanzen

Anke hört ➔ Musik. Der Rhythmus geht ihr in die Beine. Deswegen muss sie aufstehen und sich zur Musik bewegen. Tanzen macht ihr Spaß. Die Menschen tanzen schon seit Urzeiten. Tänze sollten früher zum Beispiel böse Geister vertreiben und den Kriegern Mut machen. Heutzutage tanzen die Menschen zum Vergnügen. Oft tanzen sie paarweise. Oder sie tanzen jeder für sich. Ankes Mutter erzählt: „Mit fünfzehn war ich in der Tanzschule.“ Dort lernte sie Walzer, Tango und andere Gesellschaftstänze, später auch Rock'n' Roll. Heute tanzen Jugendliche gern Hip-Hop und Breakdance. Volkstänze sind aus Bauerntänzen entstanden. Als Kunstform des Tanzens gibt es das ➔ Ballett.

tarnen

Jakob und seine Freunde spielen Verstecken. Im Gebüsch findet Jakob ein tolles Versteck. Mit seinem grünen Hemd sitzt er zwischen grünen Blättern. So ist er gut getarnt und wird nicht gesehen. Mit einer Tarnkappe oder einem Tarnumhang wäre er völlig unsichtbar. Aber die gibt es nur in Geschichten. Für viele Tiere ist Tarnung lebenswichtig. Dadurch schützen sie sich vor Feinden. Ein Meister im Tarnen ist eine Gespenstschreckenart, das ‚Wandelnde Blatt‘. Es sieht aus wie ein Laubblatt. Schneehasen haben zur Tarnung nur im Winter weißes Fell.

Taschengeld

Seit heute bekommt Jakob Taschengeld. Die Eltern meinen, dass er dadurch lernt, mit Geld umzugehen. Jakob freut sich über sein eigenes Geld. Wenn er sich etwas kaufen will, muss er nicht jedes Mal die Eltern um Geld bitten. Seine ältere Schwester Lena bekommt mehr Taschengeld als er. Jakob möchte sich vom Taschengeld Süßigkeiten kaufen. Und vielleicht schafft er es sogar, etwas davon zu sparen.

Taschenrechner

Ibo will einige Zahlen zusammenzählen. Dazu benutzt er seinen Taschenrechner. Er gibt die Zahlen mit der Tastatur ein. Nach jeder Zahl drückt er die Plustaste. Schnell errechnet das Gerät die Summe und zeigt sie auf dem Display an. Auch zum Abziehen, Teilen und Malnehmen benutzt Ibo diesen Minicomputer. Sein Taschenrechner bekommt den Strom durch Solarzellen, andere werden durch Batterien mit Strom versorgt. Heute baut man kleine, preiswerte Rechengeräte. Früher waren sie groß und teuer.

Tätowierung

Ein Freund von Ankes Vater trägt eine kleine Tätowierung am Arm: einen Drachen. Solche Bilder oder Zeichen werden nicht auf die Haut gemalt. Mit einer Nadel wird Farbe in die Haut gestochen oder geritzt. So eine Tätowierung nennt man auch Tattoo. Wenn man seine Tätowierung nicht mehr mag, kann man sie nur durch eine Operation entfernen. Früher trugen Matrosen Tätowierungen. Heute haben viele Menschen Tattoos. Bei einigen Naturvölkern zeigt man mit der Tätowierung, dass man erwachsen ist. Oder sie soll vor bösen Geistern schützen.

Tau

Am Morgen geht Ibo über den Rasen. Seine Schuhe werden nass, denn auf dem Gras liegt Tau. Der entsteht, wenn der Boden nachts schneller abkühlt als die Luft. Die warme Luft kommt mit dem kalten Boden in Berührung. Sie kann nicht mehr alle Feuchtigkeit halten. Die Luftfeuchtigkeit bedeckt dann die Gräser. Im Winter gefriert Tau oft zu Raureif. – Das Tau ist ein kräftiges Seil.

taub

Tims Opa ist fast taub. Je älter er wurde, desto weniger hörte er. Andere Menschen verlieren ihr Gehör durch Unfälle und Krankheiten. Sie sind dann gehörlos oder hörgeschädigt. Mit einer Operation oder Hörgeräten erreicht man oft, dass sie wieder etwas hören. Manche Menschen sind schon von Geburt an gehörlos und lernen dadurch das Sprechen nicht oder nur sehr schwer. In Gehörlosenschulen lernen sie die Gebärdensprache und die Lautsprache. – Als Tim bei Kälte nach Hause kommt, sind seine Finger taub, also ohne Gefühl. Schnell wärmt er sie an der Heizung auf.

Taube

In der Fußgängerzone sieht Lena Tauben. Auch auf Häusern und Denkmälern sitzen die ➲ Vögel. In Großstädten sind sie eine richtige Plage. Man unterscheidet wild lebende und Haustauben. Zu den wild lebenden gehören Turteltauben, Ringeltauben und Lachtauben. Tauben fliegen sehr gut. Die meisten Brieftauben finden immer wieder zu ihrem Taubenschlag zurück. Sie tragen Mitteilungen über weite Strecken.

tauchen

Anke schwimmt 10 Sekunden unter Wasser. Es gibt Menschen, die 2 Minuten so tauchen, zum Beispiel Perlentaucher. Im Urlaub taucht Anke mit Taucherbrille und Schnorchel. Durch das kurze Plastikrohr atmet sie. Damit kann man aber nur knapp unter der Wasseroberfläche tauchen. Menschen, die tief und lange tauchen, schnallen Pressluftflaschen um. So kann man bis etwa 30 Meter tief tauchen. Die Atemluft kommt durch einen Schlauch aus der Flasche. Um beim Tauchen schneller voranzukommen, trägt man Flossen. In kaltem Wasser taucht man mit einem Schutzanzug. In Tauchanzügen mit Helm und Bleiplatten an den Füßen kann man noch tiefer tauchen. Luft kommt durch einen Schlauch von der Wasseroberfläche. Mit einem gepanzerten Tauchboot ist man am tiefsten gekommen, etwa 11 000 Meter. Solche Boote müssen einen gewaltigen Wasserdruck aushalten.

Taufe

Tims Onkel und Tante haben ein ➲ Baby bekommen. Heute soll es getauft werden. Tim, seine Eltern und einige andere Verwandte und Freunde sind mit in der ➲ Kirche. Der Taufpate hält das Baby über das Taufbecken. Dann besprengt der Pfarrer den Kopf des Babys mit Taufwasser und segnet es. Mit der Taufe ist das Kind nun in die Religionsgemeinschaft aufgenommen. Auch Erwachsene können sich noch taufen lassen.

tauschen

Ibo möchte ein Spielzeugauto von Lena haben. Er schlägt ihr vor: „Ich gebe dir dafür eine CD." Lena ist einverstanden. Beide finden, dass sie einen guten Tausch gemacht haben. Bevor es Geld gab, konnte man nur tauschen. Beim Tauschhandel gab man etwas von dem her, wovon man genug besaß. Dafür bekam man etwas, was einem fehlte. – Lenas Mutter sagt: „Mit der Kollegin möchte ich nicht tauschen." Das heißt, sie möchte nicht an der Stelle dieser Frau sein.

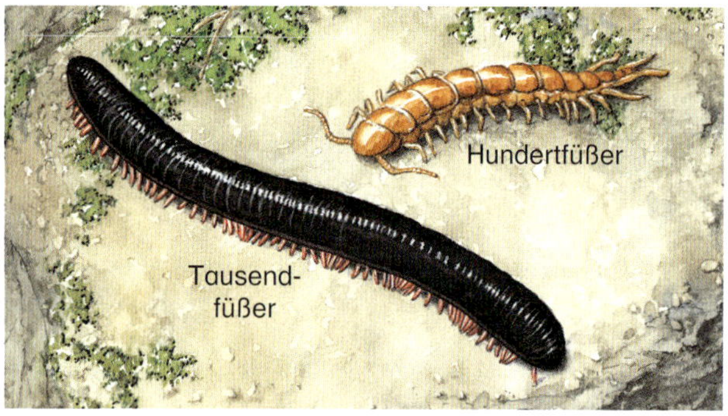

Tausendfüßer

Unter einem Stein findet Jakob einen Tausendfüßer (Tausendfüßler). Solche feuchten, dunklen Stellen mögen diese Tiere. Jakob betrachtet den Kopf mit den Fühlern. Ein Tausendfüßer besteht aus lauter Ringen. An jedem Ring wachsen den vielen Tausendfüßerarten entweder ein oder zwei Beinpaare. 1000 sind es nie, sondern höchstens 340, also 680 einzelne Füße. Zu den Tausendfüßern gehören auch die Hundertfüßer.

Feuerzeug in der Steinzeit

römisches Bewässerungsschöpfrad

Dampflokomotive

elektrisches Licht

Technik

In einem Geschichtsbuch sieht Daniel einen Steinzeitmenschen mit einem Faustkeil. Mit so einfachen ➲ Werkzeugen begann die technische Entwicklung. Unter Technik versteht man die Entdeckungen und Erfindungen, durch die sich die Menschen die Kräfte und Rohstoffe der Natur nutzbar machen. Technische Entwicklungen erleichtern meist die ➲ Arbeit und verbessern deshalb oft die Lebensbedingungen. Zwei der wichtigsten Entdeckungen waren das Feuermachen und die Erfindung des ➲ Rades. Am Ende der Steinzeit lernten die Menschen ➲ Metall zu schmelzen und zu bearbeiten. Sie stellten Werkzeuge und ➲ Waffen her. Mit den Werkzeugen konnten dann Häuser, ➲ Straßen und ➲ Schiffe gebaut werden. Man lernte, die Kraft des Windes und des Wassers zu nutzen. So wurden Mühlen angetrieben. Später nutzte man Dampfkraft, Elektrizität, Benzin und Öl zur Energiegewinnung. Damit konnte man ➲ Motoren antreiben. Das elektrische Licht wurde erfunden. Man entdeckte neue Materialien wie den Kunststoff. Die Menschen bauten komplizierte ➲ Maschinen und Apparate. ➲ Telefon, ➲ Radio, ➲ Fernsehen, ➲ Computer und ➲ Raketen wurden entwickelt. ➲ Eisenbahnen, ➲ Autos und ➲ Flugzeuge erleichterten das Reisen. Inzwischen sind Menschen sogar im Weltall unterwegs. Und die technische Entwicklung geht immer weiter. Doch sie bringt nicht nur Vorteile, sondern macht auch viele Menschen ➲ arbeitslos und ermöglicht furchtbare ➲ Kriege. – Unter Technik versteht man auch die Art, etwas zu tun. Es gibt zum Beispiel verschiedene Schwimm- oder Zeichentechniken.

Tee

Ankes Mutter sagt: „Ich koche Tee. Der macht munter.“ Im Tee ist Tein (Koffein) und das regt an. Frau Dietel gibt schwarzen Tee in eine Kanne. Über den Tee gießt sie kochendes Wasser. Dann lässt sie den Tee drei Minuten ziehen und er ist fertig. Schwarzer Tee besteht aus den Blättern des Teestrauches. Den baut man vor allem auf Plantagen in ➲ Asien an. Die jungen Blätter werden jedes Jahr mehrere Male gepflückt. Man lässt sie welken, gären und trocknen. Anke trinkt gerne Kräutertee aus getrockneten Kräutern. – Übrigens: Wenn schwarzer Tee lange zieht, beruhigt er und macht müde.

Teekessel

„Weißt du einen Teekessel?“, fragt Lena. Ibo antwortet: „Teekessel ist ein Teekessel.“ Das stimmt, denn das Wort Teekessel hat zwei Bedeutungen. Einmal meint man damit einen Kessel, in dem Teewasser gekocht wird. Teekessel nennt man aber auch die Wörter, die zwei oder mehr Bedeutungen haben, wie die Wörter ➲ ‚Bank‘ oder ➲ ‚Strom‘.

Teich

Daniel und Tim sind mit den Rädern unterwegs. Tim ruft: „Da ist schon der ➲ See!“ Daniel sagt: „Das ist kein See. Das ist nur ein Teich oder Weiher.“ Für einen See ist das Gewässer tatsächlich zu klein. Daniel und Tim setzen sich eine Weile an das Ufer und beobachten die Tiere. Da fliegen ➲ Libellen. Es gibt Wasserläufer und ➲ Enten. ➲ Frösche quaken und im Wasser schwimmen ➲ Fische. Am Rand wächst ➲ Schilf. Es gibt auch künstlich angelegte Teiche wie den in Oma Bodes Garten. Angelegt sind auch die Teiche, in denen man ➲ Karpfen und ➲ Forellen züchtet.

Telefon

Anke ruft Daniel an. Sie nimmt das Mobilteil des schnurlosen Telefons und tippt Daniels Nummer ein. Bei Bodes klingelt es. Daniel nimmt den Anruf an. Anke spricht ins Mikrofon des Telefons. Es verwandelt die Schallwellen ihrer Stimme in elektrische ➔ Signale. Die kommen als elektrische Impulse per ➔ Funk oder durch Kupferkabel zu Daniels Telefon und werden wieder in Schallwellen umgewandelt. Daniel hört sie im Lautsprecher. Die elektrischen Signale können auch als Lichtwellen durch Glasfaserkabel kommen. Ruft Anke in einer anderen Stadt an, wählt sie zuerst die Vorwahl. Um in andere Länder zu telefonieren, tippt man die Ländervorwahl ein. Bei solchen Gesprächen werden die elektrischen Signale meistens in Funksignale umgewandelt. Die werden an Nachrichtensatelliten weitergeleitet und von dort über weite Entfernungen gesendet. – Zum Skypen braucht man ein Programm, mit dem man den Computer als Telefon benutzen kann. Bei dieser Internettelefonie sorgen kleine Kameras dafür, dass man sich beim Gespräch sieht. – Mit einem Funktelefon kann man aus dem Auto telefonieren. Auch diese Gespräche werden durch Funkwellen übertragen, genau wie beim Handy. – Der Erfinder des Telefons war Johann Philipp Reis. Er stellte 1861 den ersten Apparat zur Tonübertragung vor. Das erste brauchbare Telefon baute Alexander Bell 1876.

Temperatur

Als Jakob nach Hause kommt, sagt er: „Ist das heute kalt." Er hat die niedrige Temperatur draußen deutlich gespürt. Unter Temperatur versteht man die messbare Wärme der Luft oder eines Körpers. Physiker haben entdeckt, dass die Temperatur durch die Bewegung der Moleküle und ➔ Atome eines Körpers entsteht. Je schneller sie sich bewegen, desto höher ist die Temperatur. Gemessen wird sie mit dem ➔ Thermometer. Bei uns gibt man sie in Grad Celsius (abgekürzt °C) an. Wenn sie unter 0 °C fällt, steht ein Minus vor der Zahl. Der absolute Nullpunkt liegt bei –273,15 °C. Kälter kann es nicht werden. Kochendes Wasser ist 100 °C heiß. In Amerika wird in Grad Fahrenheit gemessen.

Tennis

Tim verfolgt ein Tennisspiel im Fernsehen. Zwei Spieler schlagen den Ball mit Schlägern über ein ➔ Netz hin und her. Der Ball darf nur einmal in der eigenen Spielhälfte aufspringen, bevor man ihn zurückschlägt. Macht ein Spieler einen Punkt, wird nicht mit 1 und dann 2, 3 gezählt. Gezählt wird: 15, 30, 40. Mit dem vierten Punkt hat ein Spieler das Spiel gewonnen. Beendet ist ein Match, wenn ein Spieler zwei oder drei Sätze gewonnen hat. Jeder Satz besteht aus mehreren Spielen.

Teppich

In Lenas Zimmer liegt ein bunter Teppich. Dadurch ist der Boden weicher und es ist nicht so kalt. Man hört nicht jeden Schritt und das Zimmer wirkt viel gemütlicher. Das Wohnzimmer ist ganz mit Teppichboden ausgelegt. Manche Teppiche bestehen aus lauter einzelnen Knoten. Sie werden mit der Hand geknüpft und sind deshalb sehr wertvoll. Zum Weben und Knüpfen einfacherer Teppiche verwendet man Maschinen. Teppiche sind zum Beispiel aus ➔ Wolle, ➔ Baumwolle und Chemiefasern.

Terrarium

Bei einem Freund steht Ibo vor dem Terrarium. Durch die Scheiben des Glaskastens beobachtet er ➔ Eidechsen. Im Zoo hat Ibo ein größeres Terrarium gesehen. In dem leben ➔ Schlangen. Die Kriechtiere und Lurche sollten so untergebracht sein, dass sie sich wohlfühlen. Dazu ist es am besten, wenn sie im Terrarium ungefähr in der gleichen Umgebung leben wie in Freiheit. Terrarien sind oft mit Sand ausgestreut. Es wachsen Pflanzen darin. Steine liegen da und es gibt eine Wasserstelle. Zu Hause sagt Ibo, dass er selbst ein Terrarium bauen will. Darin möchte er Echsen halten.

Terror

Im Radio hört Anke, dass eine Gruppe von Terroristen einen Bus in die Luft gesprengt hat. Bei diesem Anschlag starben viele Menschen. Terroristen sind Leute, die ihre politischen Ziele mit allen Mitteln durchsetzen wollen. Dazu gehört auch, dass sie Gewalt anwenden und ➔ Verbrechen begehen. In Diktaturen terrorisieren Politiker die Bevölkerung. Durch diese Art der Schreckensherrschaft sollen die Menschen so sehr eingeschüchtert werden, dass sie es überhaupt nicht wagen, sich zu wehren.

Theater

Daniel, Lena und Frau Bode gehen ins Theater. Von ihren Plätzen aus sehen sie die Bühne. Auf der spielen und sprechen ➔ Schauspieler die Rollen des Stücks. In den Pausen wird die Bühne umgebaut. Der Regisseur bestimmt, wie gespielt wird. Außer Schauspielern, Sängern, Tänzern, Musikern und Regisseuren arbeiten am Theater auch Beleuchter und Bühnenarbeiter. Kulissen müssen gebaut und Bühnenbilder gemalt werden. Jemand sorgt für Kostüme und Perücken. – Komische Stücke nennt man Komödien, tragische Tragödien. Auch ➔ Opern und ➔ Ballette werden im Theater aufgeführt. Zu den bekanntesten Autoren von Theaterstücken (Dramatikern) gehören William Shakespeare, Johann Wolfgang von Goethe, Friedrich Schiller und Bertolt Brecht.

Thermometer

Mit einem Badethermometer messen Jakob und sein Papa die Wassertemperatur in der Wanne, bevor Jakob reinsteigt. Am Außenthermometer vor dem Fenster lesen sie ab, wie warm es draußen ist. Und die Körpertemperatur wird mit dem Fieberthermometer festgestellt. Gemessen wird bei uns in Grad Celsius. Diese Skala hat der schwedische Forscher Anders Celsius 1742 eingeführt. Es gibt auch andere Einteilungen, zum Beispiel Fahrenheit. Die ➔ Temperatur liest man von den Zahlen und Strichen am Glasröhrchen des Thermometers ab. Darin war früher oft das giftige ➔ Metall Quecksilber, heute ist es zum Beispiel ➔ Alkohol. Diese Flüssigkeiten dehnen sich bei Wärme aus. Dann steigt die Säule im Röhrchen. Bei Kälte ziehen sie sich zusammen und die Säule sinkt. Außer Flüssigkeitsthermometern gibt es ➔ digitale und verschiedene andere Thermometer.

Thermosflasche

Tim füllt heißen Tee in die Thermosflasche. Der Tee wird auch noch in drei Stunden heiß sein. Das funktioniert, weil die Thermosflasche innen doppelte Glaswände hat. Die Luft zwischen den Wänden wurde herausgepumpt. Durch den luftleeren Raum kann die Wärme schwer entweichen. Außerdem sind die Glaswände im Inneren mit einer Silberschicht versehen. Diese Verspiegelung wirft die Wärmestrahlen zurück. Genauso funktioniert es auch umgekehrt: Wenn man kalten Tee einfüllt, bleibt er lange kalt.

Damit man alles gut erkennen kann, sind die Tiere nicht im richtigen Größenverhältnis abgebildet.

Tiefsee

In einer Fernsehsendung über ➔ Meere sieht Lena ein Tauchboot in der Tiefsee. Tiefsee nennt man den Teil der Ozeane, der achthundert Meter unter Wasser beginnt. Etwa 60 Prozent der Erdoberfläche gehören dazu. Das Tauchboot ist ein ➔ U-Boot, das sehr tief tauchen kann, um die geheimnisvolle Tiefsee zu erforschen. Es gleitet an einem Gebirge entlang, das dort unten Tausende Meter hoch ragt. In der Tiefsee wachsen keine Pflanzen, denn es gibt kein Licht, das sie zum Leben brauchen. Es ist dunkel und kalt und der Wasserdruck ist gewaltig. Trotzdem existieren auch hier zahlreiche Lebewesen, zum Beispiel ➔ Bakterien, ➔ Krebse, ➔ Schwämme, Schnurwürmer, Seegurken und ➔ Fische. Tiefseefische gehören zu den merkwürdigsten Fischen überhaupt. Sie haben oft lange, spitze Zähne, teleskopartige Augen und Leuchtorgane. Der Anglerfisch zum Beispiel trägt am Kopf eine Art Angel mit einem leuchtenden Haken als Köder. Der Laternenfisch leuchtet unter den Augen. Der Pelikanaal hat ein furchterregendes Maul. Doch nicht nur Tiere gibt es so tief unten im Meer, sondern auch wertvolle ➔ Rohstoffe wie ➔ Erdöl und Erdgas. – Die Tiefsee ist bisher kaum erforscht. Inzwischen kann man aber gepanzerte Tauchboote bauen, die bis in die tiefste Tiefe tauchen, also bis etwa 11 000 Meter unter der Wasseroberfläche.

Tier

Im Wald beobachtet Ibo wild lebende Tiere. Er sieht ein ➲ Eichhörnchen, einen ➲ Specht und eine ➲ Maus. Als er mit seinen Eltern auf einem ➲ Bauernhof war, hat er Nutztiere gesehen, zum Beispiel ➲ Schweine, ➲ Hühner, ➲ Schafe und ➲ Kühe. Sie werden gehalten, weil die Menschen ➲ Fleisch, ➲ Milch, ➲ Eier, ➲ Wolle und Häute brauchen. Besonders gerne mag Ibo Ben, den ➲ Hund von Anke. So ein Heimtier hätte er auch gerne. Man schätzt, dass es etwa 1,5 Millionen Tierarten gibt. Sie leben an Land, im Wasser und in der Luft. Im Unterschied zu Pflanzen brauchen Tiere tierische oder pflanzliche Nahrung. Man kann die Tierarten in einzellige und mehrzellige Tiere einteilen. Außerdem unterscheidet man Wirbeltiere und Wirbellose. Wirbeltiere haben eine ➲ Wirbelsäule, die den Körper stützt und hält. Zu den Wirbeltieren gehören ➲ Säugetiere, ➲ Vögel, Kriechtiere (Reptilien), ➲ Fische und Lurche (Amphibien). Zu den Wirbellosen gehören ➲ Insekten, ➲ Würmer, ➲ Quallen und ➲ Schnecken. Die kleinsten Tiere sind Einzeller, die nur wenige Tausendstel Millimeter groß sind. Das größte heute lebende Tier ist der bis zu dreißig Meter lange Blauwal. Eines der größten Landtiere, von denen man Überreste gefunden hat, ist der ➲ Dinosaurier Ultrasaurus. Er wog 130 Tonnen und konnte etwa dreißig Meter lang werden. Viele Tierarten wie die Saurier sind schon lange ausgestorben. Man nimmt an, dass inzwischen schon viel mehr Tierarten ausgestorben sind als die ungefähr 1,5 Millionen verschiedenen Arten, die heute noch leben. Und auch jetzt sind überall auf der Erde viele Tiere vom Aussterben bedroht.

Tierarzt

Ankes Hund hat sich verletzt. Deshalb bringen Anke und ihre Mutter Ben zu einer Tierärztin. Im Warteraum sitzt schon ein Mann mit seiner kranken Katze. Diese Tierärztin behandelt Kleintiere, also auch Meerschweinchen oder Wellensittiche. Andere kümmern sich um Pferde, Kühe und Schafe. Auch wenn ein Tier im Zoo operiert werden muss, kommt ein Tierarzt. Viele arbeiten in Tierkliniken. Bevor jemand Tierarzt wird, studiert er an einer ➲ Universität Tiermedizin. Ein anderes Wort für Tierarzt ist Veterinär.

Tierschutz

Tim sieht einen Bericht über Tierschutz. Es wird berichtet, wie Kühe und Pferde ohne Wasser und Nahrung tagelang transportiert werden. In Tierversuchen testet man Medikamente und Kosmetik an Tieren. Viele Heimtiere werden nicht so gehalten, dass sie sich wohlfühlen, und manchmal sogar gequält. Tim kann das Hinsehen kaum ertragen, denn er weiß, dass Tiere ➔ Schmerzen fühlen. Er ist froh, dass sich Tierschutzvereine und Naturschutzorganisationen für die Verbesserung des Tier- und Artenschutzes einsetzen. Und es gibt ➔ Gesetze, die zum Beispiel das Quälen von Tieren verbieten.

Tiger

Im Zoo steht Anke vor dem Tigergehege. Sie sieht die großen Reißzähne und scharfen Krallen der Raubkatze. In Freiheit leben die meisten Tiger in den Dschungeln des südlichen und östlichen ➔ Asiens. Der Sibirische Tiger dagegen mag Kälte. Er ist mit 2,80 Meter Länge die größte ➔ Katze. Tiger leben als Einzelgänger. Tagsüber ruhen sie, nachts schleichen sie sich an ihre Beute an. Ihr gestreiftes Fell ist dabei eine gute Tarnung. Tiger sind fast ausgerottet und stehen unter Schutz.

Tintenfisch

Als Jakob im Fernsehen einen Tintenfisch sieht, staunt er: „Der sieht nicht aus wie ein ➔ Fisch.“ Tintenfische sind auch keine Fische, sondern Weichtiere. Wegen der Fangarme am Kopf heißen sie auch Kopffüßer. An den Fangarmen sitzen Saugnäpfe. Damit saugen sie Beute an und führen sie mit den Fangarmen ins Maul. Sie fressen ➔ Krebse, ➔ Muscheln und Fische. Tintenfische stoßen ruckartig Wasser aus. So kommen sie voran. Den Namen haben sie, weil sie bei Gefahr eine tintenähnliche Flüssigkeit verspritzen, damit die Feinde sie nicht mehr sehen.

Tischtennis

„Komm, wir spielen Tischtennis“, sagt Lena zu Daniel. Dazu brauchen sie eine Tischtennisplatte, zwei oder vier Spieler, kleine Schläger und natürlich einen Tischtennisball. Quer über die Platte wird ein Netz gespannt. Lena schlägt auf ihrer Seite den leichten Zelluloidball so auf, dass er über das Netz fliegt. Auch bei Daniel muss der Ball aufspringen, bevor er ihn zurückschlägt.

Toilette

„Wo ist das Klo?“, fragt Jakob den Kellner in der Gaststätte. Der Mann antwortet: „Dort entlang.“ Hier gibt es eine Toilette für Frauen und eine für Männer. Jakob steht vor der Kabine. Da drinnen sind die Kloschüssel, die Wasserspülung, die Klobürste und das Klopapier. Leider ist die Kabine besetzt. Jakob muss warten. In der Toilette für Männer gibt es auch ein Pinkelbecken. Andere Wörter für das Klo sind WC, Klosett, Lokus oder Örtchen. Was dort runtergespült wird, fließt durch die ➲ Kanalisation zur ➲ Kläranlage.

tolerant

„Sie ist tolerant“, sagt Jakobs Papa von einer Kollegin. Jakob fragt: „Was heißt das denn?“ Papa antwortet: „Sie lässt die Meinung anderer und deren Verhalten gelten, nicht nur die eigene Meinung und das eigene Verhalten.“ Es fällt nicht immer leicht, tolerant zu sein. Man kann oft kaum einsehen, dass andere anders denken als man selbst. Manche Menschen sind das Gegenteil von tolerant, nämlich intolerant.

Tollwut

Lena liest in der Zeitung, dass jemand in einer Höhle von einer Fledermaus gebissen wurde. Er musste ganz schnell zum Arzt, um sich gegen Tollwut impfen zu lassen. Diese Krankheit ist für Tiere und Menschen lebensgefährlich. Auch ➲ Füchse oder ➲ Hunde können sie übertragen. Man sieht den Tieren nicht an, dass sie krank sind. Oft wirken sie sogar besonders zahm. Bei uns ist die Krankheit selten geworden.

Tomate

Im Laden von Aksoys werden verschiedene Tomatensorten angeboten. Ibos Mutter macht leckeren ➲ Salat, Soßen und Suppe aus Tomaten (Paradeiser). In Fabriken werden Tomatenmark und Ketchup daraus hergestellt. Reife Tomaten enthalten viele ➲ Vitamine. Oma Bode bindet die Tomatenpflanzen im Garten an Stöcken fest. Die Pflanzen haben gelbe Blüten. Essen kann man nur die ➲ Früchte. Die anderen Pflanzenteile sind giftig. Ursprünglich kamen die Tomaten aus Südamerika.

Ton

Ankes Mutter hört Flötenmusik. Sie sagt: „Solche Töne gefallen mir.“ Sie mag also den in gleichmäßigen Schwingungen verlaufenden Schall der ➲ Musik. Die Tonhöhe hängt von der Anzahl der Schwingungen pro Sekunde ab. Je höher die Anzahl, desto höher ist der Ton. Manche Töne sind so hoch, dass wir sie nicht hören können. Einige Tiere hören auch solche Töne noch. – Von einem Bild sagt Ankes Papa: „Den hellen Farbton mag ich.“ – Welchen Ton kann man formen?

Das Material, das man zum Töpfern braucht.

Tradition

„Ich esse an Weihnachten Gänsebraten“, erzählt Oma. „Das ist eine Familientradition. So haben das schon meine Eltern gemacht.“ Daniel sagt: „Und wir machen es genauso.“ Zur Tradition wird etwas, wenn es von ➲ Generation zu Generation weitergegeben und beibehalten wird. Das können zum Beispiel Bräuche oder Gewohnheiten sein. So findet in vielen Städten traditionell ein Karnevalsumzug statt. Aber auch Traditionen ändern sich: Früher studierten traditionell fast nur Männer. Heute ist das anders.

Training

Seit einem Jahr ist Ibo im Fußballverein. Er geht regelmäßig zum Training. Angeleitet von einem Trainer machen die Jungen Übungen. Dadurch sollen die einzelnen Spieler und die Mannschaft besser Fußball spielen. Der Trainer ist ein Sportlehrer. Er muss viel über seinen ➲ Sport und die Sportler wissen. Ohne Training kann man in keiner Sportart etwas erreichen. Ibo findet das Training anstrengend. Im Moment trainieren sie besonders hart. Ibos Mannschaft will nämlich bei einem Turnier mitspielen.

Traktor

„Da hinten fährt ein Trecker“, sagt Lena und zeigt zu einem Traktor. Dieser Schlepper hat große Hinterräder und kleine Vorderräder. Der Landwirt sitzt auf dem Traktor und steuert das Fahrzeug. Traktoren brauchen einen starken ➲ Motor. Sie ziehen landwirtschaftliche Geräte, zum Beispiel Pflüge, Eggen, Mähmaschinen und Heuwender. Papa erzählt: „Früher nahm man für solche Arbeiten Pferde und Rinder. Mit dem Traktor geht es viel schneller und leichter.“

Trampolin

In der Sporthalle sehen Lena und Daniel den Trampolinturnern zu. Das Trampolin besteht aus einem Metallrahmen, an dem ein elastisches Sprungtuch befestigt ist. Lena und Daniel probieren das Gerät aus. Daniel ruft: „Das ist toll! Damit kann man viel höher springen als vom Boden aus.“ Geübte Turner schaffen bis zu neun Meter. Ein Wettkampf der Trampolinturner besteht aus zehn verschiedenen Sprüngen. Auch ➲ Artisten benutzen das Gerät. Manche Kinder haben ein Trampolin im Garten.

Träne

Jakob ist ein kleines Insekt ins ➲ Auge geflogen. Es tränt. So spült das Auge den Fremdkörper weg. Die leicht salzige Tränenflüssigkeit wird von den Tränendrüsen abgesondert. Sie liegen im oberen Teil des Augenwinkels unterm Lid. Der Augapfel braucht ständig Tränenflüssigkeit, damit er feucht bleibt. Wenn Jakob ➲ traurig ist oder wenn ihm etwas wehtut, weint er. Dann produzieren die Tränendrüsen so viel Flüssigkeit, dass sie über die Wangen fließt.

Transformator

Am Transformatorenhäuschen ist ein Schild: „Vorsicht, Hochspannung! Lebensgefahr!“ So ein Transformator formt den ➔ Strom, der aus Kraftwerken kommt, von hoher Spannung in eine viel niedrigere um. Den Strom benutzt man dann im Haushalt. Seine Spannung beträgt 220 Volt. Auch für seine Modelleisenbahn braucht Tim einen Trafo. Er transformiert die Spannung in eine noch niedrigere, ungefährliche.

Traum

Lena erzählt beim Frühstück: „Ich habe schlecht geträumt. In meinem Traum wollte ich zu Papa. Plötzlich war ich in einer fremden Straße. Ich hab mich total verirrt. Und es gab niemanden, den ich nach dem Weg fragen konnte.“ Alle Menschen und viele Tiere haben Träume. Das sind Vorstellungen und Bilder, die man im Schlaf erlebt. Sie entstehen, weil das ➔ Gehirn auch im Schlaf arbeitet. Ein Traum kann eine Reaktion auf ein Erlebnis sein, das man tagsüber hatte. Oft erinnert man sich morgens nicht mehr an den Traum. – Ankes Wunschtraum ist ein Pferd. Davon kann sie aber nur träumen.

traurig

Ein Freund von Tim hat Geburtstag. Aber Tim ist nicht zu der Feier eingeladen. Darüber ist er ziemlich traurig. Dieses Gefühl tut ihm weh. Den ➔ Schmerz spürt er aber nicht wie eine Wunde am Körper. Er tut in ihm weh. So etwas nennt man einen seelischen Schmerz. Am liebsten würde Tim weinen. Später erzählt er dann seiner Mutter davon. Sie versucht, ihn zu ➔ trösten. Danach ist Tim schon nicht mehr ganz so traurig. – Ein Nachbar trägt Trauerkleidung. Er trauert um seine Frau, die gestorben ist.

Treibhaus

Ibo und sein Vater sind in einer ➔ Gärtnerei. Dort geht Ibo in ein Treibhaus. „Ist das warm!“, sagt er. In Treibhäusern kann man auch in der kalten Jahreszeit ➔ Gemüse und ➔ Blumen ziehen. Die Pflanzen hier brauchen außer Wärme viel Wasser. Wenn der Frost vorbei ist, werden sie verkauft und ins Freie gepflanzt. Die Wärme im Treibhaus erzeugt man durch Heizungen. Außerdem dringt Sonnenlicht durch das Glasdach und die Glaswände. In Oma Bodes ➔ Garten steht ein kleines unbeheiztes Gewächshaus.

unbeheiztes Gewächshaus

Tresor

Anke und ihre Mutter sehen einen spannenden Krimi. Gerade will ein Einbrecher bei einem Juwelier Schmuck stehlen. Die ➔ Edelsteine liegen in einem Stahlschrank. Doch der Dieb kann den Tresor nicht öffnen. Auch ➔ Banken verwahren wertvolle Gegenstände und ➔ Geld in großen Stahlkammern. Sogar ein Feuer schadet dem Tresorinhalt nicht. Geschickte Einbrecher schaffen es manchmal, mit technischen Geräten einen Tresor zu öffnen. Dazu sagt man: „Sie haben ihn geknackt.“

Trichter
Jakob will Saft aus seinem Becher in eine Flasche füllen. Dabei schüttet er erst einmal einiges daneben. Deswegen schlägt seine Mutter vor: „Nimm doch einen Trichter." Dieses Gefäß ist oben weit. Nach unten wird es enger und geht dann in ein kleines Rohr über. Jakob setzt den Trichter auf die Flasche und schüttet den Saft hinein. Jetzt fließt keine ➲ Flüssigkeit mehr daneben. Auch Pulver und fein gekörnte Stoffe kann man durch einen Trichter schütten.

Trinkgeld
Familie Bode hat in der ➲ Gaststätte gegessen. Jetzt bekommen sie die Rechnung. Herr Bode gibt dem Kellner etwas mehr Geld, als auf der Rechnung steht. Der kleine Mehrbetrag ist das Trinkgeld. Mit dieser Sitte bedankt man sich beim Kellner für die gute und freundliche Bedienung. Auch ➲ Friseure, Kuriere und Taxifahrer bekommen so einen kleinen Geldbetrag extra, wenn man mit ihrer Arbeit zufrieden ist.

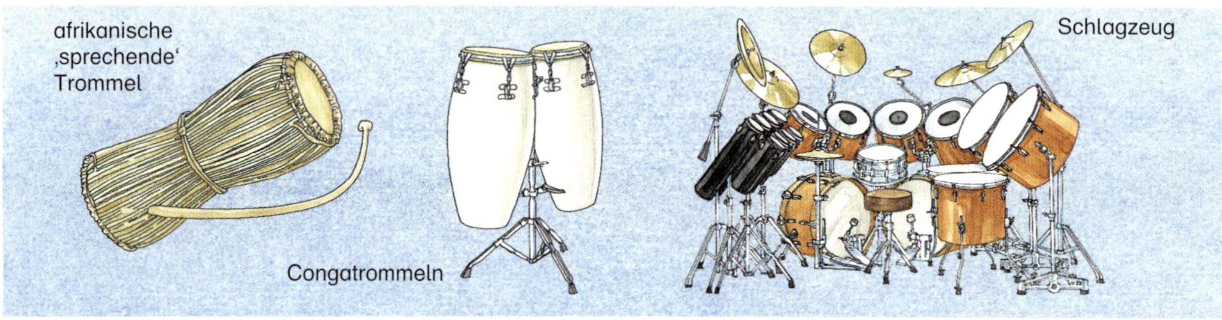

Trommel
Jakob hat von seinem Papa eine kleine Trommel geschenkt bekommen. Oben und unten ist sie mit Tierhaut bespannt, dem Trommelfell. Dazwischen ist sie hohl. Mit den beiden Trommelstöcken schlägt Jakob auf das Fell. Dumpfe Töne sind zu hören. Danach trommelt Jakob mit beiden Händen. Den Ton kann man dadurch verändern, dass man das Trommelfell mehr oder weniger spannt. Trommeln gehören zu den ältesten ➲ Musikinstrumenten. Mit ihnen werden Musikstücke rhythmisch untermalt.

Trompete
Wenn Ibo in eine Trompete bläst, kommt kein Ton heraus. Aber sein Onkel hat das Trompetespielen gelernt. Er wölbt die Lippen etwas nach innen und setzt die Trompete an. Dann bläst er die Luft auf eine bestimmte Art ins Mundstück. So entsteht ein heller Ton. Mit den ➲ Ventilen verändert man die Tonhöhe. Dieses Blechblasinstrument wird oft in ➲ Orchestern oder Blaskapellen gespielt.

trösten

Daniel hat eine Fünf in Mathe geschrieben. Er ärgert sich. Seine Mutter tröstet ihn. Sie sagt: „Vor der nächsten Arbeit üben wir. Dann bekommst du bestimmt keine Fünf mehr. Eigentlich kannst du doch gut rechnen." Daniel geht es besser. Er glaubt jetzt selbst, dass er bei der nächsten Mathearbeit weniger Fehler machen wird. – Als Mama ➲ traurig war, tröstete Papa sie. Er nahm sie in den Arm und ➲ streichelte sie.

Truthahn

„Weihnachten brate ich einen Truthahn", sagt Tims Mutter. Sie werden lange daran zu essen haben, denn der ➲ Vogel kann über fünfzehn Kilo schwer werden. Man nennt das Männchen auch Puter und die Henne Pute. Ursprünglich stammt dieser Hühnervogel aus den Wäldern ➲ Amerikas. Bei Gefahr oder wenn der Puter das Weibchen anlocken will, stellt er seine langen Schwanzfedern auf und der Hautsack an seinem Kopf wird dick und puterrot.

Tulpe

Oma Bode fragt Daniel: „Weißt du noch, wie wir im Herbst Tulpenzwiebeln eingepflanzt haben? Jetzt im Frühling wachsen daraus die Tulpen." Im ➲ Garten sieht Daniel Tulpen in vielen verschiedenen Farben und Formen. Weit über tausend Sorten dieser ➲ Blume gibt es. Besonders in den Niederlanden werden ständig neue gezüchtet. Die Tulpenblüten sehen wie Becher aus. Papageientulpen haben ausgefranste Blütenblätter. Außer Gartentulpen gibt es auch wild wachsende.

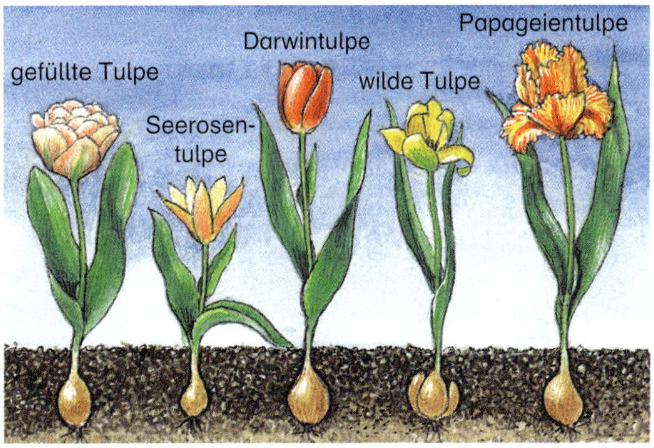

Tunnel

Die Hofers fahren in die ➲ Berge. Tims Mutter sagt: „Gleich kommen wir durch einen Tunnel (Tunell)." Dieses Loch im Berg kürzt die Strecke ab. Auch unter ➲ Flüssen baut man Tunnel. Beim Bau von Gebirgstunneln wird oft von beiden Seiten angefangen. Gestein wird weggesprengt und -gebohrt. Alles wird gut abgestützt, damit die Erde über dem Tunnel nicht einstürzt. Der Gotthard-Basistunnel in der Schweiz ist mit 57 Kilometern der längste Tunnel der Welt. Der 49 Kilometer lange Kanaltunnel verbindet Frankreich unter dem Meer mit England.

Turbine

Lena und ihre Mutter sehen sich ein altes Wasserrad an. Frau Bode sagt: „So ähnlich wie dieses Rad funktionieren Turbinen. Allerdings sind Turbinenschaufeln aus Stahl.“ Damit sich diese Kraftmaschine bewegt, muss ➔ Wasser, ➔ Gas oder ➔ Dampf mit sehr großem Druck auf die Schaufeln strömen. In Wasser- oder Wärmekraftwerken zum Beispiel treiben dann die rasend schnellen Bewegungen der Turbinen Generatoren an, die Strom erzeugen. Auch als Antrieb für ➔ Schiffe, Loks und ➔ Flugzeuge benutzt man Turbinen.

Turm

Jakob steht vor einem Kirchturm und staunt: „Ist der hoch!“ In der Altstadt gibt es einen Turm, der zu einer alten ➔ Burg gehört. Im Schwimmbad steht ein Sprungturm. Und der Fernsehturm überragt alle Gebäude der Stadt. Bei Türmen ist die Grundfläche im Verhältnis zur Höhe sehr klein. Alles muss genau berechnet sein, damit der Turm nicht umkippt. Der Fernsehturm in Tokio ist 634 Meter hoch.

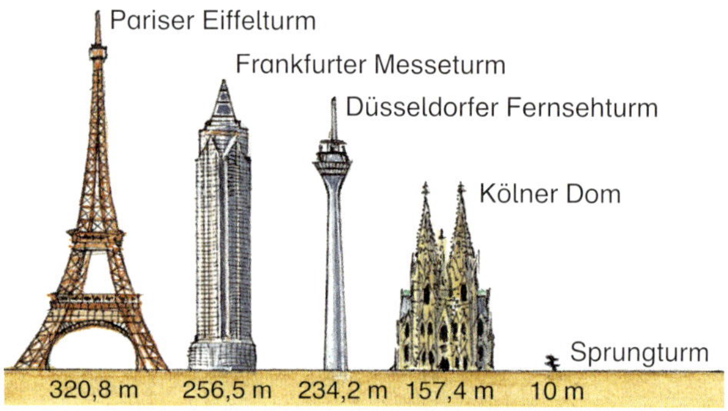

turnen

Die 3a hat Turnen in der Sporthalle. Dort sind einige Geräte aufgebaut. Die Kinder turnen am Barren, am Reck oder am Bock. Auch das Pferd, die Ringe, den Schwebebalken und die Kletterstange benutzen sie beim Geräteturnen. Für das Bodenturnen liegen Matten in der Halle. Zum Turnen gehört auch die ➔ Gymnastik. Lena turnt gerne und gut. Sie ist im Turnverein. Durch das Turnen soll der Körper kräftig und beweglich werden. Im Fernsehen sieht sich Lena gerne das Kunstturnen an. Bei solchen Turnwettkämpfen zeigen die Sportler, was sie können.

Tyrann

„Das Land wird von einem Tyrannen regiert“, hört Ibo bei einer Nachrichtensendung im Radio. Solche grausamen Alleinherrscher zwingen der Bevölkerung ihren Willen auf und unterdrücken sie. Wer sich gegen die Tyrannei wehrt, der bekommt die Macht des Tyrannen zu spüren. Er bestraft seine Gegner, wie er will. Seine Stärke nutzt er rücksichtslos aus. – Ibos Mutter sagt: „Unsere Nachbarin ist ein Haustyrann, immer muss alles nach ihrer Vorstellung laufen.“ Ihre Herrschsucht fällt wirklich auf.

U

Das U war lange kein eigener Buchstabe. Es wurde bei den Römern wie ein V geschrieben. Beim Sprechen unterschied man U und V durch den Zusammenhang, in dem sie standen. Erst im 17. Jahrhundert wurde das U ein richtig eigener Buchstabe. Wörter wie Unschuldsengel und Urwald beginnen damit. Welche noch?

U-Bahn

Anke und Daniel fahren mit der Rolltreppe zur U-Bahn-Station hinunter. Hier in der Innenstadt fährt die Untergrundbahn durch Tunnel unterirdisch von einer Station zur anderen. Fast lautlos rollt sie eben heran. ➔ Strom bekommt sie durch die Stromschienen. Mit der U-Bahn erreichen Anke und Daniel ihr Ziel ziemlich schnell. Sie wird durch den Verkehr oben auf den Straßen nicht aufgehalten. Und sie hält den Verkehr auch nicht auf. Als diese U-Bahn die Innenstadt hinter sich gelassen hat, fährt sie oberirdisch weiter. – Übrigens: Die erste U-Bahn verkehrte 1863 in London.

Überraschung

Tim ist unheimlich gespannt darauf, was für Geschenke er diesmal zu ➔ Weihnachten bekommen wird. Deswegen fragt er seine Eltern danach. Aber die verraten nicht, was sie ihm schenken wollen. Tims Mutter sagt: „Das soll doch eine Überraschung für dich werden. Wenn wir es dir jetzt sagen, ist es keine mehr." Nun ist Tims Spannung noch größer. Über solche überraschenden Geschenke freut er sich oft ganz besonders. Und darüber staunt er mehr als über ein erwartetes. – Lena hat sich sehr gefreut, als Tim neulich überraschend zum Spielen zu ihr kam. – Als Tim in der Küche heimlich von Mamas Pralinen nascht, steht sie plötzlich in der Tür und sagt: „Na, jetzt hab ich dich aber überrascht." Wenn man das Wort so gebraucht, heißt es ‚ertappen'.

Forschungstauchboot ‚Alvin'

U-Boot

In einem Film sieht Jakob Unterwasserboote. Sie müssen wasserdicht sein und starken Wasserdruck aushalten. Zum Tauchen lässt man Wasser in die Tauchkammern. So wird das Schiff schwer und sinkt. Angetrieben werden U-Boote durch Elektromotoren, Dieselmotoren oder Atomkraft. Zum Auftauchen wird das Wasser aus den Tauchkammern gepresst. Knapp unter der Oberfläche kann man ein Sehrohr (Periskop) ausfahren und die Umgebung beobachten. 1986 tauchte ein U-Boot in 3800 Meter Tiefe, um das ➲ Wrack der Titanic zu fotografieren.

Ufo

In einem spannenden Science-Fiction-Film kommen Ufos vor. Anke fragt: „Gibts die wirklich?" Papa antwortet: „Die gibt es nur in Filmen und Büchern und in der ➲ Fantasie einiger Menschen. Die behaupten, sie hätten Ufos gesehen. Aber beweisen kann das keiner." Ufo ist die Abkürzung der englischen Bezeichnung für ‚unbekanntes Flugobjekt'. Wegen ihrer Form nennt man sie auch ‚fliegende Untertassen'. Manche Menschen glauben, dass Außerirdische von anderen ➲ Planeten mit Ufos unterwegs sind.

Uhr

Bis vor Kurzem musste Jakob fragen: „Wie spät ist es?" Jetzt hat er eine eigene Armbanduhr. Und er hat gelernt, die Uhrzeit vom Zifferblatt und den Zeigern abzulesen. Der große Zeiger zeigt die Minuten an, der kleine Zeiger die Stunden. Früher musste man bei Armbanduhren die ➲ Feder aufziehen, die sie antrieb. Heute sind die meisten Uhren Quarzuhren. Ihren Gang steuert ein winziger Quarzkristall, den eine ➲ Batterie elektrisch zum Schwingen bringt. Digitaluhren sind Quarzuhren, die die Uhrzeit in Ziffern anzeigen. – Wenn Jakobs Uhr mal kaputtgeht, wird sie vom Uhrmacher repariert. – Die ersten tragbaren Uhren baute Ende des 15. Jahrhunderts Peter Henlein. Schon lange davor gab es Sonnen-, Sand- und Wasseruhren. Die Sanduhr ist ein Glasgefäß aus zwei Teilen. Der Sand rieselt durch eine schmale Öffnung vom oberen Teil in den unteren. Dazu braucht er eine bestimmte Zeit. Die Bodes benutzen so eine Uhr als Eieruhr. Am genauesten sind Atomuhren. Sie gehen in drei Millionen Jahren nur etwa eine Sekunde falsch.

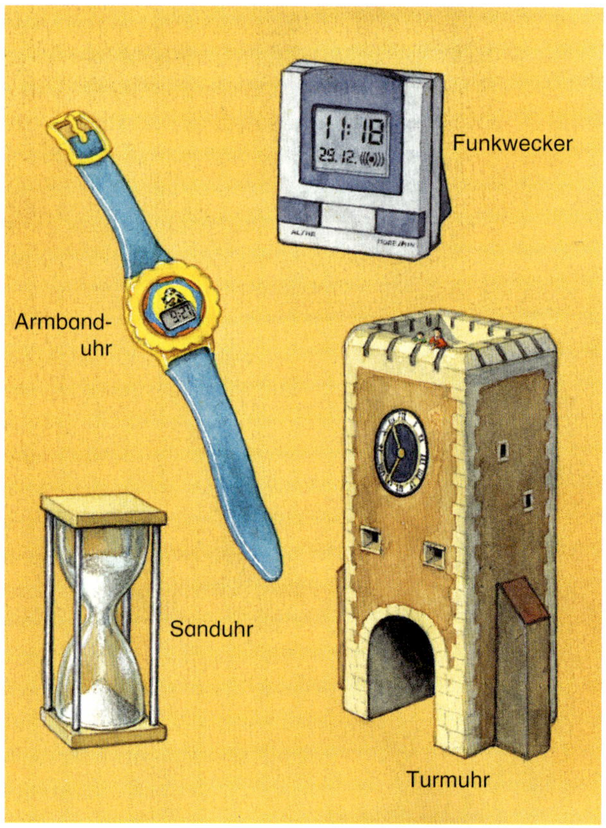

Umweltschutz

Hier stinkt es, denkt Ibo. Er steht an einer Straße. Abgase und Ruß aus ➔ Autos, ➔ Fabriken und Haushalten verpesten die Atemluft. Dadurch entsteht der „saure Regen“, der Mitschuld am Waldsterben hat. Abfälle landen in der Landschaft und verseuchen Böden und Grundwasser. Giftige Abwässer aus Fabriken und Landwirtschaft leitet man in Flüsse. – ➔ Luft, Boden und ➔ Wasser gehören zur Umwelt aller Lebewesen. Wir brauchen und zerstören sie. Umweltorganisationen wie Greenpeace und BUND wollen das verhindern, aber auch jeder einzelne kann beim Umweltschutz helfen. Man sollte ➔ Energie sparen und überflüssige Verpackungen vermeiden. Abfälle sollte man sortieren, damit ➔ Rohstoffe wie ➔ Glas, ➔ Papier und ➔ Metall wiederverwendet werden können. – Durch Umweltkatastrophen sterben Menschen und Tiere. Landschaften werden zerstört. Die Katastrophen entstehen zum Beispiel durch kaputte ➔ Atomkraftwerke und Öltanker.

Umzug

(Übersiedlung) „Ich bekomme neue Nachbarn“, sagt Oma. Vor dem Nachbarhaus steht ein Möbelwagen. Daniel freut sich, dass ein Junge mit einzieht. Und ihm fällt ein, wie das war, als seine Familie in die Meyerstraße gezogen ist. Zuerst wurden Bücher, Bilder, das Spielzeug, Geschirr und die anderen Haushaltssachen in Umzugskartons gepackt. Dann nahm Herr Bode Lampen und Gardinen ab. Die Möbelpacker einer Umzugsfirma transportierten die Kartons und Möbel mit einem Möbelwagen aus der alten Wohnung in die neue. Dort wurde eingeräumt. War das ein ➔ Chaos! Am Anfang hatte Daniel keine Freunde. Aber bald spielte er mit den Nachbarskindern. Jetzt sind sie seine Freunde. Daniel will gleich mal rübergehen. Vielleicht hat der neue Junge Lust zum Spielen. – Mehr Spaß als so ein Umzug macht ein Karnevalsumzug.

Unfall

Mitten auf der Kreuzung sieht Ibo zwei verbeulte Autos. Auch ein Polizeiwagen und ein Rettungswagen stehen da. Eine Frau sagt: „Die Autos sind zusammengestoßen. Der eine Fahrer ist verletzt worden.“ Der Notarzt und ein Sanitäter leisten dem Verletzten ➔ Erste Hilfe und bringen ihn ins ➔ Krankenhaus. Die Frau meldet sich als Zeugin bei den Polizisten. Sie hat gesehen, wie es zu dem Autounfall kam. Ibo hatte mal einen Fahrradunfall. Er ist van einem Auto angefahren worden. Passiert ist ihm zum Glück nichts. Deswegen wurde keine ➔ Polizei geholt. Den Schaden an seinem Fahrrad hat die ➔ Versicherung des Autofahrers bezahlt. Auch bei der ➔ Arbeit, zu Hause und beim ➔ Sport passieren Unfälle. Leider gehen nicht alle so glimpflich aus wie der von Ibo.

Universität

Lena und ihre Mutter kommen an einem großen Gebäude vorbei. Frau Bode sagt: „Das ist die Universität. Hier hat Papa studiert." Bevor man studieren darf, muss man das → Abitur gemacht haben. Ein Universitätsstudium braucht man für viele → Berufe. → Ärzte, Richter, → Lehrer, Apotheker, Chemiker, Physiker, → Pfarrer und Mathematiker zum Beispiel müssen einige Jahre studieren. Die Lehrer an Universitäten nennt man Professoren und Dozenten. Beim Unterrichten und Forschen helfen ihnen Assistenten und wissenschaftliche Hilfskräfte. Ein anderer Name für Universität oder Uni ist Hochschule.

Unkraut

Oma Bode sieht Unkraut zwischen den Radieschen im → Garten. Jakob und sie ziehen es heraus. Man sagt dazu ‚Unkraut jäten'. Das tun sie, weil das Unkraut den Nutzpflanzen die Nahrung, den Platz und das Licht wegnimmt. Unkraut nennt man Pflanzen, die dort wachsen, wo die Menschen sie nicht haben wollen. Auch der → Löwenzahn im Rasen ist ein Unkraut. Unkraut vermehrt sich schnell. In der Landwirtschaft wird es meist mit chemischen Mitteln vernichtet. Das kann dem Boden und dem Grundwasser schaden. Deswegen bekämpfen manche Bauern Unkraut nur mit natürlichen Mitteln.

Urkunde

Beim Fußballturnier wird die Mannschaft der Klasse 3b Zweiter. Dafür bekommt sie eine Urkunde. Auf dem Blatt Papier steht, welchen Platz sie belegt hat. Der Lehrer sagt: „Die Urkunde hängen wir in der Klasse auf. Sie erinnert uns an den Erfolg beim Turnier." Auf Tims Geburtsurkunde steht, wann und wo er geboren wurde und wie er und seine Eltern heißen. Erst mit → Stempel und Unterschrift sind Urkunden gültig. Wer etwas an einer Urkunde verändert, begeht Urkundenfälschung. Das kann bestraft werden. Im → Museum sind alte Urkunden ausgestellt.

Urwald

Ibo sieht im Fernsehen einen Film über die Regenwälder im Amazonasgebiet in Südamerika und die Waldgebiete in Russland. Das sind die größten Urwälder, die es noch gibt. Urwälder werden durch Menschen nicht verändert. Man fällt und pflanzt zum Beispiel keine Bäume. Im Regenwald bilden die höchsten → Bäume das oberste Urwaldstockwerk. Darunter wachsen mehrere Stockwerke kleinerer Bäume und anderer → Pflanzen. In den tropischen Regenwäldern regnet es fast täglich und es ist heiß. Das feuchtwarme Klima lässt die Pflanzen schnell wachsen. Auch viele → Tiere leben in den manchmal undurchdringlichen Wäldern. Obwohl Regenwälder für das → Klima auf der ganzen Erde wichtig sind, holzt man sie ab. Umweltschutzorganisationen kämpfen für deren Erhalt. In Europa gibt es nur noch in Nationalparks urwaldähnliche Gebiete. – Dichte, sumpfige Buschwälder heißen auch Dschungel.

V

Das V stammt vielleicht von einem Zeichen, das ‚Haken' bedeutete. Vor 3000 Jahren ähnelte es dem Y. Vor 2800 Jahren schrieb man es wie heute, aber auch die Y-Form gab es noch, bis sich die heutige Form ganz durchsetzte. Heute braucht man sie für Wörter wie Veilchen, Vogelscheuche und Vagabund. Und für welche noch?

Vampir

Tim sieht einen alten Vampirfilm. Der schwarz gekleidete Vampir ist totenbleich. Er hat lange, spitze Eckzähne. Solche Horrorfiguren sollen die Geister von Toten sein. Man erzählt, dass sie nachts aus ihren Gräbern steigen. Dann beißen sie Menschen und saugen ihr Blut. Tim ist froh, dass es Vampire nur in Büchern und Filmen gibt. Der berühmteste ist Graf Dracula. – In Südamerika lebt eine Fledermausart, die man Vampir nennt. Mit ihren spitzen Zähnen ritzt diese ➲ Fledermaus schlafenden Menschen und Tieren die Haut an. Dann leckt sie ihr Blut.

Vanille

Lena bestellt drei Kugeln Vanilleeis im Eiscafé. Ihre Mutter streut oft Vanillezucker in einen Kuchenteig oder süßt Schlagsahne damit. Auch Vanillepudding mag Lena. Die Vanille gehört zu den Orchideenpflanzen und wird in tropischen Ländern angebaut. Die ➲ Früchte sind bis zu dreißig Zentimeter lang und schotenförmig. Aus den getrockneten Fruchtkapseln gewinnt man das Vanillegewürz.

Vegetarier
Eine Freundin von Ankes Mutter ist Vegetarierin. Sie isst also kein Fleisch und ernährt sich vor allem von Pflanzenkost. Sie erzählt: „Ich gehöre nicht zu den strengen Vegetariern, den Veganern. Die essen auch keine ➜ Eier, keinen ➜ Käse und trinken keine ➜ Milch.“ Viele Menschen essen vegetarisch, weil es ➜ gesund sein soll. Andere Vegetarier meinen, der Mensch habe kein Recht, Tiere einzusperren und zu töten.

Veilchen
Im März entdeckt Daniel am Bachufer blauviolette Blumen. Oma sagt: „Das sind Veilchen.“ Auch versteckt unter Büschen findet man sie jetzt. Sie duften stark. Im Mai und Juni wachsen in Heide- und Waldgebieten die helleren, nicht duftenden Hundsveilchen. – Auch ein blaues Auge nennt man Veilchen.

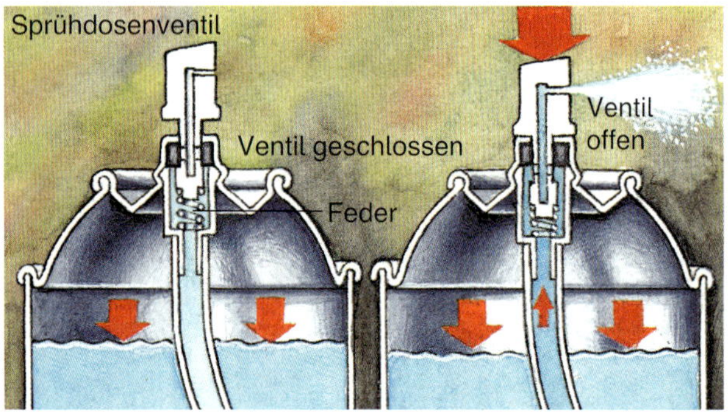

Ventil
Im Fahrradreifen ist wenig ➜ Luft. Ibo pumpt ihn auf. Ohne das Ventil würde die Luft sofort wieder herausströmen. Ist der Reifen zu hart, lässt Ibo mit dem Ventil Luft ab. Auch in Leitungen und Kesseln gibt es Ventile. Durch sie steuert man das Austreten von ➜ Gasen und ➜ Flüssigkeiten. Das meistbenutzte Ventil ist der Wasserhahn. Sicherheitsventile öffnen sich automatisch, wenn der Druck zu groß wird.

Ventilator
Lena macht Hausaufgaben. Weil ihr zu heiß ist, steckt sie den Stecker des Ventilators in die Steckdose. Dann stellt sie das Gerät an. Der ➜ Motor treibt den Propeller immer schneller an. Die Flügel sehen aus wie ein rasendes Rad. Durch die schnelle Drehung der Flügel entsteht ein kühler Luftstrom. Jakob sagt: „Das ist eine Windmaschine.“ In warmen Ländern wird die Zimmerluft oft mit Deckenventilatoren gekühlt.

Verbrechen
Im Radio hört Tim, dass jemand ermordet wurde. Der Täter muss für sein Verbrechen mit einer sehr langen Gefängnisstrafe rechnen. Verbrechen nennt man schwere Straftaten wie zum Beispiel Mord, Körperverletzung, Brandstiftung, Entführung oder Raub. Leichtere Straftaten heißen Vergehen. In ➜ Gesetzen ist festgelegt, was ein Verbrechen ist und wie es bestraft wird. ➜ Gerichte versuchen herauszufinden, warum und wie es zu einer Tat kam. Manche Verbrechen sind lange geplant. Es kommt aber auch vor, dass jemand in Notwehr handelt. So nennt man es, wenn jemand einem anderen Schaden zufügt, um sich selbst oder andere Menschen zu schützen.

Verdauung

Anke, ihre Mutter und Felix essen zu Mittag. Anke kaut an einem Stück Kohlrabi. Mit dem Kauen beginnt die Verdauung des Essens. Im Mund wird es zerkleinert und mit Speichel vermischt. Dann rutscht es durch die Speiseröhre in den ➔ Magen. Die Magensäfte machen einen Brei daraus, der in den ➔ Darm wandert. Dort werden die Nährstoffe vom Körper aufgenommen. Aber nicht alles, was wir essen, braucht der Körper. Unverdauliches und nicht Verwertbares kommt als Stuhlgang in die ➔ Toilette. Von fettem Fleisch sagt Ankes Mutter: „Das ist schwer verdaulich.“ – Vor Kurzem war Ankes Verdauung nicht in Ordnung. Sie hatte Durchfall. Ein Zeichen für schlechte Verdauung ist auch eine Verstopfung.

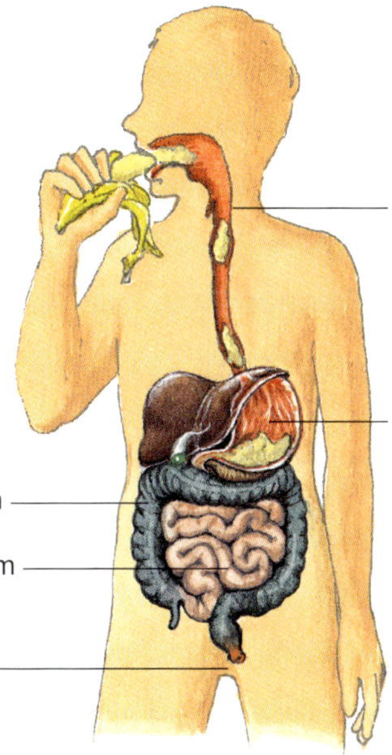

Verein

Ibo spielt gerne Fußball. Deswegen ist er im Fußballverein. In dieser Organisation gibt es viele, die gerne Fußball spielen. Ibo gehört zu einer Mannschaft und sie haben einen Trainer. Die Vereinsmitglieder bezahlen Beiträge. Dadurch hat der Verein zum Beispiel Geld für die Sportplätze und die Bälle. Vereine haben eine Satzung, also Vereinsregeln. Im Telefonbuch findet Ibo eine Menge Vereine. Da gibt es Musikvereine, einen Taubenzüchterverein, einen Verein der Theaterfreunde und einen Verein für Behinderte. Ibo würde sehr gerne einen ‚Verein gegen zu viele Hausaufgaben‘ gründen.

Vererbung

„Du siehst deiner Mutter ähnlich“, hört Anke oft. Das stimmt. Beide haben die gleiche Augen- und Haarfarbe. Bestimmte Merkmale werden von Eltern auf ➔ Kinder übertragen. Außer körperlichen Merkmalen vererbt man Eigenschaften, zum Beispiel bestimmte Talente oder Charaktereigenschaften. Festgelegt ist das durch die Erbanlagen, die ➔ Gene. Sie sind in den Chromosomen der Zellkerne enthalten. Zur einen Hälfte stammen die Erbanlagen von der Mutter, zur anderen vom Vater.

Verfassung

„Was die Regierung da plant, verstößt ganz klar gegen die Verfassung“, hört Tim in den Fernsehnachrichten. Eine Verfassung hat heute fast jeder ➔ Staat auf der Welt. Darin steht geschrieben, wie der Staat regiert wird und welche Rechte und Pflichten die Menschen im Staat haben. Die Verfassung der Bundesrepublik ➔ Deutschland heißt Grundgesetz. Es gilt seit 1949. An dieses wichtigste und oberste Gesetz muss sich auch die Regierung des Landes halten. In ➔ Österreich ist das Bundes-Verfassungsgesetz von 1920 gültig. Die ➔ Schweiz hat ihre Bundesverfassung seit 1874.

Vergangenheit

Ibos Mutter erzählt von früher. Sie sagt: „Das ist Vergangenheit.“ Sie meint also die Zeit vor der, die sie gerade erlebt und die ➔ Gegenwart heißt. Je nachdem, wie man etwas sagt, macht man deutlich, dass man von der Vergangenheit spricht, zum Beispiel mit dem Satz: „Ich habe gestern einen lustigen Kinofilm gesehen.“ Im Fach ➔ Geschichte lernt Ibos Schwester, wie die Menschen in der Vergangenheit lebten.

Verkehr

Auf dem Weg zur Schule sagt Lena zu Anke: „Mensch, ist das ein Verkehr." Ein ➜ Auto nach dem anderen fährt vorbei. Auch ➜ Motorräder, ➜ Fahrräder und ➜ Fußgänger sind auf den ➜ Straßen unterwegs. Lastwagen transportieren Waren, ➜ Busse und ➜ Straßenbahnen Menschen. Ohne Verkehrsregeln wäre der Verkehr chaotisch. ➜ Ampeln, ➜ Verkehrszeichen und Polizeibeamte sorgen dafür, dass möglichst wenig passiert. Auch auf Schienen, in der Luft und auf dem Wasser gibt es Verkehr. ➜ Eisenbahnen, ➜ U-Bahnen, ➜ Flugzeuge und ➜ Schiffe verkehren da. Seit der Erfindung des Autos nimmt der Verkehr immer mehr zu. Vorher war man mit Pferden und ➜ Kutschen unterwegs.

Verkehrszeichen

Lena ist mit dem Rad unterwegs. Ein Verkehrszeichen zeigt ihr, dass sie Vorfahrt hat. Verkehrszeichen regeln den Straßenverkehr. Sie warnen zum Beispiel vor einer Gefahr oder sie zeigen, wie schnell man fahren darf und wo man parken kann. Runde Verkehrsschilder sind Gebots- und Verbotsschilder. Warnschilder sind dreieckig. Auch ➜ Ampeln, Fahrbahnmarkierungen und die Zeichen von Polizeibeamten gelten als Verkehrszeichen. Als es noch wenig ➜ Verkehr gab, kam man mit ein paar Verkehrszeichen aus. Heute braucht man viele.

verlieren

Überall hat Tim seinen Geldbeutel gesucht. Jetzt seufzt er: „Ich habe ihn verloren. Er ist weg." Wenn man etwas findet, muss man es abgeben. Findet man einen Gegenstand zum Beispiel im Bus, kann man ihn beim Fahrer abgeben. Auch die Polizei und das ➜ Fundbüro nehmen Fundsachen entgegen. Wenn der Besitzer sich meldet, bekommt der Finder einen Finderlohn von ihm. Tim hat seinen Geldbeutel doch noch gefunden. Er lag hinterm Schreibtisch. – Beim Tischtennis hat Tim gegen Daniel verloren. Daniel hat nichts gefunden, sondern gewonnen.

Versicherung

Jeden Monat zahlt Ankes Mutter einen bestimmten Betrag an ihre Krankenversicherung. Der wird gleich vom ➲ Lohn abgezogen. Dafür bezahlt die Versicherung den Arzt und zum Teil die Medikamente, wenn Anke oder ihre Mutter krank wird. Eine Operation zum Beispiel kostet viel Geld. Die Versicherung kann das bezahlen. Sie bekommt von vielen Menschen Geld, die bei ihr versichert sind. Aber nur wenige brauchen so eine teure Operation. Außerdem bezahlt Ankes Mutter monatlich Arbeitslosenversicherung, Renten- und Pflegeversicherung. Wenn sie arbeitslos wird, in ➲ Rente geht oder gepflegt werden muss, bekommt sie dann von der Versicherung regelmäßig ➲ Geld. Autofahrer müssen eine Haftpflichtversicherung abschließen. Die bezahlt Schäden, die man jemandem zufügt. Es gibt noch viele andere Versicherungen, zum Beispiel Feuer- und Lebensversicherungen.

Versteigerung

Daniels Oma geht oft zu Versteigerungen. Man nennt so eine Versteigerung auch Auktion. Bei Versteigerungen werden vom Auktionator zum Beispiel wertvolle Bilder zum Verkauf angeboten. Auch alte Bücher, Möbel, Teppiche und Briefmarken versteigert man. Oma Bode erzählt: „Kürzlich hat jemand für eine alte Vase hundert Euro geboten. Ein anderer wollte hundertfünfzig dafür geben. Ein Dritter und Vierter steigerten die Summe weiter. Am Schluss bekam die Vase der, der am meisten geboten hatte. Das waren zweihundertfünfzig Euro.“ – Auch Fundsachen, die nicht abgeholt werden, werden versteigert.

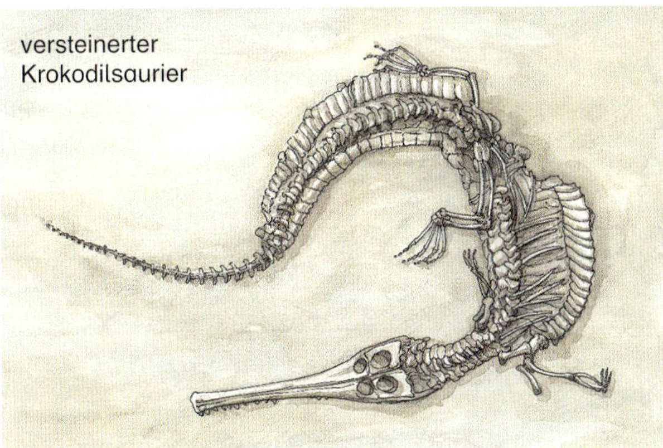

versteinerter Krokodilsaurier

Versteinerung

Tim ist mit seinen Eltern im Steinbruch. Dort finden sie die Versteinerung eines Urtiers, das ähnlich aussah wie ein Krokodil. Es lebte vor Millionen Jahren. Deutlich sieht man seine zu Stein gewordene Form. Auch Pflanzen können versteinern. Man nennt Versteinerungen auch Fossilien. Manchmal findet man nicht das versteinerte Tier oder die Pflanze, sondern einen Abdruck davon. An Versteinerungen erkennen Geologen, welche Pflanzen und Tiere es in einer bestimmten Zeit gab und wie sie lebten.

versuchen

Immer wieder hat Jakob versucht, seine Schnürsenkel selbst zu binden. Aber er hat es nicht geschafft und war sauer. Trotzdem hat er es weiter versucht. Und eines Tages hat es geklappt. Das war ein tolles Gefühl. – „Versucht mal meinen Kuchen“, sagt Papa. Jakob, Lena und Daniel sollen also ein Stück probieren. – ➲ Wissenschaftler machen Versuche (➲ Experimente), um etwas zu erforschen.

Vertrag

In den Nachrichten hört Tim, dass zwei Länder einen Friedensvertrag abschließen. Mit dieser schriftlichen Vereinbarung versprechen sie sich, ➲ Frieden zu halten. Tims Eltern haben einen Mietvertrag für die Wohnung. Darin steht, wie hoch die ➲ Miete ist und was der Mieter tun darf und tun muss. Auch alle Rechte und Pflichten des Vermieters werden dort geregelt. Unter dem Vertrag stehen die Namen der Leute, die ihn abschließen. Außerdem stehen da das ➲ Datum und der Ort des Vertragsabschlusses. Erst mit Unterschriften und Datum ist ein Vertrag gültig.

Verwandtschaft

Heute kommt die ganze Verwandtschaft. Lena sagt zu ihren Eltern: „Ihr beide seid nicht miteinander verwandt." Ihre Mutter sagt: „Aber wir sind mit dir verwandt. Miteinander verwandt ist man, wenn man die gleiche Abstammung hat." Da klingelt es. Lena begrüßt die Eltern ihrer Eltern, also ihre Großeltern. Leider ist schon ein Opa gestorben. Die Großeltern freuen sich, dass sie ihre Enkelkinder Lena, Jakob und Daniel sehen. Für Lenas Vater sind die Eltern seiner Frau seine Schwiegereltern. Oma Bode ist die Schwiegermutter von Lenas Mutter. Die Schwester und der Bruder von Lenas Vater kommen auch. Für diese Tante und den Onkel ist Lena die Nichte. Ihre Brüder sind die Neffen. Papas Schwester bringt ihre Tochter und ihren Sohn mit. Lena trifft also ihren Vetter (Cousin) und die Cousine. Herrn Bodes Schwester ist die Schwägerin von Lenas Mutter, sein Bruder ist ihr Schwager.

Virus

Tim hat ➔ Grippe, also eine ansteckende Viruserkrankung. Sie entsteht, wenn Viren in den ➔ Körper eindringen. Diese unsichtbaren Krankheitserreger sind selbst keine Lebewesen. Sie können sich nicht vermehren. Aber sie dringen in eine ➔ Zelle ein. Die verwandeln sie so, dass sie neue Viren herstellt. ➔ Mumps und ➔ Aids sind zum Beispiel Viruskrankheiten. Gegen viele solcher Krankheiten schützt eine ➔ Impfung. – Auch Programme, die ➔ Computer schädigen können, nennt man Viren.

Vitamin

In der Schule schniefen und husten fast alle. Deswegen isst Daniel täglich ➔ Orangen. Sie enthalten viel Vitamin C und das stärkt die Widerstandskraft gegen Erkältungen. Es gibt verschiedene Vitamine. Alle haben einen Buchstaben als Namen. Der Körper kann diese lebensnotwendigen Stoffe nicht selbst herstellen. Wir müssen sie mit der Nahrung aufnehmen, sonst werden wir krank. ➔ Gemüse, ➔ Salat und ➔ Obst sind vitaminreich. Auch andere Nahrungsmittel enthalten viele Vitamine, zum Beispiel ➔ Milch, ➔ Kartoffeln, Vollkornbrot, ➔ Fleisch und ➔ Eier. Die Bodes achten auf abwechslungsreiche Nahrung. So bekommen sie genug Vitamine.

Vogel

Im Garten sieht Jakob ➔ Amseln. Beim Spazierengehen hört er die schöne Stimme einer ➔ Lerche und das Krächzen einer ➔ Krähe. Es gibt winzige Vögel wie den ➔ Kolibri. Der ➔ Strauß wird bis zu 2,50 Meter groß. Die meisten Vögel können fliegen. Schwimmvögel wie die ➔ Enten und ➔ Schwäne fühlen sich im Wasser wohl. Es gibt mehrere Tausend Vogelarten. Sie haben viel gemeinsam. Vögel bekommen keine Jungen. Sie legen ➔ Eier und brüten sie aus. Statt eines Fells tragen sie ➔ Federn. Sie haben zwei Beine, Flügel und einen Schnabel. Trotz ihrer Flügel können der Strauß und der ➔ Pinguin nicht fliegen. Als Laufvogel rennt der Strauß aber sehr schnell. Und der Pinguin ist ein guter Taucher. Zugvögel wie der ➔ Storch und die ➔ Schwalbe fliegen im Herbst in warme Länder.

Vorurteil

Ein Mädchen aus der 3a sagt: „Jungen sind wirklich nur doof.“ Anke meint dazu: „Ich finde Daniel, Tim und Ibo nicht doof. Sonst wären sie nicht meine Freunde.“ Was das Mädchen gesagt hat, war ein Vorurteil. So nennt man eine unfaire, unsachliche und feindselige Meinung. Solche Meinungen entstehen, wenn man nicht genug über das weiß, worüber man spricht. Man redet, ohne dass man vorher nachdenkt und sich informiert. Manchmal hört man zum Beispiel Vorurteile über Arbeitslose, etwa: „Die wollen nicht arbeiten.“ Kannst du dir vorstellen, wie sich dann ein Mensch fühlt, der ➔ arbeitslos ist?

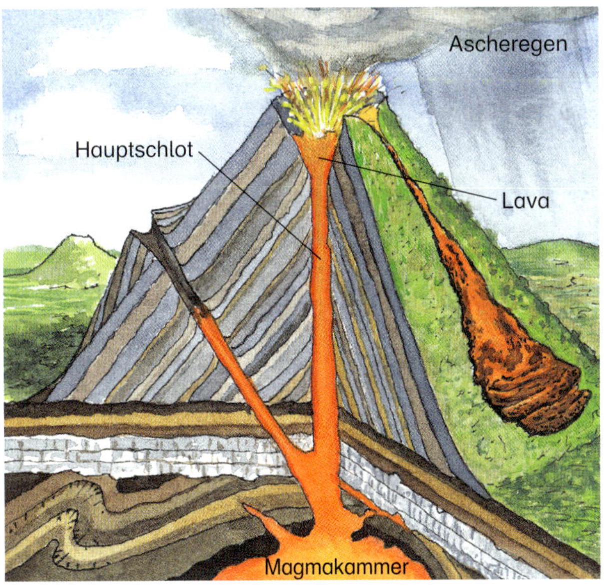

Vulkan

Im Fernsehen sieht Tim einen Film über Vulkane, also Feuer speiende ➔ Berge. Vulkane entstehen, weil es im Erdinneren gewaltige glühende Gesteinsmassen gibt, das Magma. Wenn das Magma durch die dünne Erdkruste austritt und sich auftürmt, entsteht ein kegelförmiger Berg: der Vulkan. Tim sieht, wie eine rote, glühende Masse herausquillt, die Lava. Sie kommt aus dem Erdinneren durch den Schlot des Vulkans nach oben. Asche wirbelt herum. Glühend heiß fließt der Lavastrom den Berg hinunter. Die Menschen im ➔ Tal fliehen. Irgendwann ist der Ausbruch zu Ende und die Lava erstarrt. Niemand weiß, wann der nächste Ausbruch kommt. Der Ätna in Italien zum Beispiel speit immer wieder Feuer. Andere Vulkane sind erloschen.

W

In frühen Alphabeten fehlte das W. Die Normannen in Frankreich überlegten, wie sie den Laut schreiben sollten, und verdoppelten einfach ihr U. Im Englischen heißt das W übrigens heute noch double-u, also ‚doppeltes U'. Mit W beginnen Wörter wie Wackelpudding und Wimperntusche. Findest du andere W-Wörter im Bild?

Waage

Anke stellt sich auf die Personenwaage. Je stärker die Wiegefläche belastet wird, desto mehr Gewicht zeigt sie an. Vom Display liest Anke ihr Gewicht ab. Ihre Mutter wiegt einen Brief auf der Briefwaage. Die Marktfrau braucht ihre Waage zum Wiegen der Waren. Diese elektronische Waage zeigt das Gewicht und den Preis an. Früher benutzte man Balkenwaagen. An jedem Ende des Balkens ist eine Waagschale. In die eine kommt das, was man wiegen will, in die andere Gewichte. Sind die Schalen gleich schwer, halten sie das ➲ Gleichgewicht. Man zählt zusammen, wie viel die Gewichte wiegen, und weiß, wie schwer die Ware ist.

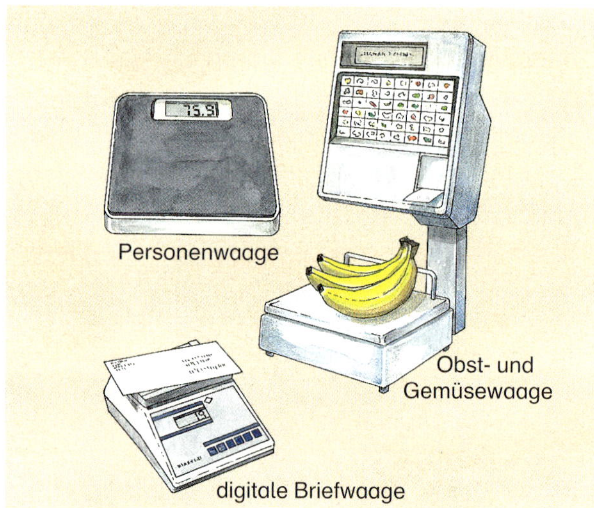

Wachs

Auf dem Markt kauft Tim eine gelbe Bienenwachskerze. Die möchte er seiner Mutter schenken. Sie riecht echtes Wachs nämlich sehr gerne. ➲ Bienen scheiden dieses Wachs aus ihren Wachsdrüsen aus. Damit bauen sie im Bienenstock die Waben. Der Imker nimmt das Wachs heraus. Dann wird es geschmolzen und geformt. Auch andere ➲ Insekten und einige ➲ Pflanzen produzieren Wachs, zum Beispiel die Lackschildlaus und das Zuckerrohr. Weil es nicht genug natürliches Wachs gibt, stellt man es auch künstlich her. Mit diesem Wachs wachst man zum Beispiel Skier oder Snowboards. Und man macht auch Kerzen daraus.

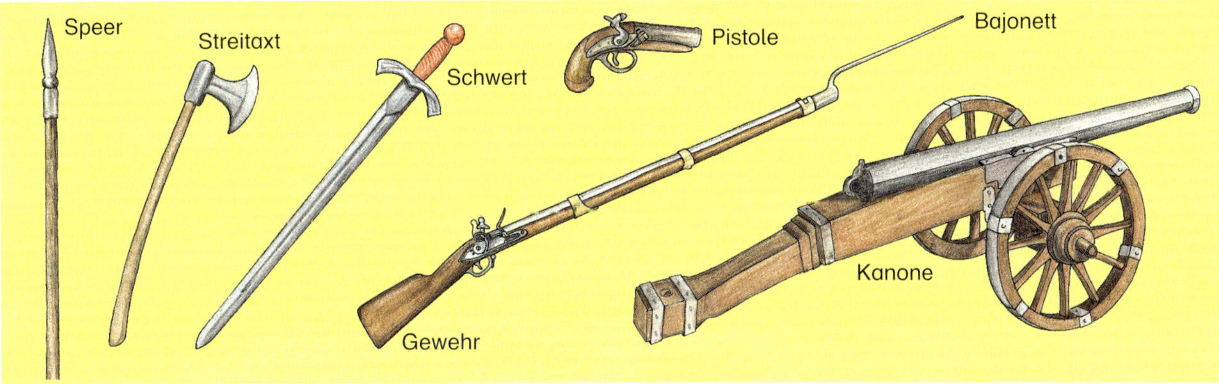

Waffe

Im Schaufenster eines Waffengeschäfts sieht Daniel Gewehre. Solche Waffen benutzen die Menschen zur Verteidigung und zum Angriff. Auch für die ➲ Jagd gibt es Waffen. Denn die Menschen sind nicht schnell und stark genug, um einen Hirsch oder ein Wildschwein mit den Händen zu erlegen. Wahrscheinlich war die erste Waffe ein ➲ Stein. Mit dem hat ein Urmensch geworfen und geschlagen. Auch Speere, Äxte, Keulen und Pfeil und Bogen gab es schon früh. Diese Waffen wurden aus Steinen, Knochen, Holz und Tiersehnen gemacht. Als man lernte ➲ Metall zu bearbeiten, wurden die Waffen noch gefährlicher. Vor Schwertern und Bajonetten schützte man sich mit Schilden, Helmen und Rüstungen. Später wurden die Schusswaffen erfunden. Man baute ➲ Kanonen, Gewehre und Pistolen. Je weiter die Menschen die ➲ Technik entwickelten, desto gefährlicher wurden die Waffen. Heute könnten Atombomben die ganze Menschheit vernichten.

Wahl

Die 3a wählt einen Klassensprecher. Zuerst nennen die Mädchen und Jungen Kinder, die sie sich als Klassensprecher wünschen. Das sind solche, die die Interessen der Klasse vertreten und für sie sprechen können. Wenn sie sich wählen lassen wollen, werden ihre Namen an die Tafel geschrieben. Dann wählt jeder einen der Vorgeschlagenen aus. Man schreibt den Namen auf einen Zettel und gibt ihn ab. Anke bekommt die meisten Stimmen. Sie wird Klassensprecherin. – Letzten Sonntag ist Ankes Mutter zur Bundestagswahl gegangen. Sie gab eine Stimme für eine ➲ Partei und eine für einen ➲ Abgeordneten ab. Auf dem Stimmzettel standen Frauen und Männer zur Auswahl, die sich als Volksvertreter wählen lassen wollten. Man kreuzt an, wen man wählen will. So eine Wahl ist geheim. Keiner erfährt also, wer wen gewählt hat. Mit dieser Wahl können die Menschen bestimmen, wer sie regieren soll. Wählen darf man in ➲ Deutschland und der ➲ Schweiz ab 18 Jahren und in ➲ Österreich, wenn man schon vor dem Wahljahr 18 Jahre alt geworden ist.

Waise

Lena sitzt in der Schule hinter Dennis. Er hat keine Eltern mehr. Sie sind bei einem schweren Autounfall gestorben. Kinder, die wie Dennis ohne Eltern leben, sind Waisen. Deshalb lebt Dennis in einem ➲ Kinderheim. Bis er mit achtzehn Jahren volljährig ist, hat er einen Vormund. Den bekommen Waisenkinder von einem ➲ Gericht. Dieser Erwachsene kümmert sich um Dennis und berät ihn. Viele Waisen leben auch in Kinderdorffamilien. Zu einer Familie im Kinderdorf gehören mehrere Kinder und ein Erwachsener, der für sie sorgt. Nachbarn von Bodes haben ein Waisenkind aus ➲ Afrika adoptiert. – Bei Halbwaisen lebt nur noch die Mutter oder der Vater.

Wal

Jakob sieht einen Tierfilm. „Ein Walfisch!", ruft er. Seine Mutter sagt: „Die Wale sehen nur aus wie ➲ Fische. Aber sie sind keine. Sie gehören zu den ➲ Säugetieren." Wale bringen nämlich lebende Junge zur Welt und säugen sie. Und sie atmen durch die Lunge. Nach dem Auftauchen spritzen sie mit der Atemluft Wasser durch ihre Spritzlöcher. Der Blauwal kann mehr als 30 Meter lang werden. Er ist das größte Tier der Erde und wiegt so viel wie 25 Elefanten. Auch die viel kleineren Tümmler und ➲ Delfine gehören zu den Walen. Manche Wale haben keine Zähne, sondern Barten. Mit diesen Fransen sieben sie ihre Nahrung aus dem Wasser, also zum Beispiel kleine Fische. Wale verständigen sich durch Töne. Die Tiere wurden schon immer gejagt, denn man kann fast alle Teile ihres Körpers verarbeiten. Früher war es schwierig, Wale zu erbeuten. Heute tötet man sie mit Panzergranaten. Viele Arten sind inzwischen fast ausgestorben und stehen unter Artenschutz.

Wald

Tim und seine Eltern gehen sehr oft im Wald spazieren. Seine Mutter sagt: „Das ist ein Mischwald. Hier wachsen Nadel- und Laubbäume." Laubwälder bestehen zum Beispiel aus ➲ Buchen und ➲ Eichen. In Nadelwäldern wachsen nur Nadelbäume, also zum Beispiel ➲ Tannen und ➲ Fichten. Am wenigsten anfällig gegen ➲ Schädlinge sind Mischwälder. Tim sieht ➲ Farne, ➲ Kräuter, Beeren, ➲ Moos, ➲ Pilze, ➲ Blumen und ➲ Sträucher im Wald. Hier finden viele Tiere Nahrung und Verstecke. Man hört die Vögel singen. Die Luft riecht frisch. Außerdem halten die ➲ Bäume die Luft feucht, weil die Blätter Wasser verdunsten. Wo Wälder abgeholzt werden, fegt der Wind über das Land. Die Wurzeln können den Boden nicht mehr festhalten, und er speichert kein Wasser mehr. Solche Gebiete werden zu ➲ Steppen oder ➲ Wüsten. Viele Wälder bei uns sind krank. Die Hauptursache dafür ist der saure Regen. Er entsteht vor allem durch Schadstoffe in der Luft.

Waschmaschine

Daniel und sein Vater sortieren die Wäsche. Die Buntwäsche legen sie in die Waschtrommel. Waschpulver kommt dazu. Dann stellen sie das Waschprogramm und die Temperatur ein. Wasser läuft in die ➲ Maschine, und die Trommel dreht sich in der Lauge aus Wasser und Waschpulver. Später wird die Lauge abgepumpt. Frisches Wasser spült die Wäsche. Das Schleudern trocknet sie vor. Daniels Vater erzählt: „Meine Oma hat noch mit der Hand gewaschen. So ein Waschtag war sehr anstrengend."

Wasser

Wenn Ibo ➲ Durst hat, trinkt er Wasser aus dem Wasserhahn. Die durchsichtige ➲ Flüssigkeit schmeckt und riecht nach nichts. Seine Mutter stellt einen Topf mit Wasser auf den Herd. Als es hundert Grad erreicht hat, ➲ kocht es. Unter null Grad Celsius gefriert die Wasseroberfläche auf Seen zu ➲ Eis. Eis ist leichter als Wasser, deswegen sinkt es nicht. Das Wasser unter der Eisdecke bleibt flüssig. So frieren die Fische nicht ein. Außer Wasserstoff enthält Wasser Sauerstoff. Ohne Wasser könnten Menschen, Tiere und Pflanzen nicht leben. Fast drei Viertel der Erdoberfläche sind mit Wasser bedeckt. Den höchsten Anteil daran hat das Salzwasser der ➲ Meere. Süßwasser nennt man das Wasser in ➲ Flüssen und ➲ Seen. Die Sonne sorgt für den Wasserkreislauf, der das ➲ Klima bestimmt. Die Sonnenstrahlen lassen das Wasser auf der Erde verdunsten. Als ➲ Dampf steigt es auf. Der Dampf verdichtet sich zu ➲ Wolken. Dann fällt das Wasser als ➲ Regen zur Erde zurück. Die Menschen brauchen viel Wasser. Man kann es aber nicht einfach aus den Seen und Flüssen in die Haushalte leiten. Dazu ist es zu schmutzig. Wasserwerke reinigen es vorher. – In vielen Ländern ist Wasser knapp. Und auch wir müssen sparsam damit umgehen. Man kann das zum Beispiel, wenn man die ➲ Waschmaschine vor dem Waschen ganz mit Wäsche füllt und nicht so lange duscht. – In Wasserkraftwerken wird Elektrizität erzeugt.

Wasserfall

Bei einer Bergwanderung in ➲ Österreich bestaunen Anke und ihr Vater einen Wasserfall. Hier fällt das ➲ Wasser eines Bachs viele Meter über eine steile Felswand. So überwindet es das Hindernis, bevor es unten weiterfließt. Papa sagt: „Manche Wasserfälle fallen über mehrere Stufen." Die bekanntesten Wasserfälle sind die Niagarafälle in ➲ Amerika. Wenn man neben ihnen steht, versteht man sein eigenes Wort nicht, so laut donnert das Wasser hinunter. Der höchste Wasserfall ist der Angelfall in Venezuela mit 978 Metern. Der Rheinfall bei Schaffhausen in der Schweiz ist 24 Meter hoch.

Watt

Die Bodes machen Urlaub an der Nordsee. Mama sagt: „Ich habe Lust auf eine Wattwanderung.“ Watt heißt der seichte Küstenstreifen, der bei ➔ Ebbe nicht überflutet ist. Eine Wanderung im Wattenmeer kann man also nur bei Ebbe unternehmen. Mit Gummistiefeln gehen die Bodes auf dem matschigen Meeresboden aus Sand und Schlick. Sie kommen an Prielen vorbei. Diese Rinnen sind auch bei Ebbe voll Wasser. Im Watt leben ➔ Krebse, ➔ Muscheln, ➔ Schnecken, Garnelen und Wasservögel. Um das Watt zu schützen, hat man es teilweise zum Nationalpark erklärt. Bevor die Flut kommt, müssen Bodes zurück sein. – Lena sagt: „Die Glühbirne hat 60 Watt.“ Jetzt meint sie mit Watt die Maßeinheit der elektrischen Leistung. Die ist nach James Watt benannt.

Watte

Tim hat sich in den Finger geschnitten. Sein Vater nimmt Watte und tupft damit das Blut ab. Die Watte saugt sich sofort voll. Dieses weiße Material aus weichen Fasern legt man auch auf wund gescheuerte Stellen. So werden sie nicht gedrückt. Verbandswatte besteht aus gereinigten und desinfizierten – also keimfreien – Fasern. – Tim kauft sich Zuckerwatte. Diese Süßigkeit aus Zucker sieht aus wie Watte.

weben

Rengins Freundin hat von ihrer Oma einen Webrahmen geschenkt bekommen. Auf den spannt sie Fäden in Längsrichtung: die Kettfäden. Dann nimmt sie eine Spule, das Schiffchen. Darauf ist ➔ Wolle gewickelt. Das Schiffchen mit der Wolle wird nun quer durch die Kettfäden gezogen. Der quer laufende Faden heißt Schuss. Dieses kreuzweise Verbinden von Längs- und Querfäden ist das Weben. So entstehen Gewebe. Für größere Stoffbahnen, zum Beispiel ➔ Teppiche, braucht man große Webstühle. Vor über 200 Jahren wurde der mechanische Webstuhl erfunden, der den Webern die Arbeit erleichterte.

Weide

Anke geht an einer Weide vorbei. ➔ Kühe grasen darauf. Ihnen schmecken die ➔ Gräser und ➔ Kräuter, die hier wachsen. Eine Weide im Gebirge heißt Alm. Koppeln sind eingezäunte Weiden. Manchmal stehen Weiden auf einer Weide. Diese anderen Weiden sind ➔ Bäume oder ➔ Sträucher mit Blütenkätzchen. Sie brauchen feuchten Boden und wachsen deswegen vor allem an Bächen und Flüssen. Die Zweige der Trauerweide hängen nach unten. Aus den biegsamen Zweigen der Korbweide werden Körbe geflochten.

Trauerweide Salweide

Weihnachten

Für Tim ist Weihnachten das schönste ➔ Fest im Jahr. Er freut sich lange darauf und er ist unheimlich gespannt, was er geschenkt bekommen wird. Außerdem darf er ab dem 1. Dezember bis Heiligabend jeden Tag ein Türchen am Adventskalender öffnen. Auf seinem Wunschzettel ganz oben steht ein Fahrrad. Er hat sich aber auch gut überlegt, was er selbst schenken will. In der Vorweihnachtszeit sucht er Geschenke aus, malt und bastelt. Seine Eltern und er kaufen den Weihnachtsbaum. Es duftet nach Gebäck. Die Eltern tragen geheimnisvolle Pakete nach Hause. Tim kann die Bescherung kaum erwarten. Endlich ist die Adventszeit zu Ende. Am Nachmittag des 24. Dezembers schmücken seine Eltern den Weihnachtsbaum. Wenn es dunkel wird, zünden sie die Kerzen am Baum an. Jetzt packen alle die Geschenke aus. Tim hat es wirklich bekommen, sein neues Fahrrad! Da stehen noch drei Pakete. Auch seine Eltern haben sich beschenkt. Und sie freuen sich über den Kalender von Tim. Nachher kommen Opa und Oma. Es wird gegessen und getrunken. Die Familie feiert zusammen. „Es ist richtig schön weihnachtlich“, denkt Tim. Als er aus dem Fenster sieht, geht da der Weihnachtsmann. Die Hofers feiern ohne ihn. Tim grinst und sagt: „Er hat sowieso zu viel zu tun.“ – Bei uns feiert man am 24. Dezember den Heiligen Abend. Am 25. Dezember ist das eigentliche Weihnachtsfest. Danach kommt am 26.12. der zweite Weihnachtstag. Die Christen feiern das Weihnachtsfest zur Erinnerung an die Geburt von Jesus Christus vor gut 2000 Jahren in Bethlehem. Viele Christen besuchen die Weihnachtsgottesdienste in den Kirchen.

Wein

Ankes Mutter kauft eine Flasche Weißwein beim Weinhändler. Auch Rotwein wird im Laden angeboten. Der Weinbauer (Winzer) stellt den Wein aus Trauben her. Für Rotwein verwendet er blaue oder rote Sorten, für Weißwein grüne. Erst müssen die Trauben an den sonnigen Hängen der Weinberge süß und reif werden. Dann erntet der Winzer sie vom Rebstock. Man nennt das ‚Weinlese'. Aus den Trauben wird Most gepresst. Hefe kommt hinein. Die Hefepilze verwandeln den → Zucker im Most dann zu → Alkohol. Diese Verwandlung heißt Gärung. Den jungen Wein lagert man in Fässern. Später wird er in Flaschen gefüllt. Die werden verkorkt und mit Etiketten beklebt.

Wellensittich

Daniel wünscht sich einen Wellensittich. Den → Käfig mit dem → Vogel will er in sein Zimmer stellen. Oma sagt: „Wünsch dir zwei! Wenn man sie einzeln hält, lernen manche zwar ein paar Wörter nachzusprechen. Aber sie fühlen sich dann sehr einsam." Ursprünglich kommen die Vögel aus → Australien. In den → Savannen leben große Schwärme dieser kleinen → Papageien. Ihre Köpfe sind gelb gefiedert und ihre Körper grün. Das Gefieder gezüchteter Wellensittiche ist blau, gelb, weiß oder grün.

Weltall

Am Himmel sieht man heute sehr viele → Sterne. Die Nacht ist sternenklar. Papa sagt: „Die Sterne sind unendlich weit von uns und voneinander entfernt." Unsere → Erde ist nur ein winziger Punkt im riesigen Weltall. Zum Weltall oder Universum gehören die → Sonne, die Erde, der → Mond, die → Planeten und alle anderen Himmelskörper unseres Sonnensystems. Dieses Sonnensystem ist eines von sehr vielen, die zusammen die → Milchstraße bilden. Sie besteht aus Milliarden Sternen. Und im Weltall gibt es wiederum Milliarden von Milchstraßen. Um Entfernungen im All anzugeben, spricht man von Lichtjahren. Das → Licht legt pro Sekunde eine Strecke von 300 000 Kilometern zurück. Wissenschaftler vermuten, dass das Weltall vor etwa 15 Milliarden Jahren durch den Urknall entstand. Bis dahin war alle Materie in einem Punkt vereinigt. Eine gewaltige Explosion schleuderte die Materie auseinander. Diese kühlte ab, daraus wurden Sterne, Planeten und Monde. Bis heute ist nur ein winziger Teil des Alls erforscht.

Werbung

In Ibos Schule soll ein Fest gefeiert werden. Die Kinder haben Plakate an die Wände gehängt. Darauf steht: „Kommt alle zum Schulfest. Es gibt tolle Spiele und jede Menge Überraschungen." Mit dem Plakat werben die Schüler für das Fest. Es soll die anderen aufmerksam machen und sie anlocken. – Firmen werben für die Waren, die sie anbieten. Sie wollen die Menschen dafür interessieren, weil sie möchten, dass die Ware gekauft wird. Geworben wird auf Plakaten, mit Anzeigen in ➲ Zeitschriften und ➲ Zeitungen, in ➲ Schaufenstern, auf ➲ Litfaßsäulen, im ➲ Kino, ➲ Fernsehen, ➲ Internet und ➲ Radio.

Werft

Anke und ihr Vater besichtigen zusammen eine Werft. Dort werden ➲ Schiffe gebaut. In großen Hallen fertigt man einzelne Schiffsbauteile an. Auf der Helling werden sie zum Schiffsrumpf zusammengesetzt und geschweißt. Die Helling ist ein zum Wasser geneigter Schiffsbauplatz. Beim Stapellauf lässt man den Schiffsrohbau über eine abschüssige Holzbahn ins Wasser rutschen. Am Ausrüstungskai bekommt das Schiff Maschinen, Geräte und Aufbauten. Auch zum Reparieren, Reinigen und Streichen kommen Schiffe zur Werft. Sie fahren in ein großes Wasserbecken, das Trockendock. Dann wird das Wasser abgepumpt. Nun liegt das Schiff auf dem Trockenen und man kann daran arbeiten. Es gibt auch Schwimmdocks. Die versenkt man, bis nur ihr Rand aus dem Wasser schaut. Das Schiff fährt durch eine Öffnung ins Dock. Wenn das Dock auftaucht, hebt es das Schiff mit in die Höhe. Das Wasser läuft ab. Im Trockenen wird dann am Schiff gearbeitet.

Werkstatt

„Weißt du, wo Papa ist?", fragt Tim. „In der Werkstatt", antwortet seine Mutter. Tim geht in den Keller. Dort hat sich sein Vater eine kleine Werkstatt eingerichtet. In dem Arbeitsraum bastelt und repariert er. Dabei hilft ihm Tim oft. Hier gibt es alle möglichen ➲ Werkzeuge und Materialien. Wenn Tims Vater etwas nicht selbst reparieren kann, geht er in die Werkstatt eines ➲ Handwerkers. Dort gibt es noch viel mehr Werkzeuge und viel größere ➲ Maschinen. In der ➲ Schreinerei braucht man zum Beispiel eine Hobelbank und eine Kreissäge. Auch Kraftfahrzeugmechaniker, Schuster, Installateure und andere Handwerker arbeiten in einer Werkstatt.

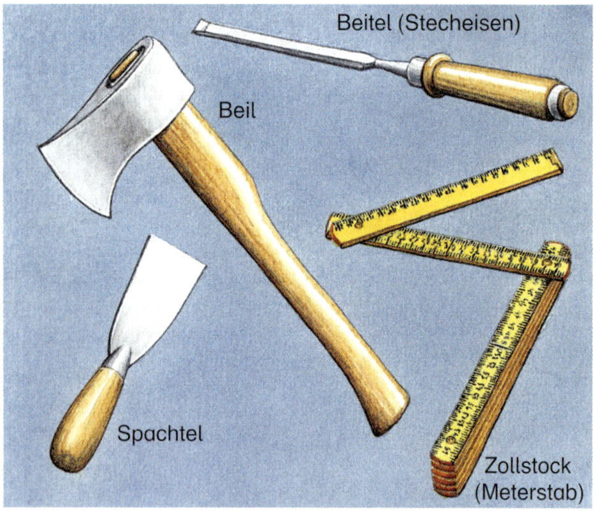

Werkzeug

Anke hat einen Werkzeugkasten. Ein ➔ Hammer gehört dazu, ein Handbohrer, eine ➔ Feile, ein Zollstock (Meterstab), eine kleine ➔ Säge, ein Schraubendreher, ein Schraubenschlüssel und eine ➔ Zange. Diese Werkzeuge braucht Anke zum Basteln. Will sie einen Nagel aus dem Holz ziehen, schafft sie das nicht mit den Fingern. Mit der Zange geht es ganz leicht. Ihre Mutter hat noch mehr Werkzeug, zum Beispiel eine Bohrmaschine, eine Stichsäge, einen Schraubstock und eine Wasserwaage. ➔ Handwerker brauchen verschiedene Werkzeuge, je nachdem, welche Arbeit sie ausführen. – Einfache Werkzeuge gab es schon in der ➔ Steinzeit.

Wespe

„Guck mal da, eine ➔ Biene!“, ruft Ibo. Rengin sagt: „Ne, das ist doch eine Wespe.“ Die beiden ➔ Insekten sehen sich ähnlich. Wespen sind aber schlanker und größer. Die meisten Wespenarten leben in Staaten. Das Baumaterial für ihre ➔ Nester stellen sie selbst her. Dazu zerkauen sie Holz und vermischen es mit Speichel zu einer papierartigen Masse. Mit ihrem Giftstachel lähmen sie Beutetiere. Auch wenn sie sich angegriffen fühlen, stechen sie damit. Hornissen sind eine große Wespenart.

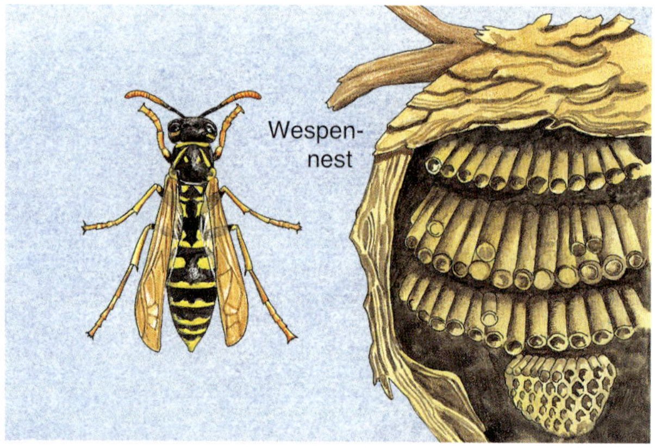

Wette

„Wetten, dass ich den Stein über den Fluss werfen kann?“, fragt Daniel. Anke glaubt es nicht und sagt: „Gut, wetten wir.“ Wenn er es schafft, spendiert sie ihm ein Eis. Wenn nicht, kauft er das Eis für sie. Daniel wirft und der Stein fällt ins Wasser. Anke hat die Wette gewonnen. Bei anderen Wetten sagt man schriftlich etwas voraus, zum Beispiel einen Sieger. Dann setzt man Geld ein. Wer richtig getippt hat, gewinnt.

Wetter

Gestern war es sonnig und richtig schön warm. Am ➔ Himmel sah man keine ➔ Wolke. Lena spielte draußen mit Freunden Fußball. Heute regnet es. Der Himmel hängt voller Wolken. Für die Arbeit von Bauern und Bauarbeitern ist das Wetter sehr wichtig. Auch der Flug- und Schiffsverkehr richtet sich nach dem Wetter. Glatteis kann für Autofahrer gefährlich werden. Abhängig ist das Wetter zum Beispiel von der Sonnenstrahlung, dem Luftdruck, der Bewölkung, den Niederschlägen, der Lufttemperatur und dem Wassergehalt der Luft. Wetterwissenschaftler (Meteorologen) in Wetterstationen beobachten das Wetter überall auf der Erde. Wetterschiffe, -satelliten und -ballons sind mit Messgeräten unterwegs. Aus den Messungen berechnen die Meteorologen mit ihren ➔ Computern, wie das Wetter voraussichtlich wird.

Wiese

Jakob und seine Mutter gehen im Juni an einer Wiese (Matte) entlang. Plötzlich staunt Jakob: „Auf der Wiese wächst ja nicht nur ➔ Gras. Da wächst ganz viel!“ Frau Bode sagt: „Stimmt. Außer Gras wachsen hier ➔ Kräuter und ➔ Blumen.“ Sie zeigt ihm Glockenblumen, Wicken, Klee und ➔ Margeriten. Und sie erklärt: „In jeder Jahreszeit wächst und blüht hier etwas anderes.“ Jakob sieht ➔ Schmetterlinge, ➔ Bienen und ➔ Wespen. ➔ Käfer und ➔ Ameisen krabbeln herum. Eine ➔ Heuschrecke sitzt da. Maulwurfshügel zeigen ihm, wer hier auch noch lebt. Die meisten Wiesen werden dreimal im Jahr gemäht. Das getrocknete Gras verfüttert man als Heu ans Vieh.

Wikinger

In einem Comic liest Tim von einem Wikinger. Er heißt Hägar. Den hat sich jemand ausgedacht. Aber die Wikinger gab es wirklich. Sie lebten in den heutigen Ländern Dänemark, Schweden und Norwegen. Besonders im 9. und 10. Jahrhundert nach Christus verließen sie die Heimat, um die Welt zu erkunden. Mit ➔ Schiffen fuhren sie an den Küsten ➔ Europas entlang. Überall plünderten und raubten sie. Sie waren als grausame Krieger gefürchtet. In Frankreich, England und Irland gründeten sie Siedlungen. Dort nannte man sie Normannen. Auch als Händler waren die Wikinger unterwegs. Sie galten als wagemutige Seefahrer. Ihre Drachenschiffe aus Holz waren über 20 Meter lang. 982 entdeckten die Wikinger Grönland. Später landete Leif Eriksson in Nordamerika. Diese frühe Entdeckung ➔ Amerikas wurde dann wieder vergessen.

Wildschwein

Im Wildgehege sehen Anke und ihr Vater Wildschweine. Sie sind schlanker als Hausschweine. Ihr Fell ist borstig. Der Keiler – der Wildschweinmann – hat zwei lange Eckzähne. Man nennt sie Hauer. Die jungen Wildschweine heißen Frischlinge. Sie bleiben in der Nähe der Mutter, der Bache. In Freiheit leben Wildschweine in ➔ Wäldern. Sie fressen gerne Eicheln und Bucheckern. Wildschweine leben in Rotten. Mit dem Rüssel wühlen sie im Boden nach Nahrung. Die Hausschweine stammen von Wildschweinen ab.

Wind

Auf dem Schulweg spürt Ibo den Wind. Er reißt am Anorak. Und er bewegt die Äste der Bäume. So eine Luftströmung entsteht, weil die von der Sonne erwärmte ➔ Luft nach oben steigt. An die Stelle der warmen Luft strömt kühlere. Dieser Luftstrom heißt Wind. Seine Stärke wird auf der Beaufort-Skala gemessen. Sie geht von 0 bis 12. Bei 0 ist es windstill und bei 12 tobt ein Orkan. Einen starken Wind nennt man ➔ Sturm. In Amerika heißen Wirbelstürme Hurrikans. Gefürchtet sind auch Wirbelstürme oder Tornados. Zyklone und Taifune sind Wirbelstürme auf dem Meer. – Mit Windkraftanlagen wird ➔ Strom erzeugt.

Windmühle

Tim und Daniel machen einen Fahrradausflug. Sie kommen zu einem Gebäude mit Flügeln. „Eine Windmühle“, sagt Tim. Solche Mühlen gibt es seit einigen Hundert Jahren. Früher wurde darin vom Müller das ➔ Mehl gemahlen. Der ➔ Wind trieb die Mühlenflügel an. Wenn sie sich bewegten, drehte sich ein Mühlstein in der Mühle. Dadurch wurde das ➔ Getreide zwischen dem sich drehenden und einem fest stehenden Mühlstein zu Mehl gemahlen. Auch ➔ Wasser pumpte man früher mit Mühlen. Heute sind fast alle außer Betrieb. Die ersten baute man um 600 nach Christus in ➔ Asien. Um das Jahr 1100 gab es Windmühlen dann auch in ➔ Europa. Besonders viele Windmühlen stehen in Holland.

Windpocken

„Hanna war heute nicht in der Schule, sie hat Windpocken“, erzählt Lena ihrer Mutter. Die Windpocken (Schafblattern) sind sehr ansteckend. Man bekommt sie nur einmal. Übertragen wird die Krankheit durch ➔ Viren. Zwei Wochen nach der Ansteckung beginnt sie mit etwas ➔ Fieber und blassroten Flecken am ganzen Körper. Die Flecken werden zu juckenden Bläschen. An denen soll man auf keinen Fall kratzen, weil sie sich sonst entzünden. Eine Woche später trocknen die Bläschen. Lena ist gegen Windpocken geimpft.

Winterschlaf

„Was machen → Igel im Winter, wenn sie nichts mehr zu fressen finden?", fragt Jakob. Mama antwortet: „Sie kriechen in einen Laubhaufen und halten Winterschlaf. Vorher haben sie so viel gefressen, dass sie davon zehren können." Viele Tiere halten Winterschlaf. Die Körpertemperatur mancher Tiere sinkt dabei bis auf knapp über null Grad. Sie atmen nur wenig und ihr Herz schlägt langsam. So brauchen sie kaum Energie. Sie zehren von ihrem Fettpolster. Das → Murmeltier schläft über ein halbes Jahr. Auch → Bären, Hamster und → Fledermäuse halten Winterschlaf. → Frösche, → Schlangen und → Eidechsen fallen in Winterstarre. Erst wenn es im Frühling warm wird, bewegen sie sich wieder.

Wirbelsäule

Anke streichelt den Rücken ihrer Mutter. Dabei spürt sie unter der Haut eine Reihe kleiner → Knochen. Das ist die Wirbelsäule, die man auch Rückgrat nennt. Sie besteht aus 24 einzelnen, gelenkig miteinander verbundenen Wirbelknochen und acht bis zehn miteinander verwachsenen. Das Innere der Wirbelsäule ist hohl. In diesem Hohlraum liegt gut geschützt das empfindliche Rückenmark. Zwischen den Wirbeln befinden sich, sozusagen als Polster, die Bandscheiben. Alle Wirbeltiere haben ein Rückgrat.

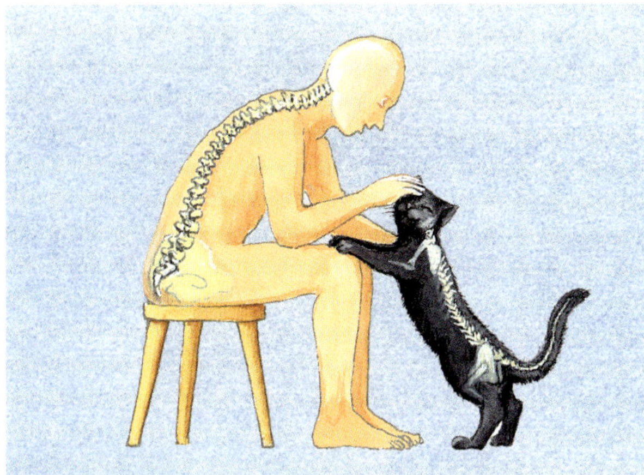

Wissenschaftler

„Sie ist Wissenschaftlerin", sagt Ibos Vater. Die Kundin arbeitet an einer → Universität. Sie bringt Studenten bei, was sie in ihrem Fach weiß. Außerdem forscht sie. Wissenschaftler (Wissenschafter) sammeln das Wissen ihres Faches. Aber sie wollen noch mehr wissen. Deswegen beobachten, diskutieren, forschen und experimentieren sie. Man unterscheidet Geisteswissenschaften, wie zum Beispiel Geschichte und Rechtswissenschaft, und Naturwissenschaften, wie Biologie, Physik und Medizin.

Woche

Es ist Sonntag. „Morgen beginnt die Woche wieder", sagt Papa. „Leider", meint Daniel. Er hat am Wochenende schulfrei und die Eltern müssen nicht zur Arbeit. Das gefällt ihm. Dieses Wochenende hat er gefaulenzt. – Die Woche ist ein Zeitraum von sieben Tagen. Die Tage heißen Montag, Dienstag, Mittwoch, Donnerstag, Freitag, Samstag (Sonnabend) und Sonntag. Einige Tage sind nach germanischen Göttern benannt. Der Donnerstag heißt nach dem Wettergott Donar so. Der Sonntag ist der Sonnentag.

wohnen

Die Bodes haben genug Platz in ihrer Wohnung. Hier fühlen sie sich zu Hause. Niemand darf in ihre Wohnung, wenn sie es nicht möchten. Für das Wohnen müssen sie jeden Monat an den Eigentümer ziemlich viel → Miete bezahlen. Oma Bode wohnt in ihrem eigenen Haus. Ein Freund von Bodes lebt in einer Wohngemeinschaft. So eine Gruppe von Leuten bewohnt gemeinsam ein Haus oder eine Wohnung. Sie teilen sich die Miete und benutzen die Küche und das Bad gemeinsam. In den Urlaub fahren die Bodes manchmal mit einem Wohnwagen oder einem Wohnmobil. – Auch bei uns gibt es Menschen ohne Wohnung. Sie sind → obdachlos.

Wolf

In einem Film sieht Anke Wölfe. Die hätte sie fast mit Schäferhunden verwechselt – kein Wunder, denn die ➲ Hunde stammen von den Wölfen ab. Wölfe fressen Fleisch. Deswegen reißen sie mit ihren scharfen Raubtierzähnen Wild. Bei Nahrungsmangel ist auch Vieh nicht vor ihnen sicher. Im Sommer leben Wölfe in Familiengruppen. Im Winter jagen sie auch im Rudel. Wölfe sind scheu und greifen Menschen nur im Notfall an. Sie können sehr gut hören und riechen. Ihr Ruf klingt wie Heulen. Sie leben in Süd- und Osteuropa, ➲ Asien und Nordamerika. Auch bei uns gibt es heute wieder einige Wölfe.

Wolke

Am Himmel sieht Jakob Wolken. Sie entstehen, wenn ➲ Wasser auf der Erde verdunstet und als Wasserdampf hochsteigt. Trifft diese feuchtwarme ➲ Luft mit kalter Luft zusammen und kühlt ab, verdichtet sich der Wasserdampf zu vielen Tropfen. Und die bilden die Wolken. Werden die Tropfen größer und schwerer, fallen sie als ➲ Regen. Bei kalter Luft entstehen Eiskristalle. Es schneit und hagelt. Es gibt viele verschiedene Wolkenarten. Kumuluswolken kündigen meist schönes Wetter an, Kumulonimbuswolken Gewitter. Stratuswolken bringen oft Regen. Reichen Wolken bis zum Boden, ist das ➲ Nebel.

Wolle

Ibos Mutter will zu Weihnachten einen Pullover für Ibo ➲ stricken. Dafür hat sie Wolle gekauft. Ibo zieht gern Wollsachen an. Sie wärmen und sind schön kuschlig. Oft besteht die Wolle aus Schafhaaren. Auch Kamel- und Lamahaare verwendet man. Besonders wertvolle Wolle liefern Kaschmirziegen und Angorakaninchen. Nach der Schur der Tiere reinigt, sortiert und färbt man die Haare. Dann wird Wolle daraus gesponnen. Häufig mischt man sie mit künstlichen Fasern. ➲ Baumwolle wird aus den Samenhaaren der Baumwollfrucht hergestellt.

Wort

Lena liest ein Buch. Sie liest also gerade einen Text, der aus Sätzen besteht. Die Sätze sind aus Wörtern gebildet. Und die bestehen aus den 26 Buchstaben unseres ➲ Alphabets. Jedes Wort hat eine Bedeutung. Es drückt also etwas aus. Stell dir vor, das Wort ‚Tee' gäbe es nicht. Vielleicht hieße es dann: ‚die braune, wässrige Flüssigkeit.' Manche Wörter haben mehrere Bedeutungen. Solche Teekesselwörter findest du in diesem Lexikon. Die gebräuchlichsten Wörter stehen nach dem Alphabet geordnet im Wörterbuch. Es sind viele Zehntausend. Auch Fremdwörter findet man darin, also Wörter, die aus einer anderen Sprache stammen. Man unterscheidet verschiedene Wortarten wie das Verb (Tunwort) und das Substantiv (Namenwort). In einem alten Buch sieht Lena, dass man früher viele Wörter anders geschrieben hat als heute. Es werden auch immer wieder neue Wörter in unsere ➲ Sprache aufgenommen, wie zum Beispiel das Wort ‚Internet'.

Wrack

Im Fernsehen sieht Tim ein zerstörtes ➲ Schiff. Es ist bei einem ➲ Sturm verunglückt. Solche Schiffe, die nicht mehr fahren können, nennt man Wracks. Auf dem Meeresboden finden Taucher Wracks, die vor langer Zeit gesunken sind. In manchen liegen wertvolle Dinge, zum Beispiel Gold. Besonders berühmt ist das Wrack der Titanic. Dieser riesige Luxusdampfer ist 1912 auf seiner ersten Fahrt mit 1308 Passagieren gesunken. – Auch zerstörte oder unbrauchbare ➲ Autos und ➲ Flugzeuge nennt man Wracks.

Wunde

Anke hat sich am Stacheldraht verletzt. Die kleine Wunde blutet. Ihre Mutter streut Wundpuder darüber. So entzündet sich die Wunde nicht. Dann klebt sie ein ➲ Pflaster darauf. Mit größeren Wunden muss man zum ➲ Arzt. Der näht oder klammert sie. Anke bekam kürzlich eine Tetanusspritze. Die schützt vor dem gefährlichen Wundstarrkrampf. Er entsteht durch ➲ Bakterien, die in die Wunde eindringen.

Wunder

„Gestern war Oma noch krank. Heute läuft sie munter herum. Für mich ist das ein Wunder", sagt Frau Bode. Wunder nennt man außerordentlich erstaunliche Ereignisse. Es wäre ein Wunder, wenn Daniel in der Mathearbeit eine Eins schreiben würde. Er hat nämlich nicht dafür gelernt. In der Bibel wird von Wundern berichtet. So soll Jesus Wasser in Wein verwandelt haben, obwohl das den Naturgesetzen widerspricht. Im Altertum gab es ➲ sieben Weltwunder. Noch heute wundert man sich, dass die Menschen solche Bauwerke fast ohne technische Mittel schufen.

Würfel

Tim, Lena und Ibo spielen ‚Mensch ärgere dich nicht'. Ibo würfelt eine Vier und zieht die Spielfigur vier Schritte weiter. Würfel benutzt man für viele Spiele. Sie zeigen auf jeder Fläche eine Punktzahl. Diese Punkte nennt man auch Augen. – Im Matheunterricht zeigt die Lehrerin einen Würfel ohne Punkte. ‚Würfel' nennt man Körper, die sechs gleich große Flächen haben. Diese Flächen sind ➲ Quadrate. Außerdem hat ein Würfel acht Ecken und zwölf gleich lange Kanten.

Wurm

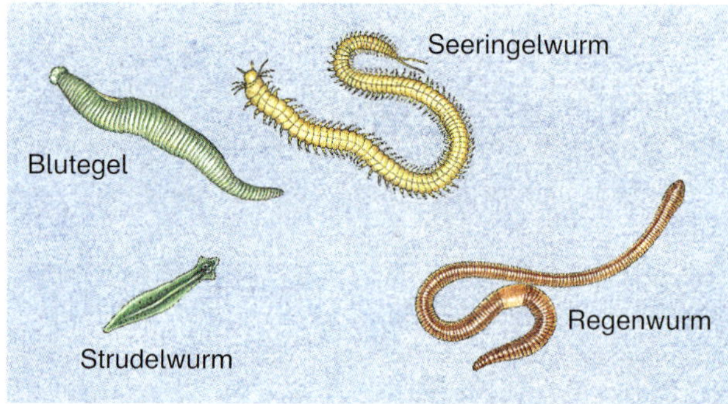

Im Garten findet Jakob einen dünnen, kriechenden Schlauch. „Ein ➔ Regenwurm“, sagt er. Dieser nützliche Wurm lockert die Erde auf. Würmer sind Tiere ohne ➔ Knochen und Gliedmaßen. Es gibt Tausende Arten davon. Sie können winzig sein. Schnurwürmer dagegen werden bis zu 30 Meter lang. Viele Würmer leben im Wasser, andere auf dem Land. Für Menschen ist der Bandwurm im Darm gefährlich.

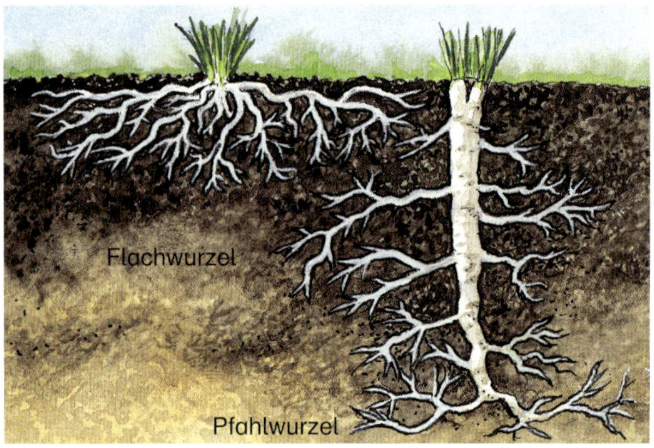

Wurzel

Anke isst eine ➔ Karotte, also eine Wurzel. Die meisten ➔ Pflanzen haben Wurzeln, einige davon sind essbar. Mit den Wurzeln halten sich Pflanzen in der Erde fest. Durch die dünnen Wurzelhaare nehmen sie ➔ Wasser und Nahrung auf. Die Pfahlwurzel der ➔ Eiche steckt tief und gerade in der Erde. Die Wurzeln vieler Blumen wachsen dicht unter dem Boden. ➔ Efeu klettert mit seinen Haftwurzeln Mauern hoch. Einige Pflanzen haben Luftwurzeln. – Ankes ➔ Zähne sitzen mit der Zahnwurzel im Kiefer.

Wüste

Wenn Ibo an eine Wüste denkt, stellt er sich eine riesige, leblose Sandfläche vor. Und darauf brennt täglich die ➔ Sonne. Teile der Sahara in ➔ Afrika sind so eine Sandwüste. Aber auch im trockenen Wüstensand gibt es Leben, zum Beispiel Springmäuse, ➔ Ameisen, ➔ Käfer, Wüstenfüchse, ➔ Spinnen und ➔ Skorpione. Diese Tiere haben sich dem extremen ➔ Klima angepasst. Tagsüber ist es unerträglich heiß. Nachts wird es dagegen sehr kalt. Manchmal toben heftige Sandstürme. In vielen Wüsten gibt es riesige Sandhügel, die Dünen. Auch in Wüsten wachsen einige widerstandsfähige Pflanzen. Oft regnet es jahrelang nicht. Nur in den Oasen findet man ➔ Brunnen. Hier wachsen zahlreiche Pflanzen und leben Menschen. In den Oasen rasteten früher die ➔ Karawanen. – Es gibt auch Eis-, Stein- und Salzwüsten.

X

Die alten Griechen hatten ein Zeichen, das aussah wie ein X, aber das benutzte man für andere Laute. Erst die Römer kannten unser X. Nur wenige Wörter beginnen mit X, darunter sehr merkwürdige: X-Beine, Xanthippe, Xylofon. Welche Wörter siehst du im Bild, in denen ein X vorkommt?

Xylofon

Lena hat ein Xylofon. Mit dem Schlägel oder mit Hämmerchen schlägt sie leicht auf die Holzplättchen des ➲Musikinstruments. Die Plättchen sind auf einem hölzernen Hohlkörper befestigt. Die Tonhöhe hängt davon ab, wie lang und dick das angeschlagene Plättchen ist. In Orchestern spielt man auf größeren Xylofonen. Das Vibrafon ist ein ähnliches Schlaginstrument. Seine Plättchen bestehen aus ➲Metall.

Y

Das Y blieb seit der Zeit der alten ➲Griechen ziemlich gleich. Aber es wurde in verschiedenen Kulturen für ganz unterschiedliche Laute benutzt. Es gibt im Deutschen kaum Wörter, die mit Y beginnen. Yeti ist das interessanteste. Aber im Bild findest du viele Wörter, in denen irgendwo ein Y vorkommt!

Z

Bei den ➔ Römern fügte man das G zwischen F und H ein, wo vorher das Z gestanden hatte. Das ließ man einfach weg. Später stellten die Römer es ganz ans Ende ihres Alphabets, wo es bis heute geblieben ist. Schöne Wörter beginnen damit wie Zauberformel und Zitteraal. Welche findest du?

Zahl

Tims Mutter sagt: „Kauf bitte zwölf Eier.“ Mit dieser Zahl nennt sie die Menge, die Tim kaufen soll. Tim schreibt sie auf. Die Zahl 12 besteht aus den Ziffern 1 und 2. Im Mathematikunterricht beschäftigt sich Tim ständig mit Zahlen. Als er kleiner war, konnte er die einstelligen Zahlen von 1 bis 9 aufzählen. Bald lernte er die zweistelligen von 10 bis 99 und die dreistelligen Zahlen von 100 bis 999. 10 Ziffern reichen aus, damit wir alle Zahlen schreiben können: 1 bis 9 und die 0. Mit einer gebrochenen Zahl (einem Bruch) kann man zum Beispiel angeben, dass man einen Liter Milch und noch einen halben kaufen möchte. Das wird so geschrieben: 1 1/2 Liter. Als Dezimalbruch schreibt man es so: 1,5 Liter. Auf dem Bankkonto hat Tims Vater -350 Euro. Er hat also Schulden bei der Bank. Vor solchen negativen Zahlen steht ein Minuszeichen. Wir rechnen im Zehnersystem (Dezimalsystem). Unsere Ziffern sind arabische Ziffern. Auf Denkmälern und alten Uhren sieht man manchmal römische Ziffern. Da sieht eine 19 so aus: XIX.

arabisch	römisch	chinesisch (Schriftzeichenziffern)	indisch	griechisch (ab etwa 300 v. Chr.)	Maya-Kultur (kalendarische Zählung)
1	I	一	१	A	•
2	II	二	२	B	••
3	III	三	३	Γ	•••
4	IV	四	४	Δ	••••
5	V	五	५	E	—
6	VI	六	६	Ϛ	• —
7	VII	七	७	Z	•• —
8	VIII	八	८	H	••• —
9	IX	九	९	Θ	•••• —
10	X	十	१०	I	=

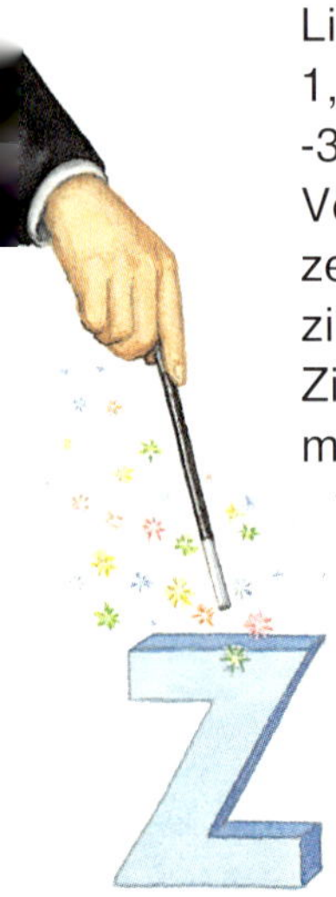

Zahn

In Aksoys Laden weint ein ➔ Baby. Seine Mutter sagt: „Es bekommt die ersten Zähne." Ibos Vater weiß noch, wie weh das Ibo damals getan hat. Als Ibo in die Schule kam, fingen seine Milchzähne an zu wackeln. Dann fielen nach und nach alle 20 aus. Dafür wuchsen die 28 Zähne seines zweiten Gebisses. Später wird er noch vier große Backenzähne bekommen, die Weisheitszähne. Mit den Zähnen zerkleinern Menschen und Wirbeltiere die Nahrung. Zum Gebiss gehören Schneide-, Eck- und Backenzähne. Jeder Zahn besteht aus Krone, Hals und Wurzel. Die Zahnwurzeln sind im ➔ Kiefer verankert. Den Teil, der aus dem Zahnfleisch ragt, schützt der harte Zahnschmelz. In den Zähnen stecken ➔ Nerven. Das spürt man, wenn man ein Loch im Zahn hat. Diese Zahnkrankheit heißt ➔ Karies. – Ein Nachbar hat seine zweiten Zähne verloren. Er bekam ein künstliches Gebiss.

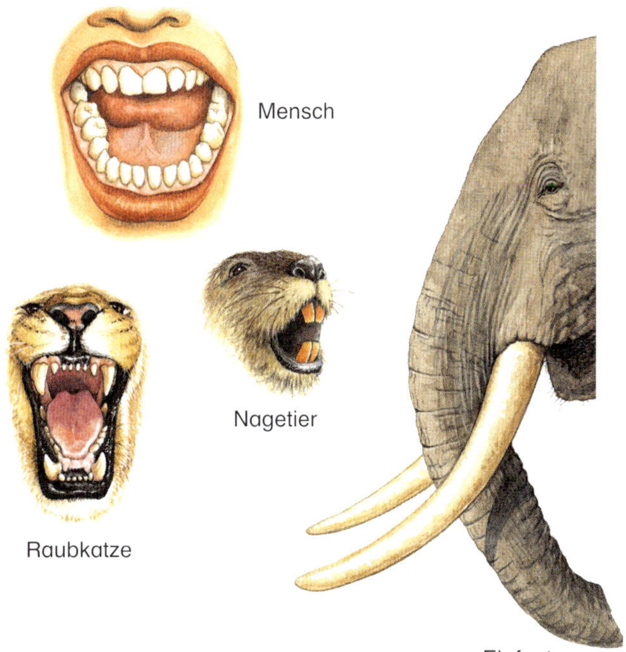

Zahnarzt

Anke geht mit ihrer Mutter zum Zahnarzt. In der Praxis untersucht der Arzt Ankes Gebiss. Er sagt: „Du hast ➔ Karies." Dann bohrt er die kranke Stelle aus. Das Loch füllt er mit einer Plombe. So bekommt Anke keine Schmerzen. Ihre Mutter erzählt: „Mir wurde mal ein ➔ Zahn gezogen. Gespürt habe ich nur das Piken der Betäubungsspritze. Danach war alles taub." Auch wer die Zähne oft putzt, sollte zweimal im Jahr zum Zahnarzt gehen. Der behandelt dann die Zahnerkrankungen, bevor sie schlimmer werden.

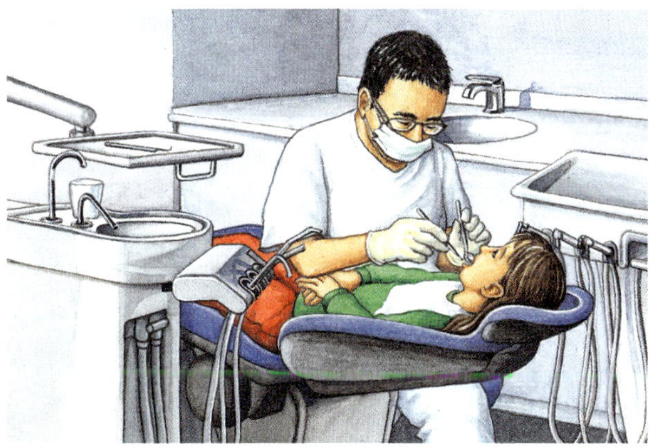

Zahnrad

Die Kette von Tims ➔ Fahrrad ist abgesprungen. Die Zähne der Zahnräder greifen nicht mehr in die Kettenglieder. Das Fahrrad bleibt stehen. Tim spannt die ➔ Kette über die zwei Zahnräder. Dann tritt er in die Pedale und die Zähne greifen wieder. Das vordere Zahnrad überträgt mit der Kette die Trittkraft auf das hintere und bewegt das Rad. – Zahnräder übertragen Kraft oder Bewegung. Die meisten greifen ohne Kette direkt ineinander.

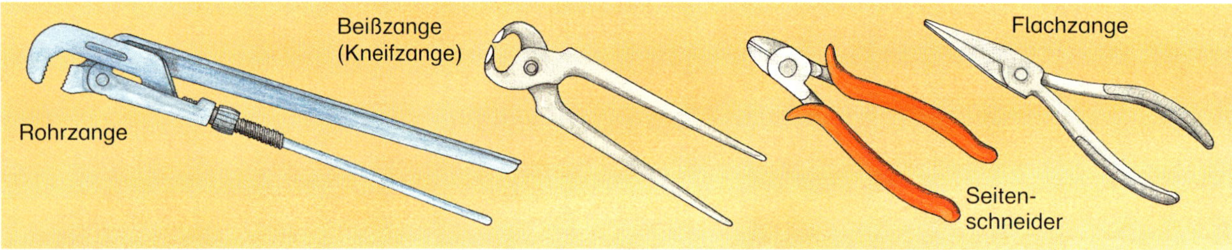

Zange

Lena will einen Nagel aus dem Holz ziehen. Dazu nimmt sie eine Zange. Mit diesem ➔ Werkzeug kann man den Nagel greifen und rausziehen. Für verschiedene Zwecke gibt es unterschiedliche Zangen. Wenn Lenas Mutter ein Stück Draht abknipsen will, holt sie eine Beißzange (Kneifzange). Mit der Zuckerzange nimmt Oma Würfelzucker aus der Dose. Andere Zangen braucht man zum Festhalten, Quetschen, Brechen und Biegen von Metall. Der Schmied benutzt eine riesengroße Zange.

zaubern

Papa liest ein ➔ Märchen vor. Darin wird ein Junge von einer ➔ Hexe verzaubert. Jakob fragt: „Kann die wirklich zaubern?“ Papa antwortet: „Nein, das klappt nur in ➔ Geschichten.“ Jakobs Papa beherrscht ein paar Kartenkunststücke. Die wirken wie Zauberei. Aber es sind nur Geschicklichkeit und Tricks. So schaffen es Zauberer in Shows sogar, Menschen verschwinden zu lassen oder Kaninchen aus ➔ Zylindern zu zaubern. Dafür üben sie lange. Andere Namen für Zauberer sind Magier und Illusionist.

Zebra

Im Zoo sagt Anke zu ihrem Vater: „Ohne Streifen würden Zebras wie ➔ Pferde aussehen.“ Die beiden Tierarten sind wirklich miteinander verwandt. Aber wenn man auf einem Zebra reiten möchte, merkt man den Unterschied: Zebras lassen sich nicht reiten. In Freiheit leben Zebras in den afrikanischen ➔ Savannen. Jede Herde wird von einem Hengst angeführt. – Der Zebrastreifen auf der Straße zeigt Anke, dass sie die Straße an dieser Stelle überqueren soll.

Zecke

„Du hast eine Zecke am Hals“, sagt Ibos Mutter. Die Zecke (Holzbock) ist nur stecknadelkopfgroß. Der Schmarotzer lässt sich von Zweigen abstreifen. Dann bohrt er sich in die ➔ Haut seines Opfers und saugt ➔ Blut. Vollgesogen wird er erbsengroß. Zecken übertragen Krankheiten. Trotzdem sollte man sie nicht aus der Haut reißen. Man dreht sie samt Kopf mit einer Zeckenpinzette heraus.

Zeichentrickfilm

Daniel sieht einen Zeichentrickfilm. Darin spielen nur gezeichnete Figuren mit. Der Trick beim Zeichentrickfilm ist, dass er aus vielen einzelnen Bildern besteht. Für jede Sekunde ➲ Film werden 24 Bilder gezeichnet. Sie unterscheiden sich nur wenig voneinander. Beim ersten Bild springt eine Figur zum Beispiel vom Boden ab. Beim zweiten Bild ist sie ein kleines Stück in der Luft, beim dritten ein bisschen höher. So geht das Bild für Bild weiter. Für einen Film sind also mehrere Tausend Bilder nötig. Mit der Filmkamera nimmt man die Bilder einzeln nacheinander auf. Beim Vorführen des fertigen Films sieht es aus, als würde die Figur sich richtig bewegen. Zur Herstellung von Zeichentrickfilmen benutzt man heute ➲ Computer. Durch Walt Disney wurden solche Filme berühmt.

Zeit

„Bis zu meinem Geburtstag dauerts noch zwei ➲ Wochen", stöhnt Lena. „Das ist so lang!" Bald hat sie zwei Wochen Ferien. „Nur so kurz", sagt Lena. Sie weiß, die zwei Wochen Ferien werden für sie schnell vergehen. Aber die zwei Wochen bis zum Geburtstag werden ihr lang vorkommen. Obwohl die Zeit gleichmäßig vergeht, empfinden wir sie unterschiedlich. Wir leben immer in der ➲ Gegenwart, im Augenblick also. Hinter uns liegt als Erinnerung die ➲ Vergangenheit. Vor uns liegt die ➲ Zukunft. Menschen können viel verändern in ihrem Leben. Doch den Ablauf der Zeit können sie nicht beeinflussen. Sie vergeht. Es vergehen Sekunden, Minuten, Stunden, ➲ Tage, Wochen, ➲ Monate und ➲ Jahre. Mit der Uhrzeit wird die Tageszeit angegeben. Bevor es diese Zeitmessung gab, teilte man die Zeit nur in Tag und ➲ Nacht ein. Die Zeiteinteilung im Jahr geschieht durch die ➲ Jahreszeiten.

Zeitlupe

„Du machst die Hausaufgaben ja in Zeitlupe", sagt Mutter. Tim ist heute wirklich besonders langsam. Aber so langsam, wie die Zeitlupenaufnahmen in Sportsendungen wirken, kann Tim gar nicht sein. Da bleibt der Torwart während des Hechtsprungs zum Ball fast in der Luft liegen. So lässt sich jede Einzelheit genau beobachten. Die Zeitlupenwirkung entsteht dadurch, dass man die einzelnen Bilder eines ➲ Films viel langsamer abspielt, als sie aufgenommen wurden. Beim Zeitraffer dagegen lässt man die Filmbilder besonders schnell ablaufen. So sieht man in kurzer Zeit, was eigentlich lange dauert.

Zeitschrift

Ibo geht an einem ➲ Kiosk vorbei. Dabei fallen ihm die bunten Titelbilder der verschiedenen Zeitschriften auf. Eine der Illustrierten haben seine Eltern abonniert. Sie wird also regelmäßig ins Haus geschickt. Auch eine Fernsehzeitschrift steckt jede Woche im Briefkasten. Andere Zeitschriften erscheinen monatlich oder vierteljährlich. ➲ Journalisten und Fotografen berichten darin über unterschiedliche Themen, zum Beispiel über ➲ Politik. Oft sieht man Berichte über Sensationen und ➲ Katastrophen. Aktuelles vom Tag ist für Zeitschriften nicht so wichtig wie für ➲ Zeitungen. Man kann auch Kinder- und Jugendzeitschriften und Fachzeitschriften zu fast allen Themen kaufen.

Zeitung

Heute kann Anke ihre Mutter beim Frühstück gar nicht richtig sehen. Die liest Zeitung. Ihr Kopf ist hinter großen Zeitungsblättern versteckt. Darin stehen die Neuigkeiten aus der Stadt und der Welt. Die Artikel werden von ➲ Journalisten geschrieben. In der Zeitung findet Anke Nachrichten über ➲ Politik, ➲ Sport, Wissenschaft, ➲ Theater, ➲ Konzerte, Verkehrsunfälle und ➲ Verbrechen. In den Anzeigen steht, was es zu kaufen gibt und welche Filme die Kinos zeigen. Mit dem Drucken von ➲ Werbung verdient der Zeitungsbetrieb Geld. Ohne dieses Geld würde die Zeitung mehr kosten. Aus der Zeitung erfährt man, wer geboren wurde, wer geheiratet hat und wer gestorben ist. Wenn man eine Arbeit sucht, liest man die Stellenanzeigen. Wenn man etwas verkaufen oder eine Wohnung vermieten will, lässt man eine Kleinanzeige drucken. – Die Zeitungsredaktionen bekommen die meisten Nachrichten von den Nachrichtenbüros überall auf der Erde. Aus der Menge suchen sie die aus, die sie veröffentlichen wollen. Riesige Druckmaschinen drucken die Zeitungen jede ➲ Nacht. Morgens steckt sie der Zeitungsausträger in den Briefkasten. Außer Tageszeitungen gibt es wöchentlich erscheinende Zeitungen. Viele Zeitungen kann man auch im Internet lesen.

Zelle

Jakob hat gehört, dass Menschen, Tiere und Pflanzen aus Billionen von Zellen zusammengesetzt sind. Jede einzelne Zelle ist mikroskopisch klein. Die einfachsten Lebewesen sind Einzeller. – Leben entsteht aus einer Eizelle. Die wird befruchtet. Dann teilt sie sich. Dadurch wächst der ➲ Körper. Durch Zellteilung bilden sich immer neue Zellen. Der Zellkern jeder Zelle enthält die Erbanlagen. – Auch einen kleinen engen Raum, zum Beispiel im Gefängnis, nennt man Zelle.

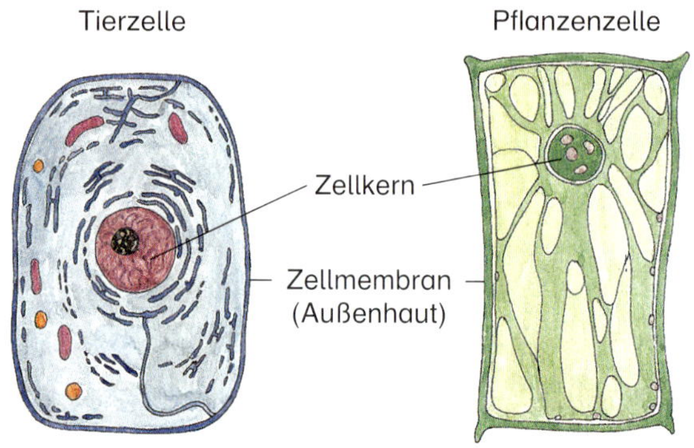

Ziege

Auf einer Wiese sieht Daniel Ziegen. Seit etwa 1000 Jahren werden sie als ➲ Haustiere gehalten. Sie sind mit den ➲ Schafen verwandt und stammen von Wildziegen ab. Ziegenmilch wird getrunken und zu ➲ Käse gemacht. Die Haut verarbeitet man zu ➲ Leder. Geiß nennt man die weibliche Ziege, die männliche Bock. Das Zicklein ist die junge Ziege. Wildziegen wie Gämsen und Steinböcke leben im Gebirge.

Ziel

Tim und seine Eltern haben sich vorgenommen, zur Burg zu wandern. Sie sehen die Türme und Mauern schon. Deswegen sagt Tims Mutter: „Bald sind wir am Ziel.“ Tim zielt mit einem Stein auf eine Dose. Er wirft und trifft neben das Ziel. „Wollen wir um die Wette laufen?“, fragt Tim. „Der Busch ist das Ziel.“ – Ein Politiker sagt: „Mein Ziel ist es, die Wahl zu gewinnen.“ Er tut alles, um das gewünschte Ergebnis zu erreichen. – Schützen schießen mit ihren Gewehren auf Zielscheiben.

Zirkus

Felix und Anke sitzen im Zirkuszelt auf einer der vielen Bankreihen. Die hat man um die runde Manege aufgebaut. Begeistert sieht Anke der Seiltänzerin zu. Reiter und Zauberer zeigen ihre Kunststücke. ➲ Artisten wagen den dreifachen Salto von einem Trapez zum anderen. Neben einer Frau bohren sich die Messer des Messerwerfers in eine Holzwand. Es wird mit Bällen und Tellern jongliert. Ein Dompteur stellt seine dressierte Raubtiergruppe vor. Und Anke lacht über einen ➲ Clown. In der Pause besuchen Anke und Felix die Tierschau. Schon morgen wird der Zirkus mit seinen Wagen in die nächste Stadt ziehen. Auch dort baut man das große ➲ Zelt auf. Anke wünscht sich, dass der Zirkus bald wiederkommt. Außer solchen Wanderzirkussen gibt es Zirkusunternehmen, die ständig in einer Stadt bleiben. – Viele Tierschützer sind gegen Tierdressuren im Zirkus. Sie halten die Dressuren für Tierquälerei. Und auch ein Zirkus ohne abgerichtete Tiere ist ein tolles Erlebnis.

Zitrone

„Ich hätte gerne fünf Zitronen“, sagt eine Kundin. Herr Aksoy gibt ihr die gelben ➲ Früchte. Zitronen gehören wie die ➲ Orangen zu den Zitrusfrüchten. Sie wachsen zum Beispiel in Spanien und Kalifornien. Man erntet sie von rosa bis weiß blühenden Bäumen. Zitronen sind sehr sauer. Aus Zitronensaft, Wasser und viel Zucker macht Ibo Limonade. Wenn er erkältet ist, trinkt er heißen Zitronensaft. In Zitronen steckt nämlich viel ➲ Vitamin C und das schützt vor Erkältungen.

Zoll

Die Bodes fahren mit dem Auto ins ➲ Ausland. An der ➲ Grenze sagt Herr Bode: „Früher fragte hier ein Zöllner, ob man etwas zu verzollen hätte.“ So eine Abgabe für bestimmte Güter wird beim Überqueren der Grenze in einigen Ländern oder beim ➲ Handel mit diesen Ländern immer noch verlangt. So werden die ausländischen Waren teurer und es werden eher die aus dem eigenen Land gekauft.

Zoo

Jakob und seine Oma sind im Zoo. Dort haben vor ein paar Wochen die ➲ Tiger Junge bekommen. Sie werden im Zoo aufwachsen. Ihre Eltern lebten frei, bis man sie fing und hierher verkaufte. Einige Tierarten wären ausgestorben, wenn man sie nicht in zoologischen Gärten züchten würde, zum Beispiel der Wisent. Im Tierpark – so nennt man den Zoo auch – sollte man für die Tiere alles so einrichten, wie sie es aus ihrer Heimat kennen. Dann fühlen sie sich wohl. Und nur dann bekommen die meisten Arten auch Junge. Jakob beobachtet die ➲ Affen im Freigehege. ➲ Löwen, ➲ Antilopen, ➲ Leoparden, ➲ Giraffen und ➲ Elefanten sieht er. In einem großen Teich schwimmen Wasservögel. Besonders gerne ist er bei der Robbenfütterung dabei. ➲ Geier und andere große Vögel hocken in großen Käfigen, den Volieren. In ➲ Aquarien und ➲ Terrarien sieht Jakob ➲ Fische, ➲ Schlangen und ➲ Schildkröten. Nicht nur Tiere aus anderen Ländern zeigt dieser Zoo. Im Streichelzoo gibt es Ponys, ➲ Ziegen und ➲ Schafe. Im Zoo arbeiten viele Menschen. Tierpfleger sorgen für ➲ Futter und kümmern sich um die Tiere. ➲ Tierärzte behandeln kranke Tiere.

Zucker

Anke rührt Zucker in den Tee. Schon löst er sich auf. Kuchen und Bonbons enthalten viel Zucker. Zucker ist ein Nährstoff, der dem Körper Energie liefert. Aber zu viel davon ist ungesund. Früher gab es zum Süßen vor allem Honig. Aus tropischen Ländern kannte man das Zuckerrohr. Aus dem Saft dieses hohen Grases wird Zucker gemacht. Bei uns gewinnt man Zucker meistens aus Zuckerrüben. Mit Wasser werden sie zu Sirup gekocht. Daraus erhält man bräunliche Zuckerkristalle. Erst durch das Raffinieren wird Zucker weiß. Es gibt viele Arten von Zucker, zum Beispiel Puderzucker, Kandis und Würfelzucker.

Zukunft

Ibo wüsste gerne, wie er später leben wird. Er möchte Forscher oder Fußballspieler werden. Ob das klappt? Oder wird er ➲ arbeitslos sein? Hat er eine Frau und Kinder? Wie wird es dann auf der Erde zugehen? Am liebsten möchte Ibo mal kurz in die Zukunft sehen. So nennt man die Zeit, die vor einem liegt. Die Vergangenheit liegt hinter einem. In der Gegenwart lebt man gerade. Ibo ist gespannt auf das Leben, das ihn erwartet. – Zukunftsforscher erforschen, wie die Zukunft aussehen könnte. Der französische Schriftsteller Jules Verne (1828–1905) schrieb Zukunftsromane. Einer hieß ‚Reise um den Mond'. Heute ist diese erste Reise längst Vergangenheit.

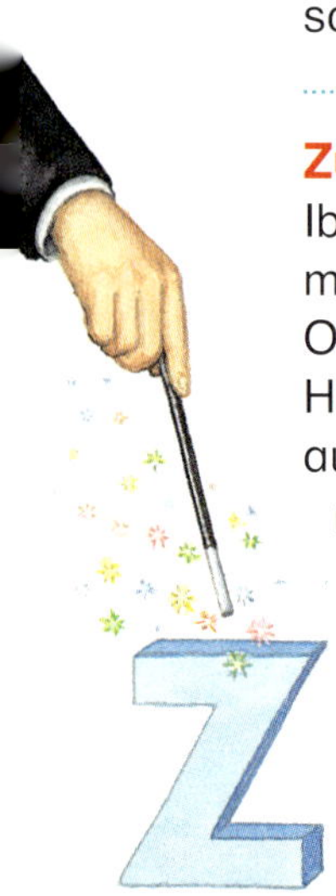

Zwerg

Jakob hört das ➲ Märchen von Schneewittchen. Darin kommen sieben Zwerge vor. Man nennt Zwerge auch Heinzelmännchen oder Wichtelmänner. Im Gegensatz zu den großen ➲ Riesen sind sie sehr klein. – Manche Menschen sind kleinwüchsig. Und es gibt sogar Völker, in denen nur kleine Menschen leben. Dazu gehören die Pygmäen in ➲ Afrika.

Zwiebel

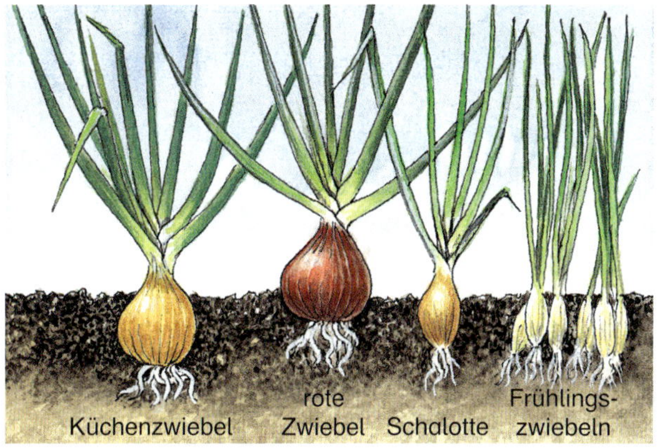

Tim schneidet Zwiebeln. Sie kommen als ➲ Gewürz in die Soße. Auch in ➲ Salate gibt man dieses ➲ Gemüse, das zu den Lauchsorten gehört. Die Zwiebel enthält ein ➲ Öl, das beim Schneiden verdunstet. Seine Schärfe treibt Tim ➲ Tränen in die Augen. – Im Gartenboden findet Lena kleine Zwiebeln. Aus diesen Blumenzwiebeln wachsen im Frühling ➲ Tulpen und ➲ Krokusse. Alle Zwiebeln sind unterirdische, knollige Sprossen. Darin speichern die Pflanzen Nahrung, die sie im Frühjahr zum Wachsen brauchen.

Zwillinge

Lena und ihre Mutter sehen einen Mann mit einem besonders breiten Kinderwagen. Frau Bode sagt: „Das ist der Nachbar mit seinen Zwillingen." Zwillinge nennt man zwei Kinder, die sich gleichzeitig im Mutterleib entwickelt haben. In Lenas Klasse gehen Zwillinge, die sich nicht ähnlicher sehen als andere Geschwister. Sie sind, so wie die meisten Zwillinge, zweieiig. Sie haben sich also aus zwei verschiedenen Eizellen entwickelt, die zur gleichen Zeit von je einer Samenzelle befruchtet wurden. Sie können das gleiche Geschlecht haben oder unterschiedliche Geschlechter. Nur eineiige Zwillinge sehen sich zum Verwechseln ähnlich. Sie haben sich aus einer Eizelle entwickelt, die von einer Samenzelle befruchtet wurde. Danach hat sich die Eizelle geteilt. Deshalb haben eineiige Zwillinge die gleichen Erbanlagen und sind immer zwei Mädchen oder zwei Jungen. Manchmal wachsen sogar mehr als zwei Kinder im Mutterleib. Es gibt auch Drillinge, Vierlinge und Fünflinge.

Zylinder

Im Fernsehen sieht Daniel einen Zauberer. Er ➲ zaubert ein Kaninchen aus seinem Zylinder. Danach setzt er diesen hohen, steifen Hut auf. Früher trugen Männer diese Hüte zu Festen. – Auch einen röhrenförmigen Hohlkörper nennt man Zylinder, zum Beispiel in Motoren. – Jetzt

hat Achim Bröger das Lexikon zu Ende geschrieben. Er zieht seinen Zylinderhut und sagt „Tschüs".

Register

Fett gedruckte Begriffe haben eine eigene Lexikongeschichte. Die übrigen Begriffe werden in einer anderen Lexikongeschichte erklärt. In welcher, das sagt dir der Verweispfeil.

REGISTER

Quellenvermerk
Das Gedicht „Die Feder“ auf Seite 98 ist aus: Joachim Ringelnatz. Das Gesamtwerk in sieben Bänden.